Mosaik

Dr. Fritz Terofal
Zoologische Staatssammlung München

Süßwasserfische

in europäischen Gewässern

mit 200 farbigen Darstellungen
von Fritz Wendler

Claus Militz

Die Klasse der Fische
Die Sportfischerei in Europa

mit 60 Zeichnungen von
Dominique Rebourgeon

Herausgegeben von Gunter Steinbach

Mosaik Verlag

Bildautoren (Fotos)
Hans R. Heppner: Seite 233
Gunter Steinbach: Seite 234 und 281
Ekkehart Wiederholz: Seite 6 und 240
Alle übrigen Fotos stammen von Claus Militz

Der Mosaik Verlag ist ein Unternehmen
der Verlagsgruppe Bertelsmann

Neue, bearbeitete Sonderausgabe

Druck und Bindung: Graphischer Großbetrieb Pößneck GmbH
Printed in Germany · ISBN: 3-576-10564-6

Inhalt

Zum Buch

Viele Fische können in ihrem Lebensraum, dem Wasser, nicht so fotografiert werden, daß der für unsere Reihe geforderte Bestimmungszweck erreicht wird. Deshalb schuf der Tiermaler Fritz Wendler in Zusammenarbeit mit dem Autor eigens für diesen Band 200 naturgetreue Darstellungen europäischer Süßwasserfische. Sie zeigen die gestaltbedingten arteigenen Merkmale bis in die Einzelheiten etwa des Schuppenkleides deutlicher, als Fotografien das könnten.

Die Größe der Verbreitungskarten mußte gegenüber anderen Titeln der Reihe wegen der zum Teil sehr kleinen Areale einzelner Arten verdoppelt werden. Innerhalb der durchgehend halbseitigen, knappen, aber informationsreichen Artbeschreibungen wies der Autor auf weitere 194 verwandte Arten bzw. Unterarten hin. So entstand ein auch dem Laien verständliches Nachschlagewerk guter Übersichtlichkeit für alle, die sich in der europäischen Fischfauna der Süßgewässer sicher zurechtfinden möchten.

Vielerorts und wiederholt auftretendes Fischsterben bezeugt schon seit Jahrzehnten auf dramatische Weise die heute weltweite Gefährdung der Wasserbiotope durch den Menschen. Ende 1983 standen in der Bundesrepublik gar 70 Prozent der heimischen Fischarten in der Gefahr auszusterben. Es zeichnet sich aber auch eine Gegenbewegung ab, ermöglicht und gefördert durch das geschärfte Umweltbewußtsein einer aufmerksam gewordenen Öffentlichkeit. So fing ein englischer Sportfischer erstmals wieder einen Lachs in der Themse – das hatte es über viele Jahrzehnte nicht gegeben. Auch der Rhein, heute Europas Kloake Nummer 1, hat noch im vorigen Jahrhundert den Lachs als Massenfisch beherbergt.

Zu den tätigsten Fürsprechern gesunder Wasserbiotope gehören die Freizeitfischer. Ihnen vorzuwerfen, wie es oft geschieht, sie nähmen die letzten freilebenden Fische an den Haken, trifft in dieser Vereinfachung nicht zu. Nachhaltige Pflege und Überwachung der Fischgewässer werden im wohlverstandenen Eigeninteresse vorwiegend von Berufs- und Freizeitfischern durchgeführt. Während die Zahl der Berufsfischer drastisch zurückging, steigt die der Hobbyfischer weiter an.

Daß in bewirtschafteten Gewässern die für die Fischer nutzbringenden Fischarten gefördert, andere unterdrückt werden, steht außer Frage. In der Folge blieben auch Fischotter und Fischadler, einst in Europa weit verbreitet und zahlreich vertreten, als ungeduldete Konkurrenten an den Fischgewässern auf der Strecke. In unserer mitteleuropäischen Kulturlandschaft haben wir heute keine Wahl mehr zwischen freier oder genutzter Natur, sondern nur die zwischen maßvoller, gelenkter Nutzung und zivilisationsbedingter Zerstörung.

Es lag nahe, einen wesentlichen Teil dieses Bandes den an der Fischerei interessierten Lesern zu widmen. Claus Militz stellte die Sportfischerei Europas sachkundig und mit der Erfahrung des Praktikers dar.

Dominique Rebourgeon zeichnete dazu in enger Zusammenarbeit mit C. Militz rund 60 detailgenaue Text-Illustrationen. Die Einbindung der Sportfischerei in einen biologischen und ökologischen Rahmen spiegelt sich in den Kapiteln *Die Klasse der Fische* und *Lebensräume der europäischen Süßwasserfische* wider. G. S.

Übersicht der 29 Familien im Bestimmungsteil

♂ = männlich
♀ = weiblich

Meerneunauge
Petromyzon marinus

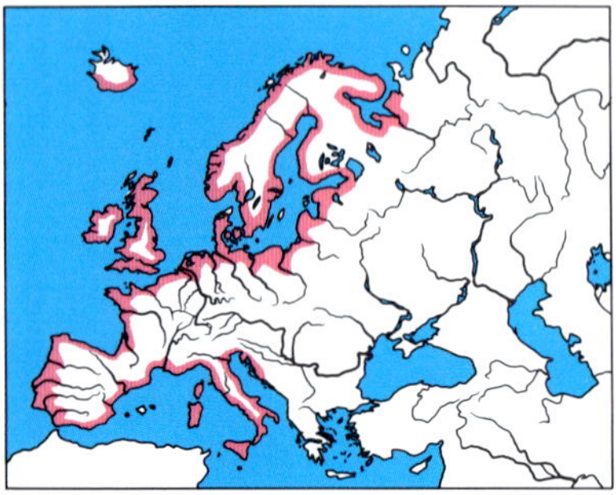

Merkmale: Aalförmiger Körper ohne paarige Flossen. Runder, scheibenförmiger Mund mit ausgefranstem Rand. Am Vorderkörper jederseits 7 Kiemenöffnungen. Eine unpaare Nasenöffnung auf der Stirn. Die Zunge ist kolbenförmig verdickt und bezahnt. Rückenflosse stets zweiteilig, mit Zwischenraum. Oberkieferplatte schmal, mit 2 Zähnen. Unterkieferplatte mit 7–8 Zähnen. Die Mundscheibe ist mit zahlreichen, ringförmigen Reihen kräftiger, scharfer Hornzähne besetzt. Die vordere Zungenplatte besitzt keine mittlere Einsenkung. *Färbung:* Je nach Alter und Vorkommen sehr unterschiedlich, meist hellgrau oder hellgrün mit schwarzer Marmorierung. *Länge:* 50–75 cm (– 1 m).
Vorkommen: Europäische Küstengewässer, vom Weißmeer und von Island bis Gibraltar; westliches Mittelmeer und Adria. Fehlt im Gebiet des Schwarzen Meeres. Kommt auch an der Ostküste Nordamerikas vor.
Lebensweise: Wanderfisch, der beim Laichaufstieg (März bis Juni) in den Unterlauf der Flüsse eindringt. Zum Ablaichen versammeln sich kleine Gruppen an Stellen mit Kiesgrund. Die Eier (34 000–240 000 je nach Weibchengröße, Eigröße ca. 1 mm) werden in flache Gruben abgelegt. Die Larven (Querder) schlüpfen nach 1–2 Wochen; sie leben 2–5 Jahre im Sand oder Schlamm vergraben, wo sie sich von Kleinstlebewesen ernähren. Bei einer Länge von 15–20 cm erfolgt die Umwandlung in das fertige Neunauge und die Abwanderung ins Meer. Geschlechtsreife nach 3–4 Jahren. *Nahrung:* Schmarotzer, überwiegend bei Fischen (Dorsche, Makrelen, Heringe u. a.).

Kaspineunauge
Caspiomyzon wagneri

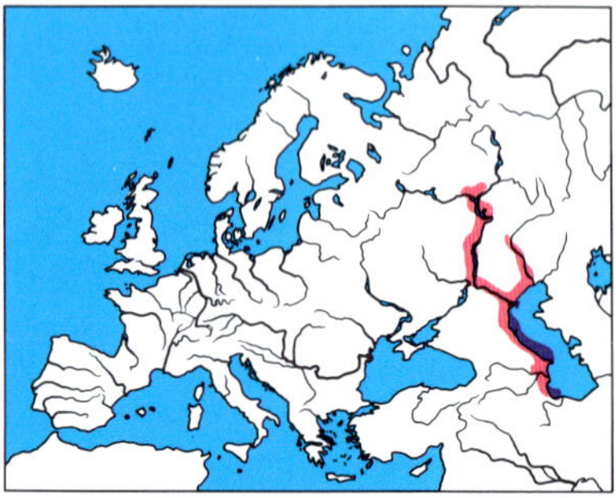

Merkmale: Oberkieferplatte schmal, mit nur einem einzigen, stumpfen Zahn. Unterkieferplatte mit 5 Zähnen, wobei die beiden äußersten manchmal zweihöckerig sind. Mundscheibe im inneren Bereich mit abgestumpften, im äußeren Bereich schwachen, gerundeten Hornzähnen, die in schrägen Bögen angeordnet sind. Vordere Zungenplatte ohne mittlere Einsenkung, ihre Vorderkante ist mit einer Reihe gleich großer Zähnchen besetzt. Je nach Reifestadium der Erwachsenen können die beiden Rückenflossen durch einen weiten Zwischenraum getrennt oder miteinander in Berührung sein. Die 2. Rückenflosse steht mit der Schwanzflosse in Verbindung. *Färbung:* Rükken hell grünlich bis dunkel olivfarben, ohne dunkle Flecken oder Marmorierung; Flanken und Bauchseite hell, mit Silberglanz. *Länge:* 20–40 cm, Höchstlänge bei 55 cm. Man unterscheidet 2 Rassen dieser Art, wobei die kleinere Form bereits mit ca. 20 cm geschlechtsreif wird, während die größere eine Mittellänge von 37–41 cm aufweist.
Vorkommen: Kaspisches Meer und einmündende Flüsse, insbesondere Wolga (mit den Nebenflüssen Kama und Oka), Ural, Terek und Kura.
Lebensweise: Ein Wanderfisch, der in großen Scharen in die Flüsse eindringt (Laichaufstieg Okt. bis Dez.). Nach der Winterruhe (die Nahrungsaufnahme wird schon beim Laichaufstieg eingestellt) dauert die Laichzeit von März bis Mai. An sandigen oder kiesigen Stellen des Flußbettes werden je nach Weibchengröße 20 000–32 000 Eier in Nestgruben abgesetzt.

Kaspineunauge
Meerneunauge

Donauneunauge
Eudontomyzon danfordi

Merkmale: Die Oberkieferplatte ist breit, mit nur einem Zahn an jeder Seite. Die Unterkieferplatte trägt 6–10 Zähne. Die Mundscheibe weist spitze, äußere und innere Lippenzähne auf, die kreisförmig angeordnet sind; am unteren Teil der Scheibe bilden sie ein Borstenfeld. Die vordere Zungenplatte besitzt keine mittlere Einsenkung, ihre Vorderkante trägt 13 Zähnchen, von denen das in der Mitte vergrößert und verbreitert ist. Die beiden Rückenflossen sind stets voneinander getrennt. Der Körper dieser Art ist nahe der Mitte am dicksten. *Färbung:* Die erwachsenen Tiere sind, je nach Aufenthaltsort, am Rücken dunkelbräunlich bis aschgrau, an der Bauchseite weißlich. *Länge:* 18–30 cm, im Larvenstadium bis 19 cm.

Vorkommen: Mittleres und unteres Donaubecken, jedoch nicht in der Donau selbst: Donauzuflüsse in der Tschechoslowakei, Ungarn (insbesondere das Theißbecken) und Rumänien. Gesamtverbreitung wenig bekannt.

Lebensweise: Die Art bewohnt als stationäre (d. h. nichtwandernde) Süßwasserform die Barben- und Forellenregion von Gebirgsflüssen. *Nahrung:* Mit seiner Saugscheibe heftet sich das erwachsene Tier an anderen Fischen (Barben, Döbel, Schmerlen, Groppen u. a.) fest und raspelt Löcher in deren Körper; das abgeschabte Fleisch und auch das Blut werden aufgesaugt. Dringen sie in Forellenteiche ein, so können Donauneunaugen dort großen Schaden anrichten. Das Ablaichen erfolgt von April bis Mai an Kiesbänken, die stark überströmt sind. Die aus den abgedrifteten Eiern schlüpfenden Larven entwickeln sich in ruhigen Flußbuchten.

Donaubachneunauge
Eudontomyzon vladykovi

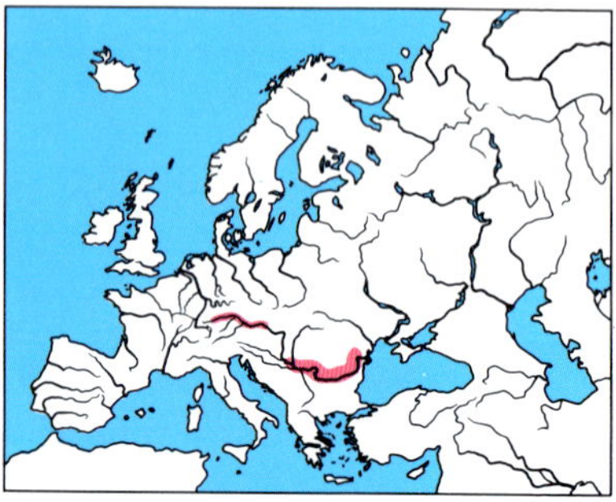

Merkmale: Die Oberkieferplatte ist breit, mit nur einem stumpfen Zahn an jeder Seite. Die Unterkieferplatte trägt 5–7 Zähne, deren Rand abgerundet ist. Die Mundscheibe weist nur eine schwache Bezahnung auf, die äußeren und inneren Lippenzähne sind stumpf abgerundet. Die vordere Zungenplatte besitzt keine mittlere Einsenkung, ihre Vorderkante trägt 5–9 spitze Zähnchen, von denen das in der Mitte nur wenig vergrößert ist. Die beiden Rükkenflossen stoßen ohne Zwischenraum aneinander. Der Körper dieser Art ist am Vorderende am dicksten. *Färbung:* Die erwachsenen Tiere sind, je nach Aufenthaltsort, am Rücken hell- bis dunkelgrau, an der Bauchseite weißlich. Während der Laichzeit ist die Bauchseite stark silberglänzend, die Afterregion hellrötlich gefärbt. *Länge:* 18–21 cm; die Larven sind am Ende ihrer Entwicklungszeit länger als die erwachsenen Tiere, da diese keine Nahrung mehr aufnehmen.

Vorkommen: Die gesamte Verbreitung dieser Art, die mit dem Donauneunauge nah verwandt ist und lange mit ihm verwechselt wurde, ist nicht genau bekannt. Man kennt sie bisher aus dem nordwestlichen und dem südöstlichen Einzugsbereich der Donau: Österreich, Tschechoslowakei, Jugoslawien und Rumänien. Auch aus dem bayerischen Donaugebiet ist sie bekannt, so aus der Paar (bei Aichach) und aus dem Inn (bei Wasserburg und bei Simbach); sie scheint als natürlicher Einwanderer in Bayern weiter vorzudringen.

Lebensweise: Wenig bekannt. Laichzeit von Mai bis Juni.

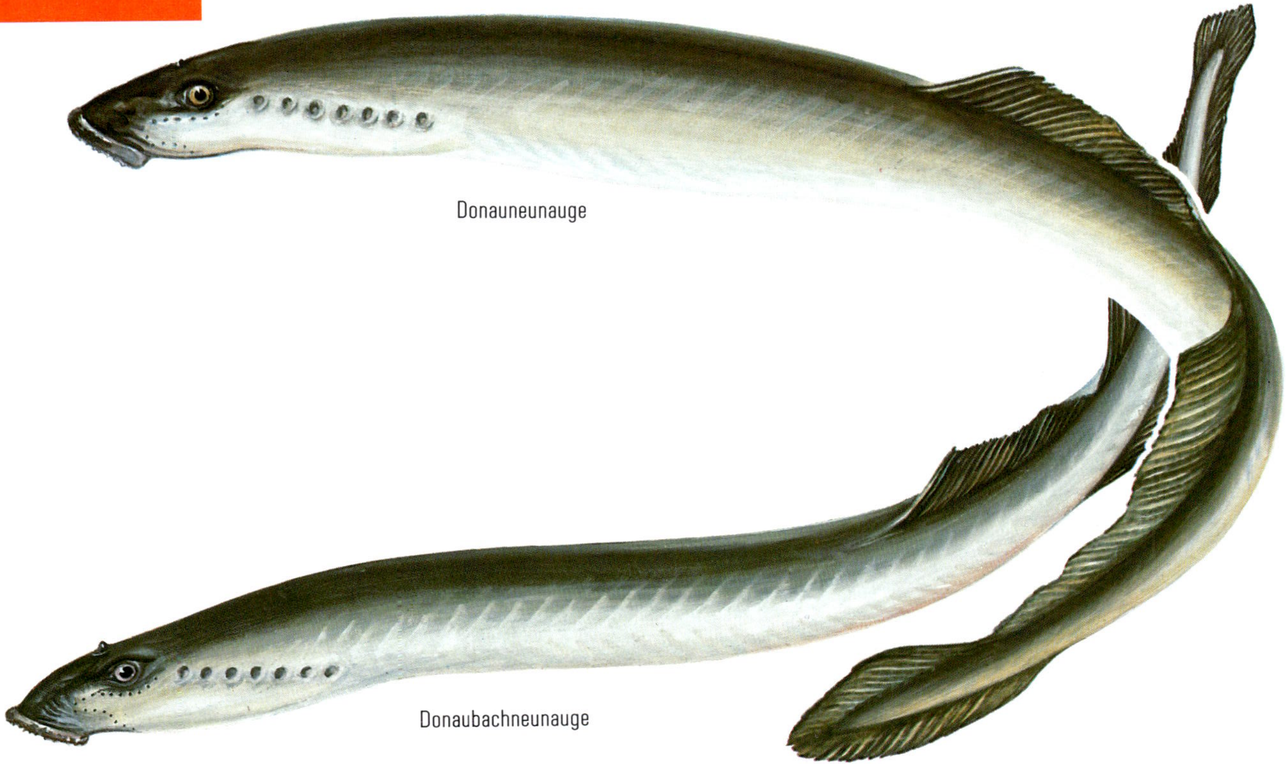
Donauneunauge
Donaubachneunauge

Ukrainisches Bachneunauge
Eudontomyzon mariae

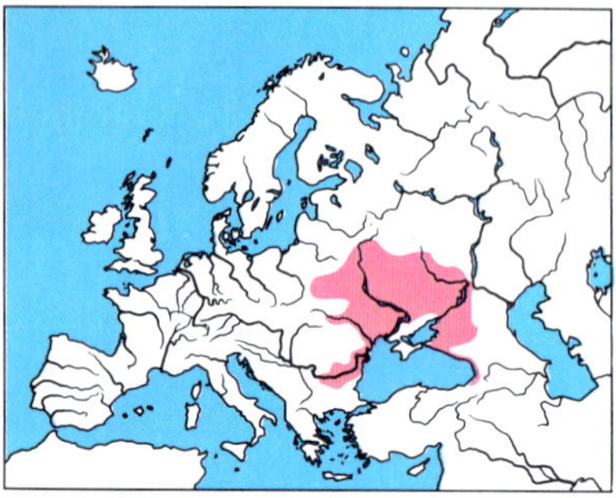

Merkmale: Die Oberkieferplatte ist breit, mit einem großen Zahn an jeder Seite. Die Unterkieferplatte trägt 5–10 (gewöhnlich 7–8) Zähne, die bei geschlechtsreifen Tieren scharf und spitz sind. Die Mundscheibe weist nur wenige äußere und innere Lippenzähne auf; ein Borstenfeld am unteren Teil der Scheibe (wie bei *Eu. danfordi*) fehlt. Die vordere Zungenplatte besitzt keine mittlere Einsenkung, ihre Vorderkante trägt 5 Zähne: In der Mitte einen vergrößerten und verbreiterten Zahn, an den sich rechts und links je zwei kleine Zähnchen anschließen. Je nach Reifestadium der Erwachsenen sind die beiden Rückenflossen voneinander getrennt, oder sie stehen miteinander in Berührung. Der Körper dieser Art ist am Vorderende am dicksten. *Färbung:* Erwachsene am Rücken dunkelblau mit Metallglanz, Flanken hellbräunlich, Bauchseite silberglänzend; je nach Aufenthaltsort kennt man auch Exemplare, deren Rücken und Flanken fast schwarz sind. Die Larven sind bräunlich, mit einer dunkleren Rückenseite; auf den Flanken tragen sie oft große, dunkle Flecken, die mosaikartig auf hellem Grund angeordnet sind. *Länge:* 18–21 cm. Die Larven sind größer.

Vorkommen: In Rumänien (in Gebirgsflüssen bis in die Forellenregion vordringend, nicht in der Donau selbst) und in Rußland im Bereich der zum Schwarzen Meer entwässernden Flüsse Pruth, Dnjestr, Dnjepr, Don und Kuban.

Lebensweise: Die erwachsenen Tiere nehmen keine Nahrung zu sich. Laichzeit von Juni bis Juli. Kurz danach sterben die Laichtiere, wie bei allen Neunaugen, ab.

Flußneunauge
Lampetra fluviatilis

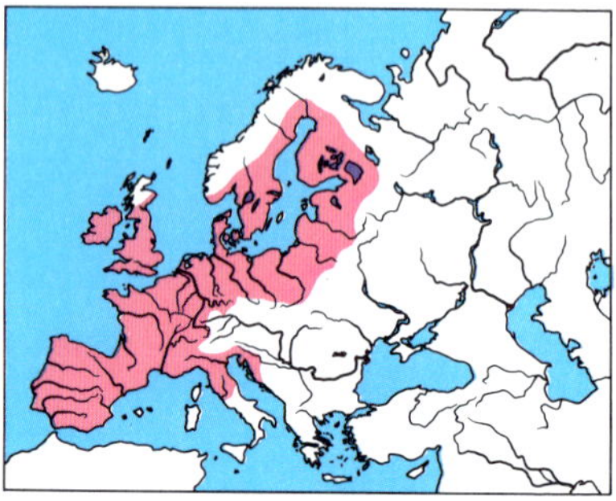

Merkmale: Die Oberkieferplatte ist breit, mit einem starken Zahn an jeder Seite. Die Unterkieferplatte trägt 5–9 (meist 7) Zähne, die kräftig und scharf sind. Die Mundscheibe weist nur oben äußere Lippenzähne auf, die in geringer Zahl verstreut stehen; die inneren Lippenzähne sind kräftig, zwei- oder dreizackig. Die Vorderkante der vorderen Zungenplatte trägt 9–17 (meist 13–15) Zähnchen, von denen das in der Mitte vergrößert und verbreitert ist. Die beiden Rückenflossen sind außerhalb der Laichzeit getrennt, während der Laichzeit stoßen sie aneinander. *Färbung:* Oberseite dunkelbleigrau bis grünlichblau, Bauchseite weiß. Die Flossen mit lilafarbenem Schimmer. *Länge:* Männchen 31–32 cm, Weibchen 32–34 cm, max. bis 40 cm.

Vorkommen: Europäische Küstengewässer und Flüsse vom Nord- und Ostseegebiet bis Italien und Dalmatien.

Lebensweise: Wanderfisch, der im Herbst in die Flüsse aufsteigt und dann im nächsten Frühjahr geschlechtsreif wird. Laichzeit von April bis Mai. Bis zu 40000 Eier werden an flachen Kiesbänken abgelegt. Nach 3–5 Jahren erfolgt die Umwandlung der Larven, die dann zum Meer abwandern. *Nahrung:* Fische (Dorsche, Heringe u. a.). Nach einem Sommer in der Küstenregion sind die Neunaugen über 30 cm lang und haben sich einen daumenstarken Körper angemästet, ehe der Laichaufstieg beginnt.

Allgemeines: Vor der Verschmutzung und Verbauung unserer Flüsse kamen die Flußneunaugen auch bei uns in großer Anzahl vor.

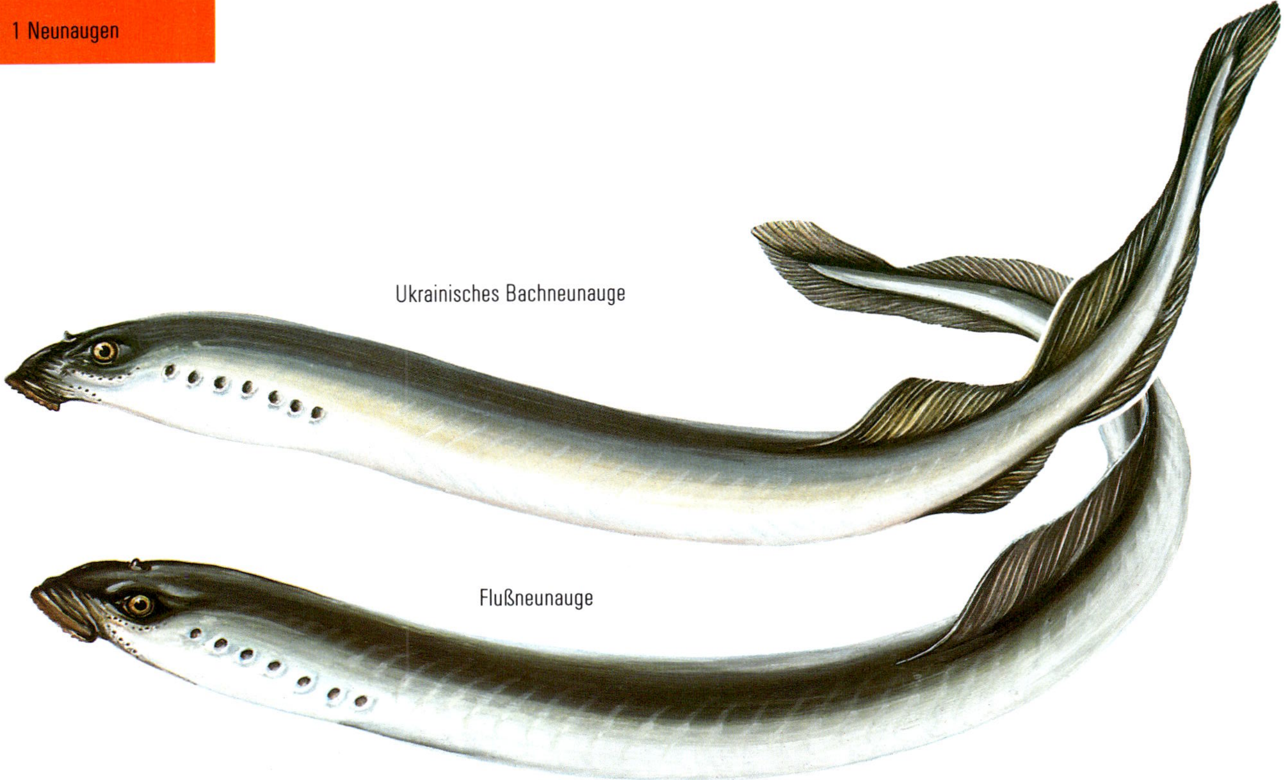
Ukrainisches Bachneunauge
Flußneunauge

Bachneunauge
Lampetra planeri

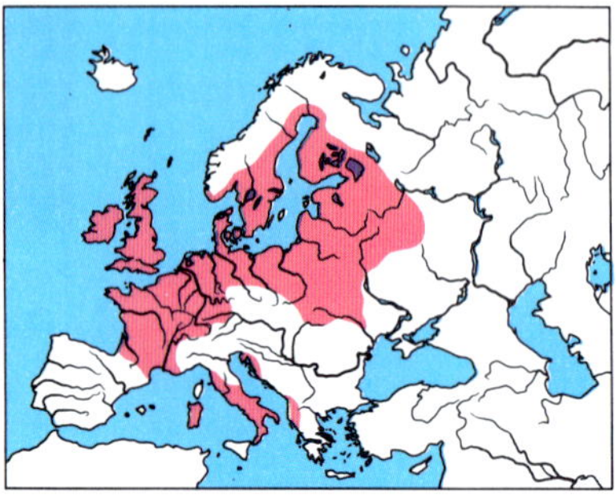

Merkmale: Die Oberkieferplatte ist breit, mit einem starken Zahn an jeder Seite. Die Unterkieferplatte trägt 5–9 (meist 7) gleich große Zähne, die abgerundet sind. Die Mundscheibe weist nur obere und randständige Lippenzähne auf, die seitlichen äußeren und die unteren Lippenzähne fehlen; die inneren Lippenzähne sind schwach entwickelt, zwei- oder dreihöckerig. Die vordere Zungenplatte besitzt eine mittlere Einsenkung, ihre Vorderkante trägt mehrere Zähnchen, von denen das in der Mitte vergrößert und verbreitert ist. Die beiden Rückenflossen stoßen bei laichreifen Tieren aneinander. *Färbung:* Oberseite dunkelbläulich bis -grün, Flanken gelblichweiß, Bauchseite weiß. *Länge:* 10–16 cm, max. bis 21 cm.

Vorkommen: In Bächen und kleinen Flüssen im Nord- und Ostseebereich, von Irland, England bis nach Südfrankreich; auch in Unteritalien, Dalmatien und Albanien. Fehlt im Einzugsgebiet des Schwarzen Meeres. In Norditalien lebt eine nahverwandte Art, das **Norditalienische Bachneunauge**, *Lampetra planeri zanandreai.*

Lebensweise: Nichtparasitärer Standfisch kleiner Gewässer. Seine Larven leben 3–5 Jahre im Schlamm und Sand vergraben, wo sie sich von Algen und Kleinsttieren aller Art ernähren. Bei einer Länge von 10–15 cm beginnt im Herbst des letzten Jahres die Umwandlung: Augen und Zähne entwickeln sich, während der Darmtrakt einschrumpft. Im Frühjahr werden die fertigen Tiere geschlechtsreif. Laichzeit von März bis Juni. Bis zu 1500 Eier werden an seichten Sand- oder Kiesbänken abgelegt.

Arktisches Neunauge
Lampetra japonica

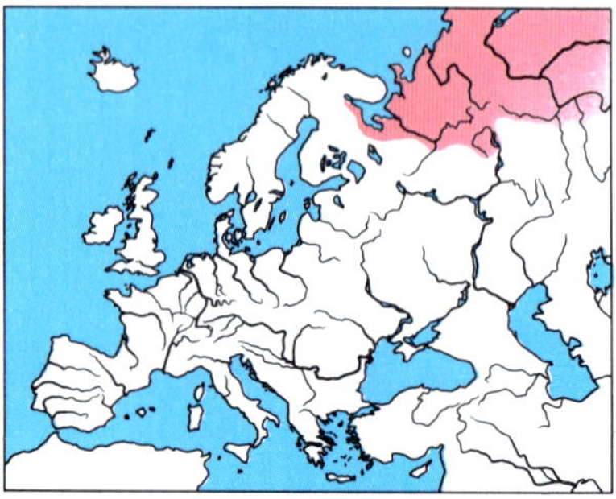

Merkmale: Die Oberkieferplatte ist breit, mit einem starken, spitzen Zahn an jeder Seite. Die Unterkieferplatte trägt 6 (selten 7) gleich große Zähne. Die Mundscheibe weist nur kräftige obere und untere Lippenzähne auf, die seitlichen äußeren Lippenzähne fehlen; die 3 inneren Lippenzähne auf jeder Seite sind zweispitzig und stark entwickelt. Die vordere Zungenplatte besitzt eine mittlere Einsenkung, ihre Vorderkante trägt mehrere Zähnchen, von denen das in der Mitte vergrößert und verbreitert ist. Die beiden Rückenflossen sind vor der Laichzeit durch einen Zwischenraum voneinander getrennt, während der Laichzeit stehen sie miteinander in Berührung. *Färbung:* Blaugrau, bläulicholiv bis bräunlich, oberseits dunkel, an den Körperseiten heller werdend, bauchseits weiß. *Länge:* Die Wanderform wird bis 62,5 cm, die Standform nur bis max. 26 cm lang.

Vorkommen: Die Wanderform lebt in Küstengewässern vom pazifischen Raum (Japan, Korea, Ochotskisches Meer) bis zur Barentssee und dem Weißen Meer. Das Verbreitungsgebiet der Süßwasserform erstreckt sich vom Petschora- und Ob-Einzugsgebiet bis zu den ostsibirischen Flüssen Kolyma und Anadyr.

Lebensweise: Die große Wanderform lebt in arktischen Küstengewässern, wo sie sich als Parasit von anderen Fischen ernährt. Ihre Biologie dürfte der unseres Meerneunauges sehr ähnlich sein. Im Weißen Meer erfolgt der Laichaufstieg von Juli bis August. Im darauffolgenden Jahr wird von Mai bis Juni in den Unterläufen der Flüsse abgelaicht. Die kleine Standform lebt ausschließlich im Süßwasser.

Bachneunauge
Arktisches Neunauge

Stör
Acipenser sturio

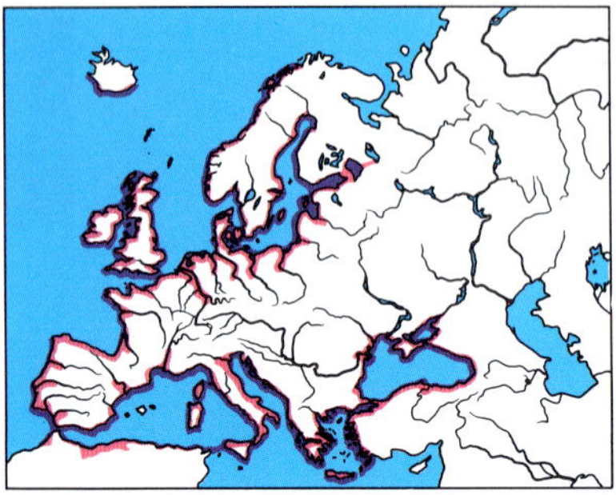

Merkmale: Der haiförmige Körper ist mit 5 Längsreihen von Knochenschildern bedeckt. Die Rückenflosse ist weit nach hinten verlagert, die Schwanzflosse besitzt einen verlängerten Oberlappen. Der zahnlose, rüsselförmig vorstülpbare Mund ist unterständig, vor ihm stehen 4 Bartfäden in einer Querreihe; die Schnauze ist, je nach Art, mehr oder weniger verlängert. Diese Merkmale gelten für alle Störarten *(Acipenserinae)*. Die Vertreter der Gattung *Acipenser* besitzen folgende gemeinsame Merkmale: Die Mundwinkel reichen nicht bis zur Seitenkante des Kopfes; die Bartfäden sind rund; die Kiemenhäute bilden rückwärts keine freie Falte, sondern sind mit dem Isthmus verwachsen. Kennzeichen des Baltischen Störs: 9–14 Rückenschilder, mit einem Buckel in der Mitte; 24–36 eng aneinanderliegende Seitenschilder (knapp doppelt so hoch wie breit); 8–14 Bauchschilder. Die Schnauze ist etwa halb so lang wie der ganze Kopf. Die fransenlosen Bartfäden reichen zurückgelegt nicht bis zum Mundrand. *Färbung:* Rücken aschgrau bis braungrau, mit grünlichem Glanz; Bauchseite gelblich oder weiß mit Silberglanz. *Länge:* 100–200 cm, max. bis 550 cm lang und über 200 kg schwer.

Vorkommen: Europäische Küstengewässer von Island und Norwegen bis in das Mittelmeer und das Schwarze Meer.

Lebensweise: Wanderfisch, der von April bis Mai zum Ablaichen in die Flüsse aufsteigt. Laichzeit von Juni bis Juli. Nach 1–2 Jahren wandern die Jungfische ins Meer zurück. *Nahrung:* Wirbellose Bodentiere und Fische.

Adriatischer Stör
Acipenser naccarii

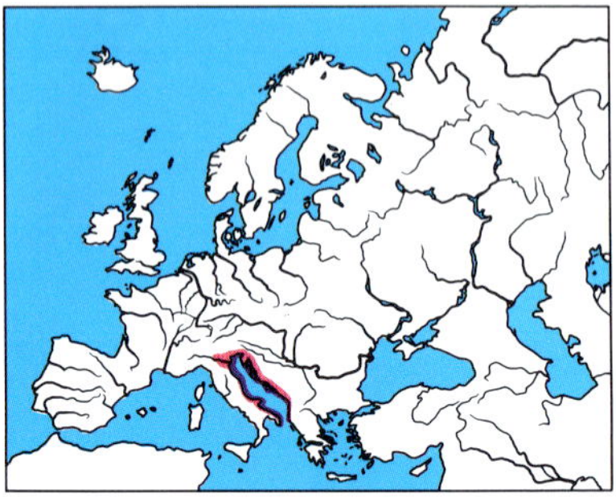

Merkmale: 11–14 Rückenschilder, 32–42 eng aneinanderliegende Seitenschilder, die mehr als doppelt so hoch wie breit sind, 8–11 Bauchschilder. Die oberseits verknöcherte Schnauze ist nur mäßig lang, ihre Länge übersteigt kaum ein Drittel der Kopflänge; sie ist vorn rundlich oder kegelförmig abgestumpft. Die ziemlich langen Bartfäden haben keine Fransen, sind rund und stehen der Schnauzenspitze näher als dem Mund; zurückgelegt reichen sie jedoch nicht bis zum Mundrand. *Färbung:* Je nach Aufenthaltsort kann die Rückenseite dieser Störart gelblich, ockerfarben, bräunlich bis fast schwärzlich gefärbt sein. Die Bauchseite ist wie die großen Knochenschilder auch gelblich bis schmutzigweiß. *Länge:* 100–150 cm, die max. Länge liegt bei 200 cm. Große Exemplare sind heute jedoch sehr selten geworden.

Vorkommen: Ein Bewohner der Küstenregion des Adriatischen Meeres, von wo er zur Laichzeit in die Flüsse und Ströme der norditalienischen Tiefebene (Po, Etsch und Tagliamento) aufsteigt.

Lebensweise: Eine aus dem Meer ins Süßwasser aufsteigende Störart, deren Biologie heute noch weitgehend unbekannt ist. Vor der Verschmutzung und Verbauung seiner Laichgewässer stieg der Adriastör bis in den Mittellauf der großen Adriazuflüsse auf, um dort von April bis Mai an tiefen, stark überströmten Sand- oder Kiesstellen abzulaichen. Er galt damals als begehrter Speisefisch. Heute sind seine Bestände, wie bei allen Störarten, stark gefährdet; Laichaufstiege finden kaum noch statt.

Adriatischer Stör

Stör

Glattdick
Acipenser nudiventris

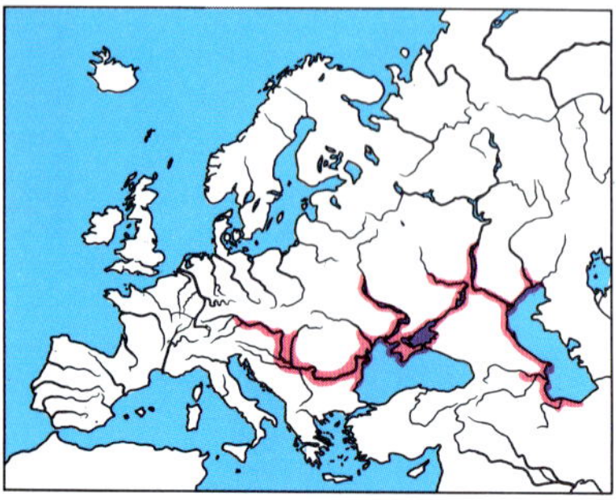

Merkmale: 12–15 Rückenschilder, mit einer Spitze hinter der Schildmitte; 55–66 Seitenschilder, 12–16 Bauchschilder. Der Körper ist auffallend dick und gedrungen, die Schnauze kurz und kegelförmig abgestumpft, die Unterlippe in der Mitte nicht gespalten. Die runden Bartfäden sind an der Innenseite gefranst. *Färbung:* Rückenseite je nach Wohnort aschgrau, rötlichbraun bis dunkelbraun, Flanken heller. Die Bauchseite und die Knochenschilder sind schmutzigweiß gefärbt. Alle Flossen leicht grau, die Bauchflossen zuweilen mit dunklen Flecken. *Länge:* Selten bis 200 cm lang. Diese Störart ist im Durchschnitt 8–10 kg schwer, sie soll jedoch ein Maximalgewicht von 40–50 kg erreichen.
Vorkommen: Donaubecken, Schwarzmeergebiet, Kaspisches Meer (Südregion), Aralsee.
Lebensweise: Von dieser Störart sind vier Formen bekannt: In der Donau, oberhalb des Eisernen Tores (Rumänien), lebt eine Süßwasserform, die nicht mehr ins Meer abwandert und in den Flüssen Waag, Theiß, Maros u. a. ablaicht. Die anderen drei Formen sind anadrome Wanderfische, die zur Laichzeit in die Zuflüsse aufsteigen. Im Bereich des Kaspischen Meeres kann der Aufstieg sowohl im Herbst (mit einer anschließenden Winterruhe in tiefen, ruhigen Flußstellen) als auch erst im Frühjahr erfolgen; bekannte Laichflüsse sind Kura, Wolga und Ural. Im Aralseegebiet kommt nur die Winterform vor. Die Laichzeit erstreckt sich bei allen Formen von März bis Mai. *Nahrung:* Wirbellose Bodentiere (insbesondere Weichtiere) und Grundfische.

Sterlet
Acipenser ruthenus

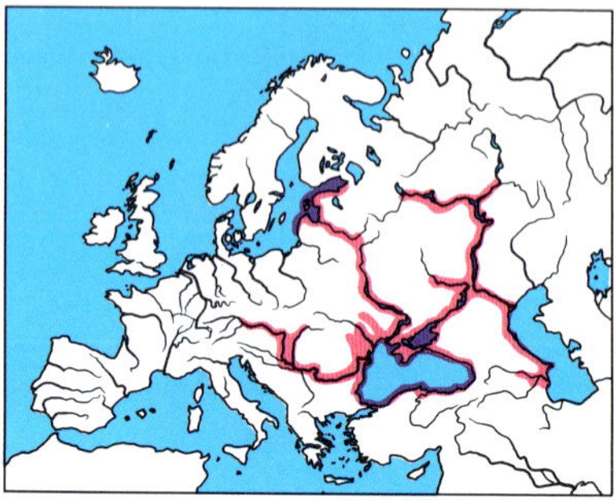

Merkmale: 11–17 Rückenschilder, mit einem langen, scharfen Kamm und Haken; 60–70 kleine Seitenschilder, die sich dachziegelartig überdecken; 10–18 Bauchschilder. Der Körper ist schlank, die Schnauze schmal, lang und leicht nach oben gebogen. Die langen Bartfäden, mit kurzen Fransen an der Spitze, reichen zurückgelegt bis zum vorderen Mundrand. Die Brustflossen sind auffallend groß. *Färbung:* Rücken dunkelgrau, graubraun bis schwärzlichbraun, mit bläulichem oder grünlichem Schimmer; Bauchseite gelblich- bis rötlichweiß. Die Knochenschilder sind elfenbeinfarben. *Länge:* Meist 35–60 cm, selten bis 100 cm (und bis zu 6 kg schwer).
Vorkommen: In den Zuflüssen des Schwarzen, Asowschen und Kaspischen Meeres, in größeren Flüssen und Seen Nordrußlands und Sibiriens sowie in einigen Zuflüssen der östlichen Ostsee (z. B. in der Düna). Im nördlichen Kaspischen Meer auch im Brackwasser.
Lebensweise: Nach der Winterruhe in tiefen Altwasserbereichen ziehen die laichreifen Sterlets im Frühjahr weit die Flüsse hinauf; so einst auch z. B. in der Donau und ihren Nebenflüssen, wo man sie früher bis Ulm, Landshut und Laufen angetroffen hat. Das Ablaichen erfolgt von Mai bis Juni über Kiesgrund in der Strömung. Die Eier, mit einem Durchmesser von ca. 3 mm, haften zwischen den Steinen. Je nach Weibchengröße werden 11 000–140 000 Eier abgesetzt. Schon nach 4–5 Tagen schlüpft die Brut, die mit der Strömung fortgetragen wird. *Nahrung:* Insektenlarven, Würmer, Kleinkrebse, kleine Fische.

Sterlet

Glattdick

Sternhausen oder Scherg
Acipenser stellatus

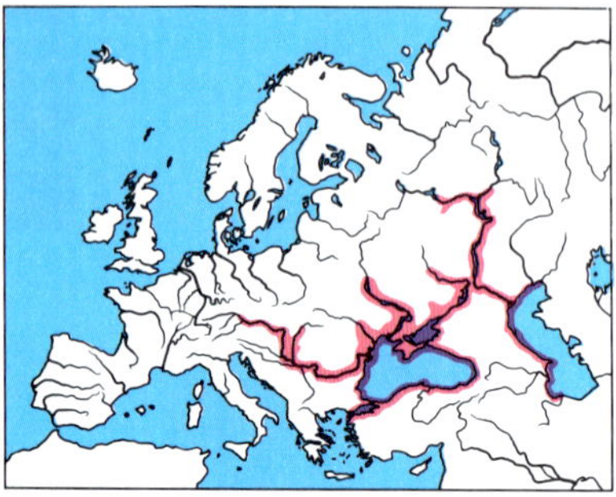

Merkmale: 10–15 Rückenschilder, mit scharfer nach hinten gerichteter Spitze; 26–40 zierliche Seitenschilder, die sich nicht überdekken; 10–12 Bauchschilder. Der sehr schlanke, langgestreckte Körper ist im Querschnitt rund. Die Länge der schmalen, spitzen, nach oben gebogenen Schnauze beträgt mehr als die Hälfte der Kopflänge. Die Unterlippe ist stets in der Mitte geteilt. *Färbung:* Rücken rostbraun mit blauschwarzer Tönung; Körperseiten rötlich; Bauchseite weiß, mit silbrigem Glanz. Es kommen auch fast schwarzgefärbte Exemplare mit graugelber Bauchseite vor. Die Schnauze ist auf der Unterseite fleischfarben, die Knochenschilder sind schmutzigweiß gefärbt. *Länge:* Weibchen bis 220 cm (68 kg).

Vorkommen: Schwarzes, Asowsches und Kaspisches Meer und deren Zuflüsse. Der Sternhausen oder Scherg wurde daneben auch in der Adria (bei Zadar), im Fluß Maritza und im Aralsee vereinzelt angetroffen. In der Donau ist er bis Preßburg nachgewiesen, heute versperrt ihm das Stauwerk am Eisernen Tor (Rumänien) den Aufstieg.

Lebensweise: Wanderfisch, bei dem man eine Sommer- und Winterform unterscheidet. Die Sommerform dringt meist nicht sehr weit in die Flußunterläufe ein: Die Laichplätze liegen in den Flußmündungen, oft auch auf Geröllbänken, die dem Delta vorgelagert sind. Laichzeit ist im Juni, die Jungfische wandern rasch ins Meer zurück. Die Winterform steigt weit flußaufwärts. Laichzeit Juni bis September. *Nahrung:* Insektenlarven, Krebse, Kleinfische.

Waxdick
Acipenser güldenstädti

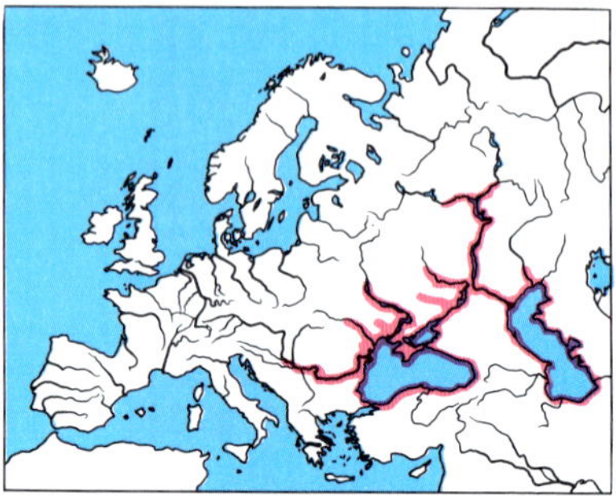

Merkmale: 10–13 Rückenschilder, mit scharfer, nach hinten gerichteter Spitze (bei älteren Exemplaren abgestumpft); 21–50 kleine Seitenschilder, die so weit voneinander getrennt sind, daß in den Zwischenräumen die Seitenlinie sichtbar wird; 8–10 Bauchschilder. Der kräftige, spindelförmige Körper ist höher als bei den übrigen *Acipenser*-Arten, die Schnauze breit und kurz. Vor dem kleinen, spaltförmigen Mund stehen kurze, runde Bartfäden ohne Fransen, sie reichen zurückgelegt nicht bis zum Mundrand. Die Unterlippe ist in der Mitte meist geteilt. *Färbung:* Rückenseite bläulichgrau, aschgrau bis olivgrau, an den Flanken aufhellend; die Bauchseite ist weißlich bis schmutziggelb. Knochenschilder elfenbeinfarben. *Länge:* Meist 130–250 cm (20–30 kg Gewicht); max. bis 400 cm (160 kg Gewicht).

Vorkommen: Von dieser Art sind 3 geographische Rassen bekannt: Im Schwarzen und Asowschen Meer (und den Zuflüssen Donau bis Don) kommt der **Pontische Waxdick** *(A. g. colchicus)* vor. Der **Nordkaspische Waxdick** *(A. g. güldenstädti)* lebt im nördlichen, der **Südkaspische Waxdick** *(A. g. persicus)* im südlichen Kaspischen Meer und dessen Einzugsbereich.

Lebensweise: Wanderfisch, der zur Fortpflanzung ins Süßwasser eindringt. Der Laichaufstieg im Frühjahr ist, je nach Population, mehr oder weniger weit: Einige laichen bereits auf Geröll- und Sandbänken im Mündungsgebiet, andere dringen weit in die Zuflüsse ein. Es sind auch nichtwandernde Formen (z. B. aus der Wolga und Donau) bekannt.

Sternhausen oder Scherg

Waxdick

Hausen
Huso huso

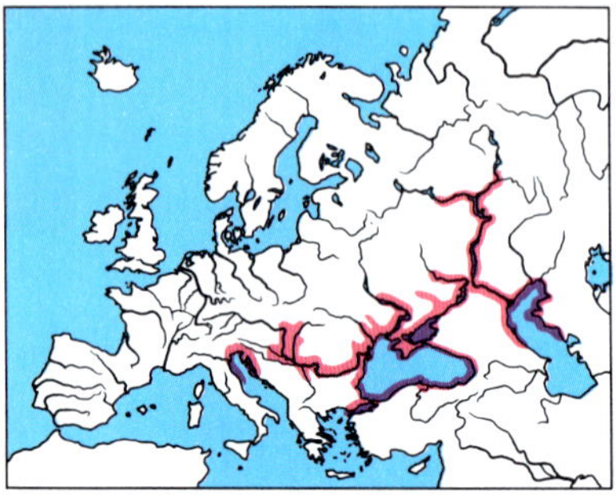

Merkmale: 11–15 glatte Rückenschilder ohne Dornen; 40–60 kleine, voneinander getrennte Seitenschilder; 9–12 Bauchschilder. Die kegelförmige Schnauze ist kurz und dick. Der große, halbmondförmige Mund reicht über die ganze Unterseite des Kopfes. Die Unterlippe ist in der Mitte geteilt. Die langen, abgeplatteten Bartfäden (mit Fransen) reichen zurückgelegt bis zur Mundöffnung. Die Kiemenhäute bilden rückwärts über dem Isthmus eine freie Falte und sind miteinander verwachsen. *Färbung:* Rückenseite dunkel- bis aschgrau, mit bläulichem Schimmer; Körperseiten hellgrau; Bauchseite, ebenso wie die Knochenschilder, schmutzigweiß. Die Schnauze ist gelblich. *Länge:* Heute höchstens 600–700 cm; früher sollen, wenn auch selten, Prachtexemplare bis zu 900 cm (und bis zu 1500 kg Gewicht) gefangen worden sein.
Vorkommen: Im Schwarzen, Asowschen, Kaspischen Meer und in der nördlichen Adria. Man unterscheidet 4 geographische Rassen: *H. h. huso* (westl. Schwarzes Meer u. Adria), *H. h. orientalis* (östl. Schwarzes Meer), *H. h. maeoticus* (Asowsches Meer), *H. h. caspius* (Kaspisches Meer).
Lebensweise: Wanderfisch, der zum Ablaichen früher sehr weit die Flüsse aufwärts gezogen ist. Der stärkste Aufstieg aus dem Schwarzen Meer fand früher in der Donau statt (bis in den bayerischen Donaubereich), heute nur noch bis zum Eisernen Tor (Rumänien). Laichzeit April bis Mai. 360 000–7 500 000 Eier. *Nahrung:* Wirbellose Tiere, im Alter überwiegend Fische.

Aal
Anguilla anguilla

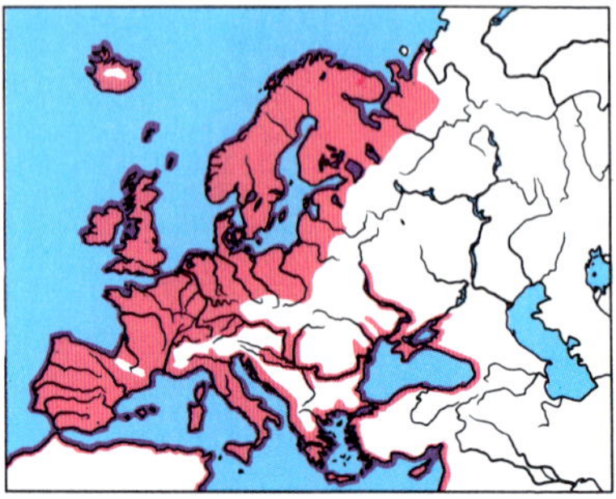

Merkmale: Schlangenartiger Körper mit schleimiger Haut, in die die winzigen, länglich-ovalen Schuppen sehr tief eingebettet sind. Rücken-, Schwanz- und Afterflosse zu einem Flossensaum vereinigt. Ansatz der Rückenflosse weit hinter der Spitze der Brustflossen. Bauchflossen fehlen. *Färbung:* »Gelbaal«: Rükken olivbraun oder graubraun, Bauchseite gelblich. »Blankaal« (bei Eintritt der Geschlechtsreife): Rücken dunkel graugrün, Flanken und Bauch stark silberglänzend. *Länge:* Männchen bis 51 cm, Weibchen bis 150 cm.
Vorkommen: Einzugsbereich des Nordostatlantiks von der Petschora und dem Weißen Meer, von Island und den Faröern bis zu den Azoren, Kanaren und der westafrikanischen Küste; Nordsee, Ostsee; Mittelmeer (bis Griechenland), Adria. Heute durch Besatzmaßnahmen (z. B. im Donaugebiet) weit verbreitet.
Lebensweise: Katadromer (d. h. zum Laichen aus dem Süßwasser ins Meer ziehender) Wanderfisch. Nach 4–10 Jahren Aufenthalt in Flüssen und Seen (»Gelbaal«) beginnt die Abwanderung im August/September (»Blankaale). Die Laichplätze liegen in der Sargassosee über großen Tiefen. Das Ablaichen erfolgt im Frühjahr, 1½ Jahre nach Beginn der Wanderung; die Laichtiere sterben dann ab. Mit dem Golfstrom treiben die durchsichtigen, weidenblattförmigen Larven nach Osten und erreichen in ihrem 3. Lebensjahr die europäischen Küsten (»Glasaale«). Als »Steigaale« wandern sie in Ufernähe die Flüsse aufwärts. *Nahrung:* Würmer, Kleinkrebse, Insektenlarven, kleine Weichtiere, Krebse, Kleinfische, Frösche.

2 Störe

Hausen

3 Aale

Aal

Maifisch oder Alse
Alosa alosa

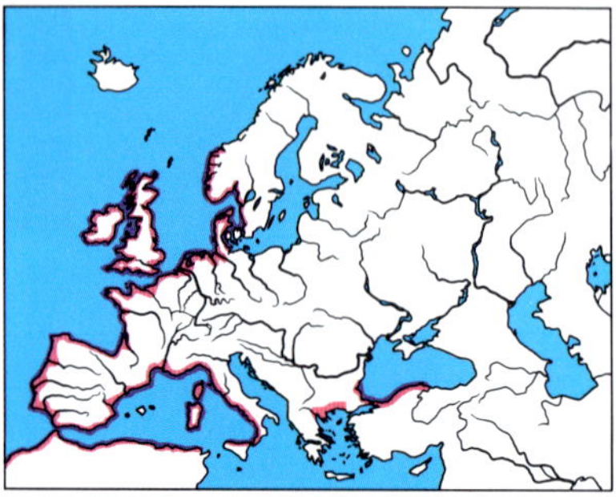

Merkmale: Gestreckter, seitlich abgeflachter Körper mit Rundschuppen, ohne Seitenlinie, Kopf nackt. Kurze Rückenflosse, keine Fettflosse (Kennzeichen aller Heringsfische). Oberkiefer mit gutentwickelter mittlerer Kerbe. Der Unterkiefer reicht bis zum hinteren Augenrand (Kennzeichen aller *Alosa*- und *Caspialosa*-Arten). Keine Zähne auf dem Pflugscharbein (im Gegensatz zu den *Caspialosa*-Arten). 90–130 lange, sehr dünne Kiemenreusendornen. 70–80 Schuppen in einer Längsreihe. *Färbung:* Oberseite bläulichgrün bis braun; Flanken und Bauchseite silbrigweiß mit Messingglanz. Am oberen Rand der Kiemenspalte ein großer schwarzer Fleck, dahinter 1–2 kleinere, undeutlichere Flecken. *Länge:* 35–40 cm, max. 70 cm.

Vorkommen: Küstengewässer des Nordostatlantiks von Südnorwegen bis Nordafrika; westliches Mittelmeer; 2 Unterarten in Griechenland und im Schwarzen Meer.

Lebensweise: Anadromer (d. h. zum Laichen aus dem Meer ins Süßwasser ziehender) Wanderfisch. Nach einem mehrjährigen Aufenthalt in küstennahen Gewässern (die Geschlechtsreife tritt im 3.–4. Lebensjahr ein) stiegen die Maifische früher sehr weit flußaufwärts: in der Elbe bis Dresden, im Rhein bis Basel und im Maingebiet bis Erlangen. Laichzeit von Mai bis Juni. Die Eier treiben frei über dem Flußboden. Die Brut schlüpft, je nach Wassertemperatur, nach 4–8 Tagen. Bei einer Länge von 8–12 cm ziehen die Jungfische von August bis Oktober ins Meer zurück. *Nahrung:* Tierisches Plankton. Heute fast ausgestorben.

Finte oder Elben
Alosa fallax

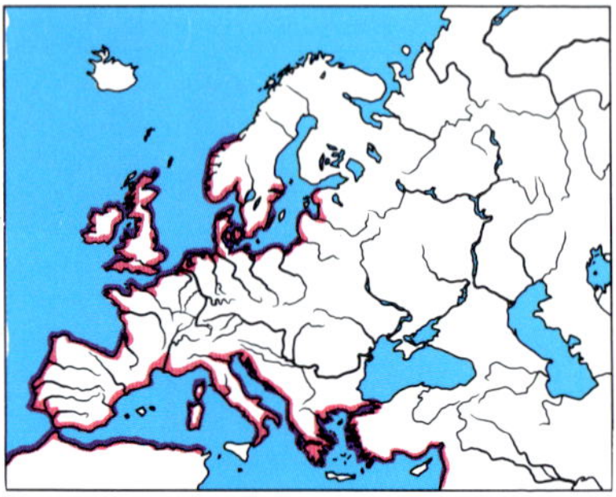

Merkmale: Heringsähnlicher Körper mit Rundschuppen (60–65 in einer Längsreihe); kurze Rückenflosse. Keine Seitenlinie. Augen mit Fettlidern. Kiemendeckel radiär gestreift. Oberkiefer mit gutentwickelter mittlerer Kerbe; der Unterkiefer reicht bis zum hinteren Augenrand. Keine Zähne auf dem Flugscharbein (Vomer). 35–45 verknöcherte Kiemenreusendornen, die nicht sehr dicht gedrängt stehen. *Färbung:* Oberseite bläulichgrün bis braun; Flanken und Bauchseite silbrigweiß, mit Goldglanz. Am oberen Rand der Kiemenspalte ein großer schwarzer Fleck, dahinter 4–8 kleinere, dunkle Flecken. Unterkiefer und Kehle rosafarben. *Länge:* 6- bis 7jährige Finten sind 35–40 cm lang; max. Länge bei 55 cm (bis 2 kg schwer).

Vorkommen: Küstengewässer des Nordostatlantiks von Gibraltar bis zum Oslo-Fjord und der Bergen-Küste, Ärmelkanal, Nordsee, Ostsee (bis in den Finnischen Meerbusen). 3 Unterarten: *A. f. killarnensis* (Killarney/Irland). *A. f. lacustris* (Lago Maggiore, Luganer See, Comer See, Lago d'Iseo und Gardasee/Norditalien, stationäre Süßwasserform), *A. f. nilotica* (Mittelmeer).

Lebensweise: Anadromer Süßwasserfisch, der im 2.–3. Lebensjahr bei einer Länge von ca. 30 cm geschlechtsreif wird. Im Mai und Juni versammeln sich die laichreifen Finten und dringen in die Flußmündungen ein. Sie steigen dabei nur selten über die Gezeitengrenze hinaus. Laichzeit Juni bis Juli. 80 000–200 000 Eier, die dicht über dem Boden in der Gezeitenströmung hin und her treiben. Brutzeit 3–8 Tage. *Nahrung:* Kleinkrebse.

Finte oder Elben

Maifisch oder Alse

Kaspi-Maifisch
Caspialosa caspia

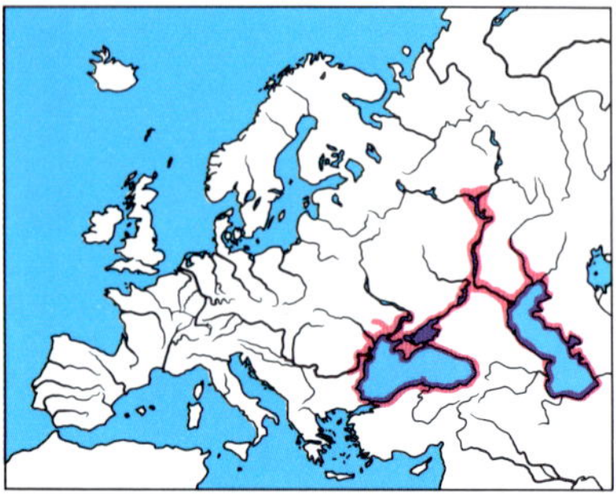

Merkmale: Hoher, heringsähnlicher Körper, der an der Bauchseite stark abgeflacht ist. Die Körperhöhe beträgt ¼ der Gesamtlänge. Große Rundschuppen. Oberkiefer mit gutentwickelter mittlerer Kerbe; der Unterkiefer reicht bis zum hinteren Augenrand. Pflugscharbein (Vomer) bezahnt. Mehr als 90 (im Durchschnitt um 122) schwache, dünne Kiemenreusendornen. *Färbung:* Rückenseite grünlich bis bläulich glänzend, Flanken und Bauch silberfarben. Hinter dem Kiemendeckel große, dunkle Flecken in einer Längsreihe, deren Anzahl von 1–8 variieren kann. *Länge:* Im Durchschnitt 12–20 cm, max. bis 32 cm.
Vorkommen: Kaspisches Meer und dessen Zuflüsse, insbesondere im nördlichen Bereich. Aus dem südlichen Kaspischen Meer sind 3 Unterarten bekannt: *C. c. knipowitschi, C. c. persica* und *C. c. salina*, die als nichtwandernde Formen in den Deltas der Zuflüsse ablaichen. Aus dem Gebiet des Schwarzen Meeres sind ebenfalls 3 Unterarten beschrieben worden, die sich durch eine geringere Zahl der Reusendornen (max. bis 90) unterscheiden: *C. c. palaeostomi* (Paleostomsee/Westkaukasien), *C. c. nordmanni* (westl. Schwarzes Meer und Zuflüsse, z. B. Donau), *C. c. tanaica* (östl. Schwarzes Meer und Zuflüsse, z. B. Don).
Lebensweise: Im nördlichen Teil des Kaspischen Meeres versammeln sich die nach 2–3 Jahren geschlechtsreif gewordenen Maifische vor den Mündungen der großen Zuflüsse, um von April bis Juni in 2–3 m Tiefe abzulaichen. Eizahl: 400 000–700 000. Brutzeit 2–3 Tage. *Nahrung:* Wirbellose Tiere und Kleinfische.

Kizilagach-Maifisch
Caspialosa curensis

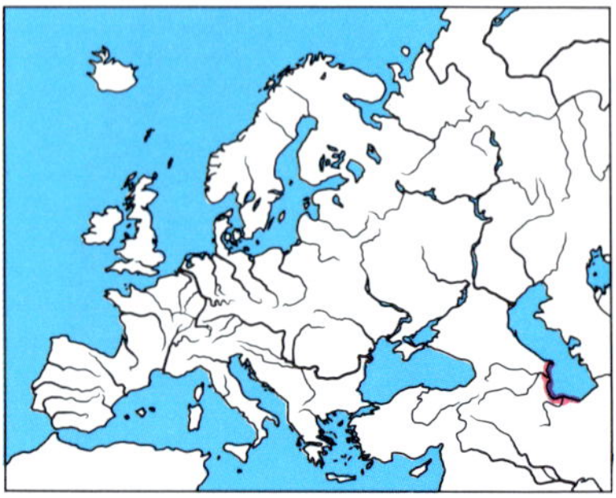

Merkmale: Hoher, heringsähnlicher Körper; oberes und unteres Kopfprofil gleichmäßig gerundet. Die Körperhöhe beträgt wie die Kopflänge auch ¼ der Gesamtlänge. Große Augen mit Fettlidern. Kurze Rückenflosse. Keine Seitenlinie. Oberkiefer mit gutentwickelter mittlerer Kerbe; der Unterkiefer reicht bis zum hinteren Augenrand. Kiefer und Pflugscharbein bezahnt. Die Länge der Brustflossen beträgt ⅘ des Abstandes zwischen Brustflossen- und Bauchflossenansatz. 31–43 Kiemenreusendornen, die länger sind als die Kiemenblättchen. *Färbung:* Rückenseite grünlich bis bläulich schimmernd, Flanken und Bauchseite silberfarben. Keine dunklen Flecken hinter dem Kiemendeckel. *Länge:* Im Durchschnitt 14–16 cm, max. bis 19 cm (5jährig).
Vorkommen: Im Gebiet der Kizilagachbucht des südlichen Kaspischen Meeres.
Lebensweise: Obwohl dieser kleine Heringsfisch in seinem Verbreitungsgebiet häufig gefangen und auch fischereiwirtschaftlich verwertet wird, ist über seine Biologie noch sehr wenig bekannt. Er gehört zu denjenigen Arten, die zur Fortpflanzungszeit nur vereinzelt in die Zuflüsse eindringen und flußaufwärts wandern. Der größte Teil der Populationen laicht bereits im Mündungsgebiet oder über Sandbänken im Meer ab. Die Laichzeit fällt in die Monate April bis Mai. Zum erstenmal tritt die Geschlechtsreife am Ende des 3. oder 4. Lebensjahres ein. *Nahrung:* Wirbellose Kleintiere der Freiwasserregion, insbesondere kleine Krebstiere; ältere Tiere jagen auch nach Fischlarven und Kleinfischen.

Kaspi-Maifisch

Kizilagach-Maifisch

Kerchen-Maifisch
Caspialosa maeotica

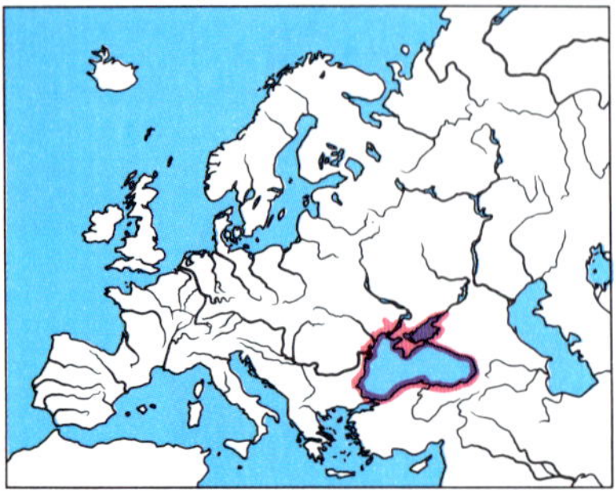

Merkmale: Schlanker, heringsähnlicher Körper; oberes und unteres Kopfprofil gerade. Die Körperhöhe beträgt weniger als ¼ der Gesamtkörperlänge. Kleine Augen, ihr Durchmesser kleiner als 6 Prozent der Körperlänge. Kurze Rückenflosse. Keine Seitenlinie. Oberkiefer mit gutentwickelter mittlerer Kerbe; der Unterkiefer reicht bis zum hinteren Augenrand. Kiefer und Pflugscharbein stark bezahnt. Kurze, kleine Brust- und Bauchflossen. 26–41 kräftige Kiemenreusendornen, sie sind kürzer als die Kiemenblättchen. *Färbung:* Rückenseite grünlich bis bläulich schimmernd, Flanken und Bauch silberfarben. Rückenflosse mit dunklem Saum. Mit oder ohne dunklen, undeutlichen Fleck hinter dem Kiemendeckel. *Länge:* 30–40 cm, max. bis 50 cm.
Vorkommen: Küstengewässer des Schwarzen und Asowschen Meeres, in Lagunen und (selten) auch im Unterlauf der Zuflüsse (z. B. im Don). Aus dem Kaspischen Meer sind 8 Unterarten bekannt; die bekannteste davon ist der **Dolginka-Maifisch** *(C. m. brashnikovi)*, der von manchen Autoren auch als eigene Art (mit 7 Unterarten) angesehen wird.
Lebensweise: Der Kerchen-Maifisch zieht im Winter ins südöstliche Schwarze Meer, u. a. an die Kaukasusküste. Im zeitigen Frühjahr (März) wandert er zurück, um sich in Mündungsnähe der großen Zuflüsse von April bis Juni (je nach Laichgebiet) fortzupflanzen. Der Dolginka-Maifisch dringt dazu auch in das Wolgadelta ein. Geschlechtsreif werden diese Maifische im 3. Lebensjahr. Höchstalter 8 Jahre. *Nahrung:* Wirbellose, besonders Krebse, und Kleinfische.

Schwarzmeer-Maifisch
Caspialosa pontica

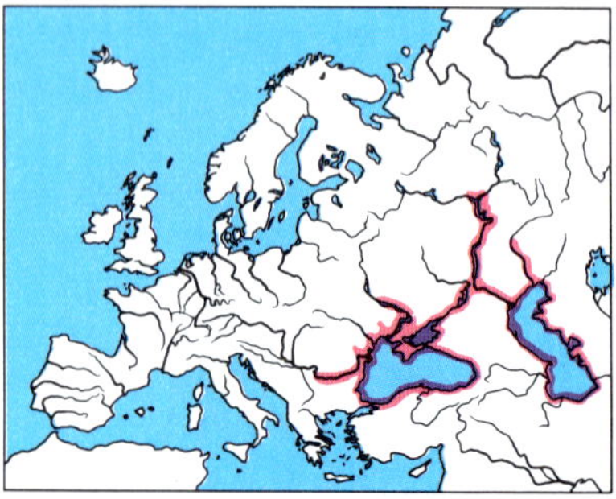

Merkmale: Schlanker, heringsähnlicher Körper mit großen Rundschuppen (30–36 in einer Längsreihe), im Durchschnitt 33–34. Kurze Rückenflosse. Keine Seitenlinie. Oberkiefer mit gutentwickelter mittlerer Kerbe; der Unterkiefer reicht bis zum hinteren Augenrand. Kiefer, Zunge, Pflugscharbein und Gaumenbeine bezahnt. Kurze, kleine Brust- und Bauchflossen. 40–73 (im Durchschnitt 46–55) kräftige Kiemenreusendornen, sie sind kürzer als die Kiemenblättchen. *Färbung:* Rücken- und Kopfoberseite dunkel, bläulich glänzend bis schwarz. Ein dunkler Fleck zwischen Auge und Kiemendeckelrand. Sehr selten 7–8 undeutliche, dunkle Flecken hinter dem Kiemendeckel. *Länge:* 15–20 cm, max. bis 40 cm.
Vorkommen: Im Schwarzen und Asowschen Meer sowie in deren Zuflüssen (z. B. Donau, Dnjepr, Don) und im Paleostomsee. Aus dem Kaspischen Meer sind 2 für die Wolgafischerei sehr wichtige Unterarten bekannt: *C. p. kessleri* (größte *Caspialosa*-Art, bis 52 cm Länge und 2 kg Gewicht) und *C. p. volgensis.*
Lebensweise: Der Aufstieg der Schwarzmeer-Maifische fällt in die Monate März bis April, sobald die Zuflüsse eisfrei geworden sind. Sie ziehen oft sehr weit flußaufwärts (im Don z. B. bis zu 900 km), wobei anfangs die Männchen in der Mehrzahl sind. Laichzeit Ende Mai bis Juli, im oberen Dongebiet bis August. Die Eier werden über Sand- und Kiesbänken abgelegt. Die Abwanderung der Brut ins Meer beginnt je nach Laichplatz im Juni und endet im September; die Jungfische sind dann im Durchschnitt 7 cm lang. Geschlechtsreif im 2.–3. Jahr.

Kerchen-Maifisch

Schwarzmeer-Maifisch

Großaugen-Maifisch
Caspialosa saposhnikovi

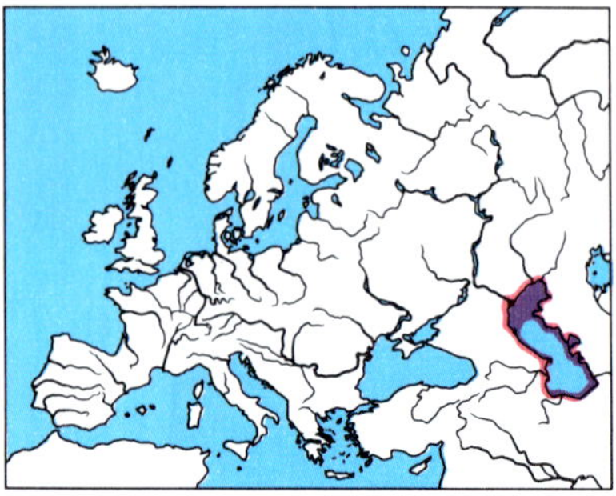

Merkmale: Hoher, heringsähnlicher Körper, mit leicht abfallenden, kleinen Rundschuppen (52–55 in einer Längsreihe). Die Körperhöhe beträgt 23–29 Prozent der Körperlänge. Große Augen mit einem Durchmesser von 6–6,4 Prozent der Körperlänge. Kurze Rückenflosse. Keine Seitenlinie. Oberkiefer mit deutlicher mittlerer Kerbe; der Unterkiefer reicht bis zum hinteren Augenrand. Kräftige Bezahnung. 26–41 (im Durchschnitt 30–31) dicke, lange Kiemenreusendornen, die nicht sehr dicht gedrängt stehen. *Färbung:* Grünlich bis bläulich schimmernder Rücken, silberfarbene Flanken und Bauchseite. Mit oder ohne einzelnen schwarzen Fleck hinter dem Kiemendeckel. *Länge:* 20–30 cm, max. bis 36 cm.

Vorkommen: Überwiegend im nördlichen Teil des Kaspischen Meeres und im Wolgadelta. Im gleichen Gebiet lebt eine nahverwandte Art, *C. sphaerocephala*, die kleiner bleibt (bis 18,5 cm) und sich durch ein gerundetes Kopfprofil, eine schwächere Bezahnung und längere Reusendornen unterscheidet.

Lebensweise: Ein Wanderfisch, der in kalten Jahren bis in den südlichen Teil des Kaspischen Meeres zieht. Im Frühling wandern die laichreifen Schwärme nach Norden und dringen in die Mündungsgebiete der Zuflüsse (insbesondere der Wolga) ein. Die Laichplätze liegen im Brackwasserbereich der Deltas, ein Aufstieg in die Flüsse selbst erfolgt nicht. Laichzeit im April. Die Weibchen werden im 4., die Männchen schon im 3. Lebensjahr geschlechtsreif. Höchstalter 7 Jahre. *Nahrung:* Wirbellose, vor allem Krebse des Freiwassers.

Suworow-Maifisch
Capsialosa suworowi

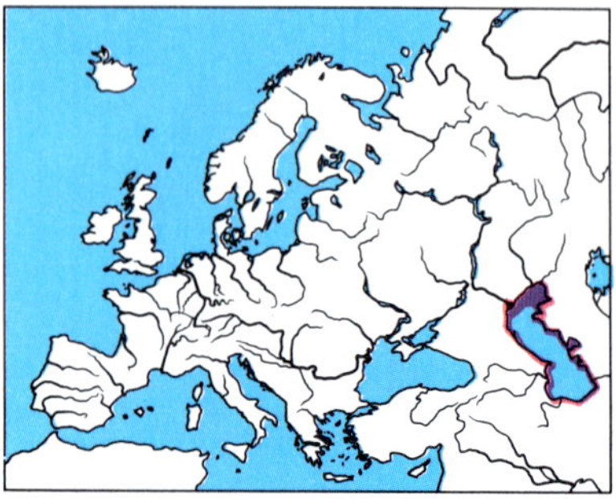

Merkmale: Hoher, heringsähnlicher Körper mit kleinen Rundschuppen. Die Körperhöhe beträgt zwischen 22 und 30 Prozent (im Durchschnitt 26 Prozent) der Körperlänge. Große Augen, ihr Durchmesser mehr als 6 Prozent der Körperlänge. Kurze Rückenflosse. Keine Seitenlinie. Oberkiefer mit deutlich mittlerer Kerbe; der Unterkiefer reicht bis zum hinteren Augenrand. Kiefer und Pflugscharbein bezahnt. Die Kopflänge beträgt ¼ (oder etwas mehr) der Körperlänge. 32–68 (im Durchschnitt 50–55) kräftige Kiemenreusendornen, sie sind 1½mal so lang wie die Kiemenblättchen. *Färbung:* Rückenseite dunkelgrüngrau bis schwärzlich. Mit oder ohne undeutlichen dunklen Fleck hinter dem Kiemendeckel. *Länge:* 15–20 cm, max. bis knapp 17 cm.

Vorkommen: Überwiegend im nördlichen Teil des Kaspischen Meeres, vor dem Wolgadelta und ostwärts davon. Einzelne Exemplare sind aber auch inbesondere während der kalten Jahreszeit im Süden des Kaspischen Meeres angetroffen worden.

Lebensweise: Die Laichschwärme dieser Art tauchen vor der Wolgamündung zur gleichen Zeit auf wie die des Großaugen-Maifisches. Im Frühling versammeln sich oft große Scharen, um auf den Sandbänken im Brackwasserbereich des Mündungsgebietes abzulaichen. Einige Trupps dringen auch etwas weiter in den unteren Teil des Deltas ein; ein Aufstieg in die Wolga selbst erfolgt jedoch nicht. Laichzeit Mai bis Juni. *Nahrung:* Hauptsächlich wirbellose Kleintiere des freien Wassers, keine Bodentiere.

Großaugen-Maifisch

Suworow-Maifisch

Abrau-Sardine
Clupeonella abrau

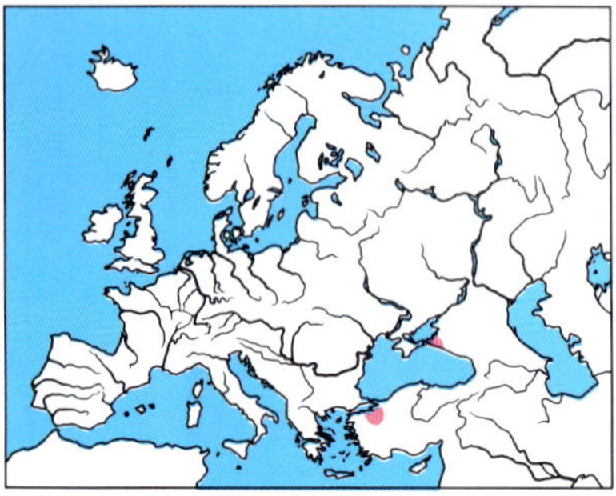

Merkmale: Sardinenähnlicher, sehr langgestreckter Körper mit großen, leicht abfallenden Rundschuppen. Die Körperhöhe beträgt weniger als 20 Prozent der Körperlänge. Kurze Rükkenflosse. Die letzten 2 Strahlen der Afterflosse sind verlängert. Keine Seitenlinie. Oberkiefer ohne Kerbe; der Unterkiefer reicht nicht bis zum hinteren Augenrand. Kiefer und Pflugscharbein ohne Bezahnung. 38–52 Kiemenreusendornen. *Färbung:* Rücken und Kopfoberseite hellgrau bis grünlich glänzend; Flanken und Bauchseite silberfarben. Keine Flecken hinter dem Kiemendeckel. *Länge:* 6–7, max. 8,5 cm.

Vorkommen: Eine Kleinsardine, die erstmals 1931 aus dem Abrausee bei Novorossijsk/westl. Transkaukasien beschrieben worden ist. Sie kommt in diesem See, der 60 m über dem Meeresspiegel liegt, in großer Anzahl vor. Eine Unterart wurde 1943 im Apolyontsee, nahe der Stadt Bursa/Türkei, im Einzugsbereich des Marmarameeres entdeckt *(C. a. muhlisi).*

Lebensweise: Einer der wenigen Vertreter der Familie Heringsfische, der ausschließlich im Süßwasser lebt. Die Laichzeit beginnt Ende Juni und dauert bis in den Oktober hinein. Die frei im Wasser treibenden Eier besitzen eine große Ölkugel. Schon nach etwa 12 Stunden schlüpft daraus die Brut. Die Jungfische wachsen sehr rasch: 1jährige sind bereits 3,5–4,5 cm, 2jährige 7–8 cm lang. Der Eintritt der Geschlechtsreife erfolgt im 2. Lebensjahr. *Nahrung:* Wirbellose Kleintiere, vor allem Spaltfüßerkrebse (Mesomysis), Insektenlarven und Wasserinsekten.

Tyulka-Sardine
Clupeonella cultiventris

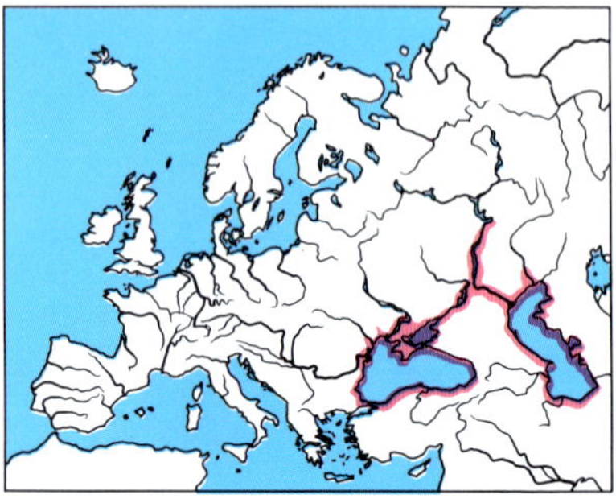

Merkmale: Sardinenähnlicher, langgestreckter Körper mit großen, leicht abfallenden Rundschuppen. Die Körperhöhe beträgt mehr als 20 Prozent der Körperlänge. Kurze Rückenflosse. Die letzten 2 Strahlen der Afterflosse sind verlängert. Keine Seitenlinie. Oberkiefer ohne Kerbe; der Unterkiefer reicht nicht bis zum hinteren Augenrand. Kiefer und Pflugscharbein ohne Bezahnung. Kleiner, oberständiger Mund. Augen ohne Fettlider. Von der Kehle bis zum After scharfe Kielschuppen. 52–64 (im Durchschnitt 58) Kiemenreusendornen. *Färbung:* Rücken und Kopfoberseite hellgrau bis grünlich glänzend, Flanken und Bauchseite silberfarben. Keine Flecken hinter dem Kiemendeckel. *Länge:* 8–12 cm, max. bis 17 cm.

Vorkommen: Im Schwarzen und Asowschen Meer sowie im Unterlauf der großen Zuflüsse (Donau, Dnjestr, Bug, Dnjepr, Don, Kuban) und im Paleostomsee. Aus dem Einzugsbereich des Kaspischen Meeres sind 2 Unterarten bekannt: *C. c. caspia*, ein anadromer Wanderfisch, der in die Flüsse Wolga (bis zum Mittellauf), Ural und Terek aufsteigt. *C. c. tscharchalensis*, eine Süßwasserform im Charkhalsee/Uralbecken, die durch einen sehr hohen, seitlich stark abgeflachten Körper gekennzeichnet ist.

Lebensweise: Ein anadromer Wanderfisch, der von April bis Juni zum Ablaichen aus dem Meer in die Zuflüsse eindringt und flußaufwärts zieht. Ein Weibchen kann bis zu 30 000 Eier ablegen, aus denen nach 3–4 Tagen die Brut schlüpft. Geschlechtsreife nach 2–3 Jahren. Höchstalter 5 Jahre. *Nahrung:* Wirbellose Tiere der Freiwasserregion.

Abrau-Sardine

Tyulka-Sardine

Lachs
Salmo salar

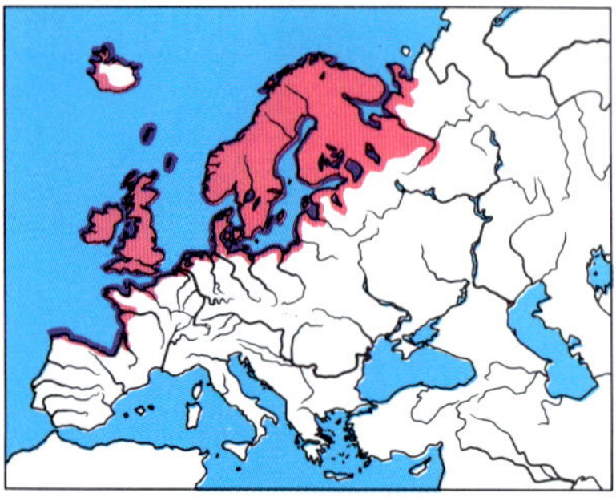

Merkmale: Langgestreckter Körper mit schlankem Schwanzstiel. Kleine Schuppen, 120–130 entlang der Seitenlinie, 11–15 (meist 12–14) zwischen Fettflosse und Seitenlinie. Relativ kleiner, spitzschnauziger Kopf mit weiter Mundspalte (reicht bis hinter die Augen). Alle Reusendornen des 1. Kiemenbogens stabförmig. Bezahnung des Pflugscharbeines: Platte zahnlos, Stiel mit 1 Längsreihe Zähne, die mit zunehmendem Alter der Tiere leicht ausfallen. *Färbung:* Jungfische bis ca. 15 cm mit großen dunklen Flecken und roten Punkten auf den Flanken. Blanklachse im Meer mit runden schwarzen Tupfen auf dem Kopf und silberfarbenen Flanken. Laichfische mit roten und schwarzen Flecken, Männchen mit roter Bauchseite. *Länge:* 50–120 cm, max. bis 150 cm.

Vorkommen: Europäische Küstengewässer, vom Weißmeergebiet und Island, dem Nord- und Ostseegebiet bis Nordportugal. Durch die Verschmutzung der Laichgewässer sind die Bestände vielerorts verschwunden.

Lebensweise: Anadromer Wanderfisch, der zum Laichen früher in großen Scharen auch in unseren Flüssen (Rhein, Elbe u. a.) weit flußaufwärts zog. Laichzeit November bis Februar, je nach Flußsystem. Das Weibchen schlägt an stark überströmten Stellen eine 2–3 m lange Laichgrube in den Kiesboden. Aus den 5–7 mm großen Eiern schlüpft die Brut nach 70–200 Tagen (je nach Wassertemperatur). Die Jungfische bleiben 1–5 Jahre im Süßwasser, dann wandern sie ins Meer ab. *Nahrung:* Krebstiere und Fische.

Regenbogenforelle
Salmo gairdneri

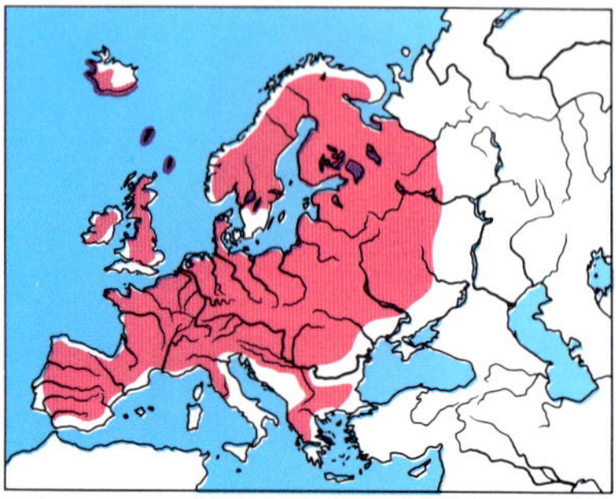

Merkmale: Langgestreckter, seitlich etwas abgeflachter Körper mit hohem Schwanzstiel. Fettflosse zwischen Rücken- und Schwanzflosse. Kleine Schuppen, 135–150 entlang der Seitenlinie, 14–19 (meist 16) zwischen Fettflosse und Seitenlinie (einschließlich der Seitenlinienschuppen). Stumpfschnauziger Kopf mit weiter Mundspalte. Obere und untere Reusendornen des 1. Kiemenbogens knopfförmig, die mittleren stabförmig. Bezahnung des Pflugscharbeines: Platte meist mit 4 Zähnen am Hinterrand; Stiel stark gekrümmt, ein- bis zweireihig bezahnt. *Färbung:* Kopf, Körper, Rücken-, Fett- und Schwanzflosse mit vielen schwarzen Flecken und Punkten. Ein breites rötliches Längsband auf den Flanken. *Länge:* 25–50 cm, max. bis 70 cm (bis 7 kg).

Vorkommen: Die Stammform *S. g. gairdneri* bewohnt als Wanderfisch, der zum Laichen in die Flüsse aufsteigt, die Küstengewässer von Südalaska bis Südoregon; *S. g. shasta* dagegen ist eine reine Süßwasserform, die in den Flüssen und Seen der Sierra Nevada lebt. Beide Formen sind seit 1880 aus Nordamerika nach Europa gebracht und in den Zuchtanstalten vermischt worden. Heute Wirtschaftsfisch.

Lebensweise: Da es früh- und spätlaichende Stämme gibt, erstreckt sich die Laichzeit von Dezember bis Mai. Das Weibchen schlägt eine große Laichgrube, an deren Bau sich auch das Männchen beteiligt. Je kg Weibchengewicht werden 1600 –2000 Eier abgelegt. Brutdauer 100–150 Tage. Die Jungfische wachsen sehr rasch. Die Geschlechtsreife tritt mitunter schon im 2., durchwegs aber im 3. Lebensjahr ein.

Lachs ♂

Regenbogenforelle

Bachforelle
Salmo trutta fario

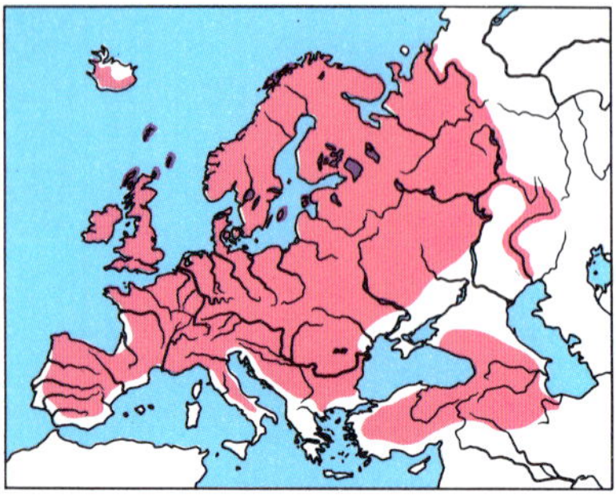

Merkmale: Langgestreckter, je nach Wohngewässer mehr oder weniger hochrückiger, seitlich abgeflachter Körper mit hohem Schwanzstiel. Fettflosse zwischen Rücken- und Schwanzflosse. Kleine Schuppen, 110–120 entlang der Seitenlinie, 14–19 (meist 16) zwischen Fettflosse und Seitenlinie (einschließlich der Seitenlinienschuppen). Stumpfschnauziger Kopf mit weiter Mundspalte (reicht bis hinter die Augen). Die 2–5 oberen und unteren Reusendornen des 1. Kiemenbogens sind knopfförmig, die mittleren stabförmig. Bezahnung des Pflugscharbeines: Platte mit 2–6, Stiel mit 9–18 Zähnen, meist in doppelter Reihe. Hinterrand der Schwanzflosse bei Jungtieren eingebuchtet, im Alter dagegen fast gerade. *Färbung:* Je nach Standort stark wechselnd, meist grünlich bis bräunlich. Dunkle sowie längs und unterhalb der Seitenlinie rote, hell umrandete Flecken auf den Flanken. Fettflosse hell, mit roten Tupfen. Jungfische mit 6–9 dunklen Querbinden. *Länge:* 20–40 cm, max. 50 cm.
Vorkommen: Kühle, sauerstoffreiche Fließgewässer und Seen mit Kies- und Geröllgrund von Spanien über ganz Europa bis zum Ural.
Lebensweise: Nichtwandernde Zwergform aus dem großen Formenkreis der Forelle (*S. trutta* mit insgesamt 15 Formen bzw. Unterarten in ganz Europa). Laichzeit September bis Februar. Die 4–5 mm großen, rötlichen Eier (ca. 1000–1200 je kg Weibchengewicht) werden in flache Laichgruben abgelegt. Brutdauer 2–4 Monate. *Nahrung:* Kleintiere aller Art, auch Fluginsekten; im Alter Kaulquappen und kleine Fische.

Seeforelle
Salmo trutta lacustris

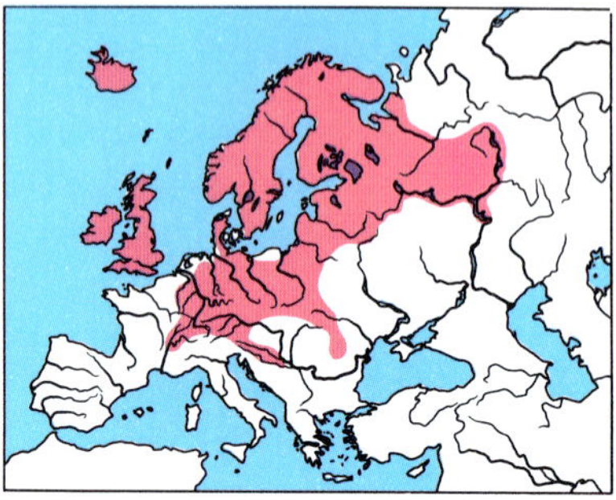

Merkmale: Langgestreckter, seitlich etwas abgeflachter Körper; ältere Tiere hochrückiger als die Jungfische. Fettflosse zwischen Rücken- und Schwanzflosse. Kleine Schuppen, 110–120 entlang der Seitenlinie, 14–19 (meist 16) zwischen Fettflosse und Seitenlinie (einschließlich der Seitenlinienschuppen). Stumpfschnauziger Kopf mit weiter Mundspalte (reicht bis hinter die Augen). Die oberen und unteren Reusendornen des 1. Kiemenbogens sind knopfförmig, die mittleren stabförmig. Bezahnung des Pflugscharbeines: 4–6 Zähne auf der Platte, vorn auf dem Stiel eine meist einfache, hinten eine doppelte Reihe von Zähnen, die abwechselnd von links nach rechts gebogen sind. *Färbung:* Je nach Wohngewässer stark wechselnd; Flanken mit unterschiedlich großen, unregelmäßig geformten schwarzen Flecken, dazwischen auch braune bis rötliche Punkte und Ringe, vor allem bei den Jungfischen. *Länge:* 40–80 cm (–140).
Vorkommen: Große, tiefe, sauerstoffreiche Seen von Nordrußland, Skandinavien, Island, den Britischen Inseln über Mitteleuropa bis zur Alpenregion und Jugoslawien.
Lebensweise: Eine Wanderform aus dem großen Formenkreis der Forelle, die zum Ablaichen in die Zuflüsse aufsteigt (gelegentlich laichen die Fische auch im See selbst). Laichzeit Oktober bis Dezember. Die 5–5,5 mm großen Eier (ca. 1000–2000 je kg Weibchengewicht) werden in große Laichgruben abgelegt und wieder mit Kies bedeckt. Die Jungfische ziehen nach 1–2 Jahren in den See zurück. *Nahrung:* Kleintiere, im Alter (»Grundforellen«) Fische.

Seeforelle

Bachforelle

Huchen
Hucho hucho

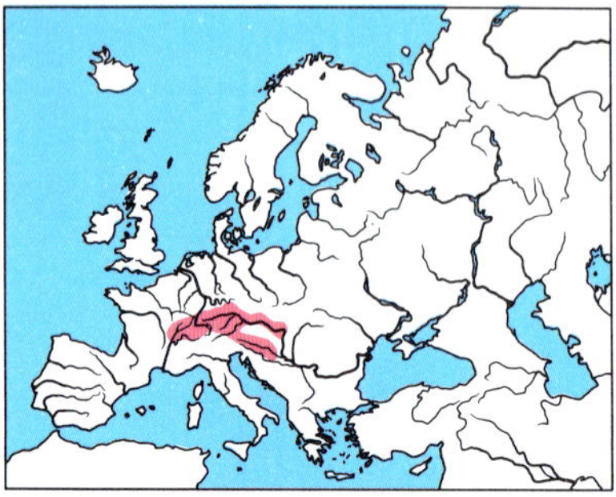

Merkmale: Spindelförmiger, im Querschnitt fast drehrunder Körper. Eine große Fettflosse zwischen der Rücken- und Schwanzflosse. Sehr kleine Schuppen, 180–200 entlang der Seitenlinie, 23–27 zwischen Fettflosse und Seitenlinie (einschließlich der Seitenlinienschuppen). Langer, abgeflachter Kopf mit weiter Mundspalte. 16 Reusendornen auf dem 1. Kiemenbogen. Bezahnung des Pflugscharbeines: Platte am Hinterrand mit 4–8 starken Hakenzähnen in einfacher Querreihe, der Stiel ist zahnlos. *Färbung:* Rücken bräunlich- oder grünlichgrau; Seiten heller, mit rötlichem Kupferglanz; Bauch weißlich. Zahlreiche unregelmäßig verteilte, kleine, dunkle Flecken auf den Flanken. *Länge:* 60–120 cm, max. bis 150 cm.
Vorkommen: In kühlen, sauerstoffreichen, schnell fließenden Gewässern. Früher nur im Einzugsbereich der oberen und mittleren Donau (»Donaulachs«), insbesondere in der Donau selbst und den rechtsseitigen Zuflüssen; heute auch im Rhein- und Rhônegebiet ausgesetzt.
Lebensweise: Ein sehr standorttreuer Fisch, der als Einzelgänger ein bestimmtes Revier bezieht und es gegen Artgenossen verteidigt. Zur Laichzeit März bis April wandert er kurze Strecken flußaufwärts. Das Weibchen schlägt an stark überströmten, seichten Kiesbänken eine flache Laichgrube, in die die ca. 5 mm großen Eier (etwa 1000 je kg Weibchengewicht) abgelegt werden. Brutdauer ca. 35 Tage (bei 8–10° C Wassertemperatur). Bei gutem Nahrungsangebot wachsen die Jungfische sehr schnell. Geschlechtsreife nach dem 3.–4. Lebensjahr. *Nahrung:* Fische aller Art.

Taimen
Hucho taimen

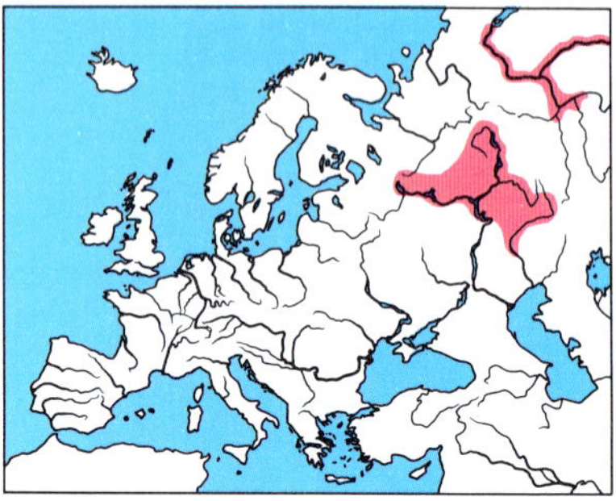

Merkmale: Niedriger, langgestreckter, im Querschnitt fast drehrunder Körper mit schlankem Schwanzstiel. Sehr kleine Schuppen, 193–242 entlang der Seitenlinie, 27–30 zwischen Fettflosse und Seitenlinie (einschließlich der Seitenlinienschuppen). Langer, stark hechtartig abgeflachter Kopf mit weiter Mundspalte (reicht bis hinter die Augen). 11–12 Reusendornen auf dem 1. Kiemenbogen. Bezahnung des Pflugscharbeines: Platte am Hinterrand mit 4–8 starken Hakenzähnen in einfacher Querreihe, Stiel (auch bei Jungfischen) stets zahnlos. *Färbung:* Rücken bräunlich- oder grünlichgrau; Seiten heller, mit rötlichem Kupferglanz und zahlreichen, kleinen, dunklen Flekken oberhalb und auch unterhalb der Seitenlinie; Kopf mit runden, schwarzen Flecken; Bauch weißlich. Jungfische mit dunklen Querbinden. *Länge:* 80–130 cm, max. bis 160 cm.
Vorkommen: In kühlen, sauerstoffreichen, schnell fließenden Gewässern im Stromgebiet der oberen Wolga und des Urals, in den Zuflüssen des Eismeeres (Ob bis Lena) und besonders zahlreich im Einzugsgebiet des Amur.
Lebensweise: Ein Standfisch, der sein Revier in der stärksten Strömungszone eines Flusses, unter überhängenden Uferpartien, Brücken oder hinter Stauwehren sucht. Nur selten kommt er auch in tiefen, kalten Seen nahe der Zuflüsse vor. Laichzeit Mai bis Juni. Die laichreifen Tiere wandern dazu flußaufwärts, um über Geröll- und grobem Kiesboden ihre Eier (ca. 10 000 bis 34 000 je Weibchen) abzulegen. Brutdauer 30–35 Tage. *Nahrung:* Fische, Wasservögel und kleine Säugetiere.

Huchen

Taimen

Adriatischer Lachs
Salmothymus obtusirostris

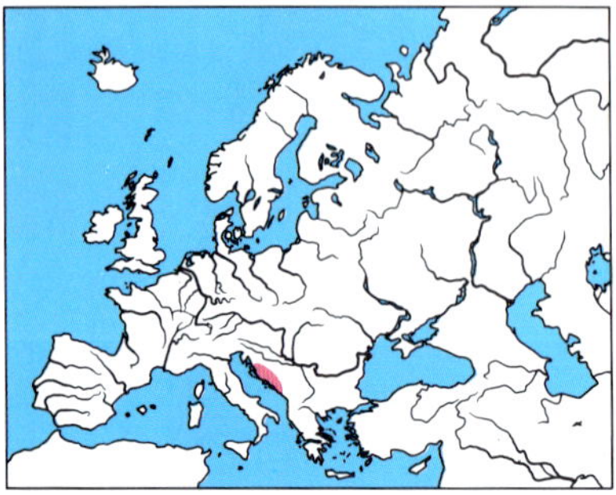

Merkmale: Langgestreckter, je nach Wohngewässer mehr oder weniger hochrückiger, seitlich abgeflachter Körper mit hohem, kurzem Schwanzstiel. Hinterrand der Schwanzflosse bei Jungfischen stets eingebuchtet, bei älteren Tieren fast gerade. Kleine Schuppen, 101–103 entlang der Seitenlinie, 20–21 zwischen Fettflosse und Seitenlinie (einschließlich der Seitenlinienschuppen). Kleiner Kopf mit auffallend stumpfer Schnauze; sehr breiter, kurzer Oberkiefer; die Mundspalte reicht nur bis zur Augenmitte. Bezahnung des Pflugscharbeines: Platte mit 2–6, Stiel mit 9–18 Zähnen in doppelter Reihe. Lange Brustflossen, ihre Länge etwa ½ so lang wie der Abstand zwischen Brustflossen- und Bauchflossen-Ansatz. *Färbung:* Rücken grünlich bis bräunlich, Flanken heller, Bauchseite gelblichweiß. Dunkle sowie längs und unterhalb der Seitenlinie rote, hell umrandete Flecken auf den Körperseiten, ähnlich wie bei der Bachforelle. Jungfische mit dunklen Querbinden. *Länge:* 25–40 cm, max. 50 cm.

Vorkommen: Kühle, sauerstoffreiche Fließgewässer in Dalmatien/Jugoslawien. Unterarten: *S. o. oxyrhynchus* (Narenta-Fluß), *S. o. kerkensis* (Krka-Fluß). Im Ochridsee kommt eine nahverwandte Art vor *(S. ohridanus)*.

Lebensweise: Standorttreuer, nicht wandernder Lachsfisch der Fließgewässer. Laichzeit von Oktober bis Dezember. Die Eier werden an stark überströmten Kiesbänken in ovale Laichgruben abgelegt. *Nahrung:* Wirbellose Kleintiere (Insektenlarven, Krebse, Luftinsekten), im Alter überwiegend Fische.

Ketalachs
Oncorhynchus keta

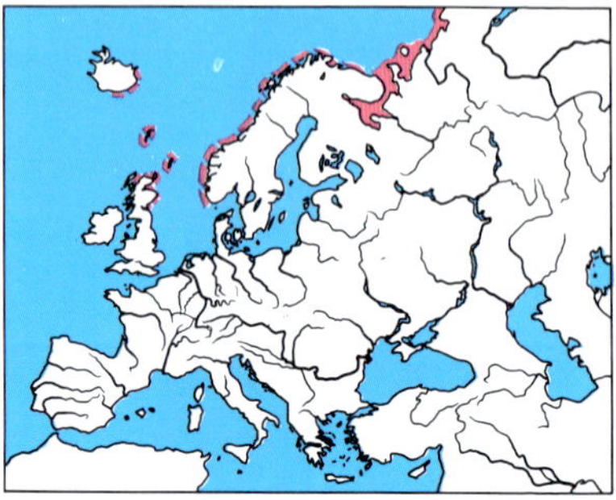

Merkmale: Gedrungener, im Alter hochrückiger Körper mit schlankem Schwanzstiel. Kleine Fettflosse zwischen der Rücken- und Schwanzflosse. Lange Afterflosse, mit 3 nicht gefiederten und 10–16 gefiederten Gliederstrahlen. Kleine Schuppen, 150–160 entlang der Seitenlinie. Erster Kiemenbogen mit 19–25 (meist 24) kurzen Reusendornen. *Färbung:* Die »Blanklachse« im Meer mit grünlicher bis bläulicher Rückenseite und silberfarbenen Flanken. Laichreife Männchen mit dunklem, olivgrünem Rücken und einer am Vorderkörper roten, am Hinterkörper dunklen Längsbinde, die sich zum Rücken hin in Flecken fortsetzt. *Länge:* 45–90 cm, max. bis 100 cm (ca. 6 kg Gewicht).

Vorkommen: Küstengewässer des Eismeeres und des Nordpazifiks; längs der asiatischen Küste von der Lenamündung bis nach Korea und Nordjapan, an der nordamerikanischen Küste vom Colville bis nach San Franzisko. Regelmäßiger Besatz im Weißmeer, daher als Irrgast auch im Küstenbereich von Island, Schottland und Südnorwegen.

Lebensweise: Wanderfisch, der bis zum Eintritt der Geschlechtsreife 3–4 Jahre im Meer verbringt. Nach der Zeit des Laichaufstiegs unterscheidet man zwischen dem kleineren Sommerlachs (Juli bis August) und dem Herbstlachs (August bis September). Laichzeit August bis Dezember. Die Eier (ca. 2000–4500 je nach Weibchengröße) werden in Laichgruben abgelegt. Brutdauer 90–130 Tage. Die Jungfische wandern gegen Ende ihres 1. Lebensjahres ins Meer zurück. *Nahrung:* Zunächst wirbellose Kleintiere, später Fische.

Acriatischer Lachs

Ketalachs ♂

Buckellachs
Oncorhynchus gorbuscha

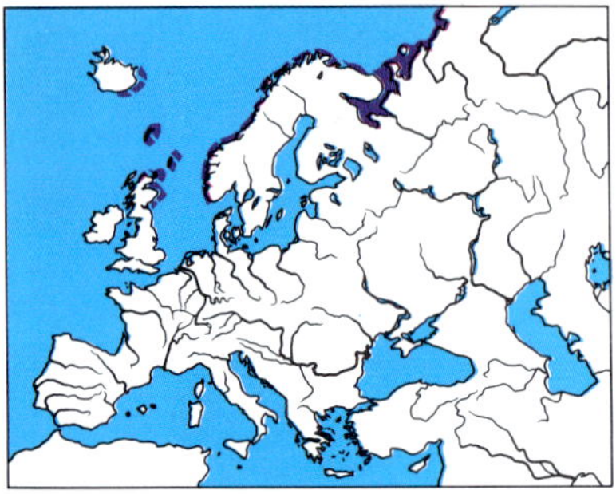

Merkmale: Gedrungener, im Alter sehr hochrückiger Körper mit schlankem Schwanzstiel. Sehr kleine Fettflosse zwischen der kurzen Rücken- und der Schwanzflosse. Lange Afterflosse, mit 3 nicht gefiederten und 10–16 gefiederten Gliederstrahlen. Sehr kleine Schuppen, 177–240 entlang der Seitenlinie. Erster Kiemenbogen mit 26–33 (meist 28) kurzen Reusendornen. *Färbung:* Als »Blanklachs« mit grünlichem oder bläulichem Rücken und rötlich schimmernden, silberfarbenen Flanken. Laichreife Männchen rosafarben (»Rosalachs«), mit schwarzen Flecken auf Rücken und Schwanzflosse. *Länge:* 40–50 cm, max. 64 cm (kleinste Art der Pazifiklachse). Männchen, wie bei allen Pazifiklachsen, größer als die Weibchen.

Vorkommen: Küstengewässer des Eismeeres und, besonders zahlreich, des Nordpazifiks; längs der asiatischen Küste von der Lenamündung bis nach Korea und Nordjapan; an der nordamerikanischen Küste vom Colville bis zum San Lorenzo in Kalifornien. Da mit Erfolg im Weißmeergebiet eingesetzt, können Irrgäste auch in Island, Schottland und Südnorwegen vorkommen.

Lebensweise: Anadromer Wanderfisch. Der Laichaufstieg beginnt im Juli. Laichzeit je nach Flußgebiet von August bis Oktober. Das Weibchen schlägt an stark überströmten Kiesbänken eine flache Laichgrube aus. Wie bei allen Pazifiklachsen verenden die Elterntiere nach dem Ablaichen. Brutdauer 100–120 Tage. Die Jungfische ziehen im Frühjahr flußabwärts ins Meer, wo sie rasch heranwachsen und schon im 2. Sommer geschlechtsreif werden.

Bachsaibling
Salvelinus fontinalis

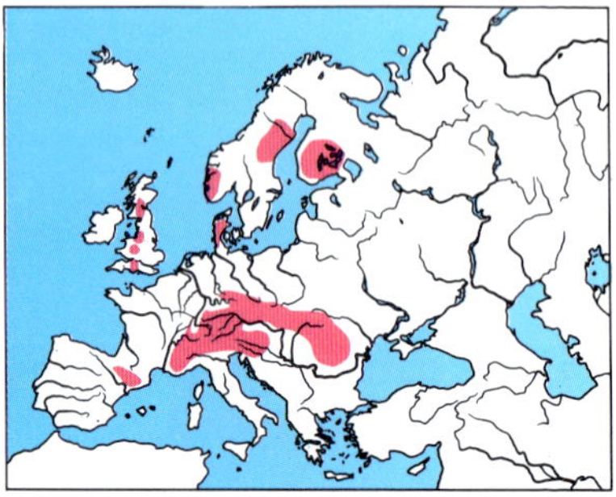

Merkmale: Spindelförmiger, langgstreckter Körper mit schlankem Schwanzstiel. Sehr kleine Schuppen, 160–225 entlang der Seitenlinie. Bezahnung des Pflugscharbeines: Platte mit 8 Zähnen, Stiel (auch bei Jungfischen) zahnlos. Sehr weite Mundspalte (reicht bis hinter die Augen). Weniger als 75 Blindsäcke am Magenausgang. Hinterrand der Schwanzflosse stets etwas eingebuchtet. *Färbung:* Rücken braun bis dunkelolivgrün, ebenso wie die Rückenflosse mit hellen Marmorierungen; Flanken mit gelben oder roten, meist heller umrandeten Punkten; Bauch gelblich bis rötlich. Paarige Flossen und Afterflosse am Vorderrand mit weiß-schwarzem Saum. *Länge:* Je nach Wohngewässer ist das Wachstum sehr unterschiedlich; 3- bis 5sömmerige Exemplare sind 30–40 cm lang (0,5–1 kg Gewicht); selten über 45 cm lang.

Vorkommen: Kalte, sauerstoffreiche Seen und Fließgewässer im Osten Nordamerikas. Seit 1884 auch in Europa in geeignete Gewässer eingesetzt, insbesondere in begradigte Bachläufe ohne Versteckmöglichkeiten, in denen die Bachforelle nicht mehr hochkommt.

Lebensweise: Standorttreuer Saibling, der wegen seiner geringen Umweltansprüche bis in die Hochgebirgsregion angetroffen wird. Laichzeit Oktober bis März. Laichabgabe in flachen Kiesgruben in starker Strömung; je kg Weibchengewicht werden bis zu 2000 Eier abgesetzt. Die Männchen werden Ende des 2., die Weibchen Ende des 3. Lebensjahres geschlechtsreif. *Nahrung:* Wirbellose Kleintiere, im Alter auch Kleinfische.

Buckellachs ♂

Bachsaibling ♂

Amerikanischer Seesaibling
Salvelinus namaycush

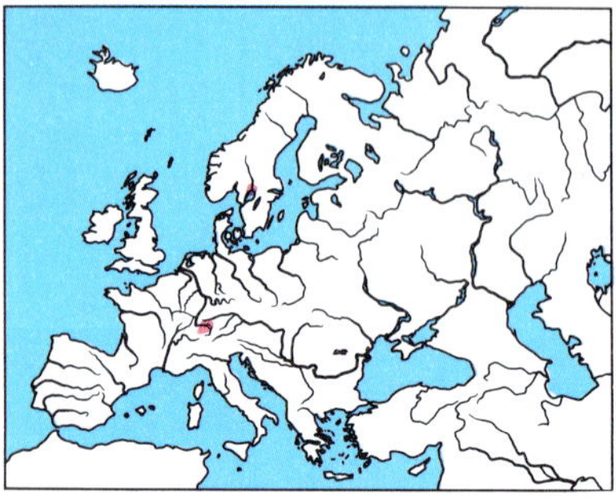

Merkmale: Langgestreckter, im Alter hochrükkiger Körper mit schlankem Schwanzstiel. Große Männchen mit hakenförmiger Aufkrümmung des Unterkiefers. Sehr kleine Schuppen, ca. 200 entlang der Seitenlinie. Bezahnung des Pflugscharbeines: Platte mit 6–8 langen, kräftigen Zähnen, Stiel zahnlos. Sehr weite Mundspalte. Mehr als 90 Blindsäcke am Magenausgang. Schwanzflosse tief eingeschnitten. *Färbung:* Rücken und Flanken olivgrün, Bauchseite gelblich bis rötlich. Kopf, Körper und Rückenflosse mit hellen, unregelmäßigen Flecken übersät. Paarige Flossen und Afterflosse rosafarben, mit weißer Vorderkante. *Länge:* 40–80 cm, max. bis 126 cm.
Vorkommen: Zentralkanada (Große Kanadische Seen bis nach Labrador) und nördliche Neuengland-Staaten. Durch das Eindringen des Meerneunauges in das Gebiet der großen Seen von Nordamerika sind seine Bestände stark gelichtet worden. In Europa, z. B. in der Schweiz, mit Erfolg eingeführt.
Lebensweise: Der »Namaycush«, fälschlicherweise auch als Amerikanische Seeforelle bezeichnet, ist eine Saiblingsart, die tiefe Wasserschichten (bis zu 120 m) bevorzugt. Die Geschlechtsreife tritt erst im 6.–8. Lebensjahr ein (Höchstalter bis 25 Jahre). Laichzeit von September bis November. Ein Weibchen von ca. 80 cm Länge kann bis zu 18 000 Eier ablegen. Brutdauer 100–150 Tage. Die Jungfische halten sich am Seeufer auf, die Elterntiere ziehen sich in die Tiefe zurück. *Nahrung:* Wirbellose Kleintiere, im Alter (»Raubsaiblinge«) Fische, insbesondere Renken.

Seesaibling
Salvelinus alpinus salvelinus

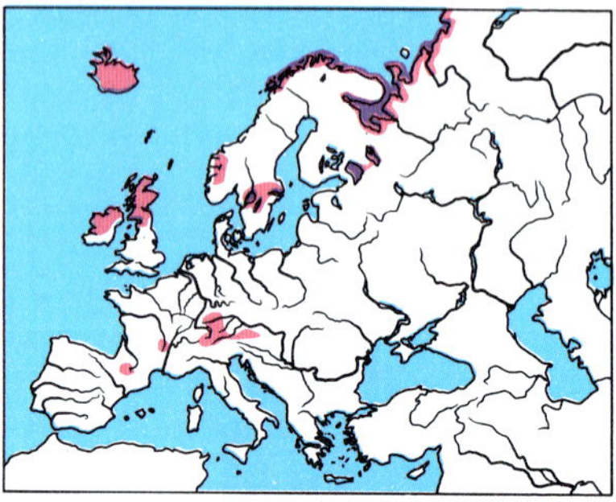

Merkmale: Langgestreckter, im Alter etwas hochrückiger Körper mit schlankem Schwanzstiel. Sehr kleine Schuppen, 190–240 entlang der Seitenlinie, 36–37 Schuppenreihen zwischen Fettflosse und Seitenlinie. Bezahnung des Pflugscharbeines: Hinterrand der Platte mit 3–7 Zähnen, Stiel mit 1–15 Zähnen in mehreren abnehmenden Reihen. 18–30 Reusendornen auf dem 1. Kiemenbogen. *Färbung:* Rücken graugrün, blaugrün oder braun; Flanken heller, mit runden, hellen Punkten; Bauch weißlich bis gelblich, während der Laichzeit rot oder orangefarben. Vorderrand der paarigen Flossen und der Afterflosse mit leuchtendweißem Saum. Jungfische mit dunklen Querbinden. *Länge:* 3 Formengruppen; Tiefsee- oder Hungersaiblinge (Bodensee, Königssee) und Zwergformen, wie der Schwarzreuther (Königssee), 15–25 cm; Normalsaiblinge 25–40 cm; Wildfangsaiblinge 65–75 cm.
Vorkommen: Voralpen- und Alpenseen (nördlich des Zentralkammes, bis in 2300 m Höhe). Der Seesaibling ist eine der zahlreichen Unterarten der Stammform *Wandersaibling*, der in den Küstengewässern und Zuflüssen des nördlichen Eismeeres lebt.
Lebensweise: Standfisch in kalten, sauerstoffreichen Seen, mit einem besonders großen Formenreichtum nicht nur hinsichtlich der Größe, sondern auch in bezug auf Nahrung, Wachstum, Laichplätze und Laichzeiten. Hauptlaichzeit meist September bis Januar. Das Ablaichen findet in 20–80 m Tiefe über Geröllhalden statt. *Nahrung:* Je nach Formengruppe Plankton, Bodentiere, Fische.

Amerikanischer Seesaibling

Seesaibling

Kleine Maräne oder Zwergmaräne
Coregonus albula-Formenkreis

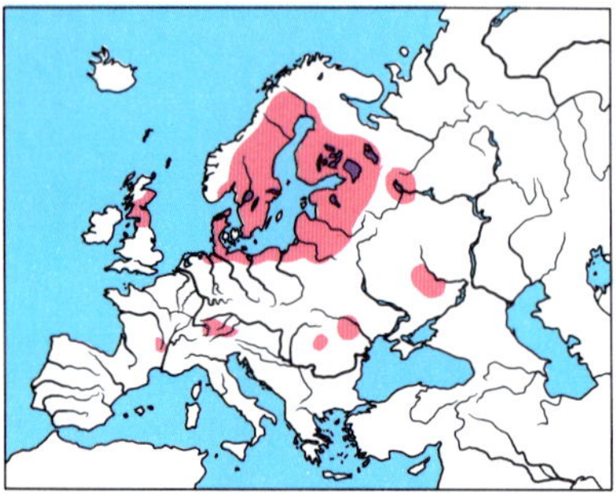

Merkmale: Schlanker, heringsähnlicher Körper mit relativ kleinem, kegelförmigem Kopf und spitzer Schnauze. Schuppen größer als bei den Lachsfischen; Seitenlinie vollständig. Fettflosse zwischen der Rücken- und der tief eingekerbten Schwanzflosse. Große Augen (ungefähr so lang wie die Schnauze). Die enge Mundspalte reicht nur bis zum vorderen Augenrand, sie ist schräg nach oben gerichtet; der Unterkiefer steht leicht vor. 36–52 lange, dichtstehende Reusendornen auf dem 1. Kiemenbogen. *Färbung:* Rücken dunkel, bläulich bis grünlich schimmernd, Flanken und Bauch silberfarben. Flossen mit dunklem Saum. *Länge:* 15–30 cm, max. 45 cm (Ladogasee).
Vorkommen: England, Schottland, Südostnorwegen, Ostseegebiet bis Nordwestrußland (Einzugsbereich der oberen Wolga). Durch Besatzmaßnahmen auch im Waginger See/Bayern, in Frankreich und Südrußland vorkommend. Eine nahverwandte Art, *C. baunti*, kommt in einigen schwedischen Seen und in Nordrußland bis Sibirien vor.
Lebensweise: In den Seen lebt die Kleine Maräne als Schwarmfisch im freien Wasser; nur zum Laichen sucht sie flachere Uferstellen mit Sand- oder Kiesgrund auf. Im Ostseegebiet ist sie ein Wanderfisch, der zur Laichzeit von September bis Dezember in die Flüsse aufsteigt. Die Eier (1700–4800 je nach Weibchengröße) haften am Untergrund. Brutdauer 100–120 Tage. Die Jungfische wachsen sehr rasch heran, bereits am Ende des 2. Lebensjahres sind sie geschlechtsreif. *Nahrung:* Planktonkrebse (Wasserflöhe, Hüpferlinge u. a.).

Kleine Bodenrenke
Coregonus pidschian-Formenkreis

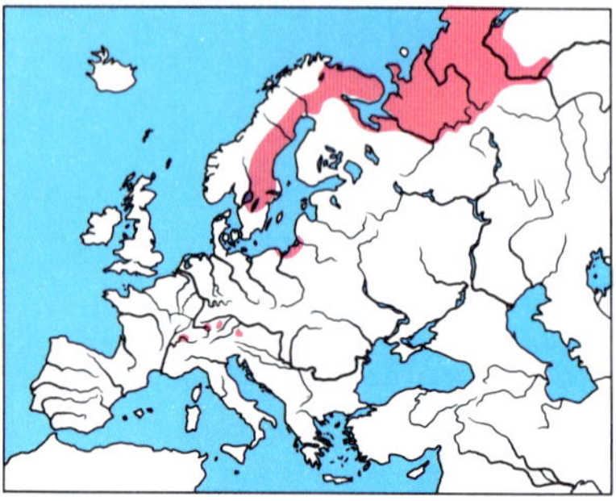

Merkmale: Schlanker, heringsähnlicher Körper (trommelsüchtige Tiere aus großen Tiefen mit stark aufgeblähtem Bauch) und kleinem, kegelförmigem Kopf mit spitzer Schnauze. Schuppen größer als bei den Lachsfischen; Seitenlinie vollständig. Große Augen. Die enge Mundspalte reicht nur bis zum vorderen Augenrand, sie ist unterständig; der Oberkiefer ist relativ schmal und lang. 15–29 (meist um 20) sehr kurze Reusendornen auf dem 1. Kiemenbogen. *Färbung:* Rücken bläulichgrün bis olivfarben, Flanken und Bauch silberglänzend. *Länge:* 15–35 (Alpengebiet), max. bis 50 cm.
Vorkommen: Alaska, Sibirien bis Nordrußland, Nordfinnland und Nordnorwegen; im Ostseegebiet in Mittelschweden und an der polnischen Küste; im Alpengebiet im Genfer See, Thuner See (»Kleine Bodenrenke«), im Boden-, Ammer- und Chiemsee (»Kilch«).
Lebensweise: Im nördlichen Verbreitungsgebiet treten die Vertreter dieses Formenkreises als Wanderformen auf, die zur Laichzeit flußaufwärts ziehen; im südlicheren Bereich sind sie stationäre Fluß- und Seenbewohner. In den genannten Alpenseen kommen sie als Tiefenfische vor, die nur zur Laichzeit und in den Herbstmonaten in etwas höhere Wasserschichten steigen. Der Zeitraum des Ablaichens ist, je nach Heimatgewässer, sehr unterschiedlich: oft schon im Sommer, meist jedoch von September bis Januar. Auch das Wachstum der Jungfische ist stark von den Umweltbedingungen abhängig. Geschlechtsreife im 3.–4. Lebensjahr. *Nahrung:* Kleine Bodentiere, in geringerem Maße auch Plankton.

Kleine Maräne oder Zwergmaräne

Kleine Bodenrenke

Große Schwebrenke
Coregonus lavaretus-Formenkreis

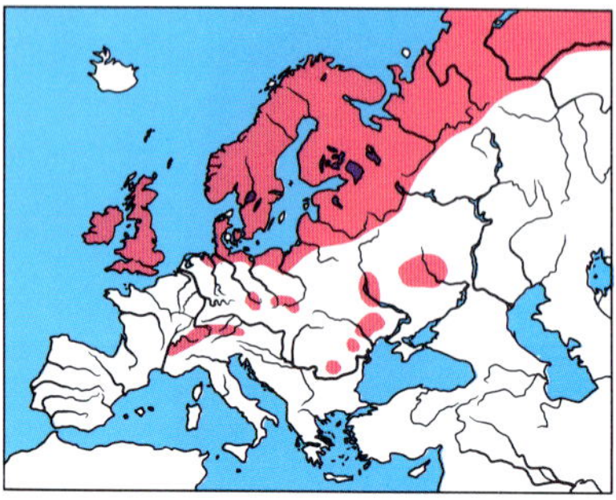

Merkmale: Je nach Lokalrasse mit mehr oder weniger schlankem, heringsähnlichem Körper, mit kleinem Kopf und spitzer bis nasenförmig verlängerter Schnauze. Schuppen größer als bei Lachsfischen; Seitenlinie vollständig. Die enge Mundspalte reicht bis zum vorderen Augenrand; sie ist, je nach Rasse, endständig oder unterständig. 25–39 (meist 30–34) lange, dichtstehende Reusendornen auf dem 1. Kiemenbogen. *Färbung:* Rücken bläulichgrün oder dunkelgrün, Flanken und Bauch weiß bis silberglänzend. *Länge:* Zwergformen in nahrungsarmen Seen 10–20 cm; Mittellänge 30–50 cm, max. bis 60 cm.
Vorkommen: Britische Inseln (»Powan«); Seen des Alpen- und Voralpengebietes (»Blaufelchen«); Ostsee (»Ostseeschnäpel«) und ihr Einzugsgebiet (z. B. »Madüsee-Maräne«); von Skandinavien und Nordrußland bis Sibirien.
Lebensweise: Die Wanderformen (wie z. B. in der Ostsee) dringen zum Ablaichen in die Haffe und in den Unterlauf der Flüsse ein. Die Laichzeit ist je nach Gewässer sehr verschieden, meist jedoch von September bis Dezember. Auch die Seenbewohner können Laichwanderungen in die einmündenden Flüsse durchführen. Die »Blaufelchen« des Bodensees wiederum laichen im freien Wasser über großen Tiefen ab, meist um Mitte Dezember. Aus sibirischen Flüssen sind stationäre Zwergformen dieses Artenkreises bekannt. *Nahrung:* In den Seen überwiegend Planktonkrebse, aufsteigende Insektenlarven und -puppen, Jungfische und Fischlaich; in flachen Seen und in Flüssen auch Bodentiere.

Große Bodenrenke
Coregonus nasus-Formenkreis

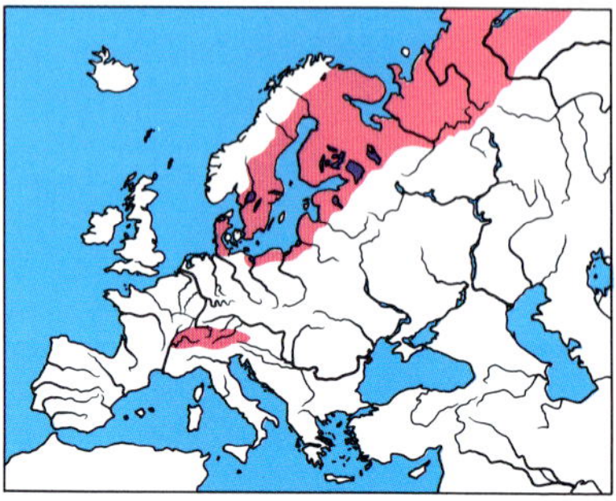

Merkmale: Etwas gedrungener, heringsähnlicher Körper mit recht kleinem, kegelförmigem Kopf und stumpfer Schnauze. Schuppen größer als bei Lachsfischen; Seitenlinie vollständig. Fettflosse zwischen der Rücken- und der tief eingeschnittenen Schwanzflosse. Die enge Mundspalte reicht kaum bis zum vorderen Augenrand; sie ist unterständig; der Oberkiefer ist breit und kurz. 20–29 (meist um 24) kurze Reusendornen auf dem 1. Kiemenbogen. *Färbung:* Rücken hellbläulichgrün bis olivfarben, Flanken und Bauch weiß bis silberfarben. *Länge:* 50–60 cm (Alpengebiet), max. bis 86 cm (Sibirien).
Vorkommen: In Flußunterläufen und Seen von Sibirien bis zum Weißmeergebiet. In der Ostsee und in großen, tiefen Seen in Schweden, Norddeutschland (»Große Maräne« im Selentersee, Schalsee u. a.), Polen und Nordwestrußland. Als »Sandfelchen« oder »Balchen« in zahlreichen Alpen- und Voralpenseen in der Schweiz, in Österreich und Bayern, oft gemeinsam mit dem »Kilch«.
Lebensweise: Vertreter dieses Formenkreises kommen im arktischen Einzugsbereich und in der Ostsee als Wanderformen, in den Seen als Standformen in großen Tiefen vor. Laichzeit Oktober bis Dezember. Die Laichplätze können je nach Verbreitungsgebiet im fließenden Wasser oder an der Halde der Seen liegen. Bei Flußlaichern wandern die Jungfische in die Seen zurück. Die Geschlechtsreife tritt im 4.–5. Lebensjahr ein. *Nahrung:* Kleine Bodentiere (Würmer, Insektenlarven, Weichtiere), zusätzlich auch größere Planktontiere.

Große Schwebrenke

Große Bodenrenke

Kleine Schwebrenke
Coregonus oxyrhynchus-Formenkreis

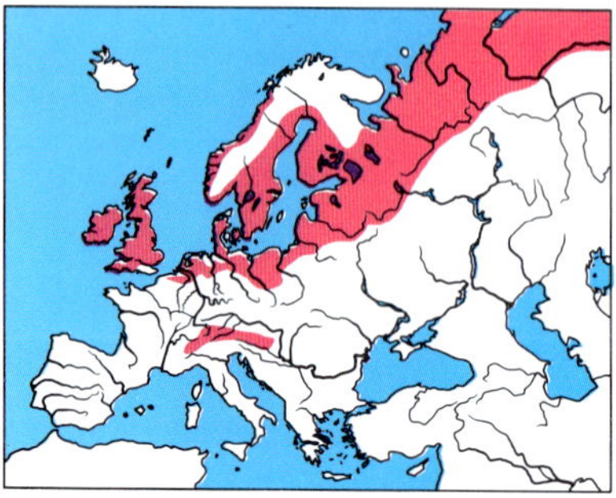

Merkmale: Je nach Lokalrasse mit mehr oder weniger langgestrecktem, heringsähnlichem Körper, kleinem Kopf und stumpfer bis nasenförmig verlängerter Schnauze. Schuppen größer als bei Lachsfischen; Seitenlinie vollständig. Die enge unterständige Mundspalte reicht bis zum vorderen Augenrand. 35–44 (meist um 40) lange Reusendornen auf dem 1. Kiemenbogen. *Färbung:* Rücken blaugrau bis olivgrün, Flanken und Bauchseite silberfarben mit bläulichem und rötlichem Schimmer. Schnauze (insbesondere bei Formen mit der typischen »Schnäpelnase«) dunkelblau bis schwärzlich. *Länge:* 25–40 cm, max. bis 50 cm. Im Alpengebiet bis 32 cm.

Vorkommen: Von Alaska über Sibirien bis Nordeuropa; Britische Inseln (»Schelly«, »Gwyniad«); südliche Nordsee (englisch »Houting«, deutsch »Nordseeschnäpel«); Seen im Einzugsbereich der Ostsee (»Edelmaräne«, »Peipussee-Maräne« u. a.); Alpen- und Voralpenseen (»Gangfisch«).

Lebensweise: Als typische Vertreter dieses Formenkreises gelten die Wanderformen, wie z. B. der »Nordseeschnäpel«, der früher in großen Schwärmen zur Laichzeit den Rhein und die Elbe aufwärts zog, heute jedoch fast verschwunden ist. Standformen, wie die »Edelmaräne« aus dem Oder-Warthegebiet und die »Peipussee-Maräne«, werden heute durch künstliche Zucht und Besatz verbreitet. Dadurch ist u. a. in den Voralpenseen eine »Mischpopulation« von Renken entstanden (zusätzlich gefördert durch die ansteigende Eutrophierung dieser Seen).

Peledmaräne
Coregonus peled-Formenkreis

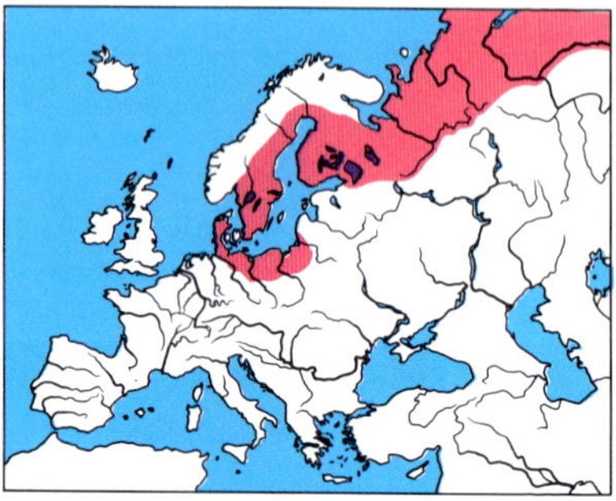

Merkmale: Gedrungener, relativ hochrückiger, heringsähnlicher Körper mit sehr kleinem Kopf und spitzer Schnauze. Schuppen größer als bei Lachsfischen; Seitenlinie vollständig. Fettflosse zwischen der Rücken- und der tief eingeschnittenen Schwanzflosse. Die enge Mundspalte reicht bis zum vorderen Augenrand; sie ist endständig. 44–68 (meist um 50) Reusendornen auf dem 1. Kiemenbogen. *Färbung:* Rücken bläulichgrün bis dunkelgrün, Flanken und Bauchseite silberfarben. *Länge:* Zwergformen in nahrungsarmen Seen 15–20 cm; Mittellänge 30–40 cm; in sibirischen Gewässern meist 60–70 cm, max. bis 75 cm.

Vorkommen: Im Unterlauf großer Flüsse und in Seen von Sibirien bis zum Einzugsbereich der Ostsee (Finnland, Schweden, Dänemark, Norddeutsche Seenplatte).

Lebensweise: Angehörige dieses Formenkreises kommen als sehr stattliche Maränen (bis zu 13,8 kg Gewicht) im Mündungsbereich der großen sibirischen Flüsse vor (russisch »Muksun«). Ihr Laichaufstieg beginnt dort in den Monaten Juli bis August; sie suchen flache Sand- oder Kiesbänke im Unterlauf der Flüsse auf. Laichzeit, je nach Wohngewässer, September bis November. Ein Weibchen kann bis zu 105 000 Eier absetzen. Nach dem Ablaichen wandern die Elterntiere wieder flußabwärts. Die Jungfische bleiben bis zu ihrem 1. Lebensjahr am Laichplatz, dann erst wandern sie in den Mündungsbereich ihrer Heimatgewässer zurück. *Nahrung:* Wirbellose Kleintiere (Würmer, Insektenlarven, Planktonkrebse), im Alter auch Kleinfische.

Kleine Schwebrenke

Peledmaräne

Weißlachs
Stenodus leucichthys

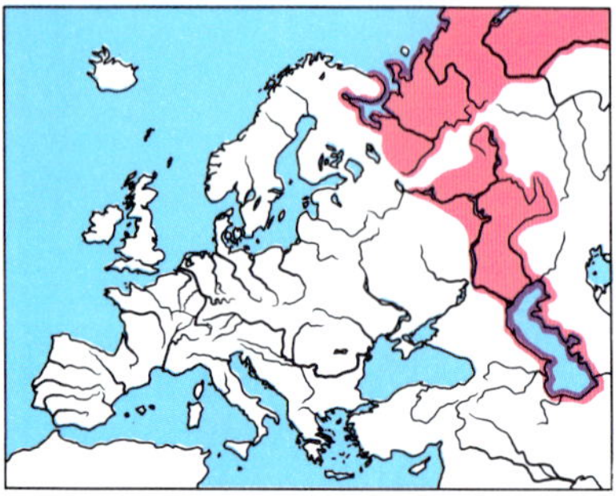

Merkmale: Renkenähnlicher, seitlich nur wenig abgeflachter Körper mit langem Kopf und spitzer Schnauze. 90–120 Schuppen entlang der Seitenlinie. Kleine Fettflosse zwischen der Rücken- und der tief eingeschnittenen Schwanzflosse. Die weite Mundspalte reicht bis zur Augenmitte; sie ist endständig, der Unterkiefer ragt jedoch etwas vor. Kiefer, Pflugscharbein und Zunge sind bezahnt. 19–26 Reusendornen auf dem 1. Kiemenbogen. *Färbung:* Kopfoberseite und Rücken dunkel, mit bläulichem Glanz; Flanken und Bauchseite silberfarben. Rückenflosse schwärzlich. *Länge:* 50–80 cm, max. bis 130 cm (bis max. 35 kg).
Vorkommen: Kaspisches Meer und seine nördlichen Zuflüsse. Eine fischereiwirtschaftlich sehr wichtige Unterart (*S. l. nelma*, russisch »Nelma«, englisch *»Inconnu«*) kommt in Küstengewässern, Seen und Flüssen vom Weißmeergebiet und Sibirien bis nach Nordamerika (bis zum Einzugsbereich des Mackenzie) vor.
Lebensweise: Der Kaspische Weißlachs ist ein anadromer Wanderfisch, der zum Ablaichen aus dem Meer bis in den Oberlauf der Zuflüsse (Kama, Wolga, Ural) aufsteigt. Man unterscheidet dabei zwischen Herbst- und Frühjahrswanderungen. Laichzeit Oktober bis November. Die Eier, 130 000–420 000 je nach Weibchengröße, haften am Kiesgrund. Die im Frühjahr ausschlüpfenden Larven ziehen sogleich flußabwärts; als Jungfische kommen sie bereits ab Juni im Meer an. *Nahrung:* Als Jungfische Plankton, im Alter überwiegend Fische.

Äsche
Thymallus thymallus

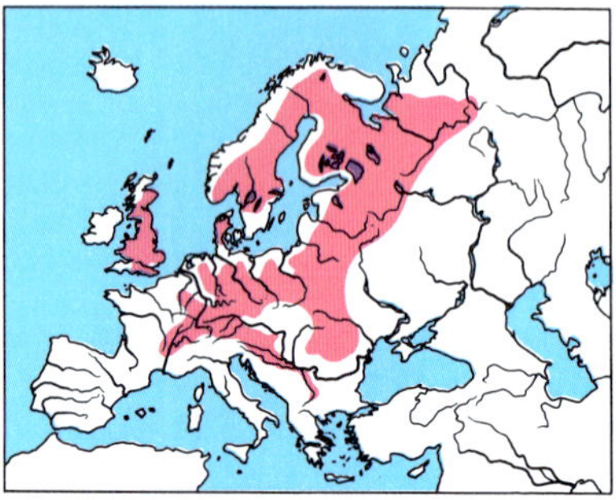

Merkmale: Mäßig gestreckter, seitlich abgeflachter Körper mit kleinem Kopf und spitzer Schnauze. Kleine Schuppen, 74–96 entlang der Seitenlinie. Fettflosse zwischen der hohen, langen Rücken- und der Schwanzflosse. Die kleine Mundspalte reicht höchstens bis zum Augenvorderrand; der Oberkiefer steht vor. Beide Kiefer mit kleinen Zähnen besetzt. Die Rückenflosse beginnt weit vor dem Bauchflossen-Ansatz: beim Männchen sind die Rücken- und Afterflosse ebenso wie die Bauchflossen größer als beim Weibchen. *Färbung:* Rückenseite graugrün oder bläulichgrau, Flanken und Bauch silberweiß bis messingfarben, zur Laichzeit mit purpurfarbenem Schimmer. Unregelmäßig verteilte, schwarze Flecken auf Rücken und Flanken. Die graue Rückenflosse mit 4–5 Reihen rötlicher Augenflecken. *Länge:* 25–35, max. bis 60 cm.
Vorkommen: In schnell fließenden, sauerstoffreichen Gewässern mit festem Grund in West-, Mittel- und Osteuropa, jedoch sehr unregelmäßig verbreitet; in Skandinavien und Nordrußland auch in Seen. Die Bestände sind vielerorts stark zurückgegangen.
Lebensweise: Standfisch. Laichzeit März bis Juni. Das Weibchen schlägt an einer überströmten Kiesbank eine Laichgrube aus und bedeckt die 3–4 mm großen Eier (3000–6000) nach der Befruchtung wieder mit Kies. Brutdauer etwa 2 Wochen. Geschlechtsreife beim Männchen im 2.–3., beim Weibchen im 4. Lebensjahr. *Nahrung:* Würmer, Schnecken, Wasser- und Luftinsekten, Kleinfische und Fischlaich.

6 Renken

Weißlachs

7 Äschen

Äsche

Stint
Osmerus eperlanus

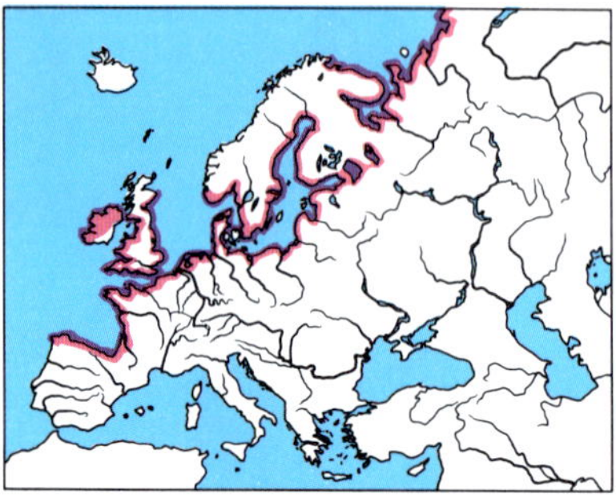

Merkmale: Schlanker, seitlich nur wenig abgeflachter, durchscheinender Körper mit langem Kopf und spitzer Schnauze. 60–65 kleine, zarte, leicht abfallende Schuppen; die Seitenlinie endet über der Brustflosse. Die weite Mundspalte reicht bis zum hinteren Augenrand; der Unterkiefer steht vor. Beide Kiefer mit sehr kräftiger Bezahnung. Der Augendurchmesser ist 1½–2½mal kleiner als die Schnauzenlänge. Der Ansatz der Bauchflossen liegt unter den ersten Strahlen der Rückenflosse. *Färbung:* Rücken graugrün, Flanken silberglänzend, Bauch weißlich. Zur Laichzeit mit einem metallisch glänzenden Längsband. Schwanzflosse mit dunklem Rand. *Länge:* Binnenstinte 10–15 cm, max. bis 20 cm; Seestinte 15–18, max. bis 30 cm.

Vorkommen: In Küstengewässern und Flußmündungen, bis in 32 m Tiefe, von der Biskaya bis Südnorwegen; irische und englische Küste; Nord- und Ostsee (»Seestint«). Auch in großen, tiefen Binnenseen z. B. Englands und des Ostseegebiets (»Binnenstint«, der schlanker ist und größere Augen besitzt). Im Weißmeergebiet lebt die Unterart *O. e. dentex.*

Lebensweise: Die Wanderformen dringen zur Laichzeit (März bis April) oft in großen Schwärmen in den Unterlauf der Flüsse ein. Die 0,6–0,9 mm großen Eier (9000–40 000 je nach Weibchengröße) haften anfangs am Sandgrund und an Pflanzen, lösen sich später ab und treiben frei im Wasser. Brutdauer 2–5 Wochen. Bei einer Länge von 4–5 cm wandern die Jungfische ins Meer ab. *Nahrung:* Planktonkrebse, Fische.

Hecht
Esox lucius

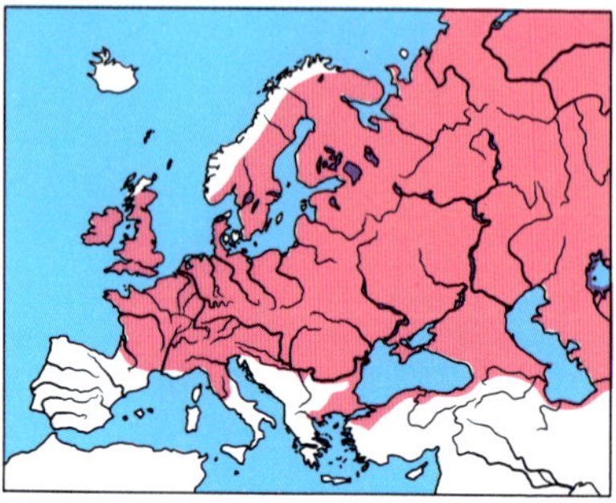

Merkmale: Langgestreckter, seitlich nur wenig abgeflachter Körper mit weit nach hinten verlagerter Rückenflosse. Langer Kopf mit flacher, entenschnabelförmiger Schnauze und weiter Mundspalte; der Unterkiefer steht vor. Kiefer, Gaumenbeine und Zunge mit kräftiger Bezahnung. 110–130 kleine Schuppen; die Seitenlinie ist vielfach unterbrochen. *Färbung:* Je nach Wohngewässer sehr unterschiedlich; Rücken bräunlich oder grünlich, Flanken heller mit dunklen Querbinden, Bauch weißlich bis gelblich. Rücken-, Schwanz- und Afterflosse mit unregelmäßigen, dunklen Flecken. Einjährige Fische an pflanzenreichen Uferstellen meist hellgrün (Grashechte). *Länge:* Männchen max. bis 100 cm, Weibchen max. bis 150 cm.

Vorkommen: In Seen und Flüssen der gemäßigten Klimazonen Europas, Asiens und Nordamerikas weit verbreitet. In den Alpen bis in 1500 m Höhe; im Ostseegebiet auch im Brackwasser.

Lebensweise: Standfisch, der klare, ruhige Gewässer mit Kiesgrund und pflanzenreichen Ufern bevorzugt. Dort steht er fast unbeweglich nahe der Wasseroberfläche und lauert auf seine Beute. Laichzeit Februar bis Mai, je nach Wohngewässer. Die ca. 3 mm großen, klebrigen Eier (40 000–45 000 je kg Weibchengewicht) werden an seichten Uferstellen auf Wasserpflanzen oder auf dem Gras überschwemmter Wiesen abgelegt. Brutdauer 10–30 Tage. Die Larven besitzen Klebedrüsen am Kopf, mit denen sie 10–20 Tage an Pflanzen haften. Geschlechtsreife im 3.–4. Lebensjahr.

8 Stinte

Stint

9 Hechte

Hecht

Hundsfisch
Umbra krameri

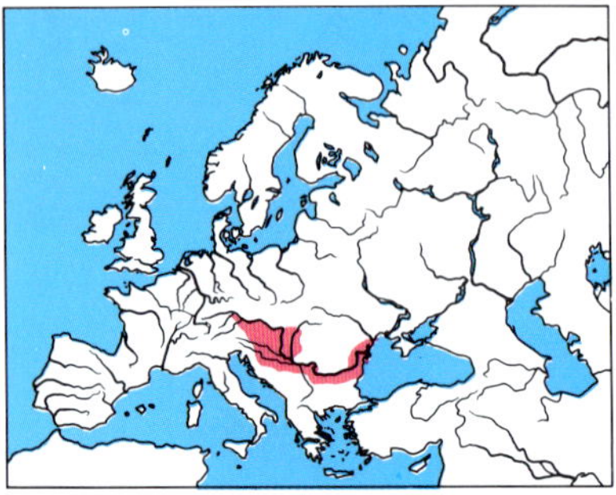

Merkmale: Gestreckter Körper mit weit nach hinten verlagerter Rückenflosse; diese besitzt 15–16 Strahlen und eine gerade Oberkante. Abgerundete Schwanzflosse. Der Ansatz der Bauchflossen liegt unter oder knapp vor dem Beginn der Rückenflosse. Große Rundschuppen, die auch Kopfoberseite, Wangen und Kiemendeckel bedecken; 33–35 in einer Längsreihe. *Färbung:* Rücken und Flanken sowie die Kopfoberseite bräunlich, mit unregelmäßig verteilten dunklen Flecken. Unterkiefer hell. Ein gelbliches bis kupferfarbenes Längsband vom Kiemendeckel bis zum Schwanzstiel. Rückenflosse und Schwanzflosse hellbraun, mit einer dunklen Tüpfelreihe. Schwanzflosse mit dunkler Querbinde. *Länge:* Männchen bis 8,5 cm, Weibchen bis 13 cm.

Vorkommen: Langsam fließende und stehende Gewässer mit Schlammboden, in Entwässerungsgräben, Sümpfen und Hochwassertümpeln vom Einzugsbereich der mittleren und unteren Donau bis zum Unterlauf des Dnjestr.

Lebensweise: Ein sehr zählebiger Standfisch, der selbst in flachsten, im Sommer stark aufgeheizten Tümpeln überleben kann. Bei Sauerstoffmangel schießt er zur Wasseroberfläche, nimmt Luft auf und preßt sie beim Untertauchen durch die Kiemenspalten nach außen. Laichzeit Februar bis April. Die Eier (etwa 150 Stück) werden in ein vom Weibchen vorbereitetes Nest abgelegt, das nachher verschlossen und vom Weibchen bewacht wird. Brutdauer 6–10 Tage. Geschlechtsreife nach 2 Jahren. Höchstalter 7 Jahre. *Nahrung:* Kleinkrebse, Insektenlarven, Fischbrut.

Amerikanischer Hundsfisch
Umbra pygmaea

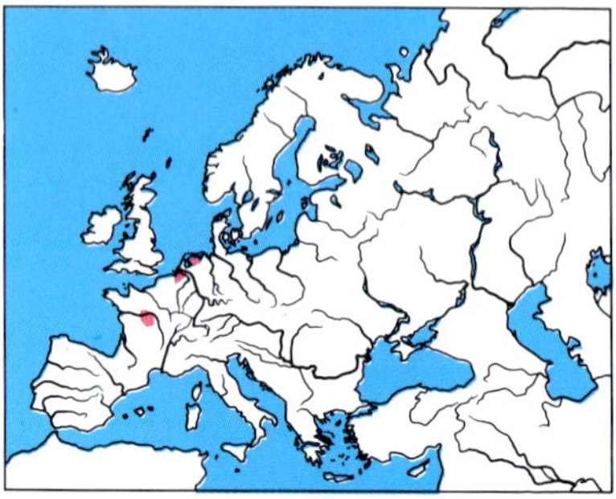

Merkmale: Langgestreckter, seitlich nur sehr wenig abgeflachter Körper mit weit nach hinten verlagerter Rückenflosse; diese besitzt 13 Strahlen und eine gerundete Oberkante. Abgerundete Schwanzflosse. Der Ansatz der Bauchflossen liegt deutlich vor dem Beginn der Rückenflosse. Große Rundschuppen, die auch Kopfoberseite, Wangen und Kiemendeckel bedecken; 35–37 in einer Längsreihe. *Färbung:* Rücken dunkelgrün; Flanken bräunlichgrün, mit ca. 12 hellen, schmalen Längsstreifen, von denen derjenige, welcher an der oberen Ecke des Kiemendeckels beginnt, doppelt so breit ist wie die anderen. Am Ansatz der Schwanzflosse ein kräftiger, dunkler Querbalken. Unterkiefer meist schwarz. *Länge:* Männchen bis 11,5 cm, Weibchen bis 15 cm.

Vorkommen: Östliche Staaten der USA (Neuengland-Staaten bis Georgia), in Sümpfen, flachen Tümpeln und langsam fließenden Gewässern mit weichem Untergrund. Als Aquarienfisch erstmals im Jahre 1898 nach Deutschland gebracht; in Zentralfrankreich und in Norddeutschland kommen heute kleine Bestände in geeigneten Gewässern vor.

Lebensweise: Standfisch, der durch die Fähigkeit zur zusätzlichen Luftatmung gegenüber Verschmutzung und Sauerstoffmangel in seinem Wohngewässer sehr widerstandsfähig ist. Laichzeit März bis April. Die Eier werden zwischen Pflanzen an seichten Uferstellen abgelegt. Brutdauer 5–10 Tage. Die Jungfische werden im 2. Lebensjahr geschlechtsreif. *Nahrung:* Wirbellose Tiere (Hüpferlinge, Wasserflöhe, Insektenlarven).

Hundsfisch

Amerikanischer Hundsfisch

Plötze oder Rotauge
Rutilus rutilus

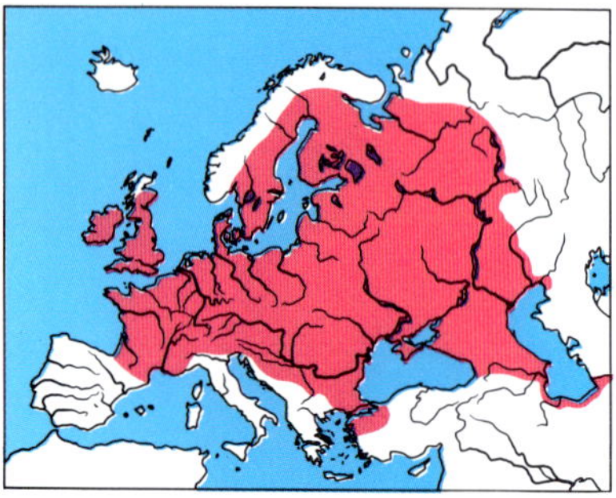

Merkmale: Je nach Alter und Wohngewässer mehr oder weniger hochrückiger, seitlich abgeflachter Körper. Bauchkante zwischen Bauchflossen und After gerundet; Vorderende der Rückenflosse über (oder nur ganz knapp hinter) dem Ansatz der Bauchflossen; enge, fast waagrechte Mundspalte; rote Augen (Kennzeichen der Plötze gegenüber der sehr ähnlichen Rotfeder). Große Rundschuppen, 39–48 (meist 42–45) entlang der Seitenlinie. Brustflossen mit 16, Rückenflosse mit 12–14, Afterflosse mit 12–14 Strahlen. Schlundzähne 1reihig, 5(6)–5. *Färbung:* Rücken dunkelgrün bis blaugrün; Flanken silberfarben, mit gelblichem Schimmer; Bauch zur Laichzeit mit rötlichem Glanz. Brust- und Bauchflossen und Afterflosse rötlich. *Länge:* 25–30 cm (– 50 cm).
Vorkommen: Stehende und langsam fließende Gewässer Europas nördlich der Pyrenäen und Alpen bis zum Ural und Sibirien. 4 Unterarten in Zuflüssen des Schwarzen und Kaspischen Meeres, im Flußsystem von Wardar und Maritza. 2 anadrome Brackwasserformen im Schwarzen und Asowschen Meer *(R. r. heckeli)* bzw. im Kaspischen Meer *(R. r. caspicus)*.
Lebensweise: Schwarmfisch in pflanzenreichen Uferzonen, im Winter an besonders geschützten, tieferen Stellen. Laichzeit April bis Mai; Männchen mit Laichausschlag. Die klebrigen, ca. 1 mm großen Eier (50–100 000, bei Wanderformen bis zu 200 000) haften ebenso wie die frischgeschlüpften Larven an Wasserpflanzen, Wurzelwerk, Steinen. Brutdauer 4–10 Tage. *Nahrung:* Kleintiere und Pflanzen.

Frauennerfling
Rutilus pigus virgo

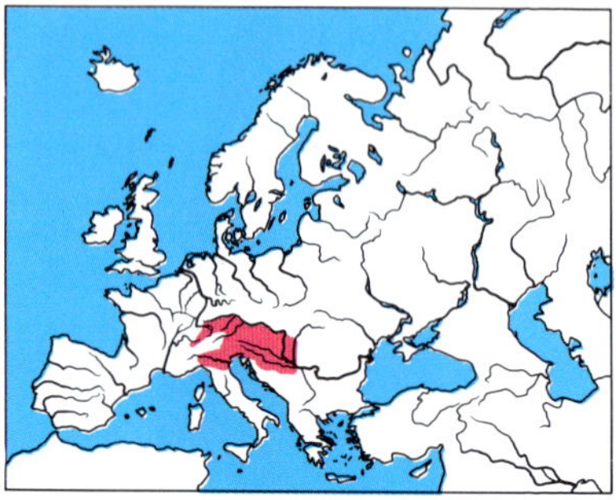

Merkmale: Langgestreckter, seitlich abgeflachter Körper mit verhältnismäßig kleinem Kopf; die Schnauze springt etwas vor, die kleine Mundspalte ist dadurch leicht unterständig. Große, kräftige Rundschuppen, 44–49 entlang der Seitenlinie. Brustflossen mit 17–18, Rückenflosse mit 12–15, Afterflosse mit 13–15 Strahlen. Schlundzähne 1reihig, sehr derb und stark entwickelt, 6(5)–5. *Färbung:* Rücken grünlich, Flanken und Bauchseite mit grünem und blauem Metallglanz. Bauchflossen, After- und Schwanzflosse rötlich. *Länge:* 20–30 cm, max. bis 45 cm.
Vorkommen: Nur in der Donau (bis Ulm) und in größeren, tiefen Nebenflüssen im oberen und mittleren Donaugebiet. Die Bestände sind durch den Flußausbau lokal stark gefährdet und in Bayern ganzjährig geschont. Die Stammform, der **Pigo** *(R. p. pigus)*, kommt in Seen Oberitaliens und der Schweiz vor.
Lebensweise: Der Frauennerfling, auch Donaunerfling und Frauenfisch genannt, hält sich überwiegend in größeren Tiefen in Bodennähe auf. Nur zur Laichzeit (April bis Mai) zieht er in flachere Uferregionen und Altwäser. Beide Geschlechter zeigen sich dann in einem besonders farbenprächtig schillernden Hochzeitskleid; die Männchen besitzen einen kräftigen Laichausschlag, der sich über Kopf und Körperseiten erstreckt. Die klebrigen Eier (40 000 bis 60 000 je nach Weibchengröße) haften an Wasserpflanzen, Wurzelwerk und Steinen. *Nahrung:* Kleine Bodentiere, wie Würmer, Kleinkrebse, Insektenlarven (insbesondere Zuckmückenlarven) und Weichtiere.

Plötze oder Rotauge

Frauennerfling

Südeuropäische Plötze
Rutilus rubilio

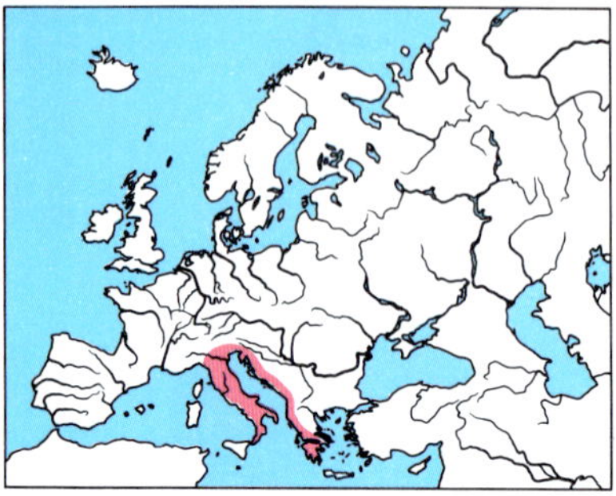

Merkmale: Hochrückiger, nur wenig gestreckter Körper, ähnlich unserer einheimischen Plötze, mit hoher, schmaler Rücken- und Afterflosse. Enge, fast waagrechte Mundspalte. Große Rundschuppen, 38–45 entlang der Seitenlinie, die sich entlang der Flanken bis zum unteren Drittel der Körperhöhe senkt. Brustflossen mit 17–18, Rückenflosse mit 12–14, Afterflosse mit 11–14 Strahlen. Schlundzähne 1reihig, kräftig, 5–5. *Färbung:* Rücken dunkel, grünlich bis bräunlich glänzend; Flanken heller, silberfarben, mit schmalen grauen Streifen entlang der Schuppenreihen. Bauchseite weißlich bis gelblich. Rücken- und Afterflosse dunkel; Brustflossen, Bauchflossen und die Afterflosse rötlich. Auge gelblich bis ziegelrot. *Länge:* 15–20 cm, max. 25 cm.

Vorkommen: Seen und Fließgewässer in Italien (vom Po-, Etsch- und Tagliamento-Einzugsgebiet bis Kalabrien), Jugoslawien (Dalmatien) und Westgriechenland (bis zum Aspropotamos), Unterarten im Prespa- *(R. r. prespensis)* und Ochridsee *(R. r. ohridanus)*. Nahverwandte Arten sind *R. arcasii* (spanisch »Escalo«, Iberische Halbinsel) und *R. spartiaticus* (griechisch »Menida«, Peloponnes).

Lebensweise: Ähnlich unserer einheimischen Plötze, die sie in Italien, Dalmatien und Westgriechenland in für sie geeigneten Gewässern vertritt. Laichzeit April bis Mai. Die Eier werden an flachen Uferstellen zwischen dem Pflanzenbewuchs abgesetzt, an dem sie bis zum Ausschlüpfen der Larven haften. *Nahrung:* Würmer, Kleinkrebse, Insektenlarven, Anflug und Wasserpflanzen.

Portugiesische Plötze
Rutilus macrolepidotus

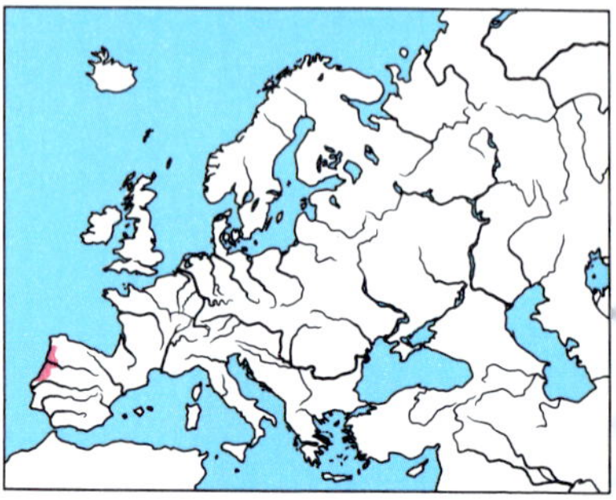

Merkmale: Hochrückiger, mäßig gestreckter Körper, ähnlich unserer einheimischen Plötze, mit relativ kleinem Kopf und kleiner, endständiger Mundspalte. Große Rundschuppen, 42–45 entlang der Seitenlinie. Brustflossen mit 17–18, Rückenflosse mit 10(–11), Afterflosse mit 10–11 Strahlen. Schlundzähne 1reihig, 5–5. *Färbung:* Rücken graugrün bis olivgrün, mit metallischem Glanz; Flanken hellgrau, mit bläulichem und goldfarbenem Schimmer; Bauchseite silbrig glänzend. Hellgraues Längsband vom Kiemendeckel bis zur Schwanzflosse. Rückenflosse schwärzlich, die anderen Flossen rötlich bis orangefarben mit hellblauen Flossenrändern. *Länge:* 15–18, max. 25 cm.

Vorkommen: Stehende und langsam fließende Gewässer im Einzugsbereich der Flüsse Cintra, Alcobaca, Coimbra in Portugal.

Lebensweise: Ein Schwarmfisch, der sich gern in pflanzenreichen Uferregionen aufhält. Laichzeit April bis Juli. Die Männchen besitzen dann einen kräftigen Laichausschlag auf dem Kiemendeckel, der Kopfoberseite und dem Rücken. Die ca. 1,5 cm großen, klebrigen Eier (20 000–50 000 je nach Weibchengröße) haften im Pflanzenwuchs flacher Uferstellen. Brutdauer 1–2 Wochen. Nach dem Schlüpfen hängen die Larven mit Hilfe ihrer Klebedrüsen, die sich am Kopf befinden, einige Tage an den Wasserpflanzen fest und ernähren sich von den Vorräten ihres Dottersacks. *Nahrung:* Planktontiere und -pflanzen, Würmer, Insektenlarven. Im 3. Lebensjahr, bei einer Länge von 15 cm, tritt die Geschlechtsreife ein.

Südeuropäische Plötze

Portugiesische Plötze

Pardilla-Plötze
Rutilus lemmingii

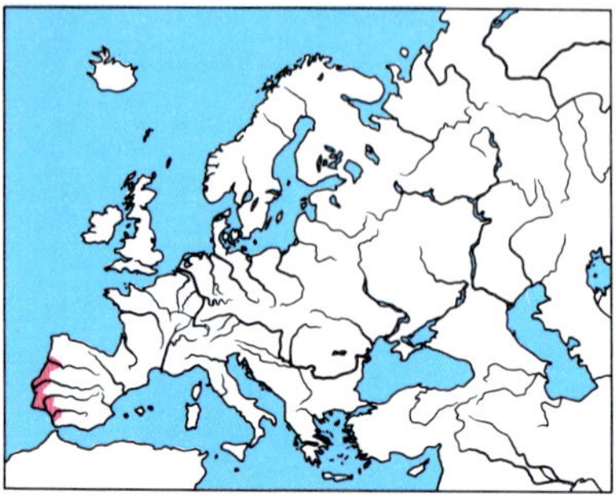

Merkmale: Schlanker, langgestreckter Körper mit stumpfer Schnauze und kleiner, leicht unterständiger Mundspalte. Kleine Rundschuppen, 59–63 entlang der Seitenlinie. Brustflossen mit 17–18, Rückenflosse mit 10, Afterflosse mit 10 Strahlen; Rand der hohen, schmalen Rückenflosse nach außen gewölbt. Schlundzähne 1reihig, 6–5. *Färbung:* Rücken dunkel, olivgrün mit bläulichem Metallglanz; Flanken silberfarben, mit einem dunklen Längsband vom Kiemendeckel bis zur Schwanzwurzel; Bauchseite weißlich, zur Laichzeit mit rötlichem Schimmer. *Länge:* 13–15 cm, max. 20 cm.

Vorkommen: Stehende und langsam fließende Gewässer im Einzugsbereich der Flüsse Duero, Guadiana und Guadalquivir der Iberischen Halbinsel.

Lebensweise: Ein Schwarmfisch, der sich überwiegend in bodennahen Wasserschichten aufhält; über seine Lebensweise ist daher, ähnlich wie bei unserem Frauennerfling, nur sehr wenig bekannt. Zur Laichzeit April bis Mai ziehen die geschlechtsreifen Tiere in die Uferregionen; das Ablaichen erfolgt im Schwarm an seichten, pflanzenreichen Stellen. Die klebrigen Eier haften so wie die frischgeschlüpften Larven am Pflanzenwuchs. Nach einem Ruhestadium von 2–5 Tagen beginnen die Jungfische frei umherzuschwimmen und nach tierischem und pflanzlichem Plankton zu jagen. Mit zunehmendem Alter ziehen sie sich allmählich in tiefere Wasserschichten zurück. *Nahrung:* Kleine Bodentiere, wie Würmer und Insektenlarven.

Mazedonische Plötze
Rutilus macedonicus

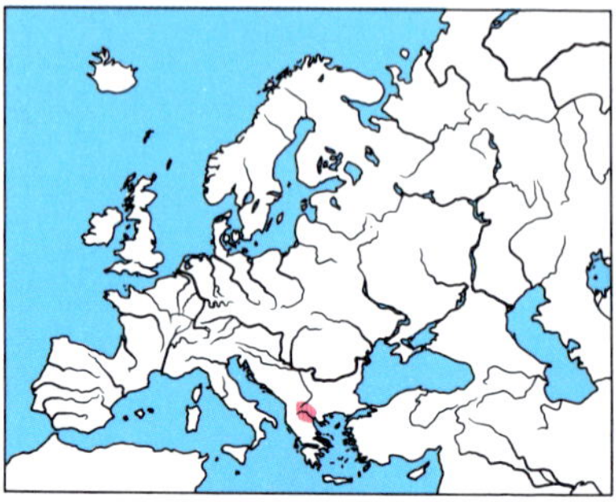

Merkmale: Hochrückiger, gedrungener Körper mit stumpfer Schnauze und enger, schräg nach oben gerichteter Mundspalte mit dicken, fleischigen Lippen. Große Rundschuppen, 42–45 entlang der Seitenlinie. Brustflossen mit 12–14, Rückenflosse mit 9–10, Afterflosse mit 9–11 Strahlen. Schlundzähne 1reihig, 4–4 (5). *Färbung:* Rücken dunkel, mit grünlichem bis bläulichem Metallglanz; Flanken hell, silberfarben; Bauch gelblichweiß. Dunkelbraune Längsbinde, die am Augenhinterrand beginnt und sich auf dem Schwanzstiel zu einem breiten Fleck erweitert, der auch auf die Schwanzflosse übergreift. *Länge:* 12–15 cm, max. 18 cm.

Vorkommen: Stehende und langsam fließende Gewässer im Einzugsbereich der nordwestlichen Agäis (Wardar-Flußsystem; Dojransee/Südjugoslawien).

Lebensweise: Eine Plötzenart, die sich gern in größeren Rudeln an seichten, pflanzenreichen Uferstellen aufhält. Laichzeit von April bis Mai; die geschlechtsreifen Tiere versammeln sich dann oft in großen Schwärmen am Laichplatz, wobei die Männchen einige Tage vor den Weibchen eintreffen. Nach Ankunft der Weibchen beginnen heftige Liebesspiele, und auch die Eiablage erfolgt unter lautem Geplätschere. Die klebrigen, ca. 1 mm großen Eier haften an Wasserpflanzen, Wurzelwerk und Steinen. Brutdauer 4–10 Tage, je nach Wassertemperatur. Nach einem Ruhestadium von 2–5 Tagen ernähren sich die Jungfische von Plankton, später, ebenso wie die Erwachsenen, von Würmern, Kleinkrebsen, Insektenlarven, Anflug.

Pardilla-Plötze

Mazedonische Plötze

Perlfisch
Rutilus frisii meidingeri

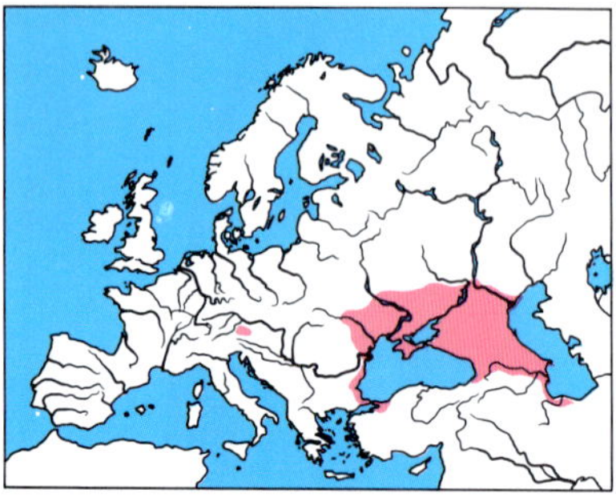

Merkmale: Spindelförmiger, im Querschnitt fast drehrunder Körper mit kleinem Kopf. Die kleine, etwas schief gestellte Mundspalte wird von der gerundeten Schnauze überragt. Große Rundschuppen, 62–67 entlang der Seitenlinie. Brustflossen mit 17–18, Rückenflosse mit 11–12, Afterflosse mit 12–14 Strahlen. Schlundzähne 1reihig, 6(5)–5. *Färbung:* Rükken schwärzlichgrün, Flanken heller, Bauch silberglänzend. Rücken-, Schwanz- und Brustflossen grau, Bauchflossen und die Afterflosse hellrötlich. Während der Laichzeit mit rötlich schimmernder Bauchseite. *Länge:* 40–60 cm, max. 70 cm.

Vorkommen: In einigen Seen sowie deren Zu- und Abflüssen im Einzugsgebiet der oberen Donau in Bayern (Chiemsee) und Österreich (Traun-, Atter- und Mondsee). Die Stammform *(R. f. frisii)* kommt als Wanderfisch in Brackwassergebieten des nordwestlichen Schwarzen Meeres vor; sie steigt dort zur Laichzeit (März bis April) in die Flüsse Dnjestr, Bug, Dnjepr, Don, Rion und Batum auf. Zwei weitere Unterarten kommen in Ostbulgarien *(R. f. velecensis)* und im südlichen Kaspischen Meer *(R. f. kutum)* vor.

Lebensweise: Tiefenfisch, der sich meist fern vom Ufer aufhält. Laichzeit April bis Mai; die laichreifen Tiere ziehen in die Zu- und Abflüsse der Seen oder auch in seichte, kiesige Uferstellen hinein. Die Männchen zeigen dann auf Kopf und Rücken einen Laichausschlag (Bild).

Allgemeines: Die Bestände sind durch Wasserverschmutzung gefährdet; der Perlfisch ist in Bayern ganzjährig geschont.

Calandino-Plötze
Rutilus alburnoides

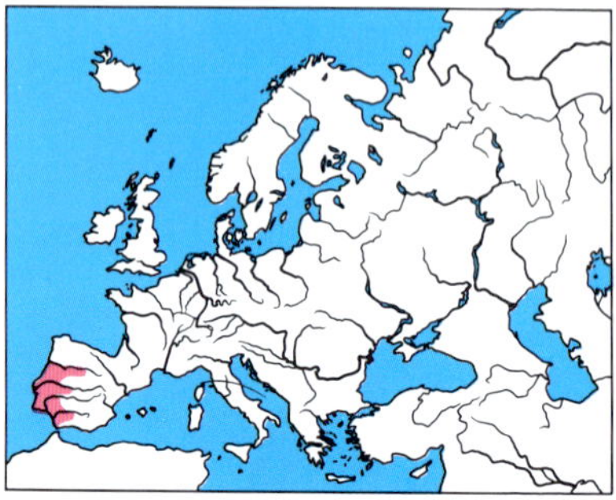

Merkmale: Schlanker, langgestreckter, seitlich abgeflachter Körper mit spitzer Schnauze und kleiner, schräg nach oben gerichteter Mundspalte. Große Rundschuppen, 39–46 entlang der Seitenlinie. Brustflossen mit 17–18, Rückenflosse mit 10, Afterflosse mit 10–12 Strahlen; der Rand der hohen, schmalen Rückenflosse ist nach innen gewölbt; die große Schwanzflosse ist bis zu ihrem Hinterrand vollständig beschuppt. Schlundzähne 1reihig, 5–5. *Färbung:* Rücken dunkel, grünlich mit bläulichem Metallglanz; Kiemendeckel und Flanken silberfarben, der obere Teil der Kiemendeckel und der Unterkiefer sind schwarz; Bauchseite weißlich; alle Flossen farblos, durchsichtig. Über die Flanken zieht oberhalb der Seitenlinie ein breites, dunkles Längsband; bis zum Schwanzflossen-Ansatz. *Länge:* 10–12 cm, max. bis 15 cm.

Vorkommen: Stehende und langsam fließende Gewässer im Einzugsbereich der Flüsse Duero, Guadiana und Guadalquivir auf der Iberischen Halbinsel. Eine Unterart, *R. a. hellenicus,* kommt im Langadi (Fluß in Griechenland) vor.

Lebensweise: Eine klein bleibende Plötzenart, die ruhige Gewässerabschnitte bevorzugt und sich dort, meist in kleinen Rudeln, nahe der Wasseroberfläche aufhält. Laichzeit April bis Mai. Die Eiablage erfolgt im Schwarm zwischen dem Pflanzenbewuchs flacher Uferstellen. Erst nach einem Ruhestadium von 2–5 Tagen beginnen die Jungfische frei umherzuschwimmen. *Nahrung:* Wirbellose Tiere, wie Kleinkrebse, Wasserinsekten und deren Larven.

Perlfisch ♂

Calandino-Plötze

Albanische Plötze
Pachychilon pictum

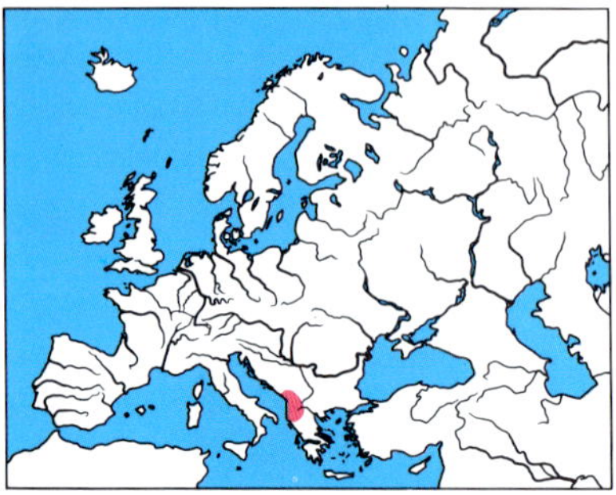

Merkmale: Schlanker, langgestreckter, seitlich abgeflachter Körper mit spitzer Schnauze und weiter, schräg nach oben gerichteter Mundspalte mit sehr dicken Lippen. Ohne Schuppen; Seitenlinie vollständig. Brustflossen mit 17–18, Bauchflossen mit 10, Rückenflosse mit 10–11, Schwanzflosse mit 19, Afterflosse mit 11–12 Strahlen. Der 1. Strahl der Rückenflosse ist bis um die Hälfter kürzer als die nachfolgenden Strahlen und deutlich von ihnen abgesetzt. *Färbung:* Rückenseite bräunlichgrau bis schwärzlich; Kopfoberseite sehr dunkel, Kiemendeckel silbrig glänzend; Flanken hellbräunlich bis -gelblich; Bauchseite weiß. Kleine, unregelmäßig verteilte braune Punkte und Flecken vom Rücken bis unterhalb der Seitenlinie. Rücken- und Schwanzflosse gelblich. Während der Laichzeit Bauchseite rosafarben. *Länge:* 12–15 cm, max. 16 cm.

Vorkommen: Südwestliche Balkanhalbinsel, im Gebiet des Skutarisees und im Ochridsee.

Lebensweise: Schwarmfisch im ufernahen Flachwasserbereich der obengenannten Seen. Laichzeit Mai bis August. Die geschlechtsreifen Tiere ziehen dann in den Pflanzenbewuchs der Uferzone, um sich dort unter lebhaften Balzspielen fortzupflanzen. Die klebrigen Eier haften an Pflanzen, Wurzelwerk und am Geröllgrund. Über die weitere Entwicklung der Brut und der Jungfische ist noch sehr wenig bekannt. *Nahrung:* Vor allem Planktonkrebse und Insektenlarven, aber auch Anflug und gelegentlich kleine Bodentiere.

Dalmatinische Elritze
Phoxinellus adspersus

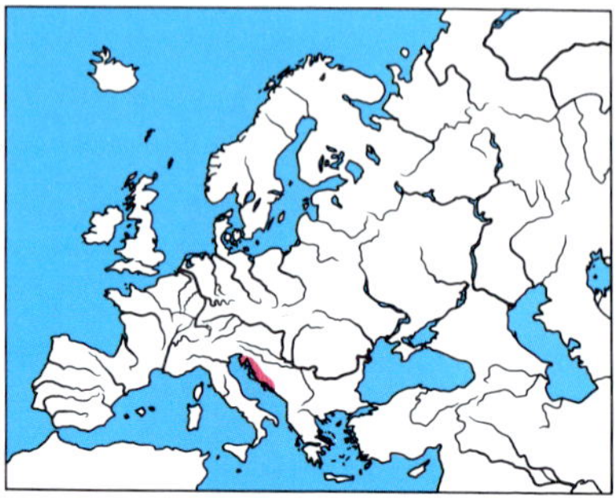

Merkmale: Langgestreckter, seitlich wenig abgeflachter Körper. Brustflossen mit 15–16, Bauchflossen mit 8–9, Rückenflosse mit 9–11, Schwanzflosse mit 19, Afterflosse mit 9–11 Strahlen. Schlundzähne 1reihig, 5–5(4). Das Schuppenkleid ist, je nach Unterart, mehr oder weniger stark rückgebildet: *Ph. a. alepidotus* weist nur entlang der unvollständigen Seitenlinie eine einzige Schuppenreihe auf; *Ph. a. epiroticus* dagegen ist völlig mit sehr dünnen, von der Haut überzogenen Schuppen bedeckt; bei *Ph. a. ghethaldii* wiederum ist die Brustregion, der mittlere Teil des Rückens und die Unterseite des Schwanzstiels unbeschuppt. *Färbung:* Je nach Unterart sehr unterschiedlich: einfarbig oder mit Fleckenzeichnung, mit dunklem Längsband oder ohne ein solches. Bei der Stammform *Ph. a. adspersus* sind der Rücken dunkelbraun, die Flanken hellbraun mit unregelmäßigen, dunkelbraunen Flecken, die Bauchseite ist weißlich und hat Silberglanz. *Länge: 8–10 cm, max. 12 cm.*

Vorkommen: In Seen und Fließgewässern von Dalmatien. Je nach Wohnort sind zahlreiche Rassen beschrieben worden, die früher als eigene Arten galten: *Ph. a. alepidotus* (Dalmatien), *Ph. a. croaticus* (Südkroatien), *Ph. a. epiroticus* (Luro-Fluß u. Janinasee), *Ph. a. fontinalis* (Dalmatien), *Ph. a. ghethaldii* (Höhlen im Popowobecken/Herzegowina), *Ph. a. metohiensis* (Dalmatien), *Ph. a. prespensis* (Prespasee/Südjugoslawien).

Lebensweise: Kleine Schwarmfische, deren Biologie noch weitgehend unbekannt ist. *Nahrung:* Kleinkrebse, Insektenlarven.

Albanische Plötze

Dalmatinische Elritze

Griechische Elritze
Phoxinellus stymphalicus

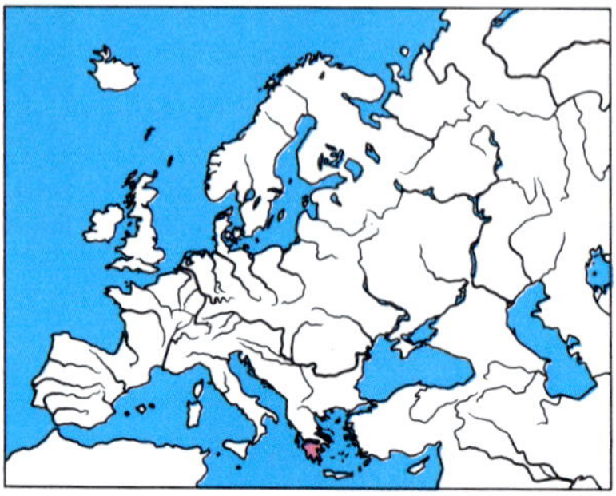

Merkmale: Langgestreckter, seitlich stark abgeflachter Körper mit stumpfer Schnauze und etwas schräg nach oben gerichteter, endständiger Mundspalte. Die Seitenlinie ist unvollständig entwickelt, sie erstreckt sich nur über die ersten 2–13 Schuppen; neben anderen Kennzeichen (Körperbau, Beschuppung) ähnelt diese Art dadurch sehr unserem einheimischen Moderlieschen, zu dessen Gattung sie auch früher gestellt wurde. Brustflossen mit 13–17, Bauchflossen mit 8–9, Rückenflosse mit 9–11, Schwanzflosse mit 19, Afterflosse mit 9–11 Strahlen. Schlundzähne 1reihig, 5–5. *Färbung:* Rückenseite dunkel, olivgrün bis bräunlich; Flanken hell, silberfarben mit bläulichem und grünlichem Metallglanz; Bauchseite weißlich bis gelblich mit rötlichem Schimmer. *Länge:* 8–10 cm, max. 12 cm.

Vorkommen: Im Stymphaliasee auf dem Peloponnes. Als Unterarten wurden beschrieben: *Ph. st. marathonicus (Attika/Mittelgriechenland), Ph. st. minutus* (Ochridsee/Macedonien), *Ph. st. montenegrinus* (Montenegro/Südjugoslawien), *Ph. st. thesproticus* (Westgriechenland). Eine nahverwandte Art kommt in Epirus/Westgriechenland und auf Korfu vor: *Ph. pleurobipunctatus.* Aus dem mediterranen Bereich sind noch *Ph. zeregi* (Syrien bis Israel) und *Ph. fahirae* (Südtürkei) bekannt.

Lebensweise: Über die Biologie dieser kleinen Schwarmfische ist nichts bekannt. Man nimmt an, daß sie sich von Kleinkrebsen, Insektenlarven und vom Anflug ernähren.

Spanische Elritze
Phoxinellus hispanicus

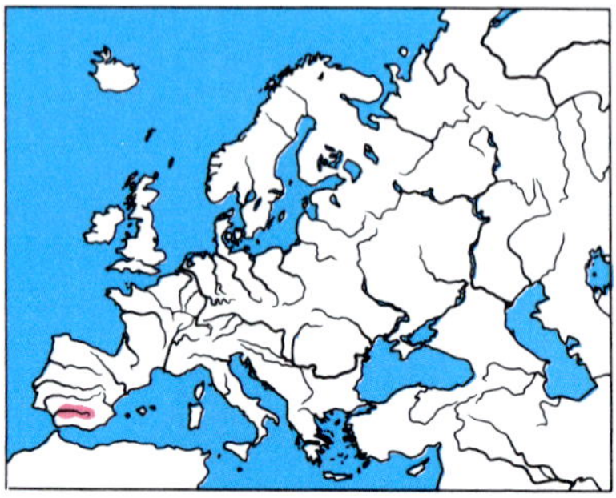

Merkmale: Langgestreckter, fast drehrunder, seitlich nur wenig abgeflachter Körper mit langem Kopf und kleiner, endständiger Mundspalte, die schräg nach oben gerichtet ist. Kleine Rundschuppen (70–80 in einer Längsreihe), unvollständige Seitenlinie (sie erstreckt sich nur über 25–30 Schuppen). Langer, niedriger Schwanzstiel. Rückenflosse mit 9–11, Schwanzflosse mit 19, Afterflosse mit 9–11, Bauchflossen mit 9–10 Strahlen. Auffallend sind die schmale, hohe Rückenflosse und die große, tief eingeschnittene Schwanzflosse. Schlundzähne 1reihig, 3(4)–4. *Färbung:* Rükken dunkel, graubraun bis bräunlich olivfarben; Flanken hellbraun bis gelblich, mit einem dunklen Längsband vom Kiemendeckel bis zum Schwanzstiel, wo es etwas breiter wird; insbesondere oberhalb dieses Längsbandes zahlreiche dunkle Punkte und Flecken; Bauchseite weiß mit Silberglanz. *Länge:* 4–6 cm, max. 8 cm.

Vorkommen: Kleine Fließgewässer im Einzugsgebiet des Guadiana/Südwestspanien bei Merida.

Lebensweise: Ähnlich unserer Elritze lebt dieser kleine Karpfenfisch (der zu den kleinsten Süßwasserfischen Europas zählt) in seichten, pflanzenreichen Gewässern. Laichzeit von Mai bis Juli. Die Eiablage erfolgt in größeren Schwärmen an flachen, kiesigen Stellen im strömenden Wasser. *Nahrung:* Kleintiere aller Art (Würmer, Kleinkrebse, Insektenlarven).

Griechische Elritze

Spanische Elritze

Dubrovnik-Elritze
Phoxinellus pstrossi

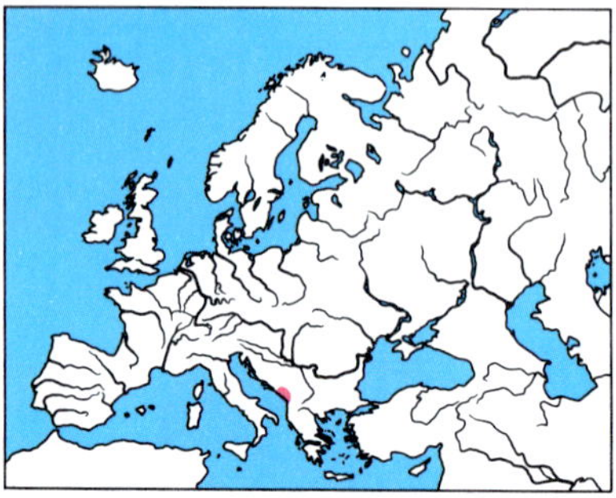

Merkmale: Langgestreckter, seitlich nur wenig abgeflachter Körper, ähnlich wie bei unserer einheimischen Elritze, mit stumpfer Schnauze und kleiner, schräg nach oben gerichteter Mundspalte. Brustflossen mit 16–17, Bauchflossen mit 8–9, Rückenflosse mit 9–10, Schwanzflosse mit 19, Afterflosse mit 11 Strahlen. Schlundzähne 1reihig, 5–4. Das Schuppenkleid ist weitgehend zurückgebildet; die sehr dünnen kleinen Schuppen stehen einzeln am Körper und überdecken sich kaum; sie sind tief in der Schleimhaut eingebettet, an der Bauchseite sind sie nicht sichtbar. *Färbung:* Rücken dunkel, mit grünlichem bis bläulichem Metallglanz; Flanken heller, mit unregelmäßig verstreuten, braunen Punkten vorwiegend oberhalb der Seitenlinie, die sich zum Rücken hin verdichten; Bauchseite weißlich, mit rosafarbenem Silberglanz. Vom Kiemendeckel bis zum Ansatz der Schwanzflosse erstreckt sich eine breite, bleigraue Längsbinde. *Länge:* 8–9 cm, max. 10 cm.

Vorkommen: Überschwemmungstümpel und kleine Fließgewässer im südwestlichen Küstenbereich Jugoslawiens, in der Umgebung der Stadt Dubrovnik.

Lebensweise: Kleine Schwarmfische, deren Biologie, insbesondere ihr Fortpflanzungsverhalten noch weitgehend unbekannt sind, da sie »ohne wirtschaftlichen und sportlichen Wert« sind. *Nahrung:* Kleinkrebse, Insektenlarven und Anflug.

Moderlieschen
Leucaspius delineatus

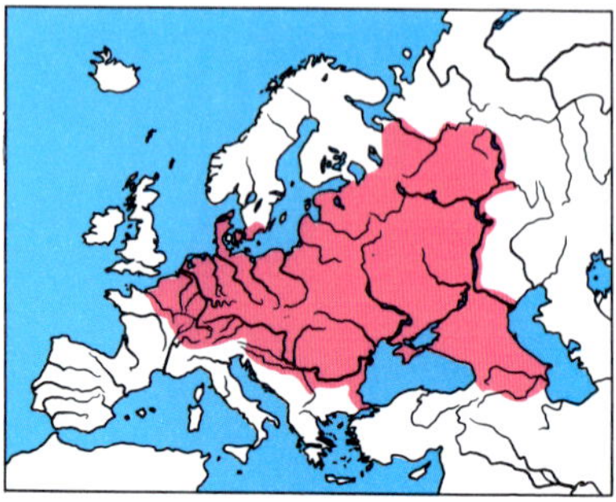

Merkmale: Spindelförmiger, seitlich etwas abgeflachter Körper; die großen, silberglänzenden Schuppen (44–48 in einer Längsreihe) fallen leicht ab. Oberständiger, kleiner Mund; die Unterkieferspitze greift in eine flache Grube des Oberkiefers ein. Die unvollständige Seitenlinie erstreckt sich nur über 7–12 Schuppen. Rückenflosse mit 10–11, Afterflosse mit 14–20 Strahlen; kielförmige Bauchkante zwischen den Bauchflossen und der Afterflosse. Schlundzähne 1- oder 2reihig, 5–4. *Färbung:* Rücken bräunlich bis olivfarben; Flanken stark silberglänzend, mit blauem Schimmer; Bauchseite weißlich. Blauer Längsstreifen, besonders deutlich auf dem Schwanzstiel. *Länge:* 6–9 cm, die Weibchen (max. 12 cm) werden etwas größer als die Männchen.

Vorkommen: Kleine, stehende oder langsam fließende Gewässer vom Einzugsgebiet des Rheins und der Donau bis zum Ural und dem Kaspischen Meer.

Lebensweise: Gegen Witterungseinflüsse sehr widerstandsfähiger, kleiner Schwarmfisch, der sich meist nahe der Wasseroberfläche zwischen dem dichten Pflanzenwuchs der Uferzone aufhält. Laichzeit April bis Juni. Mit Hilfe einer kurzen Legeröhre klebt das Weibchen seine ca. 1 mm großen Eier in ring- oder spiralförmigen Bändern an die Stengel von Wasserpflanzen; bis zum Ausschlüpfen der Brut (nach 9–12 Tagen) bewacht und betreut das Männchen das Gelege. Die Geschlechtsreife tritt Ende des 1. Jahres ein.
Nahrung: Tierisches und pflanzliches Plankton, Luftinsekten.

Dubrovnik-Elritze

Moderlieschen

Hasel
Leuciscus leuciscus

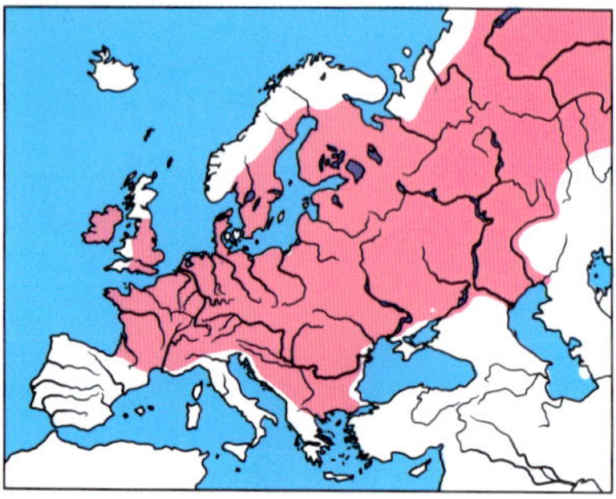

Merkmale: Je nach Wohngebiet mehr oder weniger langgestreckter, fast drehrunder Körper mit kleinem Kopf und enger, leicht unterständiger Mundspalte. Große Schuppen, 47–53 entlang der Seitenlinie. Rückenflosse mit 10–11, Afterflosse mit 10–12 Strahlen; der Rand der Afterflosse ist eingebuchtet. Schlundzähne 2reihig, 2.5–5.2(3). *Färbung:* Rücken dunkel, mit Blauglanz; Seiten gelblich silberglänzend; Bauchseite weißlich. Brust- und Bauchflossen sowie die Afterflosse gelblich bis orangefarben. Die Seitenlinie ist oben und unten oft dunkel eingefaßt. *Länge:* 15–20 cm, max. 30 cm.

Vorkommen: Überwiegend in schnell strömenden Gewässern mit Sand- und Kiesgrund im Europa nördlich der Pyrenäen und der Alpen; fehlt in Schottland, West- und Nordnorwegen sowie im westlichen und südlichen Balkan. In Südfrankreich, im Einzugsbereich von Rhône, Garonne und Adour kommt eine besondere Unterart, *L. l. burdigalensis* (französisch »Siége«) vor.

Lebensweise: Ein gesellig lebender Oberflächenfisch, der als einer der besten Schwimmer unter den Karpfenfischen gilt. Laichzeit April bis Mai. Die Männchen tragen dann am ganzen Körper einen feinkörnigen Laichausschlag. Die ca. 2 mm großen Eier haften an Wasserpflanzen und Steinen. Die Geschlechtsreife tritt Ende des 3. Lebensjahres (selten bereits Ende des 2.) ein. *Nahrung:* Plankton, Würmer, Schnecken, Insektenlarven, Wasser- und Luftinsekten, seltener auch Pflanzenteile.

Danilewski-Hasel
Leuciscus danilewskii

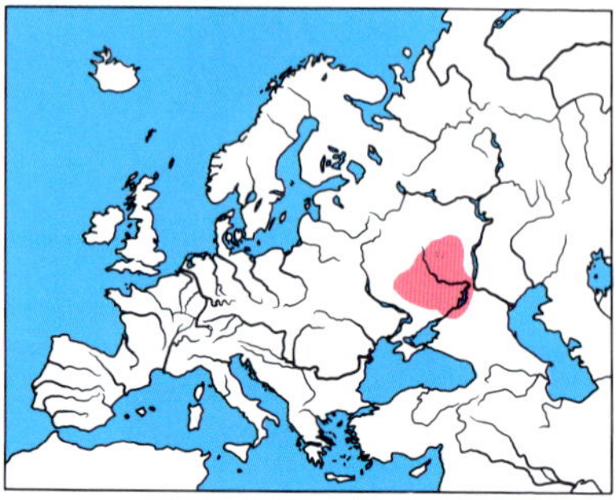

Merkmale: Je nach Wohngebiet mehr oder weniger langgestreckter, seitlich nur wenig abgeflachter Körper mit kleinem Kopf und enger, leicht unterständiger Mundspalte. Große Schuppen, 43–45 entlang der Seitenlinie. Schlanker, langer und dünner Schwanzstiel mit großer Schwanzflosse. Rückenflosse mit 10–12, Afterflosse mit 11–12 Strahlen; der Rand der Afterflosse ist gerade oder nur leicht eingebuchtet. Schlundzähne 2reihig, 2.5–5.2. *Färbung:* Rücken dunkel, graugrün bis olivfarben; Flanken silbrig glänzend, mit gelblichem Schimmer; Bauchseite weißlich. Rücken- und Schwanzflosse grau bis dunkelgrau; die Brust- und Bauchflossen sowie die Afterflosse sind gelblich bis orangefarben. *Länge:* 15–21 cm, max. 25 cm.

Vorkommen: In schnell fließenden Gewässern Südrußlands, im Einzugsbereich des Asowschen (Donbecken) und Schwarzen Meeres (einige linke Nebenflüsse des Dnjepr).

Lebensweise: Da in ihrem Wohngebiet nur von »geringem wirtschaftlichem Wert«, sind die Biologie und insbesondere das Fortpflanzungsverhalten dieser Hasel-Art noch weitgehend unbekannt. Laichzeit März bis Mai. Die Eiablage erfolgt an sandigen oder kiesigen Uferstellen mit Pflanzenbewuchs; die klebrigen Eier sinken zu Boden und haften an Wasserpflanzen und Steinen. Bei gutem Nahrungsangebot wachsen die Jungfische sehr rasch. Die Geschlechtsreife tritt Ende des 3.–4. Jahres ein. *Nahrung:* Kleine Bodentiere aller Art (Insektenlarven, Kleinkrebse, kleine Weichtiere).

Hasel

Dan lewski-Hasel

Adriatischer Hasel
Leuciscus svallize

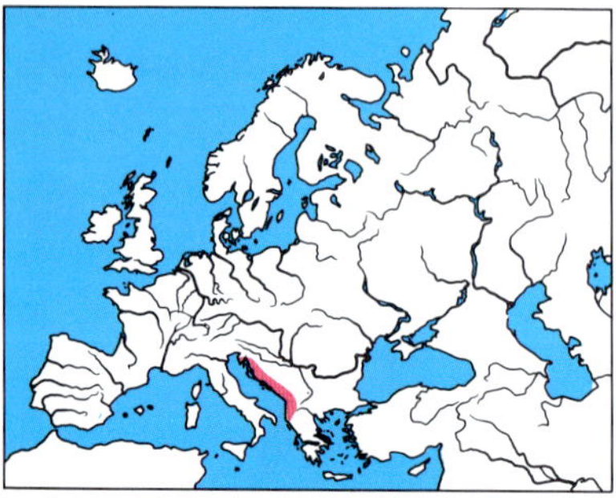

Merkmale: Langgestreckter, seitlich stark abgeflachter Körper mit kleinem Kopf und enger, leicht unterständiger Mundspalte. Große Schuppen, 48–49 entlang der Seitenlinie. Rückenflosse mit 12–14, Afterflosse mit 12–13 Strahlen (bei dem sehr ähnlichen Hasel dagegen nur 10–12); der Rand der Afterflosse ist gerade oder nur leicht eingebuchtet. Schlundzähne 2reihig, 2.5–5.2. *Färbung:* Rükken dunkel, graubraun bis grünlich, mit Blauschimmer; Seiten heller, silbrig glänzend; Bauchseite weiß. Schuppen-Ansatz dunkel. Rücken- und Schwanzflosse grau bis dunkelgrau; die Brust- und Bauchflossen sowie die Afterflosse gelblich bis hellrötlich. *Länge:* 15–20 cm, max. 25 cm.

Vorkommen: In schnell fließenden Gewässern vom südwestlichen Jugoslawien bis Südalbanien, u. a. im Einzugsbereich der Flüsse Zrmanja, Vergoraz, Narenta/Dalmatien und Trebinje/Herzegowina.

Lebensweise: Schwarmfisch, der sich meist nahe der Wasseroberfläche im stärksten Strömungsbereich seines Wohngewässers aufhält. Über sein Fortpflanzungsverhalten ist nichts bekannt. *Nahrung:* Würmer, Kleinkrebse, Insektenlarven und Anflug.

Döbel oder Aitel
Leuciscus cephalus

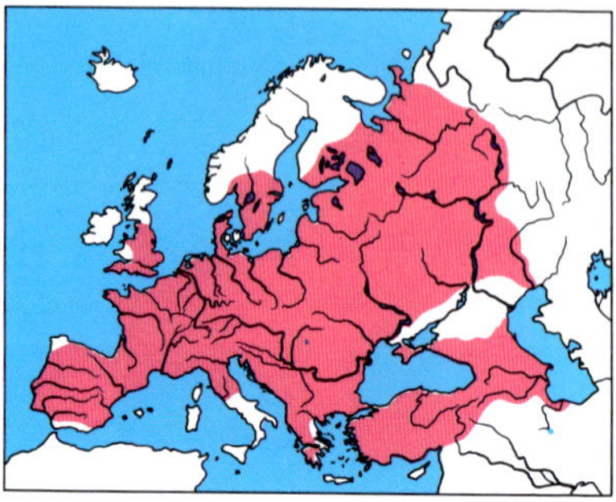

Merkmale: Spindelförmiger, fast drehrunder Körper mit breitem, dickem Kopf (»Dickkopf«, »Hartkopf«) und weiter Mundspalte. Große, derbe Schuppen, 44–46 entlang der Seitenlinie. Rückenflosse mit 11–12, Afterflosse mit 10–12 Strahlen; der Rand der Afterflosse ist nach außen gewölbt. Schlundzähne 2reihig, 2.5–5.2. *Färbung:* Rücken graubraun, mit grünlichem Schimmer; Flanken silbrig, oft mit Goldglanz; Bauch weißlich. Bauchflossen und Afterflosse rot. Schuppen dunkel umrandet (Netzzeichnung). *Länge:* 30–40 cm, max. bis 60 cm.

Vorkommen: In Fließgewässern Europas (von der Iberischen Halbinsel bis zum Ural) und Vorderasiens sehr weit verbreitet, seltener in Seen. Aus Flüssen im Einzugsbereich des Mittelmeeres (Spanien, Südfrankreich, Italien, Griechenland) sind 7 Unterarten bekannt. Nahverwandte Arten im Einzugsbereich des Kaspischen Meeres *(L. agdamicus)*, in der Türkei *(L. berak, L. cephaloides)*, in Syrien *(L. lepidus)*.

Lebensweise: Widerstandsfähiger, häufiger Schwarmfisch. Ältere Tiere leben als Einzelgänger. Laichzeit April bis Juni. Männchen dann mit feinkörnigem Laichausschlag. Die klebrigen, ca. 1,5 mm großen Eier (um 45 000 je kg Weibchengewicht) haften an Steinen oder Wasserpflanzen. Brutdauer ca. 1 Woche. Die Männchen werden meist nach dem 3., die Weibchen nach dem 4. Lebensjahr geschlechtsreif. *Nahrung:* Als Jungfische Würmer, Kleinkrebse, Weichtiere, Insektenlarven und Anflug; im Alter überwiegend Kleinfische, Frösche, frischgehäutete Krebse, Kleinsäuger.

Adriatischer Hasel

Döbel oder Aitel

Kaukasischer Döbel
Leuciscus aphipsi

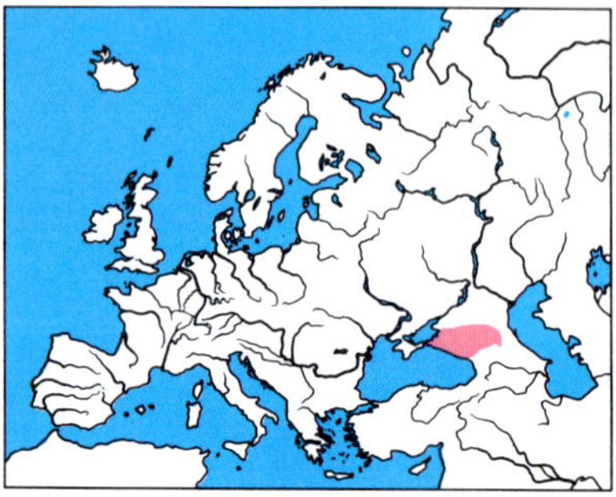

Merkmale: Langgestreckter, seitlich stark abgeflachter Körper mit langem, dickem Kopf und weiter Mundspalte. Große Schuppen, 40–43 entlang der Seitenlinie. Rückenflosse mit 11, Afterflosse mit 12 Strahlen; der Rand der Afterflosse ist leicht nach außen abgerundet. Schlundzähne 2reihig, 2.5–5.2. *Färbung:* Rückenseite dunkel, bräunlich bis olivfarben; Flanken heller, mit gelblichem Silberglanz; Bauchseite weißlich. Rücken- und Schwanzflosse gelbgrau, Brustflossen rötlich, Bauchflossen und die Afterflosse hellrot. *Länge:* 12–15 cm, max. 18 cm.

Vorkommen: Im Einzugsbereich des Asowschen Meeres in den Gebirgsflüssen Afips und Psekups, Nebenflüsse des unteren Kuban im westlichen Kaukasien/Südrußland.

Lebensweise: Kleine, gesellig lebende Döbel-Art, die in ihrem Wohngewässer meist an Stellen mit stärkster Strömung zu finden ist. Auch das Ablaichen erfolgt an stark überströmten Kiesbänken. Laichzeit Mai. Die Männchen weisen dann einen feinkörnigen Laichausschlag auf. Die klebrigen Eier haften an Sand und Geröll. Die Geschlechtsreife tritt beim Männchen meist nach dem 2., beim Weibchen nach dem 3. Lebensjahr ein. *Nahrung:* Kleine Bodentiere aller Art, Wasser- und Luftinsekten (»Anflug«).

Allgemeines: Die Biologie dieses nur in einem engen Verbreitungsgebiet vorkommenden Karpfenfisches ist noch weitgehend unbekannt, da er fischereiwirtschaftlich »ohne Wert« ist; dasselbe gilt auch für seine kleinbleibenden Verwandten.

Bobyrez-Döbel
Leuciscus borysthenicus

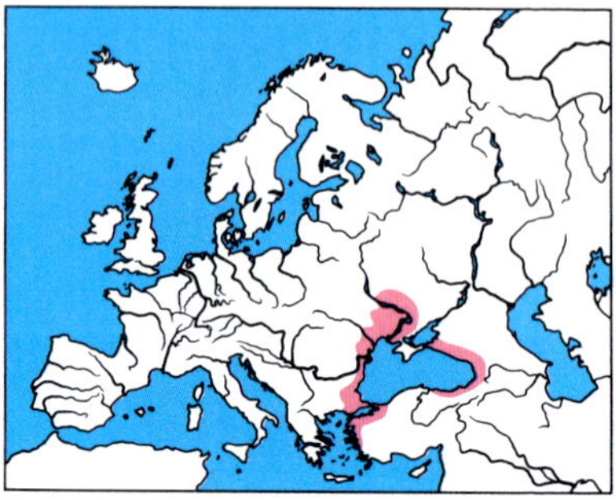

Merkmale: Langgestreckter Körper mit breitem, kurzem Kopf und (für eine Döbel-Art) kleiner Mundspalte. Große, kräftige Schuppen, 36–40 entlang der Seitenlinie. Rückenflosse mit 11–12, Afterflosse mit 10–12 Strahlen; der Rand der Afterflosse gerade oder (meist) leicht nach außen gewölbt. Schlundzähne 2reihig, 2.5–5.2. *Färbung:* Rücken dunkel, grau- bis braungrün; Flanken heller, silberglänzend; Bauch weiß mit rötlichem Schimmer. Rücken- und Seitenschuppen mit einem bräunlichen Fleck am Ansatz. Dunkle Längsbinde, meist nur auf dem Hinterkörper deutlich zu erkennen. Während der Laichzeit Bauchflossen und Afterflosse kräftig orangefarben. *Länge:* 15–35 cm, max. 40 cm.

Vorkommen: Küstennahe Seen und langsam fließende Tieflandgewässer im Einzugsbereich des Schwarzen und Asowschen Meeres sowie des Marmarameeres, von der westlichen Türkei und Ostbulgarien, den Unterläufen von Dnjestr, Bug und Dnjepr, dem Kubandelta bis zum Paleostomsee und im westlichen Transkaukasien.

Lebensweise: Die Jungfische schließen sich zu kleinen Schwärmen zusammen, häufig in Gesellschaft mit kleinen Rotfedern. Die älteren Tiere leben mehr einzelgängerisch und behaupten ihr bestimmtes Jagdrevier, aus dem sie eindringende Artgenossen vertreiben. Laichzeit Mai bis Juni. Die klebrigen Eier werden an Wasserpflanzen und Steinen an seichten, ruhigen Uferstellen abgelegt. Geschlechtsreife nach dem 3.–4. Lebensjahr. *Nahrung:* Wirbellose, Kleinfische.

Kaukasischer Döbel

Bobyrez-Döbel

Jugoslawischer Döbel
Leuciscus illyricus

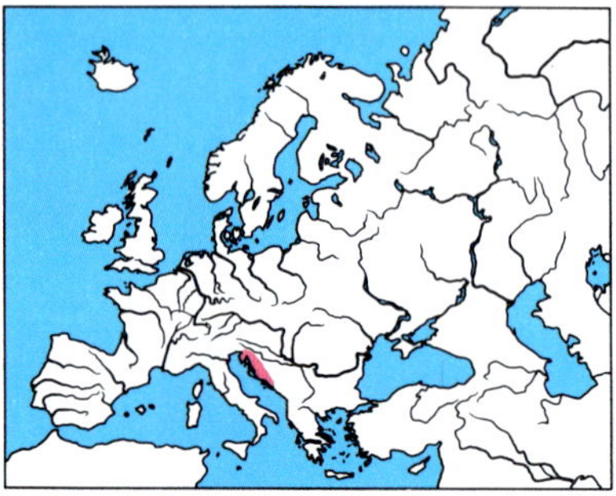

Merkmale: Langgestreckter, im Alter recht hochrückiger, seitlich stark abgeflachter Körper mit kurzem, breitem Kopf und auffallend kleiner Mundspalte. Kleine Augen. Große Schuppen, 49–54 entlang der Seitenlinie. Rücken- und Afterflosse mit 12 Strahlen; der Rand der Afterflosse ist gerade abgeschnitten oder (meist) leicht nach außen gewölbt. Schlundzähne 2reihig, 2.5–5.2. *Färbung:* Rükken dunkel, graubraun, graugrün bis schwärzlich olivfarben; Flanken heller, mit starkem Silberglanz; Bauchseite weißlich, zur Laichzeit mit rosafarbenem Schimmer. Auffallende Netzzeichnung, wie sie auch für unseren einheimischen Döbel typisch ist. *Länge:* 15–20 cm, max. 25 cm.

Vorkommen: In stehenden und langsam fließenden Gewässern entlang der dalmatinischen Küste, die im Einzugsgebiet der Flüsse Isonzo, Kerka und Cetina liegen.

Lebensweise: Die Jungfische schließen sich zu einem kleinen Schwarm zusammen. Mit zunehmendem Alter lockert sich der Verband, die älteren Tiere leben als Einzelgänger. Laichzeit Mai bis Juni. Die Männchen weisen dann einen feinkörnigen Laichausschlag auf. Zur Laichabgabe ziehen die geschlechtsreifen Tiere in seichte, pflanzenreiche Uferregionen, während sie sich sonst mehr in tieferen, bodennahen Wasserschichten aufhalten. *Nahrung:* Überwiegend Würmer, Kleinkrebse und Insektenlarven.

Makal-Strömer
Leuciscus microlepis

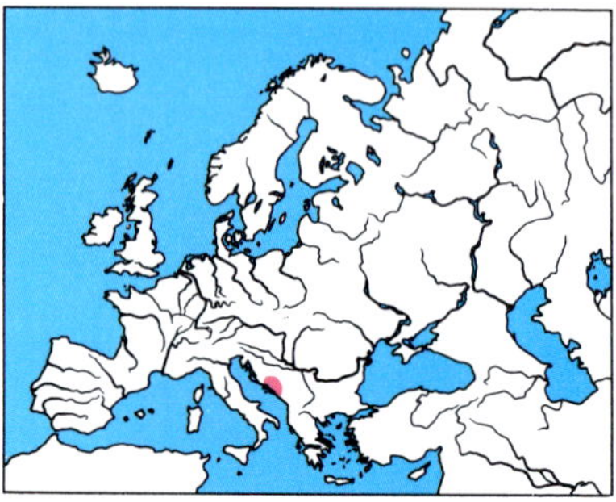

Merkmale: Spindelförmiger, langgestreckter, seitlich nur wenig abgeflachter Körper mit langem Kopf, stumpfer Schnauze und leicht unterständiger Mundspalte. Rückenflosse mit 10–11, Afterflosse mit 11 Strahlen, der Rand der Afterflosse ist eingebuchtet. Kleine Schuppen, 73–75 entlang der Seitenlinie. Schlundzähne 2reihig, 2.5–5.2. *Färbung:* Rückenseite dunkel, graubraun, graugrün bis schwärzlich graublau; Flanken heller, silberfarben mit Gelbglanz; Bauchseite weißlich, zur Laichzeit mit rosafarbenem Schimmer. Alle Flossen hellbraun, an ihrer Ansatzstelle gelblich. Die laichreifen Fische besitzen ein dunkles Längsband, das sich vom Hinterkopf bis zum Ansatz der Schwanzflosse erstreckt. *Länge:* 20–25 cm, max. 30 cm.

Vorkommen: Nur im südwestlichen Jugoslawien in schnell fließenden Gewässern und klaren Seen mit Geröllgrund, die im Einzugsbereich des Flusses Narenta liegen. Im Oberlauf dieses Flußsystems (Neretva und Zuflüsse) kommt eine Unterart vor, *L. m. tenellus,* die sich u. a. durch das Fehlen einer dunklen Längsbinde von der Stammform unterscheidet.

Lebensweise: Die Biologie dieses meist in Bodennähe über Geröllhalden lebenden Schwarmfisches ist noch weitgehend unbekannt. Man nimmt an, daß er sich von kleinen Bodentieren (Würmer, Kleinkrebse, Insektenlarven, kleine Schnecken und Muscheln) ernährt.

Jugoslawischer Döbel

Makal-Strömer

Kroatischer Strömer
Leuciscus polylepis

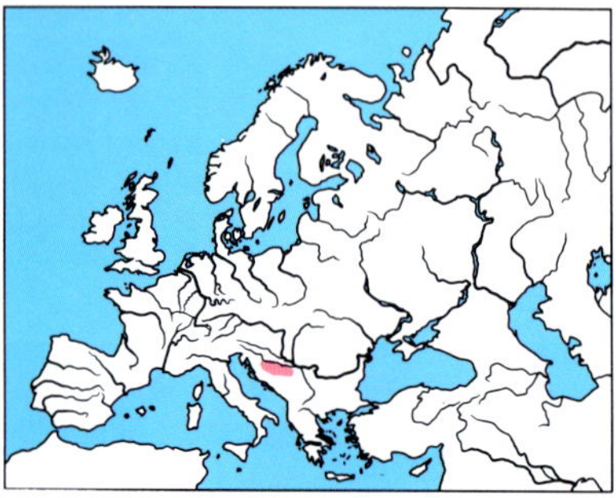

Merkmale: Gestreckter, je nach Wohngebiet mehr oder weniger hochrückiger, seitlich abgeflachter Körper mit langem Kopf, stumpfer Schnauze und leicht unterständiger Mundspalte. Rückenflosse mit 10, Afterflosse mit 11–12 Strahlen; der Rand der Afterflosse ist leicht eingebuchtet. Große Schuppen, 52–55 entlang der Seitenlinie. Schlundzähne 2reihig, 2.5–5(4).2. *Färbung:* Rücken dunkel, graubraun, graugrün bis schwärzlichgraublau; Flanken heller, mit silbrigem Glanz; Bauchseite weißlich, zur Laichzeit mit rosafarbenem Schimmer. Alle Flossen dunkellederfarben, ihre Ansatzstelle dunkelgelb bis orangefarben. Vom Augenhinterrand bis zum Ansatz der Schwanzflosse erstreckt sich eine schmale, dunkelgraue oder braune Längsbinde, die vor allem bei laichreifen Tieren gut sichtbar ist. *Länge:* 15–20 cm, max. 25 cm.

Vorkommen: Nur im nördlichen Jugoslawien, in Flüssen und klaren Seen mit Sand- oder Kiesgrund, die im kroatischen Einzugsbereich der Donau liegen.

Lebensweise: Über die Biologie dieses kleinen, überwiegend in Bodennähe lebenden Schwarmfisches ist kaum etwas bekannt, da er für die lokale Berufs- und Sportfischerei nur von geringem Interesse ist. Man nimmt an, daß er sich von kleinen Bodentieren (Würmer, Kleinkrebse, Insektenlarven, kleine Schnecken und Muscheln) ernährt.

Strömer
Leuciscus souffia agassizi

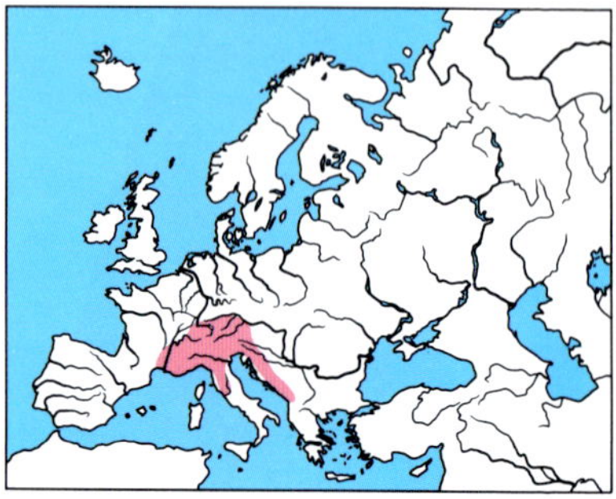

Merkmale: Langgestreckter, fast spindelförmiger, seitlich wenig abgeflachter Körper mit langem Kopf, stumpfer Schnauze und unterständiger, fast horizontaler Mundspalte. Die Rückenflosse beginnt über dem Ansatz der Bauchflossen oder (seltener) unmittelbar dahinter. Rückenflosse mit 10, Afterflosse mit 10–13 Strahlen; der Rand der Afterflosse ist leicht eingebuchtet. Große Schuppen, 48–56 entlang der Seitenlinie. Schlundzähne 2reihig, 2.5–5(4).2. *Färbung:* Rücken dunkel, graubraun, mit bläulichem Metallglanz; Flanken silberglänzend; Bauchseite weißlich. Alle Flossen hellbräunlich bis -gelblich, an ihrer Ansatzstelle schwach orangefarben. Seitenlinie orangefarben. Zur Laichzeit, vor allem bei den Männchen, dicht über der Seitenlinie eine schwarze, violettglänzende Längsbinde vom Auge bis zur Schwanzflosse. *Länge:* 12–17 cm, max. 24 cm.

Vorkommen: Rasch fließende Gewässer im Ober- und Mittellauf von Donau und Rhein, seltener in Seen (z. B. im Bodensee). In den Alpen bis 850 m Höhe. Die Stammform, *L. s. souffia* (französisch »Seufe« oder »Soufie«), lebt im Rhône- und Vargebiet; eine weitere Unterart, *L. s. muticellus* (italienisch »Strigione«), kommt in Nord- und Mittelitalien vor.

Lebensweise: Wenig bekannter Schwarmfisch, der sich in größeren Tiefen des freien Wassers bevorzugt über Kiesbänken aufhält. Laichzeit März bis Mai. Die Eiablage erfolgt im Schwarm auf Kiesgrund, und zwar in stark strömendem Wasser. *Nahrung:* Plankton und kleine Bodentiere.

Kroatischer Strömer

Strömer

Tursky-Strömer
Leuciscus turskyi

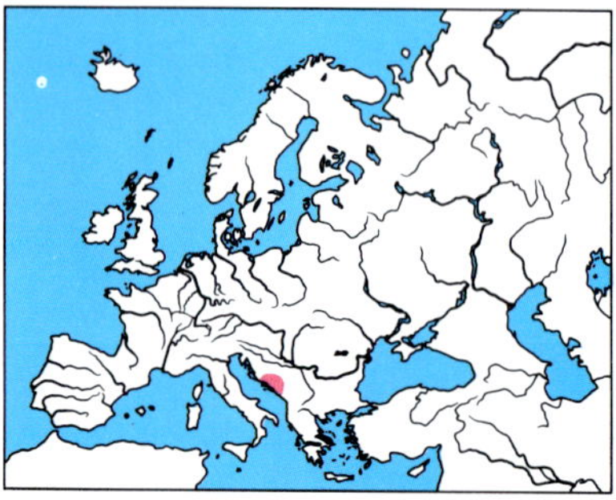

Merkmale: Spindelförmiger, langgestreckter, seitlich abgeflachter Körper mit langem Kopf, stumpfer Schnauze und endständiger, schräg nach oben gerichteter Mundspalte. Rückenflosse mit 10, Afterflosse mit 11 Strahlen; der Rand der Afterflosse ist leicht eingebuchtet. Kleine Schuppen, 70–72 entlang der Seitenlinie. Schlundzähne 2reihig, 2.5–5.2. *Färbung:* Rückenseite dunkel, graubraun, graugrün bis schwärzlichgraublau; Flanken heller, hellbräunlich bis -gelblich, mit Silberglanz; Bauchseite weißlich, mit gelblichem bis rötlichem Schimmer. Alle Flossen hell, graugrün bis farblos; ihre Ansatzstelle gelblich bis schwach orangefarben. Vom Hinterrand des Kiemendeckels erstreckt sich oberhalb der Seitenlinie eine breite, dunkle Längsbinde bis zum Ansatz der Schwanzflosse. *Länge:* 15–20 cm, max. 25 cm.

Vorkommen: Nur im südlichen Jugoslawien, in klaren, sauerstoffreichen Seen und rasch strömenden Fließgewässern, die im Einzugsbereich des Narentabeckens liegen.

Lebensweise: Klein bleibender Schwarmfisch, der sich im Gegensatz zu den bisher beschriebenen Strömer-Arten (Untergattung *Telestes*) gern auch in oberflächennahen Wasserschichten aufhält. Seine Nahrung besteht daher zum großen Teil aus Anflug, daneben auch aus Kleinkrebsen und Insektenlarven. Über sein Fortpflanzungsverhalten ist nichts bekannt.

Ukliva-Strömer
Leuciscus ukliva

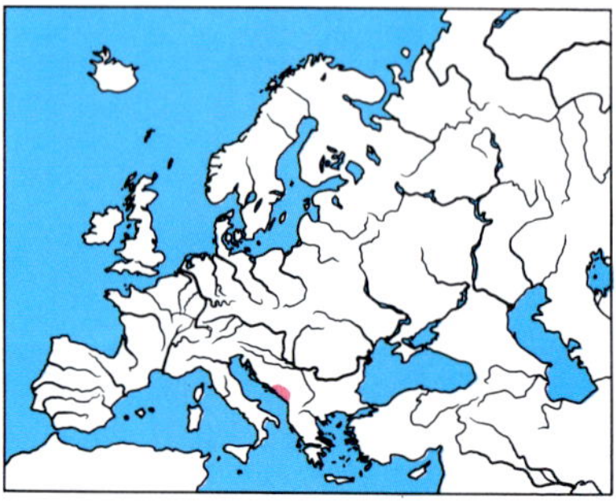

Merkmale: Gestreckter, je nach Wohngebiet mehr oder weniger hochrückiger, seitlich abgeflachter Körper mit langem Kopf, stumpfer Schnauze und leicht unterständiger Mundspalte. Rückenflosse mit 10–11, Afterflosse mit 11–12 Strahlen; der Rand der Afterflosse ist nicht (oder nur leicht) eingebuchtet. Kleine Schuppen, 62–64 entlang der Seitenlinie. Schlundzähne 2.5–5(4).2. *Färbung:* Rücken dunkel, bräunlich bis olivfarben; Seiten heller, hellgrünlich bis -gelblich, mit silbrigem Glanz; Bauchseite weiß, zur Laichzeit mit rötlichem Schimmer. Alle Flossen hellederfarben, ihre Ansatzstelle gelblich bis schwach orangefarben. Vom Hinterrand des Kiemendeckels erstreckt sich oberhalb der Seitenlinie ein breites, bräunlichgraues Längsband, das meist nur bis unterhalb des Rückenflossen-Ansatzes reicht, während der Laichzeit jedoch bis zum Ansatz der Schwanzflosse deutlich sichtbar ist. *Länge:* 15–20 cm, max. 25 cm.

Vorkommen: Nur im südwestlichen Jugoslawien, in klaren, sauberen Fließgewässern mit Sand- oder Kiesgrund, die im Einzugsbereich des Flusses Cetina liegen.

Lebensweise: Da nur von »geringem sportlichem oder fischereiwirtschaftlichen Wert«, ist die Biologie dieses klein bleibenden Schwarmfisches weitgehend unbekannt. Man nimmt an, daß er sich als Bodenfisch von Würmern, Kleinkrebsen, Insektenlarven und kleinen Weichtieren ernährt.

Tursky-Strömer

Ukliva-Strömer

Orfe, Aland oder Nerfling
Leuciscus idus

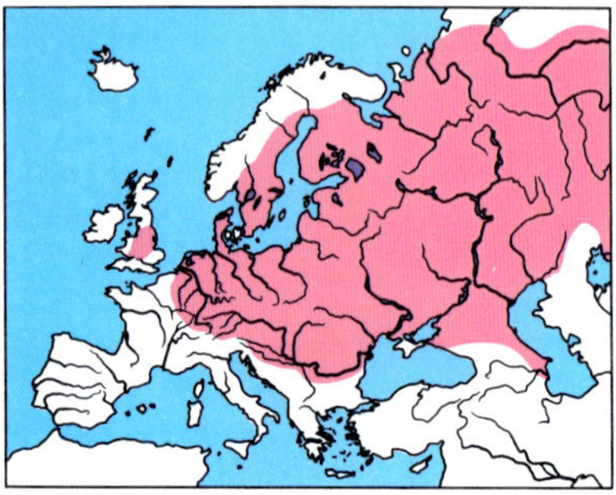

Merkmale: Gestreckter, etwas hochrückiger, seitlich abgeflachter Körper mit kleinem Kopf und enger, etwas schräg nach oben gerichteter Mundspalte. Kleine Schuppen, 55–61 entlang der Seitenlinie. Rückenflosse mit 11–12, Afterflosse mit 12–14 Strahlen; der Rand der Afterflosse ist eingebuchtet. Schlundzähne 2reihig, 3.5–5.3. *Färbung:* Rücken grün- bis schwarzgrau; Flanken heller, stark silberglänzend; Bauch weißlich. Gelbes Auge. Rücken- und Schwanzflosse graublau, die übrigen Flossen rötlich. *Länge:* 30–50 cm, max. 80 cm.
Vorkommen: In größeren Fließgewässern (»Barbenregion«) und Seen, die im Rheingebiet und nördlich der Alpen bis hin zum Ural liegen. Fehlt in Südeuropa und südlich des Donaubeckens. In Westeuropa mit Erfolg ausgesetzt.
Lebensweise: Schwarmfisch, der sich meist nahe der Wasseroberfläche aufhält, nur im Winter zieht er sich in tiefere Flußstellen zurück. Laichzeit April bis Juni. Männchen dann mit Laichausschlag. Zur Eiablage ziehen die Laichschwärme flußaufwärts an sandige oder kiesige Uferstellen. Die klebrigen, ca. 1,5 mm großen Eier (40 000–115 000 je nach Weibchengröße) haften an Steinen und Pflanzen. Brutdauer 10–20 Tage. Nach dem Ablaichen wandern die Elterntiere wieder flußabwärts. Auch die Brut zieht sich noch im ersten Lebensjahr in ruhigere Flußstellen zurück. Die Geschlechtsreife tritt im 3.–4. Jahr ein. *Nahrung:* Als Jungfische tierisches und pflanzliches Plankton, später Würmer, Kleinkrebse, Insektenlarven und kleine Weichtiere.

Sumpfelritze
Phoxinus percnurus

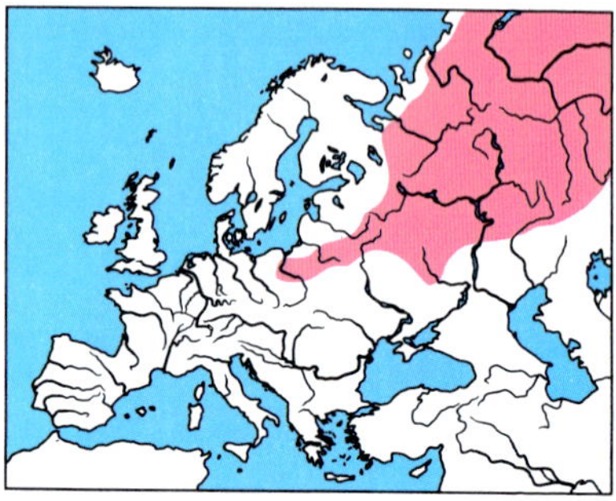

Merkmale: Gedrungener, hochrückiger als unsere einheimische Elritze. Kleiner, endständiger Mund. Kleine Schuppen, 70–80 entlang der Seitenlinie, die hinter der Körpermitte vielfach unterbrochen ist. Rückenflosse mit 10, Afterflosse mit 9–10 Strahlen. Schlundzähne 2reihig, 2.5–5(4).2. *Färbung:* Rücken dunkelgrau bis -braun, mit grünlichem Metallglanz; Flanken heller, mit gelblichem Silberglanz und kleinen, unregelmäßig angeordneten, dunkelbraunen Flecken; Bauch weißlich, zur Laichzeit mit rötlichem Schimmer. *Länge:* 5–9 cm, max. 12 cm. Die Weibchen werden etwas größer als die Männchen.
Vorkommen: Überwiegend in pflanzenreichen Tümpeln, Seen und ruhigen Fließgewässern vom östlichen Mitteleuropa über Nordrußland bis Sibirien. 5 Unterarten sind bekannt, davon 3 in Europa: *Ph. p. dybowskii* (Weichsel-Einzugsgebiet bei Warschau, in Tümpeln), *Ph. p. gdaniensis* (kleine Seen bei Danzig), *Ph. p. stagnalis* (Seen im mittleren Wolgagebiet).
Lebensweise: Kleiner, lebhafter und sehr widerstandsfähiger Schwarmfisch, der auch in sauerstoffarmen Tümpeln überdauern kann. Laichzeit Juni bis Juli. Die klebrigen Eier werden zwischen Wasserpflanzen abgelegt, an denen sie haften. Brutdauer 5–8 Tage. Gleich nach dem Schlüpfen machen die Larven eine Ruheperiode durch, in der sie mit Hilfe ihrer Klebedrüsen am Kopf im Pflanzenwerk angeheftet sind. Geschlechtsreife nach dem 2.–3. Lebensjahr. *Nahrung:* Würmer, Kleinkrebse, Insektenlarven, kleine Weichtiere (z. B. Erbsenmuscheln) und Anflug.

Orfe, Aland oder Nerfling

Sumpfelritze

Elritze
Phoxinus phoxinus

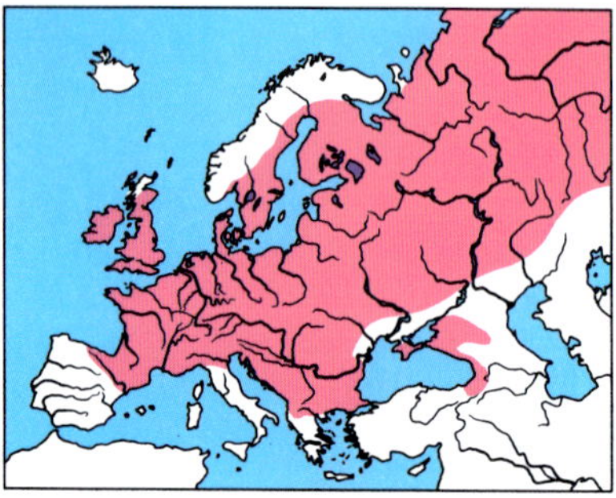

Merkmale: Langgestreckter, fast drehrunder Körper, nur am Schwanzstiel seitlich abgeflacht. Kleiner, endständiger Mund. Kleine Schuppen, 80–90 in einer Längsreihe; Seitenlinie meist unvollständig, hinter der Körpermitte unterbrochen. Rückenflosse mit 10, Afterflosse mit 10 Strahlen. Schlundzähne 2reihig, 2.5–5(4).2. *Färbung:* Je nach Wohnort sehr variabel; Rücken meist graugrün; Flanken heller, mit Silberglanz, oft mit dunklen Querbinden und goldglänzendem Längsband; Bauchseite weißlich. Zur Laichzeit Männchen dunkler gefärbt, mit rötlichem Bauch und einem hellen Fleck auf dem Kiemendeckel. *Länge:* 7–10 cm, max. 14 cm (Weibchen).
Vorkommen: Klare, sauerstoffreiche Fließgewässer und Seen mit Kiesgrund; in Europa von Nordspanien, Frankreich und den Britischen Inseln (mit Ausnahme von Nordschottland) bis zum Ural weit verbreitet. Fehlt in Island, Norwegen sowie in Mittel- und Süditalien und auf dem Peloponnes. Eine Unterart, *Ph. ph. colchicus,* kommt in Westtranskaukasien vor.
Lebensweise: Kleiner, lebhafter und sehr anpassungsfähiger Schwarmfisch, der sich meist nahe der Wasseroberfläche aufhält. Laichzeit April bis Juli. Beide Geschlechter mit Laichausschlag. Die Laichtiere ziehen im Schwarm flußaufwärts, die Seenbewohner an die Ufer; das Ablaichen erfolgt an flachen Kiesbänken. Die klebrigen, ca. 1–1,3 mm großen Eier (200–1000) haften an Steinen, seltener an Pflanzen. Brutdauer 5–10 Tage. Geschlechtsreife am Ende des 1.–2. Lebensjahres. *Nahrung:* Kleine Bodentiere und Luftinsekten.

Poznan-Elritze
Phoxinus czekanowskii posnaniensis

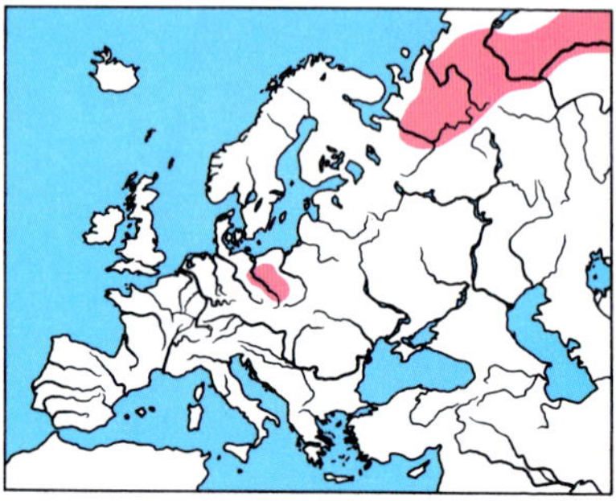

Merkmale: Sehr langgestreckter, spindelförmiger Körper; langer Schwanzstiel (länger als die max. Körperhöhe). Kleiner, endständiger Mund. Sehr kleine Schuppen, 90–94 in einer Längsreihe; Seitenlinie nur am Vorderkörper entwickelt. Rückenflosse mit 10, Afterflosse mit 10 Strahlen; die abgerundeten Brustflossen (15 Strahlen) sind auffallend kurz (im Gegensatz zu nahverwandten Arten in Asien), Schwanzflosse ist nur leicht eingebuchtet. Schlundzähne 2reihig, 2.5–5.2. *Färbung:* Rükken dunkelgrau bis -braun, mit grünlichem Metallglanz; Flanken heller, mit gelblichem Silberglanz und kleinen, dunklen, scharfbegrenzten Punkten; Bauchseite weißlich, zur Laichzeit mit rötlichem Schimmer. Brustflossen gelblich, Bauchflossen und Afterflosse rötlich. *Länge:* 5–8 cm, max. 12 cm (Weibchen).
Vorkommen: Die Stammform (mit zahlreichen Unterarten) lebt in Flüssen und Seen im Einzugsbereich des Arktischen und Pazifischen Ozeans, von Nordrußland, Sibirien bis Nordchina. Als einzige Unterart kommt die Poznan-Elritze in Mitteleuropa in der Umgebung von Poznan (Posen), dem Einzugsgebiet der Warthe, vor.
Lebensweise: Kleiner Schwarmfisch, der im Gegensatz zur nahverwandten Sumpfelritze gern auch in klaren, sauerstoffreichen Fließgewässern lebt. Laichzeit Juni bis Juli. Die Eiablage erfolgt sowohl in fließenden als auch in stehenden Gewässern zwischen dem Pflanzenbewuchs seichter Uferstellen. *Nahrung:* Wirbellose Kleintiere, insbesondere Insektenlarven und Kleinkrebse.

Elritze

Poznan-Elritze

Rotfeder
Scardinius erythrophthalmus

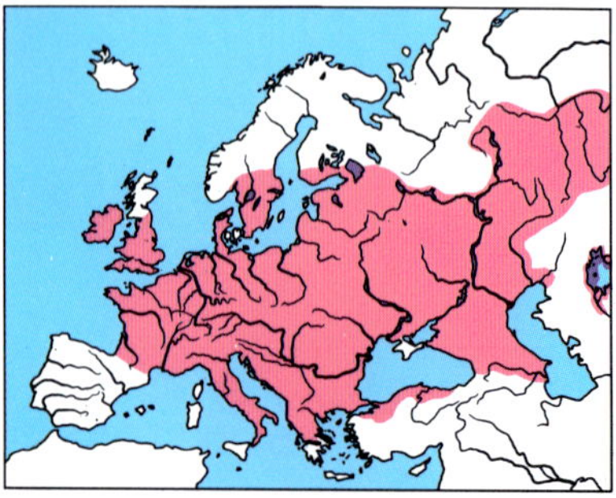

Merkmale: Hochrückiger, seitlich abgeflachter Körper. Bauchkante zwischen Bauchflossen und After gekielt; Vorderende der Rückenflosse deutlich hinter dem Bauchflossenansatz; enge, schräge Mundspalte; goldglänzende Augen (Kennzeichen gegenüber der sehr ähnlichen Plötze). Große Rundschuppen, 40–43 entlang der Seitenlinie. Brustflossen mit 16–17, Rückenflosse mit 10–12, Afterflosse mit 12–14 Strahlen. Schlundzähne 2reihig, 3.5–5.3. *Färbung:* Rücken und Kopfoberseite graugrün bis braungrün; Flanken heller, mit messingfarbenem Glanz; Bauchseite silberfarben. Bauchflossen, After- und Rückenflosse orangefarben bis blutrot, am Ansatz bräunlich bis grau. *Länge:* 20–30, max. 45 cm.

Vorkommen: Ruhige Gewässer mit weichem Grund; von Westeuropa (nördlich der Pyrenäen), Mitteleuropa, Norditalien und dem Balkan, vom Bereich des Schwarzen und Kaspischen Meeres bis zum Ural und dem Aralsee. In Mittel- und Süditalien sowie an der dalmatinischen Küste bis Zentralgriechenland kommt die Unterart *S. e. scardafa* vor. Eine weitere, sehr interessante Unterart, *S. e. racovitzai,* die nur 9 cm lang und bereits im 1.–2. Lebensjahr geschlechtsreif wird, lebt in den heißen Quellen von Baile Episcopesti/Westrumänien.

Lebensweise: Schwarmfisch, meist nahe der Wasseroberfläche im Pflanzenwuchs der Uferregion. Laichzeit April bis Mai. Die klebrigen, ca. 1,5 mm großen Eier (100 000–200 000) werden auf Wasserpflanzen abgelegt. Brutdauer 3–10 Tage. *Nahrung:* Überwiegend Pflanzen, daneben auch Kleintiere.

Griechische Rotfeder
Scardinius graecus

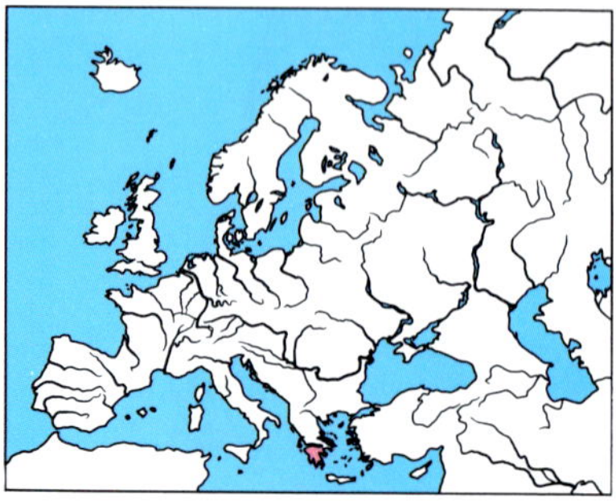

Merkmale: Sehr langgestreckter, seitlich stark abgeflachter Körper; die max. Körperhöhe wird weit vor der Rückenflosse erreicht. Stirnlinie meist konkav. Große Rundschuppen, 39–42 entlang der Seitenlinie. Brustflossen mit 16–17, Rückenflosse mit 11–12, Afterflosse mit 13–14 Strahlen. Schlundzähne 2reihig, 3.5–5.3. *Färbung:* Rücken und Kopfoberseite grau- bis braungrün, mit metallischem Glanz; Flanken heller, messinggelb schimmernd; Bauchseite silbrigweiß. Die Schuppen der Rücken- und Seitenpartie besitzen einen dunklen Saum. Brustflossen gelblich, Bauchflossen und Afterflosse sowie der untere Lappen der Schwanzflosse rötlich. *Länge:* 25–35 cm, max. 40 cm.

Vorkommen: Nur auf dem Peloponnes in ruhigen Gewässern mit Sand- oder Schlammgrund und reichem Pflanzenwuchs. Viele Autoren betrachten diese Art nur als eine »Lokalrasse« der Rotfeder.

Lebensweise: Ähnlich unserer einheimischen Rotfeder meist in kleinen Rudeln im Pflanzenwuchs der Fluß- und Seeufer. Laichzeit April bis Juni. Die Männchen tragen dann am Kopf und am Rücken einen feinkörnigen Laichausschlag. Das Ablaichen erfolgt im Schwarm an seichten, pflanzenreichen Uferstellen. Die Eier haften an den Blättern der Wasserpflanzen, ebenso wie die frischgeschlüpfte Brut, die dazu Klebedrüsen am Kopf besitzt. Erst nach dem Aufzehren des Dottersacks schwimmen die Jungfische frei umher. *Nahrung:* Kleinkrebse, Insektenlarven, Anflug und weiches Pflanzenmaterial.

Rotfeder

Griechische Rotfeder

Rapfen oder Schied
Aspius aspius

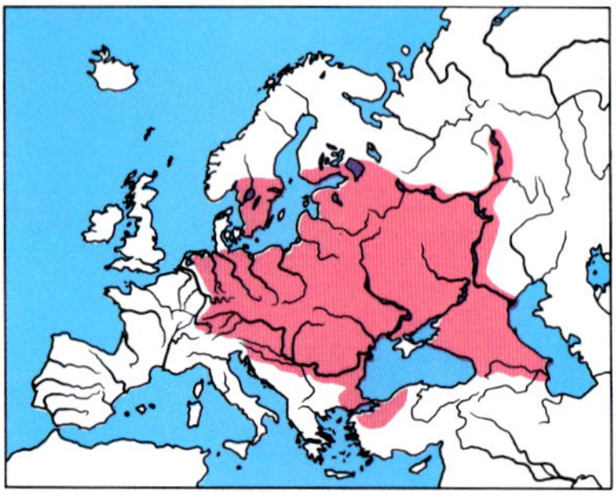

Merkmale: Langgestreckter, seitlich etwas abgeflachter Körper mit zugespitztem Kopf. Kleine Augen. Weite, endständige Mundspalte; der etwas verlängerte Unterkiefer besitzt einen Höcker, der in eine Kerbe des Oberkiefers paßt. Kleine Schuppen, 64–76 entlang der Seitenlinie. Rückenflosse mit 10–11, Afterflosse mit 15–18 Strahlen; der Rand der Afterflosse ist sichelförmig eingebuchtet. Schlundzähne 2reihig, 3.5–5.3. *Färbung:* Rücken olivgrün, mit bläulichem Schimmer; Flanken heller, mit Gelbglanz; Bauchseite silbrigweiß. Brust- und Bauchflossen, Afterflosse rötlich. *Länge:* 50–75 cm, max. 120 cm (12 kg).
Vorkommen: In Fließgewässern, größeren Seen und Haffen von Mitteleuropa bis zum Ural und dem Kaspischen Meer; auch im südlichen Skandinavien. Eine Unterart, *A. a. taeniatus,* lebt als Wanderfisch im südlichen Kaspischen Meer. In Syrien, im oberen Einzugsgebiet des Euphrat, kommt eine nahverwandte Art, *A. vorax,* vor.
Lebensweise: Jungfische leben in kleinen Rudeln in Ufernähe; mit zunehmendem Alter werden sie zu Einzelgängern, die sich in der Flußmitte aufhalten. Laichzeit April bis Juni. Männchen mit Laichausschlag. Die Eiablage erfolgt an stark überströmten Kiesbänken; ein Weibchen von 2–3 kg Gewicht kann 80 000 bis 1 000 000 Eier ablaichen, die am Geröllgrund haften. Brutdauer 10–17 Tage. Die Geschlechtsreife tritt im 4.–5. Lebensjahr ein. *Nahrung:* Als Jungfisch Kleintiere aller Art, im Alter Fische, Frösche, Wasservögel und Kleinsäuger.

Schleie
Tinca tinca

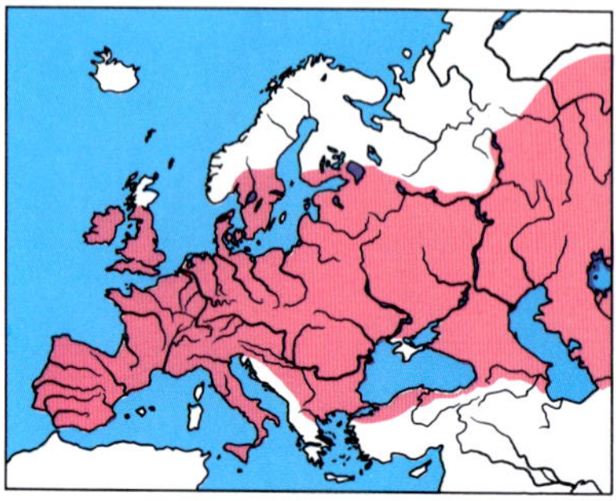

Merkmale: Gedrungener, kräftig gebauter Körper mit hohem Schwanzstiel. Kleine Augen. Kleine, endständige Mundspalte, 1 Bartfaden an jedem Mundwinkel. Winzige Schuppen (95–100 entlang der Seitenlinie), tief in die dicke, schleimige Oberhaut eingebettet. Rückenflosse mit 12–13, Afterflosse mit 9–11 Strahlen; alle Flossen abgerundet; Männchen mit verlängerten Bauchflossen, deren 2. Strahl verdickt ist. Schwanzflosse nur schwach eingebuchtet. Schlundzähne 1reihig, 4(5)–5. *Färbung:* Rücken meist dunkelgrün oder -braun; Flanken heller, mit Messingglanz; Bauchseite gelblichweiß. *Länge:* 20–30 cm, max. 60 cm (7,5 kg Gewicht).
Vorkommen: Überwiegend in langsam fließenden Gewässern und flachen, wärmeren Seen und Teichen mit dichten Pflanzenbeständen und Schlammgrund; in ganz Europa bis nach Sibirien weit verbreitet. Fehlt in Island, Nordschottland und Nordskandinavien sowie in Dalmatien, Südgriechenland und auf der Krim.
Lebensweise: Vorsichtiger, lichtscheuer Einzelgänger, der sich tagsüber meist in Bodennähe aufhält und erst mit Beginn der Dämmerung lebhafter wird. Laichzeit Mai bis Juli. Die sehr kleinen, 0,8–1 mm großen Eier haften an Wasserpflanzen. Brutdauer (bei einer Wassertemperatur von 20° C) etwa 3 Tage. Die ausschlüpfenden, 4–5 mm langen Larven besitzen Klebedrüsen am Kopf, mit denen sie sich bis zum Aufzehren des Dottersacks an Wasserpflanzen festheften. *Nahrung:* Als Jungfische Plankton, später kleine Bodentiere (Würmer, Insektenlarven, Weichtiere) und Pflanzen.

Rapfen oder Schied

Schleie

Italienischer Näsling
Chondrostoma soetta

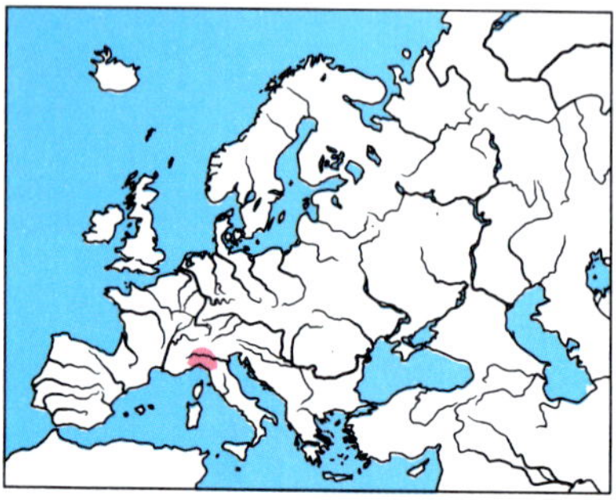

Merkmale: Gestreckter, seitlich nur wenig abgeflachter, hoher Körper mit nasenartiger, stumpfer Schnauze. Unterständige, leicht gebogene Mundspalte mit scharfkantiger, horniger Unterlippe. Mittelgroße Schuppen, 55–63 entlang der Seitenlinie. Rückenflosse mit 12, Afterflosse mit 14–15 Strahlen. Schlundzähne 1reihig, 7(6)–6(7). *Färbung:* Rücken dunkel, graublau bis schwärzlichgrün; Flanken heller, silberglänzend, mit feiner, schwarzer Punktierung; Bauchseite weißlich bis schwach gelblich. Rücken- und Schwanzflosse grünlich; Brust-, Bauchflossen und Afterflosse hellorangefarben bis rötlich. *Länge:* 25–35 cm, max. 45 cm.

Vorkommen: Im Mittellauf größerer Fließgewässer (wie Po, Etsch, Brenta, Piave), seltener auch in Seen Norditaliens (Lago Maggiore, Gardasee u. a.).

Lebensweise: Ähnlich wie bei unserer einheimischen Nase, die diese Näslingsart (italienisch »Savetta«) in Norditalien vertritt, werden als Aufenthaltsorte seichte, stark überströmte Kiesbänke bevorzugt. In den Seen kommt dieser Schwarmfisch meist nur in den Zu- und Abflüssen vor. Laichzeit April bis Mai. Die Männchen tragen dann einen Laichausschlag auf der Kopfoberseite und dem Vorderrücken. Die Eiablage erfolgt überwiegend nachts im Flachwasser über Geröllgrund. Brutzeit ca. 7 Tage. Das Wachstum der Jungfische vollzieht sich sehr langsam; erst im 3.–4. Lebensjahr werden sie geschlechtsreif. Höchstalter 5 Jahre. *Nahrung:* Feines Pflanzenmaterial (Fadenalgen u. a.) und kleine Bodentiere im »Aufwuchs«.

Nase
Chondrostoma nasus

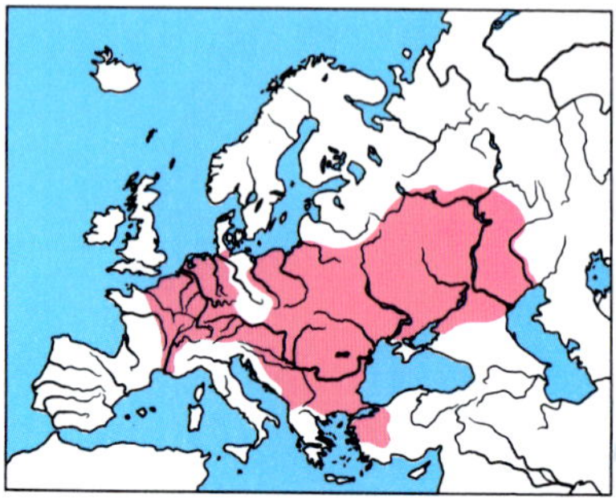

Merkmale: Weit vorragende, stumpfe Schnauze. Unterständige, quer verlaufende Mundspalte; scharfkantige, hornige Unterlippe. Mittelgroße Schuppen, 55–62 entlang der Seitenlinie. Rückenflosse mit 12, Afterflosse mit 13–14 Strahlen. Schwarzes Bauchfell (»Schwarzbauch«). Schlundzähne 1reihig, messerförmig, 7(6)–6. *Färbung:* Rücken graublau bis graugrün, mit hellem Metallglanz; Flanken silberglänzend; Bauch gelblichweiß, zur Laichzeit mit rötlichem Schimmer. Brust- und Bauchflossen sowie die Afterflosse gelblichrot bis violett. *Länge:* 25–40, max. 50 cm.

Vorkommen: In Fließgewässern (Äschen- und Barbenregion) von Nordfrankreich, dem Rhône-, Rhein- und Donaugebiet bis zum Kaspischen Meer. Zahlreiche Unterarten, u. a.: *Ch. n. borysthenicum* (Donaudelta, Dnjestr bis Don), *Ch. n. ohridanum* (Ochridsee), *Ch. n. prespense* (Prespasee), *Ch. n. vardarense* (Südostbalkan), *Ch. n. variabile* (nördliche Zuflüsse des Kapsischen Meeres). In Kleinasien nur in der Westtürkei. Nahverwandte Arten sind *Ch. regium* (Zentral- und Osttürkei) und *Ch. cyri* (Flüsse südlich des Kaukasus).

Lebensweise: Schwarmfisch, meist in Bodennähe, über flach überströmten Kiesbänken; nur im Winter zieht er sich in tiefere Flußbereiche zurück. Laichzeit März bis Mai. Männchen und Weibchen tragen dann einen Laichausschlag. Die laichreifen Tiere wandern in Rudeln flußaufwärts, um ihre klebrigen, 1 mm großen Eier (bis 100 000 je Weibchen) über seichten Kiesbänken abzusetzen. *Nahrung:* Algen an Steinen und Wurzelwerk sowie Kleintiere.

Italienischer Näsling

Nase

Kaukasischer Näsling
Chondrostoma colchicum

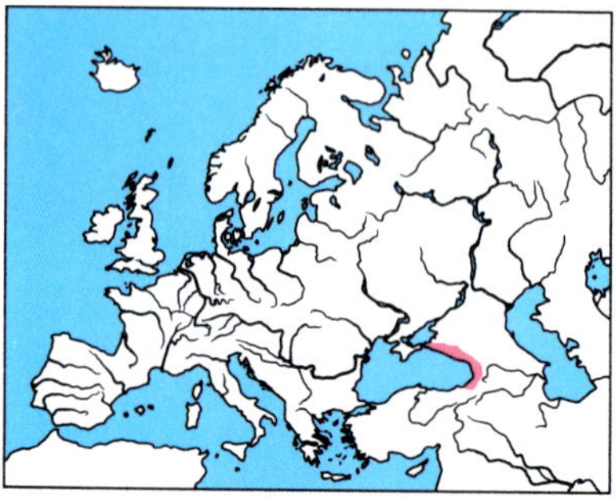

Merkmale: Langgestreckter, seitlich nur wenig abgeflachter Körper mit nasenartiger, stumpfer Schnauze und steil ansteigender Stirn. Unterständige, quer verlaufende Mundspalte mit scharfkantiger, horniger Unterlippe. Mittelgroße Schuppen, 57–64 entlang der Seitenlinie. Rückenflosse mit 11–12, Afterflosse mit 12–13 Strahlen. Schlundzähne 1reihig, 6–5. *Färbung:* Rücken dunkel, grau- bis bläulichgrün; Flanken heller, silbrig, mit einem Längsband aus kleinen, dunklen Punkten vom Kopf bis zur Schwanzflosse; Bauchseite weißlich. Die Seitenlinie ist ähnlich wie bei unserem einheimischen Schneider oben und unten schwarz eingefaßt. Rücken- und Schwanzflosse mit schwarzem Saum; Brust-, Bauchflossen und Afterflosse orangefarben. *Länge:* 20–25 cm, max. 28 cm.

Vorkommen: In rasch strömenden Flüssen (vom Tuapse bis zum Coruh) im westlichen Transkaukasien. Eine eigene Unterart, *Ch. c. kubanicum,* lebt im Einzugsbereich des Flusses Kuban, einem Zufluß des Asowschen Meeres.

Lebensweise: Über die Biologie dieser Näslings-Art, die unsere einheimische Nase im Gebiet der Zuflüsse des östlichen Schwarzen Meeres vertritt, ist bis heute sehr wenig bekannt, da sie für die lokale Fischereiwirtschaft nur von geringem Interesse ist. Es ist anzunehmen, daß sie sich als gesellig lebender Fisch vom Algenbewuchs (und den darin hausenden Kleintieren) des Kiesbodens ihres Wohngewässers ernährt.

Iberischer Näsling
Chondrostoma polylepis

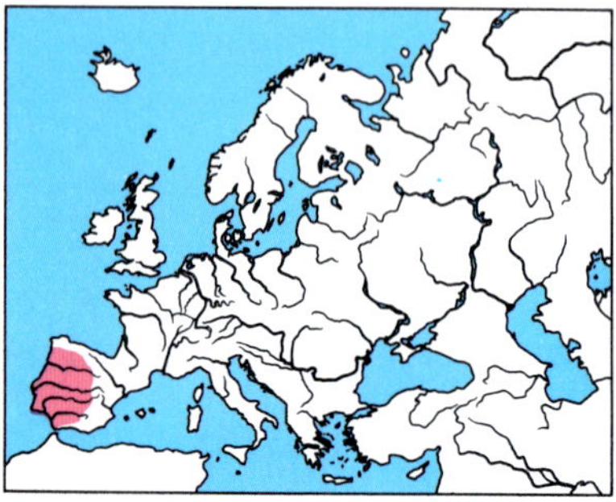

Merkmale: Langgestreckter, seitlich nur wenig abgeflachter Körper mit nasenartiger, stumpfer Schnauze, die etwas kürzer als bei unserer einheimischen Nase ist. Unterständige, quer verlaufende Mundspalte mit scharfkantiger, horniger Unterlippe. Kleine Schuppen, 65–74 entlang der Seitenlinie. Rückenflosse mit 11, Afterflosse mit 12 Strahlen. Schlundzähne 1reihig, 5(6)–5. *Färbung:* Rücken dunkel, schwärzlichblau bis -braun, mit grünlichem Metallglanz; Flanken heller, silbrig, mit einem dunklen Längsband, das am Hinterkörper deutlicher hervortritt; Bauchseite weißlich, mit Goldglanz. Alle Flossen gelblich bis rötlich, mit dunklem Saum. Während der Laichzeit mit goldglänzenden Kiemendeckeln. *Länge:* 20–30 cm, max. bis 42 cm (größte Näslings-Art auf der Iberischen Halbinsel).

Vorkommen: In Fließgewässern der zentralen und westlichen Iberischen Halbinsel, die zum Atlantik entwässern (Einzugsgebiet von Mino, Duero, Mondego und Tajo). Eine Unterart, der **Guadiana-Näsling** *(Ch. p. willkommi),* kommt als südlichste europäische Nasenart im Bereich der Flüsse Guadiana, Genil und Guadalquivir in Südspanien vor.

Lebensweise: Ein gesellig lebender Näsling (spanisch »Boga de rio«), der rasch fließende Gewässer mit festem Untergrund (Sand, Kies, Geröll) bevorzugt, wo er sich dicht über dem Flußboden aufhält. Laichzeit April bis Mai. Die klebrigen Eier werden an seichten, stark überströmten Kiesbänden abgelegt. *Nahrung:* Kleine Bodentiere (Würmer, Kleinkrebse, Insektenlarven, Weichtiere), Algen und Fischlaich.

Kaukasischer Näsling

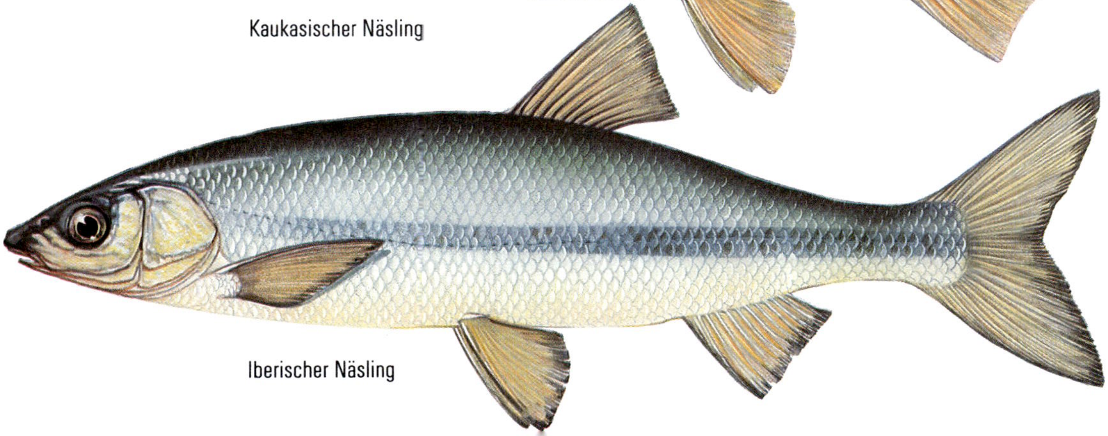

Iberischer Näsling

Terek-Näsling
Chondrostoma oxyrhynchum

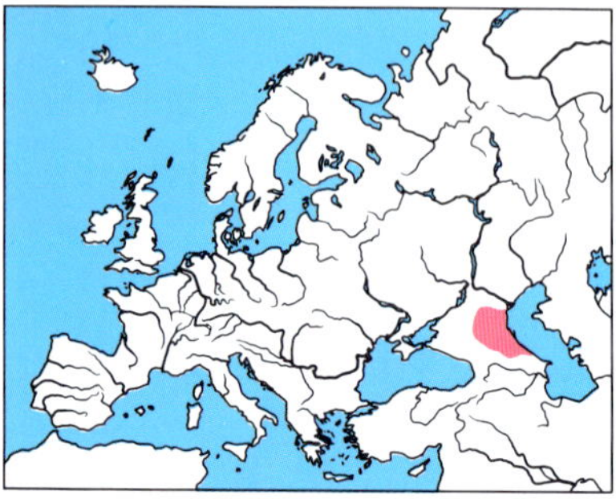

Merkmale: Langgestreckter, seitlich nur wenig abgeflachter Körper mit weit vorragender, stumpfer Schnauze und flacher Stirn- und Rükkenlinie. Unterständige, leicht gerundete Mundspalte mit scharfkantiger, horniger Unterlippe. Mittelgroße Schuppen, 57–66 entlang der Seitenlinie. Rückenflosse mit 10–11, Afterflosse mit 11–12 Strahlen. Schlundzähne 1reihig, (5)6–5. *Färbung:* Rücken dunkel, schwärzlichblau bis -braun, mit metallischem Grünschimmer; Flanken heller, silberglänzend, mit dunklen Punktierungen, die sich jedoch niemals zu einem Längsband zusammenschließen. Bauchseite weißlich. Rücken- und Schwanzflosse grünlichgrau, Brust-, Bauchflossen und die Afterflosse schmutziggelb bis rötlich. *Länge:* 15–20 cm, max. 24 cm.

Vorkommen: Im Mittellauf von Fließgewässern im Einzugsbereich des westlichen Kaspischen Meeres (Kuma, Terek, Sunsha, Sulak, Rubas-chai).

Lebensweise: Ein gesellig lebender Fisch, der sich wie alle Näslings-Arten vorwiegend in Bodennähe über seichten Kies- und Geröllböden aufhält. Seine Biologie ist noch sehr wenig erforscht. Als Jungfisch scheint er sich vorwiegend von kleinen Bodentieren zu ernähren, die sich im Algenbewuchs der Steine und des versunkenen Ast- und Wurzelwerks verbergen, im Alter fast ausschließlich von Pflanzenkost.

Lau
Chondrostoma genei

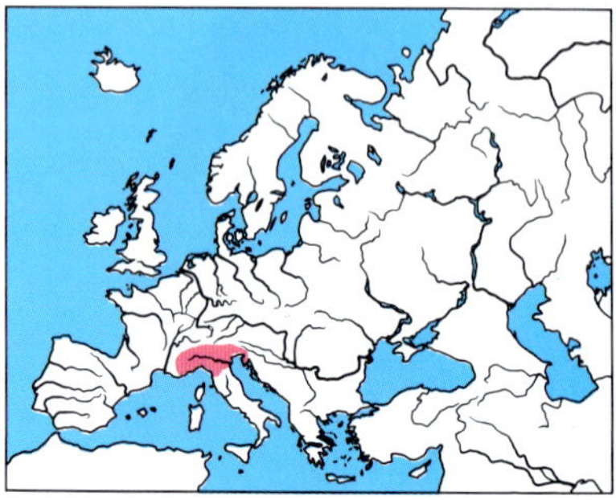

Merkmale: Langgestreckter, seitlich nur wenig abgeflachter Körper mit nasenartiger, kurzer, stumpfer Schnauze. Unterständige, halbkreisförmig gebogene Mundspalte mit schmaler, horniger Unterlippe. Mittelgroße Schuppen, 52–56 entlang der Seitenlinie. Rückenflosse mit 11, Afterflosse mit 11–12 Strahlen. Schlundzähne 1reihig, 5–5(6). *Färbung:* Rükken hell, grünlichgrau; Flanken und Bauchseite silbrig. Knapp hinter dem Kiemendeckel beginnt eine dunkle Längsbinde, die sich über der Seitenlinie bis auf den oberen Ansatz der Schwanzflosse erstreckt. Alle Flossen gelblichweiß mit orangefarbenen Kanten. *Länge:* 15–20 cm, max. 30 cm.

Vorkommen: Im Mittellauf größerer Fließgewässer (»Barbenregion«) in Nord- (Po, Etsch, Isonzo) und Mittelitalien sowie im Rhône- und Vargebiet/Südostfrankreich. Nördlich der Alpen offensichtlich sehr selten, da die Art nur ganz vereinzelt im Inn (bei Brixlegg) und im Rhein (bei Basel) festgestellt worden ist. Eine Unterart, *Ch. g. albicans,* lebt in den Flüssen Tronto und Vormano, die in die Adria münden.

Lebensweise: Gesellig lebender Bodenfisch in sauerstoffreichen Fließgewässern mit Kiesgrund. Über seine Biologie ist noch sehr wenig bekannt. Laichzeit vermutlich von März bis Mai. *Nahrung:* Kleine Bodentiere, in geringem Maße auch Pflanzenkost.

Allgemeines: Das Vorkommen dieses Näslings im Einzugsgebiet der Donau ist noch immer zweifelhaft; vermutlich handelt es sich dabei nur um Bastarde zwischen Nase und Strömer.

Terek-Näsling

Lau

Südwesteuropäischer Näsling
Chondrostoma toxostoma

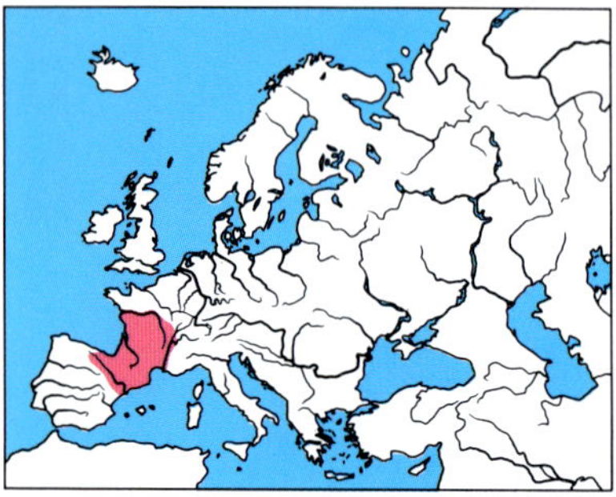

Merkmale: Kurze, stumpfe Schnauze. Leicht unterständige, kleine, halbkreisförmig gebogene Mundspalte mit schmaler, horniger Unterlippe. Mittelgroße Schuppen, 50–57 entlang der Seitenlinie. Rückenflosse mit 11, Afterflosse mit 12 Strahlen. Schlundzähne 1reihig, 6–6. *Färbung:* Rücken dunkel, grünlich bis schwärzlich; Flanken heller, silberfarben, mit einer dunklen Längsbinde vom Kopf bis zur Schwanzflosse (insbesondere zur Laichzeit); Bauchseite weißlich. Schuppenansatz dunkel. Rücken- und Schwanzflosse grünlich, Brust-, Bauch- und die Afterflosse hellorangefarben. *Länge:* 15–20 cm, max. 25 cm.

Vorkommen: Flüsse, seltener Seen von Süd- und Südwestfrankreich (Einzugsgebiet von Rhône, Loire, Garonne) bis Nordostspanien (Kantabrien, Pyrenäen und Ebrogebiet). Eine Unterart, *Ch. t. arrigonis* (spanisch »Loina«), kommt in Südostspanien (Rio Jucar und Zuflüsse) vor; sie unterscheidet sich von der Stammform durch einen schlankeren Körperbau, größere Schuppen (46–52 entlang der Seitenlinie) und durch ihre Kleinwüchsigkeit (max. 15 cm).

Lebensweise: Meist in kleinen Rudeln dicht über dem Flußboden stehender Näsling (spanisch »Madrilla«), mit ähnlicher Lebensweise wie die Nase. Laichzeit März bis Mai. Das Ablaichen erfolgt über Kies- und Geröllgrund an stark überströmten Stellen, wozu die Laichschwärme oft bis in die kleinsten Zuflüsse ihres Wohngewässers ziehen. *Nahrung:* Wirbellose Tiere (Kleinkrebse, Weichtiere), feines Pflanzenmaterial (Algen u. a.) sowie Fischlaich.

Dalmatinischer Näsling
Chondrostoma kneri

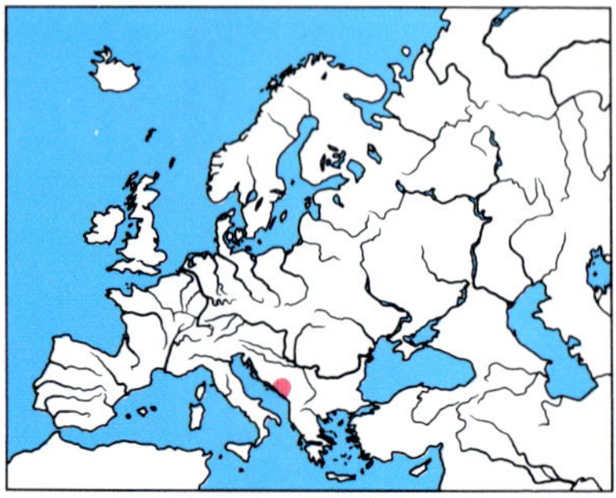

Merkmale: Langgestreckter, seitlich nur wenig abgeflachter Körper mit kurzer, stumpfer Schnauze. Unterständige, halbkreisförmig gebogene Mundspalte mit schmaler, horniger Unterlippe. Mittelgroße Schuppen, 52–54 entlang der Seitenlinie. Rückenflosse mit 11, Afterflosse mit 12 Strahlen; lange Brustflossen, die fast der Kopflänge entsprechen. Schlundzähne 1reihig, 6–6. *Färbung:* Rücken dunkel, graugrün bis schwärzlich; Flanken heller, silbrig, mit violettem Schimmer; Bauchseite weißlich bis schwach rötlich. Die dunkle Längsbinde oberhalb der Seitenlinie erstreckt sich vom Kiemendeckel bis zum Ansatz der Schwanzflosse; sie ist nur während der Laichzeit deutlich sichtbar. Rücken- und Schwanzflosse dunkelgrau bis grünlich, Brust- und Bauchflossen sowie die Afterflosse gelblich bis hellorangefarben. *Länge:* 15–18 cm, max. 20 cm.

Vorkommen: In rasch strömenden, sauerstoffreichen Fließgewässern im südwestlichen Jugoslawien (Barbenregion im Einzugsbereich des Neretva-Narentagebietes/Mitteldalmatien).

Lebensweise: Gesellig lebender, klein bleibender Näsling, der sich meist an seichten, stark überströmten Geröllbänken aufhält. Laichzeit März bis Mai. Die klebrigen Eier werden über flachen Kieshalden abgesetzt und haften bis zum Ausschlüpfen der Brut nach 7–10 Tagen am Untergrund. *Nahrung:* Kleintiere und Algen, die mit Hilfe der hornigen Unterlippe von den Steinen abgeschabt werden.

Südwesteuropäischer Näsling

Dalmatinischer Näsling

Elritzen-Näsling
Chondrostoma phoxinus

Merkmale: Langgestreckter, seitlich nur wenig abgeflachter Körper mit sehr kurzer, kaum vorragender, stumpfer Schnauze. Unterständige, gebogene Mundspalte mit dünnen, scharfkantigen Lippen. Kleine Schuppen, 88–90 entlang der Seitenlinie. Rückenflosse mit 11, Afterflosse mit 10–11 Strahlen. Schlundzähne 1reihig, 6–6. *Färbung:* Rücken dunkel, bräunlich bis schwärzlich, mit grünlichblauem Metallglanz; Flanken heller, silbrig, mit bläulichem bis violettem Schimmer; Bauchseite weißlich bis schwach rötlich. Rücken- und Schwanzflosse dunkelgrau bis -braun; Brust- und Bauchflossen sowie die Afterflosse gelblich bis hellrötlich. *Länge:* 10–12 cm, max. 15 cm.

Vorkommen: In schnell fließenden Bächen und Flüssen im südwestlichen Jugoslawien, wo diese kleine Näslingsart aus Dalmatien (Sinj) und Bosnien (Livno) bekannt ist. Aus Südwestbosnien ist eine Unterart, *Ch. ph. reiseri,* beschrieben worden.

Lebensweise: Eine kleinwüchsige, gesellig lebende Näslings-Art, die sich an stark überströmten, seichten Kieshalden meist dicht über dem Flußboden aufhält. Ihr Fortpflanzungsverhalten ist nicht bekannt. *Nahrung:* Wirbellose Tiere im »Aufwuchs« (Köcherfliegenlarven, Steinfliegenlarven, Mückenlarven), Wasserkäfer, kleine Weichtiere (Schnecken, Muscheln) und feines Pflanzenmaterial (z. B. Fadenalgen).

Gründling
Gobio gobio

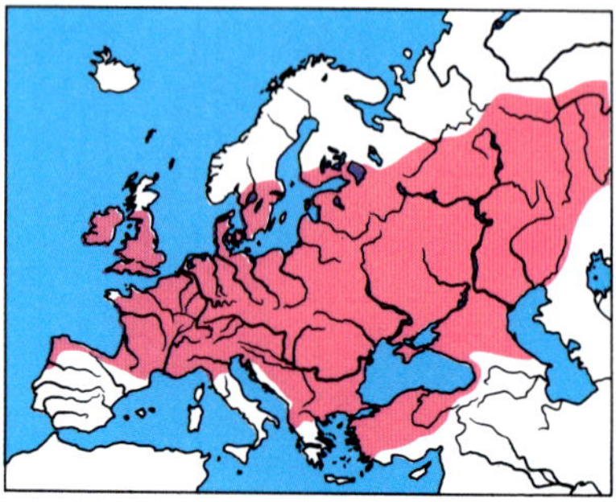

Merkmale: Spindelförmiger, fast drehrunder Körper mit kurzem, hohem Schwanzstiel. Langer Kopf mit großen Augen, stumpfer Schnauze und unterständigem Mund. Oberkiefer mit kurzem Bartfaden, der zurückgelegt höchstens bis zur Augenmitte reicht. Große Schuppen, 40–42 entlang der Seitenlinie. Rückenflosse mit 9–10, Afterflosse mit 8–9 Strahlen; Schwanzflosse (wie bei allen Gründlingsarten) gegabelt. Schlundzähne 2reihig, (2)3.5–5.3(2). *Färbung:* Rücken schwärzlich-, grünlich- oder bläulichbraun; Flanken heller, mit einer Längsreihe dunkler, violett bis bläulich schimmernder Flecken; Bauch weißlich glänzend. Unpaare Flossen und Afterflosse mit dunklen Punkten. *Länge:* 8–14, max. 20 cm.

Vorkommen: In schnell fließenden Gewässern (Forellen- u. Äschenregion) und in der Uferregion sauerstoffreicher Seen mit Sand- oder Kiesgrund. Weit verbreitet in West-, Mittel- und Osteuropa bis zum Ural. Zahlreiche Unterarten auf dem Balkan und im Bereich des Schwarzen Meeres; im gesamten Donau- und im Dnjestrbecken kommt die Unterart *G. g. obtusirostris* vor, deren Typenfundort die Isar ist.

Lebensweise: Gesellig lebender Bodenfisch, während der Sommermonate an seichten Stellen, im Winter in tieferen Winterlagern. Laichzeit Mai bis Juni. Männchen mit Laichausschlag auf Kopf und Vorderkörper. Die klebrigen, ca. 1,5 mm großen Eier (1000–3000) werden an seichten, überströmten Stellen auf Steine oder Pflanzen abgesetzt. Brutdauer 10–30 Tage. *Nahrung:* Würmer, Krebstiere, Insektenlarven, gelegentlich auch Fischlaich.

Elritzen-Näsling

Gründling

Kessler-Gründling
Gobio kessleri

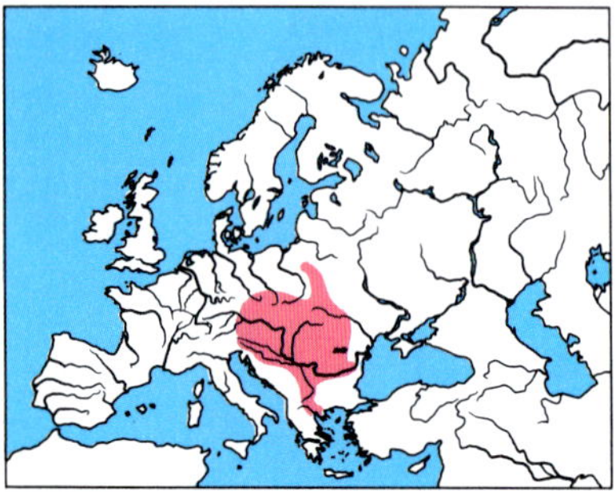

Merkmale: Langer, niedriger Schwanzstiel. Langer Kopf mit großen Augen, spitzer Schnauze und unterständigem Mund. Augendurchmesser so groß wie der Augenabstand. Am Hinterrand des Oberkiefers ein langer Bartfaden, der zurückgelegt bis zum Augenhinterrand reicht. Große Schuppen, 40–43 entlang der Seitenlinie; 3–4 Schuppenreihen zwischen der Seitenlinie und dem Bauchflossen-Ansatz. Rückenflosse mit 10, Afterflosse mit 9 Strahlen. Schlundzähne 2reihig, (2)3.5–5.3(2). *Färbung:* Rücken schwärzlichgrau; Flanken heller, mit großen, undeutlichen Flecken entlang der Seitenlinie; Bauch weißlich. Rücken- und Schwanzflosse mit 1–3 dunklen Fleckenreihen. *Länge:* 10–12 cm, max. 15 cm.

Vorkommen: Schnell fließende, kühle und sauerstoffreiche Fließgewässer mit Sand- oder Kiesgrund (Forellen- und Äschenregion). In Zuflüssen der mittleren bis unteren Donau (Tschechoslowakei bis Bulgarien und Bessarabien), im Dnjestr und seinen Nebenflüssen in Südwestrußland sowie im oberen Weichselgebiet in Polen. Zwei Unterarten: *G. k. antipai* (Donaudelta sowie im Unterlauf und Mündungsbereich einiger Zuflüsse) und *G. k. banaticus* (Timis, Caras und Nera, Nebenflüsse der Donau im Banat/Rumänien).

Lebensweise: Kleiner, gesellig lebender Bodenfisch an stark überströmten, seichten Kiesbänken. Laichzeit April bis Juni. Männchen mit schwachem Laichausschlag. Eiablage an flachen Flußufern im strömenden Wasser. *Nahrung:* Algenbewuchs des Bodens und Kleintiere (Würmer, Insektenlarven, Krebstierchen).

Steingreßling
Gobio uranoscopus

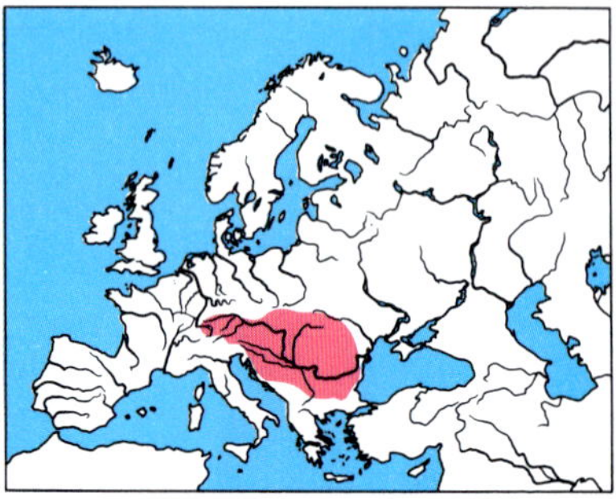

Merkmale: Spindelförmiger Körper mit langem, dünnem Schwanzstiel. Langer, niedriger Kopf mit großen, schräg nach oben gestellten Augen, zugespitzter Schnauze und unterständigem Mund. Der Augendurchmesser ist so groß wie der Augenabstand. Der Bartfaden reicht zurückgelegt bis weit hinter das Auge. Kehle beschuppt. Große Schuppen, 40–42 entlang der Seitenlinie. Rückenflosse mit 9, Afterflosse mit 7–8 Strahlen. Schlundzähne 2reihig, 3.4–5.3 (seltener 2.5–5.2). *Färbung:* Rücken graubraun bis schwärzlichgrau, mit 5 dunklen, verwaschenen Querbinden, die bis zur Seitenlinie herabreichen; Flanken heller, grausilbern; Bauchseite weißlich. Alle Flossen gelblich, Rücken- und Schwanzflosse mit 1–2 dunklen Fleckenbinden. *Länge:* 10–12, max. 15 cm.

Vorkommen: Nur im Einzugsgebiet der Donau in sauerstoffreichen, schnell fließenden Gewässern mit seichten, stark überströmten Kiesbänken (Forellen- und Äschenregion). Die Stammform *G. u. uranoscopus* kommt im westlichen Donauraum vor (Typenfundort: Isar bei München), die Unterart *G. u. frici* im Ostbekken (Rumänien, Bulgarien).

Lebensweise: Meist in kleinen Rudeln vorkommender Bodenfisch der seichten Flußbereiche und Bäche. Laichzeit Mai bis Juni. Die laichreifen Tiere schließen sich zu kleinen Schwärmen zusammen und wandern flußaufwärts. Die Männchen sind am kräftigeren Laichausschlag deutlich zu erkennen. Die Eier werden an flachen, überströmten Uferstellen an Steinen, seltener zwischen Pflanzen abgesetzt. *Nahrung:* Kleine Bodentiere, Aufwuchs.

Kessler-Gründling

Steingreßling

Weißflossen-Gründling
Gobio albipinnatus

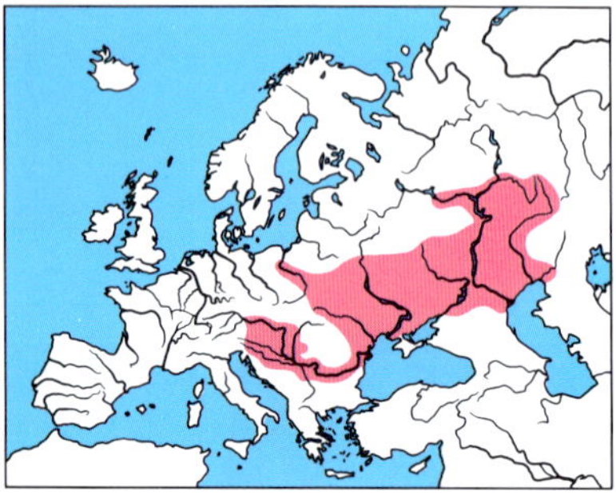

Merkmale: Ein Verwandter des Kessler-Gründlings (beide gehören zur Untergattung *Romanogobio*), jedoch mit kurzem, hohem Schwanzstiel. Langer Kopf mit kurzer, stumpfer Schnauze und unterständigem Mund. Große Augen (Augendurchmesser mindestens so groß wie der Augenabstand). Der Bartfaden reicht zurückgelegt bis zum Augenhinterrand. Große Schuppen, 39–43 entlang der Seitenlinie; 4 Schuppenreihen zwischen der Seitenlinie und dem Bauchflossenansatz. Kehle meist schuppenlos. Rückenflosse mit 10, Afterflosse mit 8–9 Strahlen. Schlundzähne 2reihig, 3.5–5.3. *Färbung:* Rücken dunkel, grünlich bis bräunlich; Flanken heller, mit einer Reihe dunkler, runder Flecken dicht oberhalb der Seitenlinie; Bauchseite weißlich. Die Poren der Seitenlinie sind oben und unten (ähnlich wie beim Schneider) dunkel eingefaßt. Rücken- und Schwanzflosse farblos, ohne Flecken; dadurch ist diese Art vom Gründling *(G. gobio)* leicht zu unterscheiden. *Länge:* 8–10 cm, max. 13 cm.

Vorkommen: Im Mittel- und Unterlauf größerer Fließgewässer mit ruhigen, tieferen Uferstellen. Die Stammform, *G. a. albipinnatus,* kommt im Don- und Wolgabecken vor. 3 Unterarten: *G. a. belingi* (Dnjestr, Bug, Dnjepr/Südrußland), *G. a. elimeius* (Thessalien/Griechenland) und *G. a. vladykovi* (mittleres und unteres Donaubecken ab Preßburg).

Lebensweise: Gesellig lebender Bodenfisch, dessen Biologie noch sehr wenig erforscht ist. Laichzeit Mai bis Juni. *Nahrung:* Kleine Bodentiere und Algen (z. B. Diatomeen).

Kaukasus-Gründling
Gobio ciscaucasicus

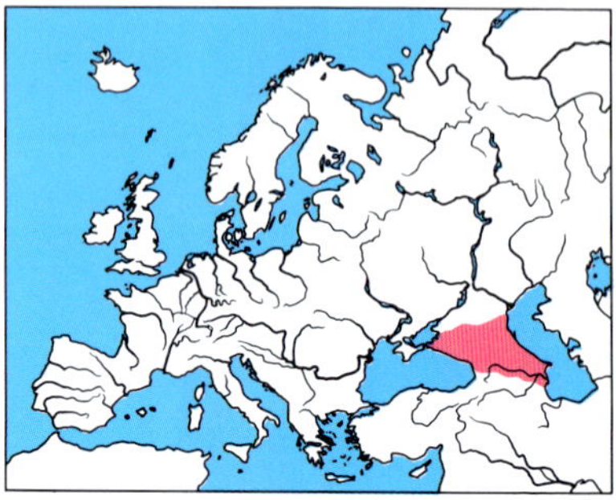

Merkmale: Ein Verwandter des Steingreßlings (beide gehören zur Untergattung *Rheogobio*) mit langem, dünnem Schwanzstiel, jedoch mit hohem Kopf und gedrungenem Vorderkörper. Kleine Augen, der Augendurchmesser ist ca. 2mal im Augenabstand enthalten. Am Hinterrand des Oberkiefers auf beiden Seiten ein langer Bartfaden, der zurückgelegt bis zum Kiemendeckelrand reicht. Die Kehle ist nackt. Große Schuppen, 42–46 entlang der Seitenlinie; 4 Schuppenreihen zwischen der Seitenlinie und dem Ansatz der Bauchflossen. Rückenflosse mit 10, Afterflosse mit 7–8 Strahlen. Schlundzähne 2reihig, (2)3.5–5.3(2). *Färbung:* Rücken dunkel, graubraun bis bräunlich, mit grünlichem Metallglanz; Flanken heller, ohne Fleckenzeichnung; Bauchseite weißlich. Die Seitenlinie verläuft in einem schmalen, hellen Längsband. Rücken- und Schwanzflosse mit Fleckenbändern. *Länge:* 11–14/15 cm.

Vorkommen: Sauerstoffreiche, schnell fließende Gewässer im südwestlichen Rußland, im Gebiet nördlich des Kaukasus (Ciskaukasien) und im Einzugsbereich sowohl des Schwarzen und Asowschen als auch des Kaspischen Meeres (Kubanbecken, Kuma, Sulak, Samur, besonders häufig im Terek).

Lebensweise: Gesellig lebender Bodenfisch in flachen, stark überströmten Flußbereichen und Bächen mit Kiesgrund. Laichzeit Ende Mai bis Juni. Über das Fortpflanzungsverhalten ist nichts bekannt. *Nahrung:* Kleine Bodentiere, die sich im Geröll verstecken (Würmer, Kleinkrebse, Insektenlarven), daneben auch Fischlaich und in geringerem Maße Pflanzenkost.

Weißflossen-Gründling

Kaukasus-Gründling

Barbengründling
Aulopyge hügeli

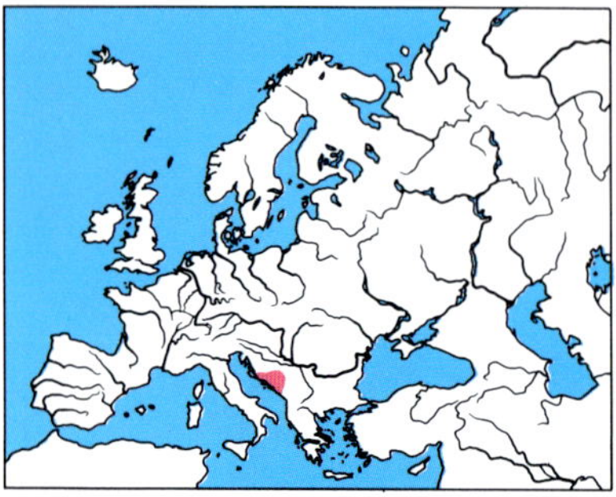

Merkmale: Gestreckter, seitlich abgeflachter Körper mit niedrigem Kopf und verlängerter, schmaler, spitzer Schnauze; die Weibchen sind etwas hochrückiger als die Männchen. 4 kurze Bartfäden am unterständigen, kleinen Mund. Körper ohne Schuppen. Seitenlinie vom Hinterrand des Kiemendeckels bis zum Ansatz der Schwanzflosse vollständig entwickelt, mit mehrfach gekrümmtem wellenförmigem Verlauf; ihre Tubenröhrchen sind auf der nackten Haut deutlich sichtbar. Rückenflosse mit 10 Strahlen, ihr längster Strahl verknöchert und am Hinterrand gesägt; Afterflosse mit 7 Strahlen, beim Weibchen ist ihr 1. Strahl mit dem Kloakenrohr (Legeröhre) verwachsen. Schlundzähne 1reihig, 4–4. *Färbung:* Rücken dunkel, grünlich glänzend; Flanken heller, mit violettem Schimmer über silberfarbenem Grund; Bauchseite weißlich bis gelblich. Rücken und Flanken mit unregelmäßigen, schwarzbraunen Flecken und Punkten. *Länge:* 9–11 cm, max. 13 cm.

Vorkommen: Nur in sauerstoffreichen, rasch fließenden Gewässern, im südwestlichen Jugoslawien (Dalmatien, Bosnien).

Lebensweise: Gesellig lebender Bodenfisch. Über seine Fortpflanzungs- und Ernährungsweise ist nichts bekannt.

Barbe
Barbus barbus

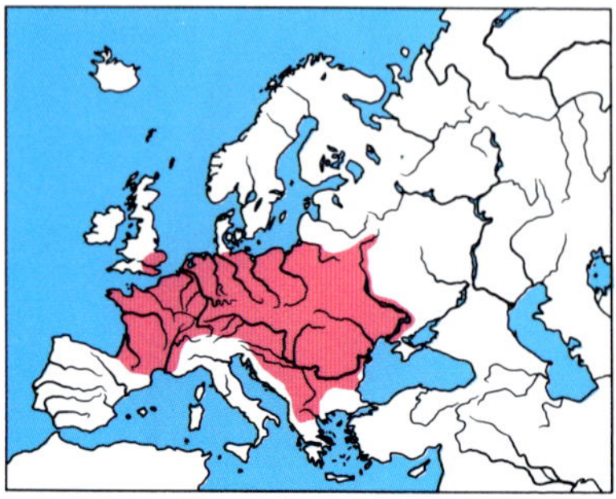

Merkmale: Langgestreckter, schlanker Körper mit fast gerader Bauchlinie und nur gering gewölbtem Rücken. Rüsselartig verlängerte Schnauze, unterständiger Mund mit dicken, fleischigen Lippen; 4 Bartfäden am Oberlippenrand. Mittelgroße Schuppen, 55–65 entlang der Seitenlinie. Rückenflosse mit 11–12 Strahlen, der längste Strahl verknöchert und am Hinterrand gesägt; Afterflosse mit 8 Strahlen; Schwanzflosse eingeschnitten. Schlundzähne 3reihig, 2.3.5–5.3.2. *Färbung:* Rücken meist braun bis graugrün; Flanken heller, mit Goldglanz; Bauchseite weißlich, oft mit einem rötlichen Schimmer. Alle Flossen grünlichgrau; Brust-, Bauch- und Afterflosse sowie der Unterlappen der Schwanzflosse rötlich. Bei der Barbe kommen Goldvarianten vor (»Goldbarben«). *Länge:* 30–50 cm, max. 100 cm.

Vorkommen: Sauerstoffreiche, klare Fließgewässer mit Sand- oder Kiesgrund (»Barbenregion« der Flüsse) von Südwestengland, Frankreich, dem Gebiet nördlich der Alpen bis zum Bereich des Schwarzen Meeres; fehlt in Irland, Schottland, Dänemark und Skandinavien. 3 Unterarten: *B. b. gallicus* (Garonnegebiet/Frankreich), *B. b. macedonicus* (Dalmatien, Vardar) und *B. b. thessalus* (Thessalien).

Lebensweise: Schwarmfisch, tagsüber meist in stärkeren Strömungen in Bodennähe. Laichzeit Mai bis Juli. Männchen dann mit starkem Laichausschlag. Laichplätze an flachen Kiesbänken; Eizahl 3000–9000. Brutdauer 10–15 Tage. *Nahrung:* Kleine Bodentiere, Fischlaich und in geringem Maße auch Pflanzenkost.

Barbengründling

Barbe

Südbarbe
Barbus plebejus

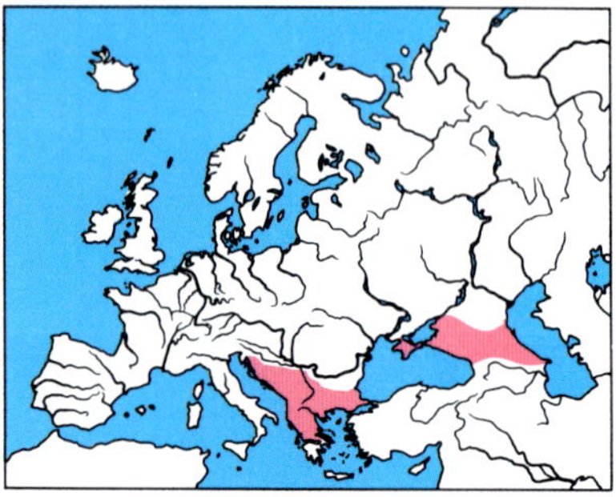

Merkmale: Langgestreckter, schlanker Körper mit fast gerader Bauchlinie und nur mäßig gewölbtem Rücken. Rüsselartig verlängerte Schnauze, unterständiger Mund mit dicken, fleischigen Lippen; 4 Bartfäden am Oberlippenrand. Mittelgroße Schuppen, 58–77 entlang der Seitenlinie. Rückenflosse mit 11 Strahlen, der längste Strahl verknöchert und am Hinterrand gesägt; Afterflosse mit 8 Strahlen; Schwanzflosse eingeschnitten. Schlundzähne 3reihig, 2.3.5–5.3.2. *Färbung:* Rücken braungrau bis dunkelbraun, mit grünlichem Glanz; Flanken heller, gelblich schimmernd; Bauchseite weiß. Rücken und Flanken (vor allem bei Jungfischen) mit kleinen, dunklen Flekken. Unpaare Flossen mit feiner, schwarzbrauner Punktierung. *Länge:* 25–30 cm, max. 33 cm.
Vorkommen: Sauerstoffreiche, klare Fließgewässer im Bereich des Balkans. 8 Unterarten: *B. p. ciscaucasicus* (Kuma, Terek, Sulak/Zuflüsse des Kaspischen Meeres), *B. p. cyclolepis* (Maritza/Bulgarien), *B. p. escherichi* (Südbulgarien und europ. Türkei), *B. p. euboicus* (Sperchios-Fluß/Griechenland), *B. p. kubanicus* (Kubanbecken/Zufluß des Asowschen Meeres), *B. p. prespensis* (Prespasee/Südjugoslawien), *B. p. strumicae* (Macedonien/Bulgarien), *B. p. tauricus* (Krim/Südrußland).
Lebensweise: Gesellig lebender Bodenfisch, im Alter mehr einzelgängerisch. Laichzeit März bis Juni. Die klebrigen Eier (10 000–20 000) haften am Kiesgrund, seltener an Wasserpflanzen. Brutzeit ca. 4 Tage. *Nahrung:* Kleine Bodentiere, Fischlaich und -brut.

Forellenbarbe oder Hundsbarbe
Barbus meridionalis

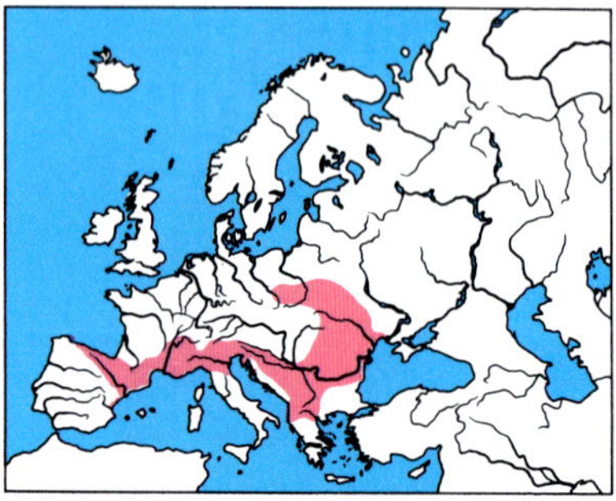

Merkmale: Gedrungener Körper mit fast gerader Bauchlinie und gewölbtem Rücken. Rüsselartig verlängerte Schnauze, unterständiger Mund mit dicken, fleischigen Lippen; 4 Bartfäden am Oberlippenrand. Große Schuppen, 48–55 entlang der Seitenlinie. Rückenflosse mit 11 Strahlen, der längste Strahl flexibel und am Hinterrand nicht gesägt; Afterflosse mit 8 Strahlen, sie reicht zurückgelegt bis zum Schwanzflossenansatz. Schlundzähne 3reihig, 5.3.2–2.3.5. *Färbung:* Rücken braungrün bis schwärzlichbraun; Flanken heller, gelblich; Bauchseite weiß, zur Laichzeit mit rosafarbenem Schimmer. Rücken und Flanken mit großen, unregelmäßigen, braunschwarzen Flekken. Rücken- und Schwanzflosse mit dunklen Fleckenreihen. *Länge:* 20–30, max. 40 cm.
Vorkommen: Klare, sauerstoffreiche Fließgewässer (»Barbenregion«) vom Norden der Iberischen Halbinsel über Südfrankreich (Rhônegebiet) bis Nord- und Mittelitalien. Eine nahverwandte Art, der **Semling** *(B. peloponnesius)*, kommt im Einzugsgebiet der mittleren Donau, im Oberlauf der Oder, im Weichsel- und Passargegebiet sowie im Dnjestrbecken vor. Von ihm ist eine Unterart, *B. p. rebeli*, aus Albanien und Westgriechenland bekannt.
Lebensweise: In Bodennähe lebender Schwarmfisch, der rasch strömende Gewässer mit hartem Untergrund bevorzugt. Laichzeit Mai bis Juni. Die Eiablage erfolgt über seichten Kiesbänken. *Nahrung:* Kleine Bodentiere (Würmer, Insektenlarven, Weichtiere), Fischlaich und (als Jungtiere) auch Wasserpflanzen.

Südbarbe

Forellenbarbe oder Hundsbarbe

Bulatmai-Barbe
Barbus capito

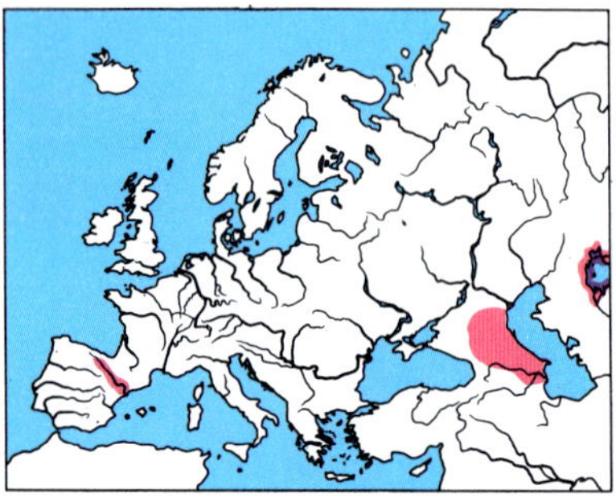

Merkmale: Langgestreckter, schlanker Körper mit fast gerader Bauchlinie und kaum gewölbtem Rücken; breite, flache Stirnpartie. Rüsselartig verlängerte, sehr spitze Schnauze, unterständiger Mund mit fleischigen Lippen: 4 Bartfäden am Oberlippenrand, der vordere Bartfaden reicht nicht bis zum Augenvorderrand. Mittelgroße Schuppen, 58–65 entlang der Seitenlinie. Rückenflosse mit 11–12 Strahlen, der längste Strahl verknöchert und am Hinterrand (zumindest bei Jungfischen) gesägt; Afterflosse mit 8 Strahlen; Schwanzflosse eingeschnitten. Schlundzähne 3reihig, 5.3.2–2.3.5. *Färbung:* Rücken braungrau bis dunkelbraun; Flanken heller, mit gelblichem Silberglanz; Bauch weiß. Die scharfe Trennlinie zwischen Rücken und Bauchseite führte zu dem Namen »bulat-mai« (»Stahlfisch«). *Länge:* 60–90 cm, max. 105 cm.

Vorkommen: Unter- und Mittelläufe von Flüssen, die in das Kaspische Meer münden (Kura, Araks, Lenkoranka, Samur, Rubas-chai, Kayakent, Terek, Sunzha). Nah verwandt ist die »Unterart« aus dem Aralsee *(B. c. conocephalus)*, deren systematische Zugehörigkeit jedoch noch nicht geklärt ist. Geographische Rassen in Spanien: *B. c. graellsi* und *B. c. haasi* (Ebrogebiet) sowie *B. c. bocagai* (Albuferasee).

Lebensweise: In Bodennähe lebender Schwarmfisch, von dem sowohl anadrome Wanderformen als auch stationäre Süßwasserstämme bekannt sind. Das Ablaichen erfolgt (Mai bis Juni) an überströmten Sand- oder Kiesbänken, seltener zwischen Pflanzen. *Nahrung:* Wirbellose, Kleinfische und Pflanzen.

Albanische Barbe
Barbus albanicus

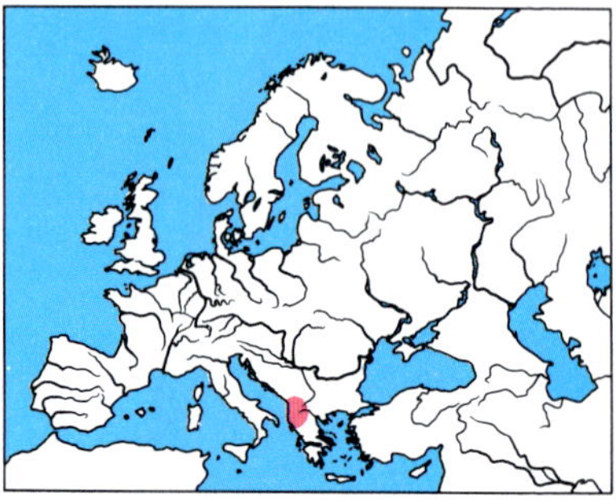

Merkmale: Schlanker Körper mit fast gerader Bauchlinie und (vor allem bei älteren Tieren) gewölbtem Nackenprofil. Kurze, abgerundete Schnauze, unterständiger Mund mit fleischigen Lippen; 4 kurze Bartfäden, der vordere reicht nicht bis zum Auge. Mittelgroße Schuppen, 49–52 entlang der Seitenlinie. Rückenflosse mit 12 Strahlen, der längste Strahl wenig verknöchert und am Hinterrand nur im unteren Teil leicht gesägt; Afterflosse mit 8 Strahlen; Schwanzflosse eingeschnitten. Schlundzähne 3reihig, 5.3.2–2.3.(4)5. *Färbung:* Rücken graubraun bis dunkelbraun; Flanken heller, mit gelblichem Schimmer; Bauchseite weiß. Unregelmäßig verteilte, kleine, dunkelbraune Flekken auf den Flanken. Flossen dunkelgrau, Brustflossen und Afterflosse schwach gelblich bis rötlich. *Länge:* 30–40 cm, max. 45 cm.

Vorkommen: Janinasee/Südalbanien. Eine sehr nahverwandte, nichtgefleckte Rasse, die **Griechische Barbe** (früher als eigene Art, *B. graecus*, bezeichnet), lebt im Aspropotamosgebiet/Nordwestgriechenland. Beide, die Albanische und die Griechische Barbe, werden heute von verschiedenen Autoren als Unterart *(B. c. albanicus)* der Bulatmai-Barbe *(B. capito)* angesehen.

Lebensweise: Gesellig lebender Bodenfisch, dessen Biologie noch sehr wenig erforscht ist. Laichzeit Mai bis Juni; die Männchen tragen dann auf Schnauze und Stirn perlartige Hautknötchen, die in Reihen angeordnet sind. *Nahrung:* Wirbellose Kleintiere, insbesondere Insektenlarven, Wasserinsekten und Weichtiere; als Jungtiere auch Pflanzen.

Albanische Barbe

Bulatmai-Barbe

Aral-Barbe
Barbus brachycephalus

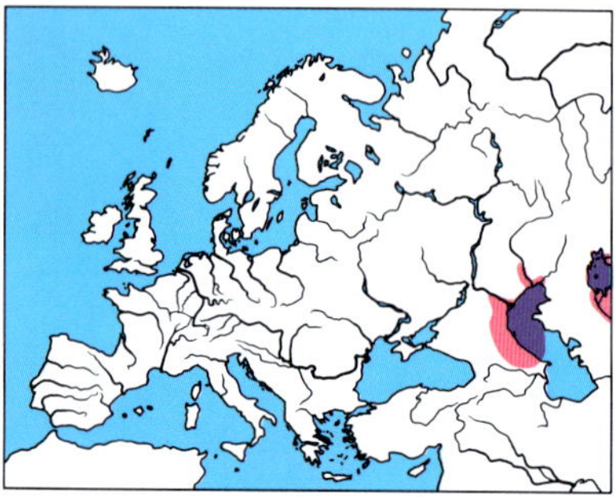

Merkmale: Schlanker Körper mit fast gerader Bauchlinie und (vor allem bei älteren Tieren) gewölbtem Nackenprofil. Spitze Schnauze, unterständiger Mund mit fleischigen Lippen; 4 gleich lange Bartfäden, der vordere reicht über den Augenvorderrand hinaus. Kleine Schuppen, 67–76 (meist 70–71) entlang der Seitenlinie. Rückenflosse mit 10–11 Strahlen, ihr Ansatz weit nach vorn verschoben, der längste Strahl wenig verknöchert und am Hinterrand nur im unteren Teil leicht gesägt; Afterflosse mit 8 Strahlen; alle Flossen auffallend kurz, schmal. Schlundzähne 3reihig, 5.3.2–2.3.5. *Färbung:* Rücken und Flanken (bis etwa zur Seitenlinie) dunkel, bräunlichgrau; Bauchseite hell, silberfarben. Ansätze der Schuppen mit dunkelgrünem Punkt. Alle Flossen grau, nur die Afterflosse leicht gelblich. *Länge:* 80–100 cm, max. 120 cm (Weibchen).

Vorkommen: Im Brackwasser des Aralsees sowie im Unterlauf der Zuflüsse Amudarja und Syrdarja. Die *Kaspische Barbe*, eine Unterart *(B. b. caspius)*, lebt im Kaspischen Meer, von wo sie zum Laichen in den Unterlauf der Zuflüsse (Wolga, Ural, Terek u. a.) aufsteigt.

Lebensweise: Anadromer Wanderfisch, der zur Laichzeit (April bis Juli) in kleinen Schwärmen aus dem Brackwasser in den Unterlauf der Zuflüsse aufsteigt. Die klebrigen Eier (bis zu 1 259 000) werden über flachüberströmten Sand- und Kiesbänken abgesetzt. *Nahrung:* Im Aralsee überwiegend kleine Weichtiere (Schnecken, kleine Muscheln), daneben auch andere kleine Bodentiere (Würmer, Kleinkrebse, Insektenlarven).

Iberische Barbe
Barbus comiza

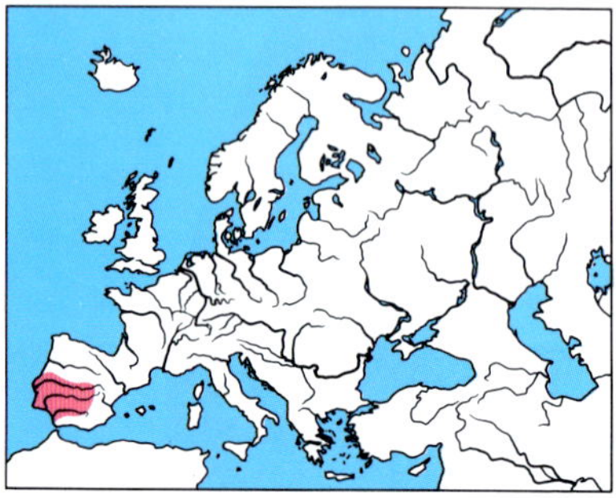

Merkmale: Mäßig gestreckter, gedrungener Körper mit fast gerader Bauchlinie und gewölbtem Nackenprofil; breiter, von oben nach unten abgeflachter, niedriger Kopf. Breite, flache Schnauze, unterständiger Mund mit dünnen Lippen; 4 kurze, dünne Bartfäden, der vordere reicht nicht bis zum Auge. Große Schuppen, 49–51 entlang der Seitenlinie. Rückenflosse mit 11–12 Strahlen, der längste Strahl sehr stark verknöchert und am Hinterrand gesägt; Afterflosse mit 8 Strahlen. Schwanzflosse eingebuchtet. Schlundzähne 3reihig, 5.3.2–2.3.5. *Färbung:* Je nach Wohngewässer sehr variabel; Rücken dunkel, braungrün bis graugrün; Flanken heller, silberglänzend; Bauch weißlich. *Länge:* 20–30 cm, max. bis 35 cm.

Vorkommen: In rasch fließenden Gewässern im Südwesten und Süden der Iberischen Halbinsel, und zwar im Einzugsgebiet der Flüsse Tajo, Jarama, Guadiana und Guadalquivir.

Lebensweise: In Bodennähe lebender Schwarmfisch, der rasch strömende Gewässer mit Sand- oder Kiesboden bevorzugt. Laichzeit April bis Juni, je nach Wassertemperatur. Die Eiablage erfolgt über seichten, überströmten Kiesbänken. Die Entwicklung der Brut und der Jungfische ist noch sehr wenig bekannt. *Nahrung:* Vorwiegend kleine Bodentiere (Würmer, am Boden lebende Kleinkrebse, kleine Weichtiere), daneben auch Fischlaich und (insbesondere als Jungtiere) auch Pflanzenmaterial.

Allgemeines: Von dieser südlichsten Barbenart der Iberischen Halbinsel nimmt man an, daß sie afrikanischen Ursprungs ist.

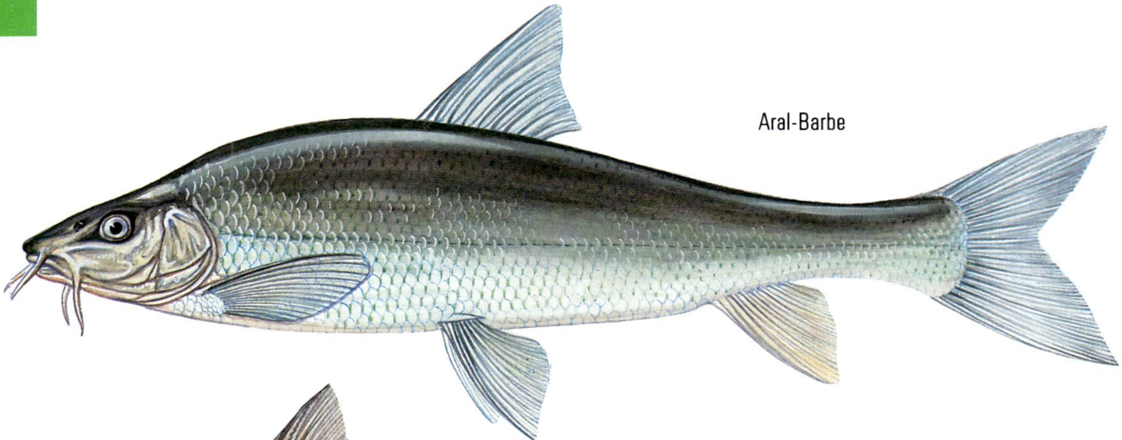

Aral-Barbe

Iberische Barbe

Schemaja
Chalcalburnus chalcoides

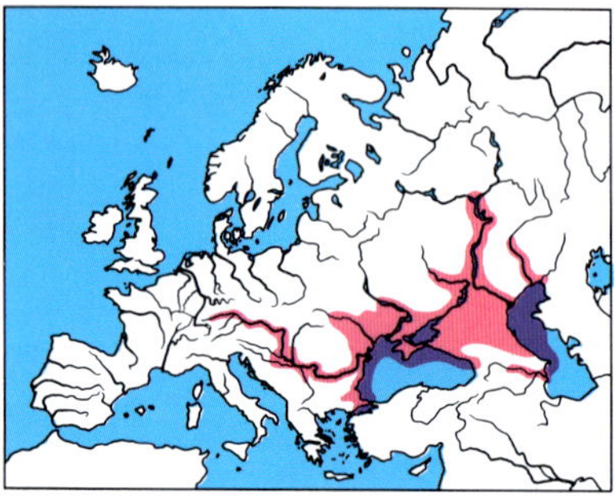

Merkmale: Schlanker, langgestreckter, seitlich abgeflachter Körper mit einem Kiel zwischen den Brustflossen und dem After, welcher nur im hinteren Teil nicht mit Schuppen bedeckt ist. Oberständiger Mund, vorstehender, verdickter Unterkiefer. Kleine Schuppen, 57–70 entlang der Seitenlinie. Rückenflosse mit 11, Afterflosse mit 20–24 Strahlen. Schlundzähne 2reihig, 2.5–5.2. *Färbung:* Rükken sehr dunkel, blau- bis schwarzgrün, mit Metallglanz; Flanken heller, silberfarben; Bauch weißlich. Rücken- und Schwanzflosse dunkelgrau. *Länge:* 15–30 cm, max. 40 cm.
Vorkommen: Im See- und Brackwasser des Kaspischen Meeres, von wo er zur Laichzeit in die Flüsse Kura und Terek, seltener in die Wolga und den Ural, aufsteigt. 7 Unterarten: *Ch. ch. derjugini* (Zuflüsse des Schwarzen Meeres, von der Krim bis Batum), *Ch. ch. istanbulensis* (Kagithane-Fluß bei Istanbul), *Ch. ch. macedonicus* (Volvisee/Macedonien), *Ch. ch. mandrensis* (Mandrasee bei Burgas/Bulgarien), *Ch. ch. mento* (*siehe* **Mairenke**), *Ch. ch. mentoides* (Salgir-Fluß/Krim), *Ch. ch. schischkovi* (Flüsse Rezova und Veleka/Ostbulgarien).
Lebensweise: Die Stammform lebt als Wanderfisch in Brack- und Seewasser, von wo sie oft in großen Schwärmen zum Laichen in die Flüsse aufsteigt. Die Laichwanderungen beginnen bereits im September. Laichzeit Mai bis Juli. Die Eiablage (15 000–23 500) erfolgt an seichten, steinigen oder kiesigen Flußstellen. *Nahrung:* Planktontiere, Insektenlarven (besonders Mückenlarven), kleine Bodentiere.

Mairenke oder Schiedling
Chalcalburnus chalcoides mento

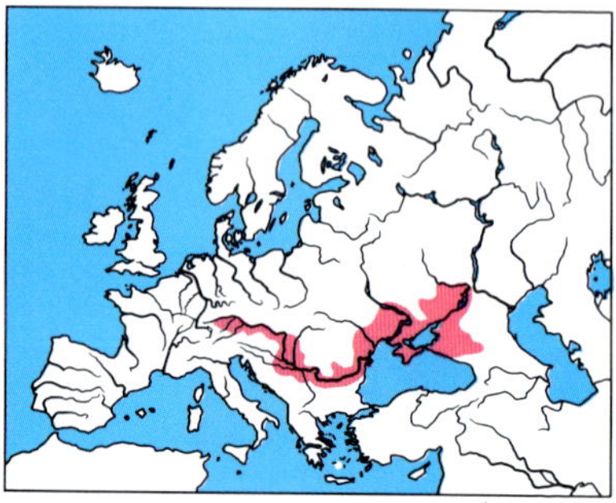

Merkmale: Schlanker, langgestreckter, seitlich abgeflachter Körper. Oberständiger Mund, steil nach oben gerichtete Mundspalte, vorstehender, verdickter Unterkiefer. Kleine Schuppen, 60–67 entlang der Seitenlinie. Rückenflosse mit 9–11, Afterflosse mit 17–20 Strahlen, deutlich länger als die Rückenflosse. Die Afterflosse beginnt (im Gegensatz zum Ukelei) hinter dem Hinterende der Rückenflosse. Schlundzähne 2reihig, 2.5–5.2. *Färbung:* Rükken schwarzgrün, mit stahlblauem Schimmer; Flanken heller, silberglänzend; Bauch weißlich. Rücken- und Schwanzflosse mit schwärzlichem Anflug. *Länge:* 15–25 cm, max. 35 cm.
Vorkommen: Nur im Süßwasser, in Seen und Flüssen des Donaugebiets sowie in den nördlichen Zuflüssen des Schwarzen Meeres (Dnjestr, Bug, Dnjepr) und denen des Asowschen Meeres (Don, Kuban). Früher große Bestände auch in oberbayerischen Seen (Starnberger See, Ammer- und Chiemsee), von wo dieser Fisch als »Mairenke« auf den Münchener Fischmarkt gebracht wurde. Hier wurde sie zum erstenmal »entdeckt« und von L. Agassiz 1832 als *»Aspius mento«* beschrieben.
Lebensweise: Schwarmfisch, der klare, sauerstoffreiche Gewässer bevorzugt. Laichzeit Mai bis Juni. Männchen mit Laichausschlag am Kopf und auf dem Rücken. Die laichreifen Tiere wandern in großen Scharen flußaufwärts; die Seebewohner laichen über flachen, sandigen oder kiesigen Stellen entweder im See selbst oder in den Zu- und Abflüssen. *Nahrung:* Planktontiere, Isektenlarven, Anflug, seltener kleine Bodentiere.

Schemaja

Mairenke oder Schiedling

Ukelei oder Laube
Alburnus alburnus

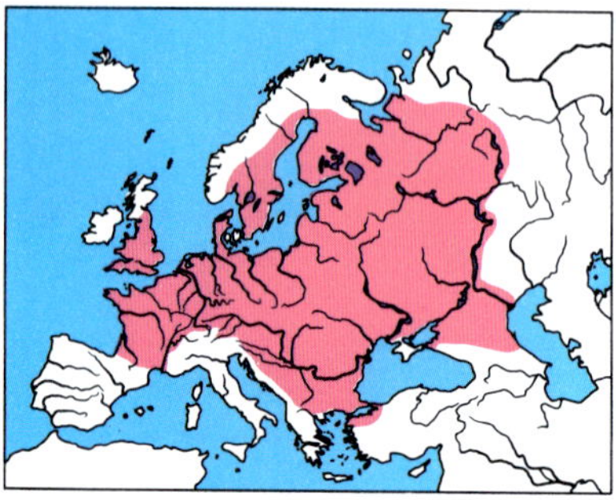

Merkmale: Schlanker, seitlich abgeflachter Körper; die max. Körperhöhe ist etwa 2mal so groß wie die Höhe des Schwanzstiels. Oberständiger Mund, steil nach oben gerichtete Mundspalte, vorstehender, nicht verdickter Unterkiefer. Kiel zwischen Bauchflossen und After schuppenlos. Mittelgroße Schuppen, 46–53 entlang der Seitenlinie. Rückenflosse mit 11–12, Afterflosse mit 18–23 Strahlen deutlich länger als die Rückenflosse. Die Afterflosse beginnt unter dem Hinterende der Rükkenflosse. Schlundzähne 2reihig, gesägt, 2.5–5.2. Reusendornen lang, dicht stehend. *Färbung:* Rücken grau- bis blaugrün, Flanken und Bauchseite stark silberglänzend. Rücken- und Schwanzflosse hellgrau bis grünlich, Paarflossen und Afterflosse weißlich mit orangefarbenem Ansatz. *Länge:* 12–15, max. 25 cm.

Vorkommen: In stehenden und langsam fließenden Gewässern nördlich der Pyrenäen und Alpen, von England (nicht in Irland und Schottland) und Frankreich bis zum Ural und dem westlichen Transkaukasien. Donaubecken, Südskandinavien. 2 Unterarten (Südbalkan).

Lebensweise: Gesellig lebender Oberflächenfisch, sowohl in der Ufer- als auch in der Freiwasserzone. Er bevorzugt ruhige Stellen und meidet trübe Gewässer und allzu dichten Pflanzenwuchs. Laichzeit April bis Juni. Männchen mit Laichausschlag. Das Ablaichen erfolgt an flachen, kiesigen Uferstellen oder in den Zu- und Abflüssen der Seen. Die klebrigen Eier (ca. 1500) haften an Steinen und Pflanzen. Brutdauer 5–10 Tage. *Nahrung:* Planktontiere, Insektenlarven und Anflug.

Weißer Ukelei
Alburnus albidus

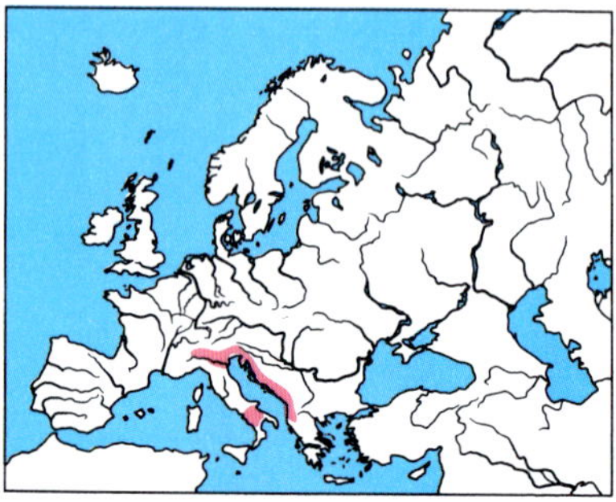

Merkmale: Die größte Körperhöhe ist etwa 2mal so groß wie die Höhe des Schwanzstiels. Etwas schräg nach oben gerichtete Mundspalte, leicht vorstehender, nicht verdickter Unterkiefer. Kiel zwischen Bauchflossen und After schuppenlos. Mittelgroße Schuppen, 42–51 entlang der Seitenlinie. Rückenflosse mit 10–12, Afterflosse mit 14–17 Strahlen, kürzer als beim Ukelei. Die Afterflosse beginnt unter dem Hinterende der Rückenflosse. Schlundzähne 2reihig, gesägt, 2.5–5.2. Reusendornen lang, dicht stehend. *Färbung:* Rükken bräunlichgrün, Flanken und Bauchseite stark silberglänzend, Flossen grau. *Länge:* Max. 11 cm.

Vorkommen: Die Stammform *(A. a. albidus)* lebt in Flüssen Süditaliens (Sele, Sinni, Busento, Ofanto). Die Unterart *A. a. alborella* (italienisch »Alborella«) kommt in Norditalien (Po bis Isonzo) sowie in Dalmatien und Albanien vor; sie unterscheidet sich durch eine steil nach oben gerichtete Mundspalte mit deutlich vorstehendem Unterkiefer, eine höhere Zahl von Afterflossenstrahlen (16–19) und ein graues Längsband; sie wird bis 16 cm lang. Im Prespasee/Südjugoslawien lebt die Unterart *A. a. belvica.* Aus Montenegro ist eine nahverwandte Art, *A. scoranzoides* (mit 13–14 Afterflossenstrahlen), bekannt.

Lebensweise: Die Biologie der Stammform ist nicht erforscht. Die Alborella, ein Oberflächenfisch, der sich von Plankton ernährt, laicht von Juni bis August überwiegend nachts und an flachen Kiesbänken; die Brut schlüpft bereits nach 2–3 Tagen aus.

Ukelei oder _aube

Weißer Ukelei

Kaukasischer Ukelei
Alburnus charusini

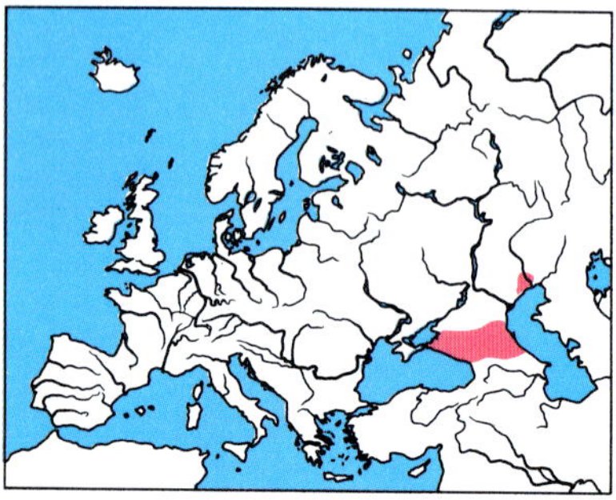

Merkmale: Gestreckter, seitlich abgeflachter Körper, je nach Population mehr oder weniger hochrückig (Flußfische aus dem Uraldelta sind schlank, aus dem Terek dagegen recht hochrückig; ihre max. Körperhöhe ist mindestens 3mal so groß wie die Höhe des Schwanzstiels). Oberständiger Mund, schräg nach oben gerichtete Mundspalte, vorstehender, nicht verdickter Unterkiefer. Große Augen. Langer Schwanzstiel. Mittelgroße Schuppen, 41–47 (meist 43–44) entlang der Seitenlinie. Rückenflosse mit 10–12, Afterflosse mit 15–22 (meist 18–19) Strahlen. Die Afterflosse beginnt unter dem Hinterende der Rückenflosse. Schlundzähne 2reihig, gesägt (1)2.5–5.2(1). Reusendornen lang, dicht stehend. *Färbung:* Rücken grau- bis blaugrün. Flossen hellgrau bis grünlich. *Länge:* 8–10 cm, max. 12 cm.
Vorkommen: In stehenden und langsam fließenden Gewässern Südostrußlands, im Uraldelta und den Seen Kamysh und Samarskije, im Kumabecken und in den Flüssen des Distrikts Dagestan (Terek, Sulak, Rubas-chai) bis südwärts zur Halbinsel Apsheron (Einzugsbereich des Kaspischen Meeres). Soll auch im Kuban (Zufluß des Asowschen Meeres) vorkommen. Im östlichen Transkaukasien (Kura- und Arraksbecken und südlich davon in den Flüssen des Distrikts Lenkoran) kommt die Unterart *A. c. hohenackeri* vor, die sich durch eine geringere Anzahl von Schuppen (39–43, meist 42) und Afterflossenstrahlen (14–19, meist 16) unterscheidet.
Lebensweise: Schwarmfisch, der in seinem Areal den Ukelei *(A. alburnus)* vertritt.

Schneider
Alburnoides bipunctatus

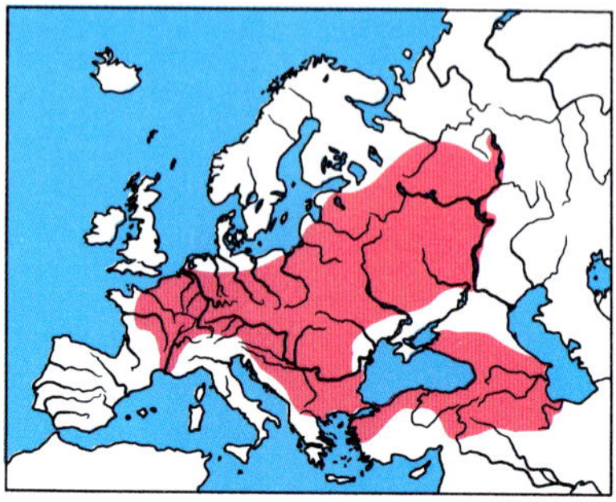

Merkmale: Gestreckter, seitlich abgeflachter Körper, hochrückiger und gedrungener als beim Ukelei *(A. alburnus)*. Endständiger Mund, fast waagrechte Mundspalte. Kiel zwischen Bauchflossen und After beschuppt. 44–51 Schuppen entlang der nach unten gebogenen Seitenlinie. Rückenflosse mit 10–11, Afterflosse mit 18–20 Strahlen. Schlundzähne 2reihig, nicht gesägt, 2.5–5(4).2. Reusendornen kurz. *Färbung:* Rücken blaugrün bis olivbraun; Flanken heller, mit Messingglanz; Bauchseite weiß, silberglänzend. Paarflossen und Afterflosse am Ansatz orangefarben. Seitenlinie oben und unten schwarz eingefaßt. Laichreife Tiere mit einem dunkelgrauen Längsband oberhalb der Seitenlinie. Flossen gelblich bis hellgrau. *Länge:* 9–13 cm, max. 16 cm.
Vorkommen: Klare, sauerstoffreiche, schnell fließende Gewässer nördlich der Pyrenäen und Alpen, von Frankreich (Loire, Seine, Somme, Rhône), dem Einzugsbereich von Rhein und Donau bis zum Ural. Fehlt in Dänemark und Nordeuropa. 5 Unterarten: *A. b. fasciatus* (Halbinsel Krim bis Westtranskaukasien), *A. b. ohridanus* (Ochridsee und Skutarisee, Drin-Oberlauf), *A. b. rossicus* (Dnjestr, Bug, Dnjepr, Don, Wolga, Kama), *A. b. strymonicus* (Maritza, Mesta, Struma/Südbalkan), *A. b. tzanevi* (Kamtscha, Weleka, Rezowa/Ostbulgarien).
Lebensweise: Meist in Bodennähe gesellig lebender Karpfenfisch, der sich gern in der stärksten Strömung aufhält (»Schußlaube«). Laichzeit Mai bis Juni. Das Ablaichen erfolgt über Kiesgrund an seichten Uferstellen. *Nahrung:* Kleine Bodentiere, Plankton und Anflug.

Kaukasischer Ukelei

Schneider

Güster oder Blicke
Blicca bjoerkna

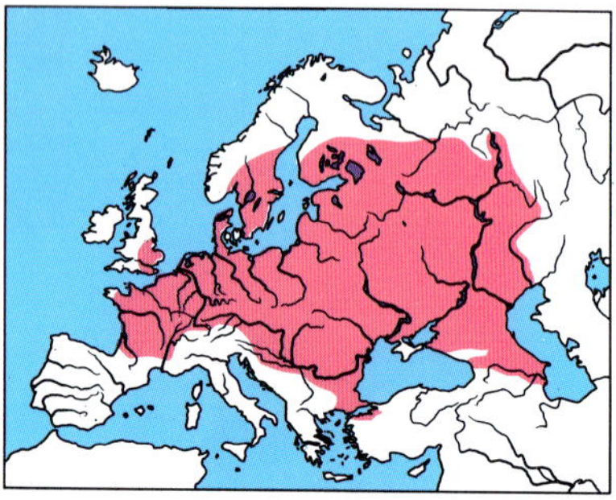

Merkmale: Hochrückiger, seitlich stark abgeflachter Körper mit stumpfer Schnauze und halb unterständigem Mund. Augendurchmesser größer oder gleich Schnauzenlänge. 44–50 Schuppen entlang der Seitenlinie. Rückenflosse mit 11, Afterflosse mit 22–26 Strahlen. Die Brustflossen reichen nicht bis zum Ansatz der Bauchflossen. Schlundzähne 2reihig, 1(2,3).5–5.(3,2)1. *Färbung:* Rücken grau- bis schwarzgrün; Flanken heller, Bauchseite weißlich bis rötlich, silberglänzend. Flossen dunkelgrau, Brust- und Bauchflossen mit rötlichem Ansatz. *Länge:* 20–30, max. 35 cm.
Vorkommen: Flachlandseen mit dichtem Pflanzenwuchs und langsam fließende, größere Flüsse nördlich der Pyrenäen und Alpen, von Frankreich bis zum Ural. Zuflüsse des Schwarzen und Asowschen Meeres (Donau bis Rion), Einzugsbereich des Kaspischen Meeres.
Lebensweise: Ein Schwarmfisch, der sich meist in Bodennähe im Pflanzenwuchs der Uferregion aufhält, häufig in Gesellschaft des Blei *(Abramis brama)*; nur im Winter zieht er sich in tiefere, ruhigere Lager (z. B. Altwässer) zurück. Laichzeit Mai bis Juni. Männchen mit sehr feinkörnigem, schwachem Laichausschlag. Das Ablaichen erfolgt im Schwarm an pflanzenreichen Uferstellen. Die hellgelben, ca. 2 mm großen Eier (11 000–82 000, beim Wolga-Güster bis zu 109 000) haften an Wasserpflanzen. Die Jungfische wachsen sehr langsam heran, können jedoch schon bei einer Länge von 10–12 cm, im 3. bis 5. Lebensjahr, geschlechtsreif werden. *Nahrung:* Kleine Bodentiere und Pflanzenmaterial.

Blei oder Brachsen
Abramis brama

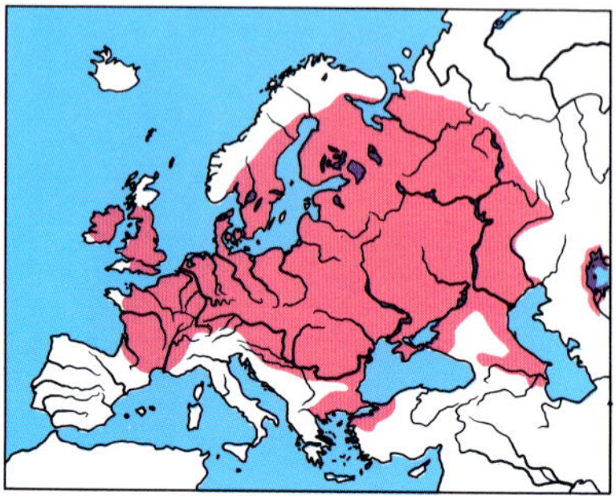

Merkmale: Hochrückiger, seitlich stark abgeflachter Körper mit stumpfer Schnauze und fast unterständigem Mund. Augendurchmesser kleiner als Schnauzenlänge. 50–57 Schuppen entlang der Seitenlinie. Rückenflosse mit 12, Afterflosse mit 26–31 Strahlen. Die Brustflossen reichen bis zum Ansatz der Bauchflossen. Schlundzähne 1reihig, 5–5. *Färbung:* Rücken bleifarben bis schwärzlich, meist mit Grünglanz; Flanken heller, metallisch glänzend; Bauch weißlich, mit Perlmutterglanz. Ältere Tiere meist mit Goldglanz. Unpaare Flossen dunkelgrau, Paarflossen hellgrau. *Länge:* 30–50 cm, max. 75 cm.
Vorkommen: In größeren, nährstoffreichen Seen und langsam fließenden Gewässern (»Brachsenregion«) nördlich der Pyrenäen und Alpen, von Irland und England (nicht in Nordschottland, Cornwall und Devonshire), West- und Mitteleuropa, Südnorwegen, Schweden und Finnland bis zum Ural. 2 Unterarten: *A. b. danubii* (Donaubecken), *A. b. orientalis.*
Lebensweise: Die Jungfische leben in kleinen Rudeln in der Uferzone, die Erwachsenen im tieferen Wasser, von wo sie erst bei Einbruch der Dämmerung ins Flachwasser ziehen, um dort nach Nahrung zu wühlen (»Brachsenlöcher«). Laichzeit Mai bis Juli. Männchen mit starkem Laichausschlag. Die Laichschwärme suchen flache, pflanzenreiche Uferstellen auf. Die gelblichen, ca. 1,5 mm großen Eier (beim **Asow-Brachsen** max. 338 000) haften an Wasserpflanzen. Brutdauer 3–12 Tage. Geschlechtsreife im 3.–4. Jahr. *Nahrung:* Kleine Bodentiere.

Güster oder Blicke

Blei oder Brachsen

Zobel oder Scheibpleinzen
Abramis sapa

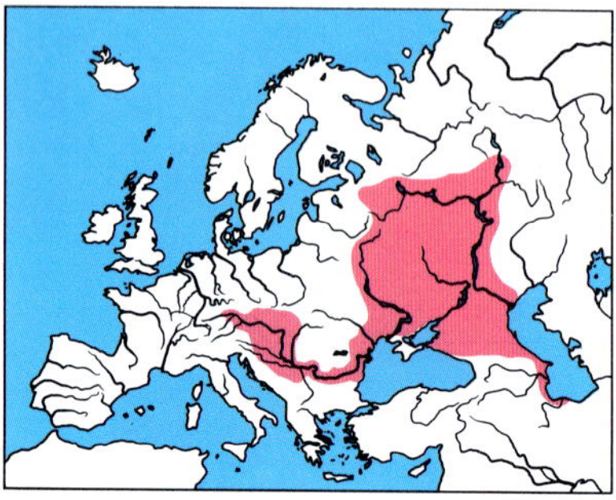

Merkmale: Hochrückiger, seitlich stark abgeflachter Körper mit dicker, stumpfer, hochgewölbter Schnauze und unterständigem Mund. Gleichmäßig gewölbte Rücken- und Bauchlinie. Große Augen. 47–52 Schuppen entlang der Seitenlinie. Rückenflosse mit 11, Afterflosse mit 41–48 Strahlen. Unterer Lappen der Schwanzflosse verlängert. Schlundzähne 1reihig, 5–5. *Färbung:* Rücken dunkelgrau; Flanken hell, weißlichgrau, mit schwachem Perlmutterglanz; Bauch weißlich. Flossen hellgrau, Rücken- und Afterflosse mit dunklem Saum. *Länge:* 20–30 cm, max. 35 cm.

Vorkommen: Größere Fließgewässer und Seen von der Donau bis zum Ural und dem Kaspischen Meer (Wolga, Terek u. a.). In Nordwestrußland im Ilmensee und im Wolchow, nicht im Ladogasee und der Newa. Im Gebiet der südrussischen Meere kommt diese Art auch als Wanderfisch vor, der sich im Brackwasser ernährt, zum Laichen und Überwintern aber in den Unterlauf der Flüsse (z. B. Dnjestr, Dnjepr, Don, Wolga) eindringt.

Lebensweise: Gesellig in Bodennähe lebender Karpfenfisch. Laichzeit April bis Mai. Männchen dann mit Laichausschlag. Die Laichschwärme ziehen flußaufwärts. Die Eiablage erfolgt an pflanzenreichen Uferstellen im Fluß. Die Zahl der Eier schwankt je nach Population sehr stark: 100 000 (Donau-Zobel), 8000 (Dnjepr-Zobel), 11 000–42 000 (Aralsee-Zobel). Die Geschlechtsreife tritt nach 3–4 Jahren ein. *Nahrung:* Kleine Bodentiere (Würmer, Kleinkrebse, Insektenlarven, kleine Weichtiere), seltener auch Pflanzen.

Zope oder Spitzpleinzen
Abramis ballerus

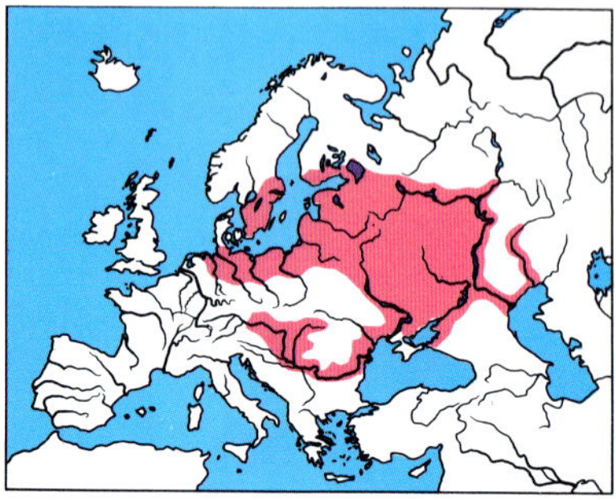

Merkmale: Hochrückiger, seitlich stark abgeflachter Körper mit spitzer Schnauze und endständiger, schräg nach oben gerichteter Mundspalte. Kleiner Kopf mit fast geradem Stirnprofil und gewölbtem Nacken. Kleine Schuppen, 66–73 entlang der Seitenlinie. Rückenflosse schmal, hoch, mit 11–12, Afterflosse mit 39–46 Strahlen. Der untere Lappen der Schwanzflosse ist verlängert. Schlundzähne 1reihig, 5–5. *Färbung:* Kopfoberseite und Rükken dunkel, mit braunem, grünem oder blauem Glanz; Flanken heller, silberglänzend, mit gelblichem bis rötlichem Ton; Bauch weiß. Unpaare Flossen weißlich mit dunklem Rand, Paarflossen gelblich. *Länge:* 20–30 cm, max. 45 cm.

Vorkommen: In einigen Seen und im Unterlauf großer Flüsse im Nord- und Ostseegebiet (Weser, Elbe, Oder, Weichsel, Pregel, bis zum Newabecken, Südschweden und Südfinnland), vom Einzugsbereich der Donau (ab Oberösterreich, Neusiedler See und Plattensee), den nördlichen Zuflüssen des Schwarzen und Asowschen Meeres (Dnjestr, Bug, Dnjepr, Don) bis zur Wolga und dem Ural.

Lebensweise: In den Seen im Freiwasser, in Fließgewässern meist in Ufernähe. Laichzeit April bis Mai. Die laichreifen Tiere ziehen in Trupps aus den Mündungsgebieten der Flüsse stromaufwärts. Die klebrigen, ca. 1,5 mm großen Eier (4000–25 000) werden an seichten, pflanzenreichen Uferstellen der Flüsse abgelegt. Brutdauer 10–14 Tage. Geschlechtsreife am Ende des 4.–5. Lebensjahres. *Nahrung:* Plankton- und kleine Bodentiere.

Zobel oder Scheibpleinzen

Zope oder Spitzpleinzen

Zährte oder Rußnase
Vimba vimba

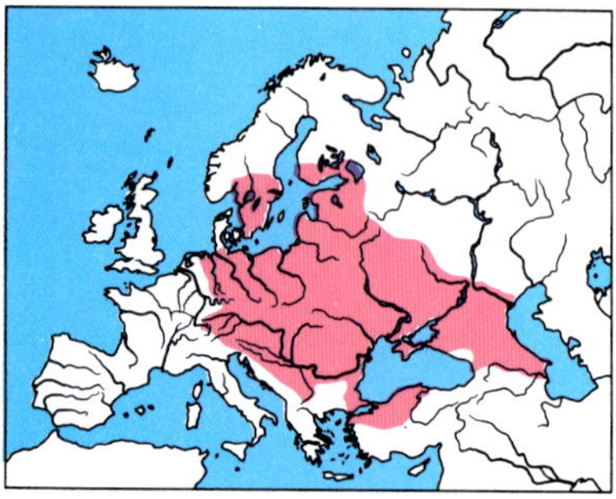

Merkmale: Gestreckter, seitlich abgeflachter Körper (ca. 4mal so lang wie hoch) mit nasenartig vorragender, fleischiger Schnauze und unterständiger, hufeisenförmig gebogener Mundspalte (Unterlippe ohne hornigen Überzug). 53–61 Schuppen entlang der Seitenlinie. Rükkenflosse mit 11, Afterflosse mit 20–25 Strahlen. Schlundzähne 1reihig, 5–5. *Färbung:* Rücken dunkel, grau bis bläulich; Flanken heller, silberfarben; Bauch weiß. Männchen im »Hochzeitskleid«: Kopf- und Körperoberseite (bis zur Mittellinie) schwarz, mit Samtglanz; Bauchseite (Lippen, Kehle, Brust- und Bauchregion) orangefarben bis rot. Paarflossen und Afterflosse rot, Rücken- und Schwanzflosse schwarz. Schnauze schwarz bis blauschwarz (»Rußnase«, »Blaunase«). *Länge:* 20–35 cm, max. 50 cm.

Vorkommen: Langsam fließende Gewässer mit Sand- oder Schlammgrund und nährstoffreiche Flachlandseen; die Stammform *(V. v. vimba)* bewohnt das Einzugsgebiet der Nord- und Ostsee. 4 Unterarten: *V. v. bergi* (Unterlauf des Bugs), *V. v. carinata* (Donau bis Kuban), *V. v. persa* (Kaspisches Meer, Unterlauf der Wolga), *V. v. tenella* (Krim-Flüsse, Kuban bis Westtranskaukasien). Der **Seerüßling** *(V. elongata)* kommt in südbayerischen und oberösterreichischen Seen vor. *V. melanops* lebt in den nördlichen Zuflüssen der Ägäis.

Lebensweise: Scheuer, gesellig lebender Karpfenfisch, im Sommer meist in der flachen Uferzone. Laichzeit Mai bis Juli. Eiablage an flachen Uferstellen. *Nahrung:* Kleine Bodentiere.

Ziege oder Sichling
Pelecus cultratus

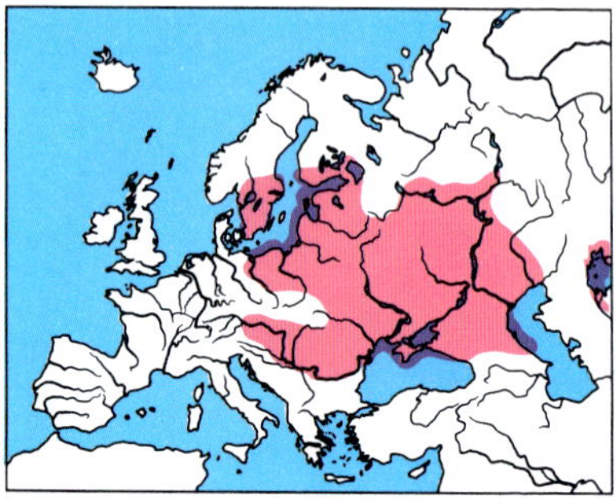

Merkmale: Langgestreckter, seitlich stark abgeflachter Körper mit oberständigem Mund (Mundspalte steil nach oben gerichtet). Fast gerade Rückenlinie und sichelartig durchgebogene Bauchlinie mit scharfer, kielförmiger Kante. Kleiner Kopf, große Augen. Kleine Schuppen, 90–115 entlang der welligen Seitenlinie. Rückenflosse kurz, schwanzständig, mit 10–11 Strahlen; Afterflosse lang, mit 29–32 Strahlen. Die großen, flügelartigen Brustflossen reichen bis hinter die Bauchflossen. Schlundzähne 2reihig, 2.5–5.2. *Färbung:* Rücken dunkel, blaugrün bis schwärzlich; Flanken heller, stark silberglänzend, mit rötlichem Schimmer; Bauch weiß. Bauchflossen und Afterflosse rötlich; Brustflossen, Rücken- und Schwanzflosse grau, mit gelbem Ton. *Länge:* 25–35 cm, max. 60 cm.

Vorkommen: Langsam fließende und stehende Gewässer (gern auch im Brackwasserbereich) im Ostseegebiet, den südrussischen Meeren, dem Aralsee und deren Zuflüssen; im Donaugebiet früher bis Passau; Plattensee.

Lebensweise: Schwarmfisch, tagsüber mehr in Bodennähe, nachts zur Oberfläche aufsteigend. Laichzeit Mai bis Juli. Die laichreifen Tiere wandern flußaufwärts, die Seebewohner an die Ufer und die Fische aus den Brackwasserregionen in den Unterlauf der Zuflüsse. Die Eier (30000–100000) treiben frei im Wasser. Brutzeit 3–4 Tage. Die Geschlechtsreife tritt nach 3–4 Jahren ein; das Höchstalter liegt bei 9 Jahren. *Nahrung:* Planktonkrebse, Insektenlarven und -puppen, Luftinsekten und Kleinfische.

Zährte oder Rußnase

Ziege oder Sichling

Bitterling
Rhodeus sericeus amarus

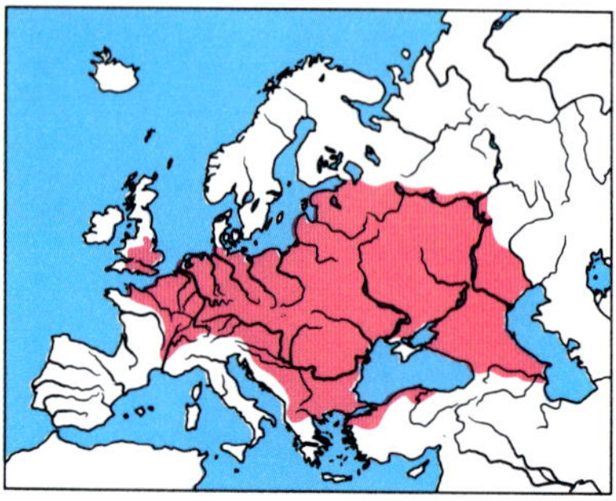

Merkmale: Hochrückiger, seitlich abgeflachter Körper. Kleine, endständige Mundspalte. Große Schuppen, 34–38 in einer Längsreihe; die Seitenlinie erstreckt sich nur über 5–6 Schuppen. Rückenflosse mit 12–13, Afterflosse mit 11–13 Strahlen. Schlundzähne 1reihig, 5–5. Weibchen zur Laichzeit mit langer Legeröhre. *Färbung:* Rücken graugrün bis schwärzlich; Flanken heller, silberglänzend, mit einer blaugrün schillernden Längsbinde von der Seitenmitte bis zur Schwanzflosse; Bauchseite weiß, mit rosafarbenem Schimmer. Männchen im Hochzeitskleid mit roter Kehle, Brust und vorderer Bauchseite; Rücken und Hinterkörper schillern bläulichgrün. *Länge:* 5–6 cm, max. 9 cm.

Vorkommen: Stehende und langsam fließende Gewässer, stets in Gesellschaft von Teich- oder Malermuscheln; nördlich der Pyrenäen und Alpen, von Frankreich und Südostengland (dort eingeführt) bis zum Wolgagebiet.

Lebensweise: In pflanzenreichen Uferzonen gesellig lebender Karpfenfisch. Laichzeit April bis Juni. Das Männchen wählt sich sein Revier mit einer Muschel, die es gegenüber Artgenossen verteidigt. Das Weibchen setzt mit seiner Legeröhre die Eier in den Kiemenraum der Muschel ab; unmittelbar darauf spritzt das Männchen seinen Samen über die Muschel, die ihn mit dem Atemwasser einsaugt und so dafür sorgt, daß die abgelegten Eier befruchtet werden. Brutzeit 2–3 Wochen. Bei einer Länge von ca. 11 mm verläßt die Brut die Muschel. *Nahrung:* Wasserpflanzen, daneben auch Kleintiere aller Art.

Karausche
Carassius carassius

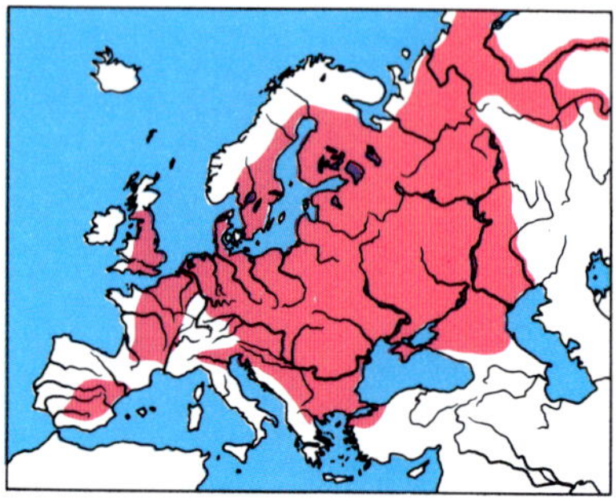

Merkmale: Hochrückiger, gedrungener, seitlich abgeflachter Körper. Ohne Bartfäden. Große Schuppen, 31–55 entlang der Seitenlinie. Rückenflosse mit 17–25 Strahlen, hoch, mit nach außen gewölbtem Rand; ihr 1. Strahl weich, biegsam und am Hinterrand nur schwach gesägt. Afterflosse mit 8–11 Strahlen. Schwanzflosse leicht eingebuchtet. Schlundzähne 1reihig, 4–4. 1. Kiemenbogen mit 23–33 Reusendornen. *Färbung:* Rücken bräunlich, mit Grünglanz; Flanken heller, gelblichbraun; Bauchseite gelblich bis schmutzigweiß. Ein dunkler Fleck auf der Schwanzwurzel. *Länge:* 20–35 cm, max. 50 cm.

Vorkommen: Überwiegend in flachen, pflanzenreichen Tümpeln und Seen mit reichem Pflanzenwuchs. Von England bis nach Ostrußland. Vielerorts ausgesetzt, z. B. in Spanien.

Lebensweise: Einer der anpassungsfähigsten Karpfenfische, der auch einen hohen Verschmutzungsgrad und Sauerstoffmangel erträgt. Während der kalten Jahreszeit gräbt er sich in den Boden ein und verfällt in eine Art Winterschlaf; auch wenn sein Wohngewässer auszutrocknen beginnt, verbirgt er sich im Schlamm. Laichzeit Mai bis Juni. Die Laichschwärme versammeln sich an seichten Stellen mit reichem Pflanzenwuchs. Die klebrigen, 1–1,5 mm großen Eier (150 000–300 000) haften an Wasserpflanzen, Brutzeit 3–7 Tage. Die Geschlechtsreife tritt bei einer Länge von 8–15 cm im 3.–4. Lebensjahr ein. *Nahrung:* Wasserpflanzen und kleine Bodentiere (insbesondere Larven von Zuckmücken und Eintagsfliegen).

Bitterling

Karausche

Silberkarausche oder Giebel
Carassius auratus gibelio

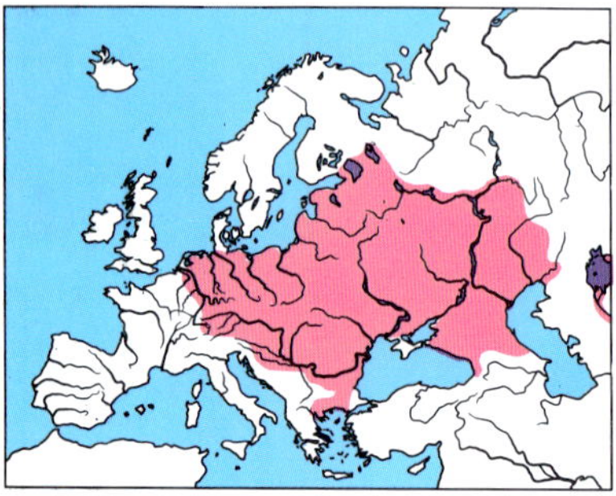

Merkmale: Gestreckter, mehr oder weniger hochrückiger, seitlich abgeflachter Körper. Ohne Bartfäden. Große Schuppen, 28–32 entlang der Seitenlinie. Rückenflosse mit 17–25 Strahlen, hoch, mit geradem oder nach innen gewölbtem Rand. Afterflosse mit 8–11 Strahlen. Schwanzflosse eingebuchtet. Schlundzähne 1reihig, 4–4. 1. Kiemenbogen mit 35–48 Reusendornen, länger und dünner als bei der Karausche. *Färbung:* Rücken hell, bräunlich; Flanken und Bauch gelblich, mit Silberglanz. Bauchfell schwarz. *Länge:* 15–35 cm, max. 45 cm.

Vorkommen: Stehende und langsam fließende Gewässer mit dichten Pflanzenbeständen und weichem Grund von Ostasien (Amurbecken) bis Sibirien; heute durch künstlichen Besatz weit verbreitet.

Lebensweise: Den Giebel findet man oft mit der Karausche vergesellschaftet, der er nicht nur im Aussehen sondern auch in der Nahrungswahl und seiner Widerstandsfähigkeit gegenüber Umwelteinflüssen gleicht. Er wächst schneller als die Karausche und wird daher, vor allem in Osteuropa, als Teichfisch gezüchtet. Laichzeit Mai bis Juni. Die Eiablage (160 000–380 000) erfolgt zwischen dichtem Pflanzenwuchs im Flachwasser. Brutzeit 5–7 Tage. Geschlechtsreife am Ende des 3.–4. Jahres (bei einer Länge von 15–20 cm). *Nahrung:* Kleine Bodentiere und Wasserpflanzen.

Allgemeines: Der **Goldfisch** *(C. au. auratus)* gleicht im Körperbau dem Giebel, besitzt jedoch etwas größere Schuppen (26–28 entlang der Seitenlinie). Er stammt aus Ostasien.

Karpfen
Cyprinus carpio

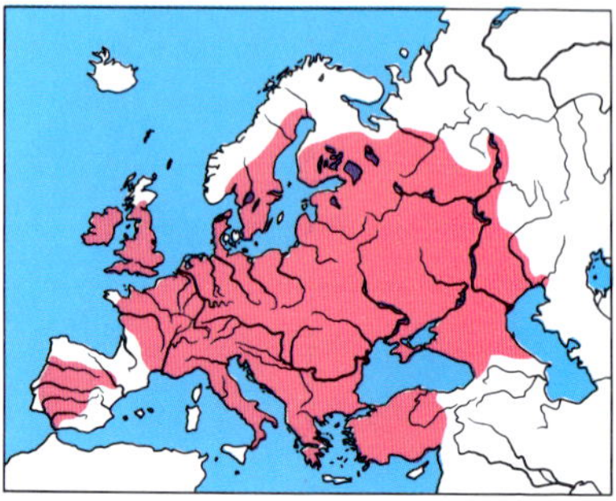

Merkmale: Die Stammform des Karpfens besitzt einen gestreckten, seitlich etwas abgeflachten Körper. Endständiger, vorstülpbarer Mund; 4 Bartfäden (2 lange, 2 kürzere) an der Oberlippe. Große Schuppen, 33–40 entlang der Seitenlinie; bei den Zuchtformen, deren Körperbau gestreckt oder hochrückig sein kann, werden unterschieden: 1. Schuppenkarpfen (mit vollständigem Schuppenkleid). 2. Spiegelkarpfen (mit unregelmäßig verteilten »Spiegelschuppen«). 3. Zeilkarpfen (mit einer Reihe gleich großer »Zeilschuppen« entlang der Seitenlinie). 4. Nackt- oder Lederkarpfen (ohne oder nur mit wenigen Schuppen). Rückenflosse mit 20–26, Afterflosse mit 8 Strahlen; Schwanzflosse deutlich zweizipfelig. Schlundzähne 3reihig, 1.1.3–3.1.1. *Länge:* 25–75 cm, max. 120 cm.

Vorkommen: Warme, stehende und langsam fließende Gewässer mit Sand- oder Schlammgrund und reichen Pflanzenbeständen. In seinem ursprünglichen Verbreitungsgebiet kommt der Karpfen in 3 Unterarten vor: *C. c. carpio* (Einzugsgebiet des Schwarzen, Asowschen und Kaspischen Meeres), *C. c. haematopterus* (Amurbecken, Nordchina), *C. c. viridiolaceus* (Südchina, Vietnam). Als wichtigster Teichfisch bereits im 13.–15. Jahrhundert über fast ganz Europa verbreitet; heute weltweit.

Lebensweise: Der Karpfen hält sich tagsüber meist an tiefen, geschützten Stellen auf und wird erst bei Beginn der Dämmerung lebhafter. Laichzeit Mai bis Juli. Männchen mit Laichausschlag. *Nahrung:* Kleine Bodentiere und Pflanzen.

Silberkarausche oder Giebel

Karpfen

Weißer Amur oder Graskarpfen

Ctenopharyngodon idella

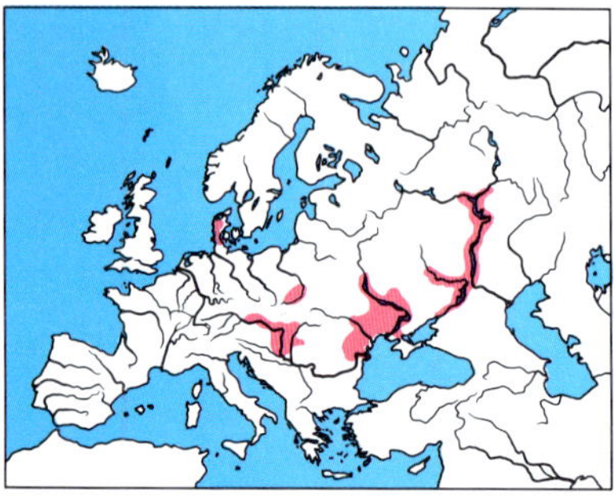

Merkmale: Langgestreckter, dem Döbel ähnlicher Körper mit stumpfer, zwischen den Nasenlöchern eingedellter Schnauze. Leicht unterständiger Mund ohne Bartfäden. Die Bauchseite ist abgerundet. Große Schuppen, 42–45 entlang der Seitenlinie; unterhalb der Seitenlinie 5, beim Döbel nur 3–4 Schuppenreihen. Rückenflosse mit 10, Afterflosse mit 11 Strahlen, die ersten 3 Strahlen ungefiedert. Schlundzähne 2reihig, an den Rändern schräg abgeschliffen, seitlich zusammengedrückt und sägeförmig gekerbt, (1)2.(4)5–5(4).2. *Färbung:* Rücken dunkelgrün bis grünschwarz; Flanken heller, grünlich; Bauch weißlich. Schuppen dunkel umrandet (Netzzeichnung). *Länge:* Max. ca. 120 cm.

Vorkommen: Ruhige, tiefe Flüsse und Seen in den Ebenen Chinas (optimale Wassertemperatur 22–26° C); die ursprüngliche Verbreitung ist kaum noch feststellbar, da bereits ab dem 10. Jahrhundert künstlicher Besatz in China; ab 1965 in der Bundesrepublik Deutschland. Heute in Europa weit verbreitet.

Lebensweise: Der Graskarpfen (besser »Grasfisch«) verträgt zwar auch tiefere Temperaturen, ist aber eine wärmeliebende Art; im Jangtse/China tritt die Geschlechtsreife bereits im 4.–5. Jahr ein (in kühleren Gewässern erst im 6.–8. Jahr). Das Ablaichen erfolgt in stark strömendem Wasser über Kiesgrund; Brutzeit 32–40 Stunden (bei 27–29° C). Die Jungfische ernähren sich zunächst von Kleintieren; ab einer Länge von 6–10 cm gehen sie zur Pflanzenkost über, ihr Darmkanal verlängert sich um das 2–2,5fache der Körpergröße.

Silberkarpfen oder Tolstolob

Hypophthalmichthys molitrix

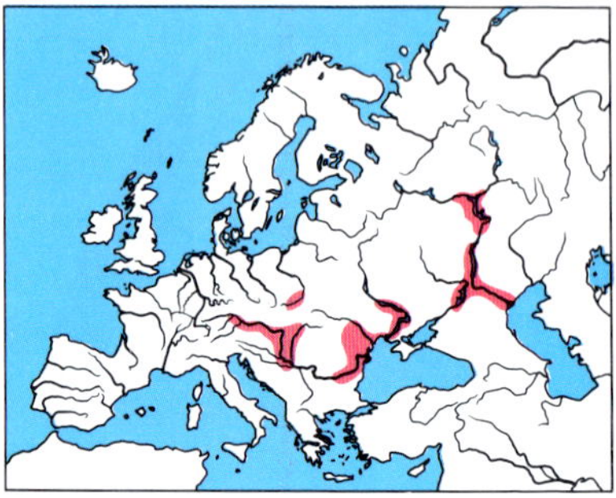

Merkmale: Gestreckter, etwas hochrückiger, seitlich abgeflachter Körper mit breitem, zugespitztem Kopf. Oberständiger Mund ohne Bartfäden, fast senkrechte Mundspalte. Kleine, unterhalb der Mittellinie des Kopfes liegende Augen. Die Bauchseite bildet einen durchgebogenen Kiel von der Kiemenöffnung bis zum Beginn der Afterflosse. Kleine Schuppen, 110–124 entlang der Seitenlinie. Rückenflosse mit 11–15, Afterflosse mit 14–17 Strahlen, die ersten 2–3 Strahlen schwach verknöchert. Schlundzähne 1reihig, 4–4. *Färbung:* Rücken dunkel, Flanken und Bauchseite bei Jungfischen (1- bis 3sömmerig) silberfarben, im Alter bleigrau. *Länge:* Max. 100 cm.

Vorkommen: Warme, tiefe Fließgewässer und Seen in China und im Flußgebiet des Amur; eingebürgert auf Taiwan und in Siam. Heute in Mittel- und Osteuropa durch Besatzmaßnahmen weit verbreitet.

Lebensweise: In ihrer Heimat ziehen die Silberkarpfen aus ihren Fließgewässern in die sommerlichen Überschwemmungsseen, aus denen sie im Herbst zurückkehren. Das Ablaichen erfolgt während der Sommermonate (23–24° C); die Eier (bis zu 500 000 je Weibchen) treiben frei im Wasser. Die Brut wandert nach dem Aufzehren des Dottersackes in ruhige Flußbereiche, wo sie sich zunächst von tierischem Plankton ernährt. Ab einer Länge von 5–10 cm gehen die Jungfische zur Ernährung von Phytoplankton über, wozu sich ihr Darmkanal um das 6–7fache der Körpergröße verlängert. Geschlechtsreife: Im Jangtse im 3.–4., in Ungarn im 5.–6. Jahr.

Weißer Amur oder Graskarpfen

Silberkarpfen oder Tolstolob

Gefleckter Silber- oder Marmorkarpfen
Hypophthalmichthys nobilis

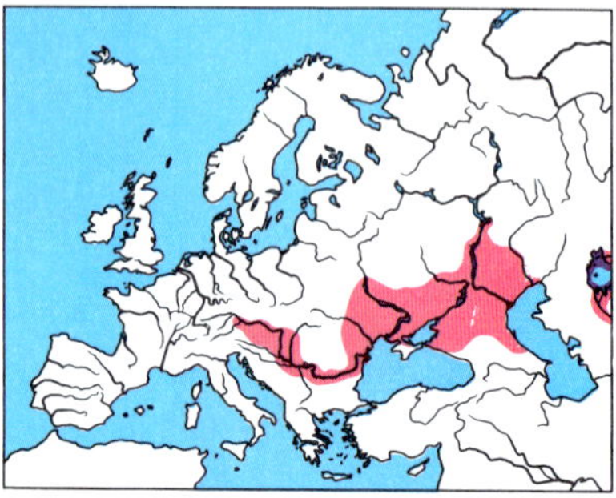

Merkmale: Gestreckter, etwas hochrückiger, seitlich abgeflachter Körper mit breitem, zugespitztem Kopf. Oberständiger Mund ohne Bartfäden, schräg nach oben gerichtete Mundspalte. Kleine, sehr tiefliegende Augen (viel tiefer am Kopf als beim Silberkarpfen). Bauchseite mit einem Kiel zwischen Bauchflossen und Afterflosse. Kleine Schuppen, 114–120 entlang der Seitenlinie. Rückenflosse mit 10, Afterflosse mit 15–17 Strahlen, die ersten 3 Strahlen schwach verknöchert. Schlundzähne 1reihig, 4–4. Da in der Sowjetunion erfolgreiche Kreuzungen zwischen den beiden Silberkarpfen-Arten durchgeführt und exportiert worden sind, können auch in unseren Gewässern Bastarde vorkommen. *Länge:* Max. 195 cm.

Vorkommen: Warme, tiefe Fließgewässer und Seen in Südchina. Heute eingeführt in Mittel- und Osteuropa (Donaugebiet, Zuflüsse des Schwarzen, Asowschen und Kaspischen Meeres). Die Bestände dieses als »Breitkopf« oder »Großköpfiger Karpfen« bezeichneten Fisches sind in Europa im Ansteigen.

Lebensweise: Der Gefleckte Silberkarpfen behält im Gegensatz zu seinem Verwandten, dem »Tolstolob«, die anfängliche Ernährung mit Zooplankton sein ganzes Leben hindurch bei. Der Darmkanal der erwachsenen Tiere verlängert sich nur um das 4–5fache der Körperlänge. Unter 19° C Wassertemperatur nimmt er als Erwachsener überwiegend Würmer, Insekten, Weichtiere und auch Kleinfische zu sich, erst bei höheren Temperaturen geht er zum pflanzlichen Plankton über. Zum Ablaichen benötigt er anhaltend warmes Wasser von 25° C.

Schwarzer Amur
Mylopharyngodon piceus

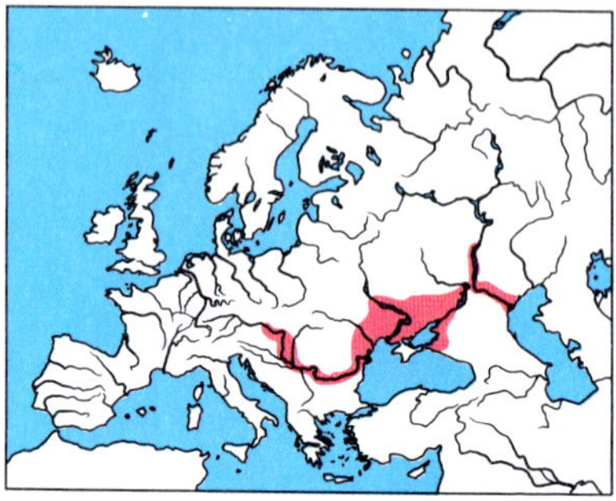

Merkmale: Langgestreckter, dem Döbel ähnlicher Körper mit stumpfer, zwischen den Nasenlöchern gewölbter Schnauze. Leicht unterständiger Mund ohne Bartfäden. Kleine Augen. Die Bauchseite ist abgerundet. Große Schuppen, 39–42 entlang der vollständig entwickelten Seitenlinie. Rückenflosse mit 9, Afterflosse mit 10 Strahlen; alle Strahlen weich, biegsam, nicht verknöchert. Schlundzähne 1- bis 2reihig, 4–5 oder 1.4–4.1, als massive Mahlzähne ausgebildet. *Färbung:* Rücken dunkel, fast schwarz; Flanken nur wenig heller; Bauchseite schmutzigweiß, mit schwachem Silberglanz. Alle Flossen dunkelgrau. *Länge:* Max. 80 cm.

Vorkommen: Ruhige, tiefe Fließgewässer und Seen mit Schlamm- oder Sandgrund in China (z. B. im Jangtse), Taiwan und, seltener, im Amurgebiet (dort überwiegend nur in dessen südlichem Teil). In Süd- und Südostrußland gezüchtet und im südlichen Wolgagebiet sowie in den Zuflüssen des nördlichen Schwarzen Meeres (Dnjestr, Dnjepr) ausgesetzt. Zur Einfuhr von Besatzfischen kam es auch im Donaubereich (Ungarn, Rumänien).

Lebensweise: Der Schwarze Amur, einziger Vertreter der Gattung *Mylopharyngodon*, wurde als »Schwarzer Grasfisch« nach Europa gebracht. Er ernährt sich jedoch von Schnecken (insbesondere *Viviparus*-Arten), deren Gehäuse er mit seinen starken Schlundzähnen zerkleinert. Seine Fortpflanzungsbiologie ist unbekannt; die Eier treiben offenbar frei im Wasser.

Allgemeines: In China als Speisefisch von großer wirtschaftlicher Bedeutung.

Gefleckter Silberkarpfen
oder Marmorkarpfen

Schwarzer Amur

Schmerle oder Bartgrundel
Noemacheilus barbatulus

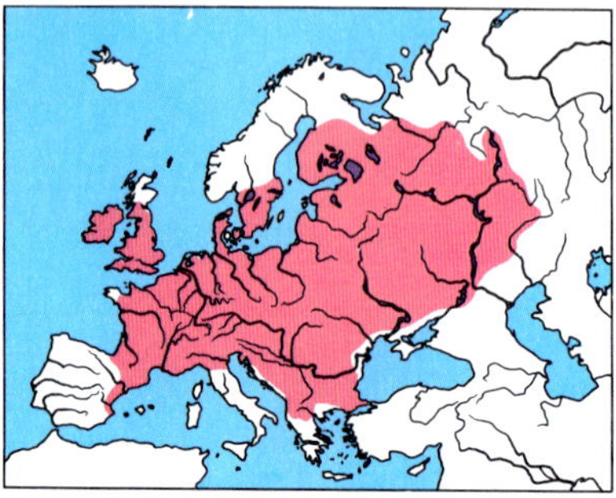

Merkmale: Drehrunder, nur am Schwanzstiel seitlich etwas abgeflachter Körper. Enge, unterständige Mundspalte; 6 Bartfäden auf dem Oberkiefer, 4 vorn, 2 in den Mundwinkeln; vordere Nasenöffnung röhrenförmig, lang. Kein Augendorn (siehe *Cobitis*-Arten). Sehr kleine, dünne Schuppen, auf Vorderrücken und Brust fehlend. Rückenflosse mit 9–11, Afterflosse mit 7–9 Strahlen; Schwanzflossen-Rand nicht oder nur schwach eingebuchtet. Schlundzähne 1reihig, 8(9,10)–(10,9)8. *Färbung:* Rücken und Flanken grau bis bräunlich, mit dunkleren Flecken und Marmorierungen; Bauchseite weißlich. Rücken- und Schwanzflosse mit dunklen Punktreihen. *Länge:* 8–12, max. 16 cm.

Vorkommen: In klaren Fließgewässern und Seen (Uferregion) mit Kiesgrund, in West-, Mittel- und Osteuropa weit verbreitet. 3 Unterarten: *N. b. caucasicus* (Argun, Nebenfluß des Terek/Südostrußland), *N. b. sturanyi* (Ochridsee/Südjugoslawien), *N. b. vardarensis* (Vardar/Südbalkan).

Lebensweise: Ein standorttreuer Bodenfisch, der sich tagsüber in seinen Schlupfwinkeln, meist unter Steinen, verborgen hält und erst bei Eintritt der Dämmerung lebhafter wird. Laichzeit April bis Mai. Beide Geschlechter dann mit feinkörnigem Laichausschlag auf der Innenseite der Bauchflossen (5 Knötchenreihen). Die klebrigen, ca. 1 mm großen Eier haften an Steinen und werden bis zum Ausschlüpfen der Brut vom Männchen bewacht. Geschlechtsreife im 2.–3. Lebensjahr, Höchstalter 8 Jahre. *Nahrung:* Kleinkrebse, Insektenlarven, Fischlaich.

Angora-Schmerle
Noemacheilus angorae

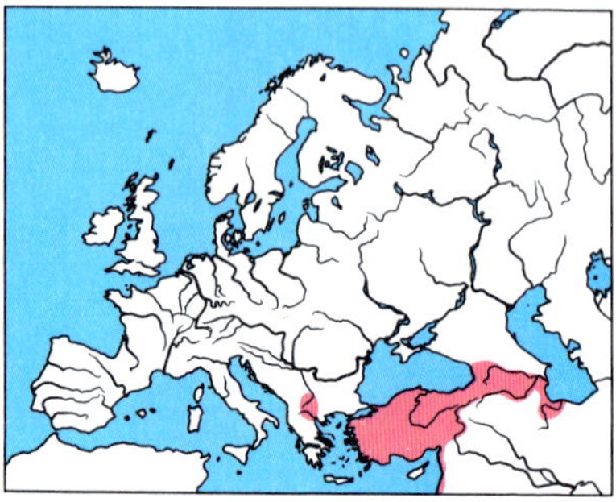

Merkmale: Langgestreckter, vorn walzenförmiger, hinten seitlich etwas abgeflachter Körper. Kopf- und Rückenprofil gewölbt. Hoher, langer Schwanzstiel. Enge, unterständige Mundspalte; 6 Bartfäden auf dem Oberkiefer, 4 vorn, 2 in den Mundwinkeln; vordere Nasenöffnung nicht röhrenförmig. Kein Augendorn. Sehr kleine, dünne Schuppen. Rückenflosse mit 8–11, Afterflosse mit 7–8 Strahlen; Hinterrand der Schwanzflosse stets eingebuchtet. Schlundzähne 1reihig, meist 8–8. *Färbung:* Rücken gelblichgrau; vor der Rückenflosse meist ein undeutlich abgegrenztes, dunkles Längsband, das auch in 3–5 hintereinandergereihten Flecken aufgelöst sein kann; hinter der Rückenflosse 4–7 dunkle Flecken. Flanken mit dunklen Flecken. *Länge:* 6–8, max. 9 cm.

Vorkommen: In Fließgewässern und Seen; die Stammform, *N. a. angorae*, kommt in Kleinasien (Einzugsbereich des südlichen Schwarzmeergebietes bis Transkaukasien) und im vorderasiatischen Einzugsbereich des Mittelmeeres (Syrien, Libanon, Israel) vor. Unterart *N. a. bureschi* (in der Struma/Bulgarien).

Lebensweise: Eine Schmerlenart, von der man aufgrund ihrer weiten Verbreitung in Klein- und Vorderasien annehmen kann, daß sie gegen höhere Wassertemperaturen recht unempfindlich ist. Laichzeit Mai bis Juli. Die Eiablage erfolgt an seichten, sandigen oder kiesigen Uferstellen; die klebrigen Eier haften an Steinen, seltener an Wasserpflanzen. Geschlechtsreife ab einer Länge von 5 cm. *Nahrung:* Wirbellose Bodentiere, insbesondere Würmer und Insektenlarven.

Schmerle oder Bartgrundel

Angora-Schmerle

Terek-Schmerle
Noemacheilus merga

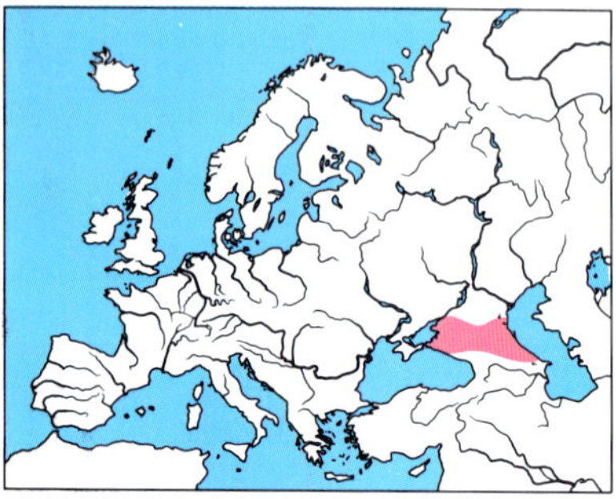

Merkmale: Drehrunder, nur am Schwanzstiel seitlich etwas abgeflachter, niedriger Körper. Die max. Körperhöhe ist 6,3–6,5mal in der Körperlänge (ohne Schwanzflosse), die geringste Körperhöhe 2,1–2,4mal in der Länge des Schwanzstiels enthalten. Enge, unterständige Mundspalte; 6 Bartfäden aus dem Oberkiefer, 4 vorn, 2 in den Mundwinkeln; vordere Nasenöffnung nicht röhrenförmig. Kein Augendorn. Ohne zahnförmigen Vorsprung am Oberkiefer (im Gegensatz zu *N. angora*). Kleine, aber deutlich sichtbare Schuppen. Rückenflosse mit 9, Afterflosse mit 7 Strahlen, die beiden ersten Strahlen ungefiedert; kurze Brustflossen; die Bauchflossen reichen bis zum After; Hinterrand der Schwanzflosse eingebuchtet. *Färbung:* Rücken dunkelbraun bis schwärzlich; Flanken hellbraun; Bauchseite weißlich. Unregelmäßige, dunkle Flecken und Streifen auf der oberen Körperhälfte, die sich bis knapp unter die Seitenlinie erstrecken. Rücken- und Schwanzflosse (manchmal auch die Brustflossen) mit dunkelbraunen Fleckenreihen. *Länge:* 6–8 cm, max. 10 cm.

Vorkommen: Fließgewässer in Südostrußland, im Einzugsbereich der Flüsse Kuban, Kuma, Terek, Sulak und Samur.

Lebensweise: Die Biologie der Terek-Schmerle, eine nahe Verwandte der Angora-Schmerle, ist nicht erforscht. Man nimmt an, daß sie im Fortpflanzungsverhalten unserer einheimischen Schmerle ähnlich ist. *Nahrung:* Am Boden lebende Kleintiere, insbesondere Würmer, Insektenlarven, Wasserinsekten und kleine Weichtiere.

Schlammpeitzger
Misgurnus fossilis

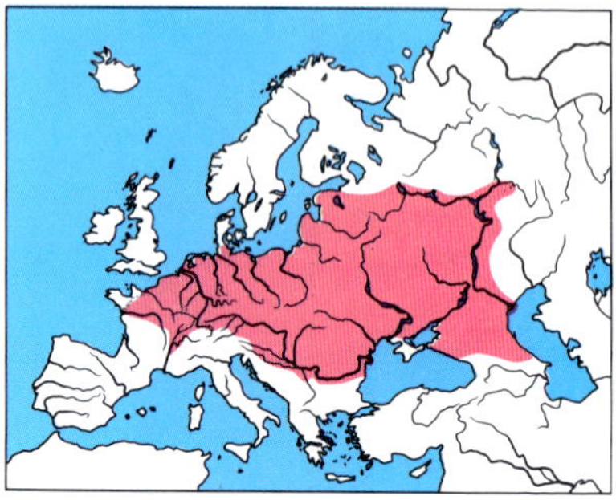

Merkmale: Walzenförmiger, vorn fast drehrunder, hinten seitlich abgeflachter Körper mit stark schleimiger Haut. Enge, unterständige Mundspalte; 10 Bartfäden (6 am Oberkiefer, 4 am Unterkiefer); vordere Nasenöffnung röhrenförmig. Kein Augendorn. Sehr kleine Schuppen; unvollständige Seitenlinie. Rückenflosse mit 8–9, Afterflosse mit 7–8 Strahlen; Schwanzflosse abgerundet. *Färbung:* Rücken dunkelbraun, Flanken heller, lederfarben, mit einem breiten, schwarzbraunen Längsband sowie einem dunklen Längsstreifen ober- und unterhalb dieses Bandes. Bauchseite hell. *Länge:* 20–25 cm, max. 30 cm.

Vorkommen: Flache, stehende Gewässer mit Schlammgrund (Moortümpel, Teiche, kleine Seen) von Nordfrankreich, Mitteleuropa, dem Donaubecken bis zum Wolgagebiet.

Lebensweise: Bodenfisch, der sich tagsüber verborgen hält und erst in der Dunkelheit lebhafter wird. Kurz vor einem Wetterumschwung steigt er häufig zur Wasseroberfläche empor (»Wetterfisch«), um nach Luft zu schnappen. Neben der Kiemenatmung besitzt er die Fähigkeit zur Darmatmung: Bei Sauerstoffmangel schluckt er Luft, die den Darmkanal passiert und durch die Afteröffnung wieder ausgeschieden wird; dabei wird durch die dünne, stark durchblutete Schleimhaut des Darmes Sauerstoff aufgenommen und Kohlendioxyd abgegeben. Laichzeit April bis Juni. Die bräunlichen, ca. 1,5 mm großen Eier haften an Wasserpflanzen. Brutzeit 8–10 Tage. Die ausschlüpfenden Larven besitzen fadenförmige, äußere Kiemen. *Nahrung:* Kleine Bodentiere.

Schlammpeitzger

Terek-Schmerle

Steinbeißer oder Dorngrundel
Cobitis taenia

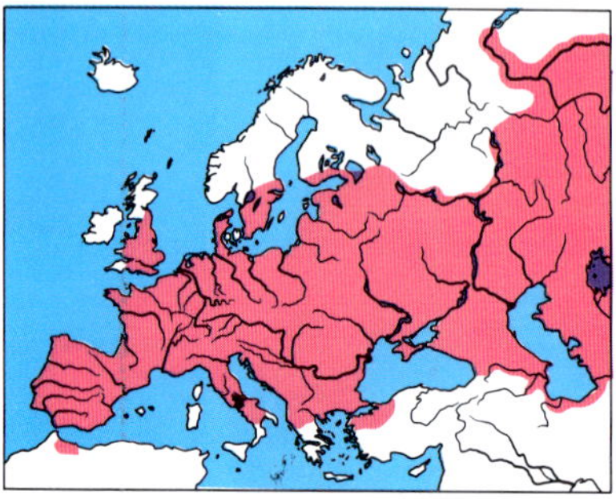

Merkmale: Seitlich stark abgeflachter Kopf und langgestreckter, schmaler Körper. Enge, unterständige Mundspalte; 6 kurze Bartfäden auf dem Oberkiefer (4 vorn, 2 über den Mundwinkeln); vordere Nasenöffnung röhrenförmig, kurz. Dicht unter dem Auge in einer Hautfalte ein aufrichtbarer, zweispitziger Dorn (»Dorngrundel«), den alle *Cobitis*-Arten haben. Sehr kleine, dünne Schuppen, die jedoch den ganzen Körper bedecken; Seitenlinie nur vorn ausgebildet. Rückenflosse mit 10–12, Afterflosse mit 7–9 Strahlen; Männchen mit einem drüsenartig verdickten 2. Brustflossenstrahl. Schlundzähne 1reihig, 8(9,10)–(10,9)8. *Färbung:* Rückenseite schmutziggelb, mit dunkelbraunen Flecken, Strichen und Marmorierungen; Flanken sandfarben, unterhalb der Seitenmitte eine Längsreihe von 10–20 dunkelbraunen, hell umrandeten Flecken, die durch eine dünne, schwarze Längslinie verbunden sind; darüber eine Reihe ähnlicher, kleinerer Flekken. Bauch weißlich. Ein schwarzer Fleck an der Oberkante des Schwanzflossen-Ansatzes. *Länge:* 8–10 cm, max. bis 12 cm (Weibchen).
Vorkommen: Ganz Europa; in klaren Fließgewässern und Seen (Uferregion) mit Sand- oder Schlammgrund weit verbreitet. 7 Unterarten (in Spanien, Norditalien und auf dem Balkan). Die Bestände gingen stark zurück.
Lebensweise: Der Steinbeißer gräbt sich tagsüber in den Untergrund ein, erst mit der Dämmerung wird er lebhaft. Laichzeit April bis Juni. Die klebrigen Eier werden an Steinen oder Pflanzen im Flachwasser abgelegt. *Nahrung:* Kleine, am Boden lebende Wirbellose.

Balkan-Steinbeißer
Cobitis elongata

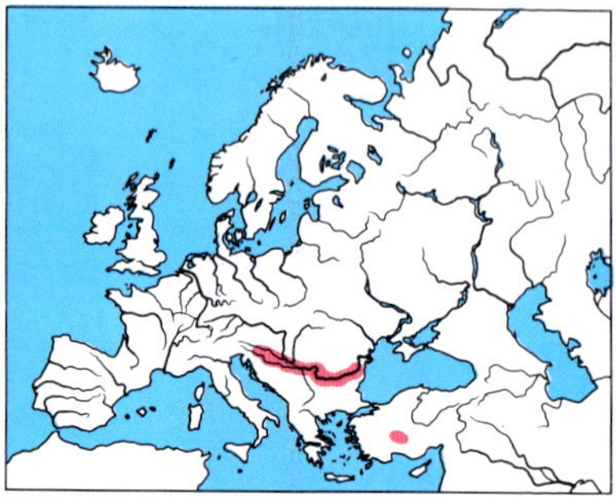

Merkmale: Sehr langgestreckter, schmaler Körper. Enge, unterständige Mundspalte; 6 Bartfäden auf dem Oberkiefer (4 vorn, 2 über den Mundwinkeln); vordere Nasenöffnung röhrenförmig, kurz. Unter dem Auge ein zweiästiger Dorn. Kleine, dünne Schuppen, die breiter sind als lang. Rückenflosse mit 9–10, Afterflosse mit 8 Strahlen, die ersten 2–3 Strahlen ungefiedert; Brustflossen ohne Geschlechtsdimorphismus (siehe *C. taenia*). Schlundzähne 1reihig, meist 8–8. *Färbung:* Grundfärbung weißlich bis gelblich; Rückenmitte mit 12–19 braunen Flecken in einer Längsreihe; Flanken mit großen, länglichen, dunkelbraunen Flecken (ca. 10–13), die durch eine schmale, dunkle Linie verbunden sind; zwischen Rücken und Flankenreihe 3 Längszonen kleiner Flecken und Punkte. Am Ansatz der Schwanzflosse ein schräger, schwarzer Fleck. Bauchseite schmutzigweiß. *Länge:* 12–15 cm, max. 16,5 cm.
Vorkommen: Fließgewässer im Einzugsbereich der Donau von Nordjugoslawien (z. B. Savegebiet) bis Südwestrumänien. Eine bis zu 25 cm (!) lange Unterart, *C. e. bilseli*, kommt im Beysehirsee/Südtürkei vor. Zur selben Untergattung *(Acanestrinia)* gehört die Art *C. calderoni*, die in Nordwestspanien beheimatet ist.
Lebensweise: Die Biologie dieser Art, deren Bestände heute in ihren Heimatgewässern stark zurückgegangen bzw. bereits verschwunden sind, ist weitgehend unbekannt. Laichzeit Mai bis Juni. Die Eiablage erfolgt an seichten, überströmten Uferstellen über Sand- und Kiesgrund. *Nahrung:* Algenbewuchs und die darin lebenden Bodentiere (Würmer, Insekten).

Steinbeißer oder Dorngrundel

Balkan-Steinbeißer

Gold-Steinbeißer
Cobitis aurata

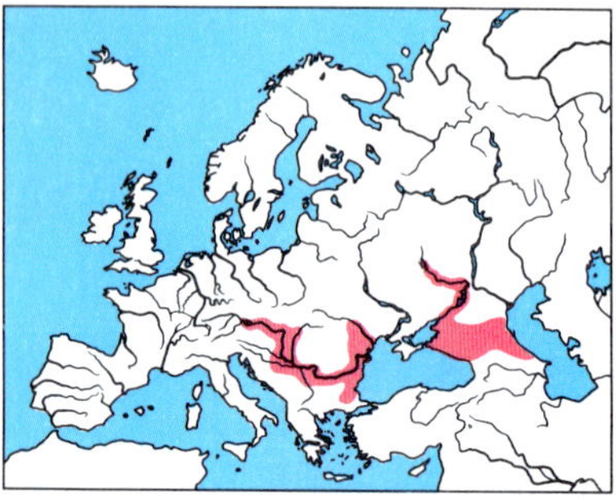

Merkmale: Langgestreckter, schmaler Körper. Enge, unterständige Mundspalte; 6 lange Bartfäden auf dem Oberkiefer (4 vorn, 2 über den Mundwinkeln, die bis zum Augenhinterrand reichen); vordere Nasenöffnung kurz, röhrenförmig. Ein zweiästiger, starker Dorn genau unter der Augenmitte. Unterseite des Schwanzstiels mit schwachem Fettkiel. Sehr kleine Schuppen, 170–200 entlang einer Längsreihe. Rükkenflosse mit 8–10, Afterflosse mit 7–9 Strahlen; 2. Brustflossenstrahl beim Männchen nicht verdickt. Schwanzflosse mit 14 Strahlen, geschlechtsreife Männchen mit stark verdicktem Vorderkörper (Kennzeichen der Untergattung *Sabanejewia*, zu der diese und die folgenden Schmerlen-Arten gehören). Schlundzähne 1reihig, meist 8–8. *Färbung:* Auffallender Goldglanz auf den Körperseiten. *Länge:* 8–12 cm, max. 14 cm.

Vorkommen: Rasch fließende Gewässer (Ober- bis Mittellauf der Flüsse) vom Einzugsgebiet des Asowschen Meeres (Don, Kuban) bis Kaukasien (Kura- und Araksbecken). 4 Unterarten: *C. a. balcanica* (Struma-, Mesta-, Maritzagebiet/Südbalkan; Nebenflüsse der Donau, vom Mittel- bis zum Unterlauf); *C. a. bulgarica* (im Mittel- und Unterlauf der Donau); *C. a. radnensis* (Oberlauf des Mures u. seines Zuflusses Tirnava Mare/Rumänien); *C. a. vallachia* (Donauzuflüsse aus der Walachei/Südostrumänien).

Lebensweise: Bevorzugt stark überströmte Flußabschnitte. Laichzeit Mai bis Juli. Die Eiablage erfolgt zwischen Pflanzen und Geröll. *Nahrung:* Kleine Bodentiere.

Kaspi-Steinbeißer
Cobitis caspia

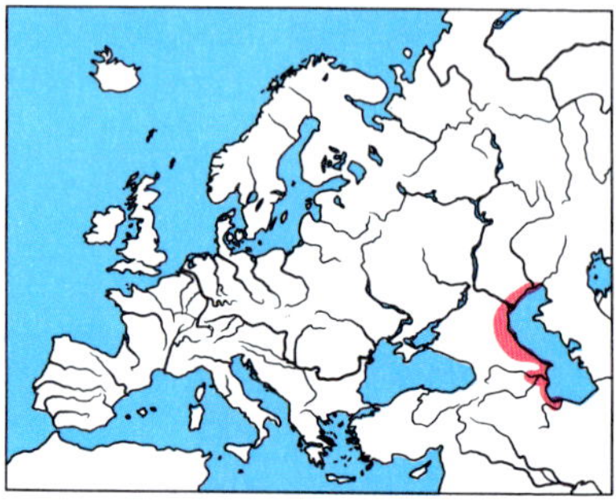

Merkmale: Seitlich stark abgeflachter Kopf und langgestreckter, schmaler Körper. Enge, unterständige Mundspalte; 6 lange Bartfäden auf dem Oberkiefer (4 vorn, 2 über den Mundwinkeln, die bis über den Augenhinterrand hinaus reichen); vordere Nasenöffnung kurz, röhrenförmig. Ein zweiästiger Dorn unter dem Auge, der vordere Ast ist viel kürzer als der hintere. Unterseite des Schwanzstiels mit einem gut entwickeltem Fettkiel, Oberseite nur im hinteren Teil. Sehr kleine, aber nur teilweise in die Haut eingebettete Schuppen. Rückenflosse mit 7–9, Afterflosse mit 6–7 Strahlen; Schwanzflosse mit 14 Strahlen. Laichreife Männchen mit verdicktem Vorderkörper. Schlundzähne 1reihig, meist 8–8. *Färbung:* Ein deutlicher, dunkler Längsstreifen vom Auge bis zum Ansatz der Schwanzflosse; darunter häufig ein 2., schwächerer Streifen bis zum Beginn der Afterflosse. Kleine, dunkle Flecken und Punkte auf Rücken und Flanken. Rücken-, Schwanz- und Afterflosse mit dunklen Fleckenreihen. Am Ansatz der Schwanzflosse 2 schwarze Flecken. *Länge:* 4–5 cm, max. 7 cm.

Vorkommen: Sowohl im Süßwasser als auch im Brackwasser der Mündungsgebiete der großen Zuflüsse des westlichen Kasp. Meeres.

Lebensweise: Kaum bekannt. Laichzeit April bis Mai. Die Eiablage erfolgt meist im Süßwasserbereich, wurde jedoch auch schon in Brackwassergebieten der Flußdeltas beobachtet. Die Eier haften an Sand, Kies und Pflanzen, je nach Laichgewässer. *Nahrung:* Am Boden lebende Wirbellose, vor allem Würmer, Insektenlarven und kleine Schnecken.

Kaspi-Steinbeißer

Gold-Steinbeißer

Kaukasischer Steinbeißer
Cobitis caucasica

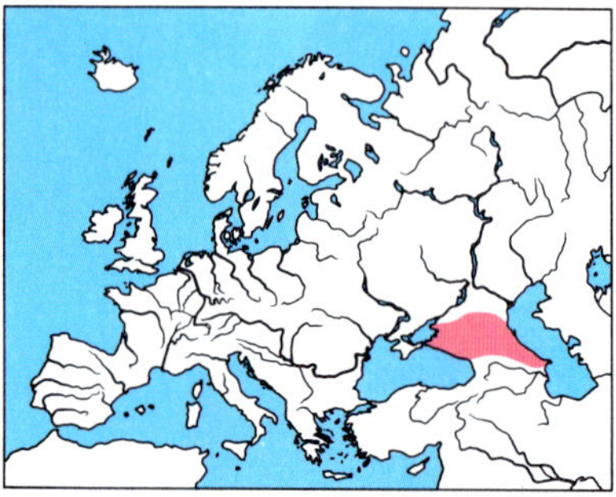

Merkmale: Seitlich stark abgeflachter Kopf und langgestreckter, schmaler Körper. Enge, unterständige Mundspalte; 6 lange Bartfäden auf dem Oberkiefer (4 vorn, 2 über den Mundwinkeln, die bis zum Augenhinterrand reichen); vordere Nasenöffnung kurz, röhrenförmig. Ein kräftiger, zweiästiger Dorn unter dem Auge, beide Äste kurz und annähernd gleich lang. Unter- und Oberseite des Schwanzstiels mit einem Fettkiel. Deutliche, nur teilweise in die Haut eingebettete Beschuppung. Rückenflosse mit 7–9, Afterflosse mit 7, Schwanzflosse mit 14 Strahlen. Bei den laichreifen Männchen sind die Flanken vor der Rückenflosse verdickt, bei laichreifen Weibchen die Seiten stark vorgewölbt. Schlundzähne 1reihig, meist 8–8. *Färbung:* Rücken und Flanken bräunlich, mit dunklen Flecken und Tüpfeln gesprenkelt, keine große Fleckenreihe auf der Körperseite. Bauchseite gelblich bis weiß. Ein goldfarbener Längsstreifen vom Kopf bis zur Schwanzflosse. Ein dunkles, in der Mitte unterbrochenes Querband am Ansatz der Schwanzflosse. *Länge:* 6–8 cm, max. 10,5 cm.

Vorkommen: Im Ober- und Mittellauf von Fließgewässern, im Einzugsbereich des Asowschen Meeres (Kubangebiet) und des Kaspischen Meeres (Kuma-, Terek-, Sulakbecken).

Lebensweise: Wenig bekannt. Laichzeit Mai bis Juni. Die klebrigen Eier werden an Steinen und Pflanzen an stark überströmten Uferstellen abgesetzt. *Nahrung:* Am Boden lebende Wirbellose, überwiegend Würmer, Insektenlarven und kleine Weichtiere (Kleinschnecken, Erbsenmuscheln).

Venezianischer Steinbeißer
Cobitis conspersa

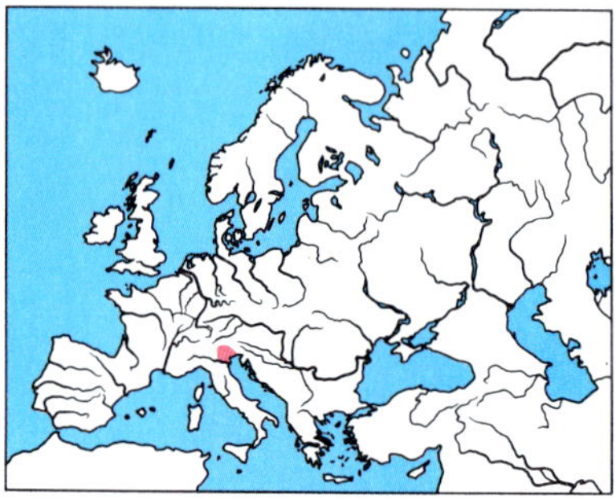

Merkmale: Gestreckter, zylindrischer Körper. Enge, unterständige Mundspalte; 6 sehr kurze Bartfäden auf dem Oberkiefer (4 vorn, 2 über den Mundwinkeln, nicht bis unter den Augenvorderrand reichend); vordere Nasenöffnung kurz, röhrenförmig. Ein kräftiger, zweiästiger Dorn unterhalb der hinteren Augenhälfte, beide Äste fast gleich lang. Schwanzstiel oben mit einem schwachen, unten mit einem kräftigen Fettkiel. Rückenflosse mit 8–9, Afterflosse mit 7 Strahlen; Beginn der Rückenflosse vor dem Ansatz der Bauchflossen; Schwanzflosse mit 14 Strahlen. Laichreife Männchen mit verdicktem Vorderkörper. Schlundzähne 1reihig, meist 6–6. *Färbung:* Rücken und Flanken bräunlich, mit violettem Schimmer; Bauch weißlich. Kein dunkles Zügeldreieck (siehe *C. larvata*) vor den Augen. 2 langgestreckte, dunkle Flecken vor, 3–4 hinter der Rückenflosse. Vorderkörper entlang der Mittellinie mit einer Reihe dunkler, verschwommener Flecken; Hinterkörper ohne Flecken, hell. Am Ansatz der Schwanzflosse ein schwarzer Querstreifen, der in der Mitte unterbrochen sein kann. *Länge:* 5–8 cm.

Vorkommen: In einigen Fließgewässern Norditaliens, u. a. im Einzugsbereich der Flüsse Brenta, Gua, Dese. Genaue Verbreitung unbekannt.

Lebensweise: Wenig bekannt. Laichzeit April bis Juni. Die Eiablage erfolgt an seichten, stark überströmten Uferstellen zwischen Steinen und Pflanzen, an denen die klebrigen Eier haften. *Nahrung:* Am Boden lebende Wirbellose, vorwiegend Würmer, Flohkrebse, Insektenlarven und kleine Weichtiere.

Venezianischer Steinbeißer

Kaukasischer Steinbeißer

Italienischer Steinbeißer
Cobitis larvata

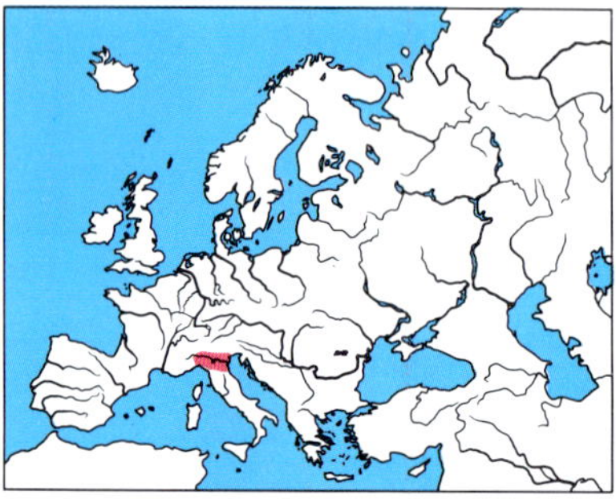

Merkmale: Seitlich abgeflachter Kopf und gestreckter, fast zylindrischer Körper. Enge, unterständige Mundspalte; 6 kurze Bartfäden auf dem Oberkiefer (4 vorn, 2 über den Mundwinkeln, die bis zum Augenhinterrand reichen); vordere Nasenöffnung kurz, röhrenförmig. Ein zweiästiger Dorn, ebenso lang wie der Durchmesser der Augen und genau darunter. Schwanzstiel oben mit einem kräftigen, unten mit einem schwachen Fettkiel, die beide zur Schwanzflosse hin plötzlich abfallen. Sehr kleine, aber nur teilweise in die Haut eingebettete Schuppen. Rückenflosse mit 9, Afterflosse mit 7, Schwanzflosse mit 14 Strahlen; Beginn der Rückenflosse vor dem Bauchflossen-Ansatz. Laichreife Männchen mit verdicktem Vorderkörper. Schlundzähne 1reihig, 6–6. *Färbung:* Rücken und Flanken rotbraun; Bauch weißlich, mit dunklen Schattierungen. Vor den Augen ein dunkles Dreieck aus 2 Zügelstreifen. 3–4 unregelmäßige, dunkle Flecken vor, 5–6 hinter der Rückenflosse. Flanken mit einem gelben Längsband, darüber und darunter dunkle, unregelmäßig geformte Flecken und Marmorierungen. Schwarze Lippen. Rückenflosse mit 2, Schwanzflosse mit 3 dunklen Fleckenreihen. Ansatz der Schwanzflosse mit 2 großen, schwarzen Flecken. *Länge:* 5–9 cm.

Vorkommen: Fließgewässer in Norditalien (Bergatino).

Lebensweise: Wenig bekannt. Kommt zusammen mit dem Steinbeißer *(C. taenia)* vor. Laichzeit April bis Juni. Eiablage zwischen Kies und Pflanzen an seichten Uferstellen. *Nahrung:* Kleine Bodentiere.

Rumänischer Steinbeißer
Cobitis romanica

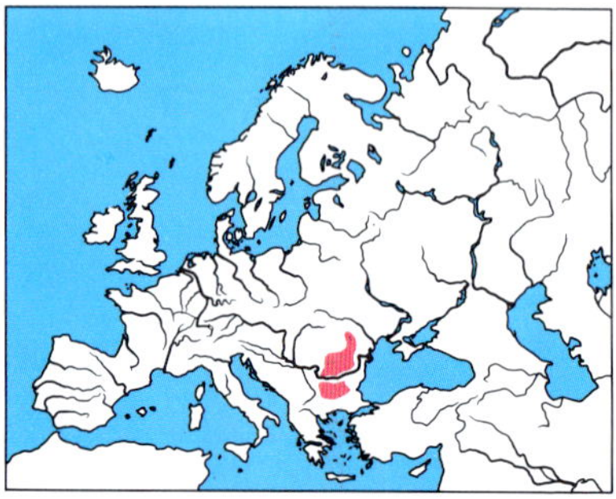

Merkmale: Gestreckter, zylindrischer Körper. Enge, unterständige Mundspalte; 6 sehr kurze Bartfäden auf dem Oberkiefer (4 vorn, 2 über den Mundwinkeln, die bis knapp unter den Augenvorderrand reichen); vordere Nasenöffnung kurz, röhrenförmig. Ein kräftiger, zweiästiger Dorn unterhalb der hinteren Augenhälfte, beide Äste fast gleich lang. Schwanzstiel oben und unten mit einem schwachen Fettkiel. Rückenflosse mit 9, Afterflosse mit 6–7 Strahlen; Beginn der Rückenflosse unterhalb des Bauchflossen-Ansatzes; Schwanzflosse mit 14 Strahlen. Laichreife Männchen mit verdicktem Vorderkörper. Schlundzähne 1reihig, meist 6–6. *Färbung:* Rücken und Flanken hell, gelblich bis bräunlich; Bauchseite weiß. Kein dunkles Zügeldreieck vor den Augen. 3–5 rautenförmige, dunkle Flecken vor, 4–7 hinter der Rückenflosse. Längs der Seitenmitte meist eine Reihe dunkler Flecken, die durch eine dünne, schwarze Längslinie verbunden sind; darüber eine helle Längsbinde und dunkle Marmorierungen. Alle Flossen mit dunklen Punktreihen. *Länge:* Männchen max. bis 10,5, Weibchen bis 12 cm.

Vorkommen: Rasch strömende Fließgewässer mit Sand- oder Kiesgrund, in Nebenflüssen (Ober- bis Mittellauf) der Donau in Rumänien.

Lebensweise: An starke Strömungen angepaßter Bodenfisch, der sich tagsüber zwischen Steinen und im Sand vergraben aufhält. Laichzeit April bis Juli. Die Eiablage erfolgt im flachen, fließenden Wasser zwischen Kies und Pflanzenwuchs. *Nahrung:* Am Boden lebende Wirbellose, vor allem Würmer.

Italienischer Steinbeißer

Rumänischer Steinbeißer

Wels oder Waller
Silurus glanis

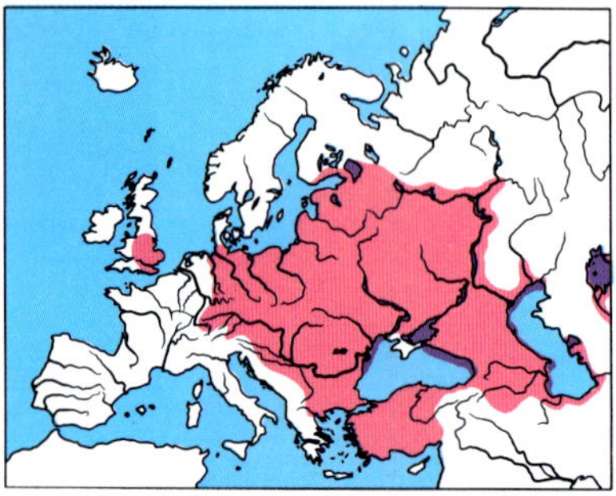

Merkmale: Langgestreckter, schuppenloser, schleimiger Körper mit breitem, abgeplattetem Kopf. Große, endständige Mundspalte; Kiefer mit kleinen Bürstenzähnen besetzt. 2 sehr lange Bartfäden auf dem Oberkiefer, 4 kürzere auf der Kopfunterseite. Seitenlinie vollständig. Rückenflosse mit 3–5, Afterflosse mit 84–92 Strahlen. Vorderer Brustflossenstrahl an der Spitze und Hinterkante gesägt. Schwimmblase mit Luftgang. *Färbung:* Rücken schwärzlichblau, braun oder grünlich; Flanken heller, mit dunkler Marmorierung; Bauchseite schmutzigweiß, mit rötlichem Schimmer. *Länge:* 100–200 cm, max. 300 cm (150 kg).
Vorkommen: Wärmere Seen, Altwässer und größere Flüsse mit weichem Boden in Mittel- und Osteuropa; durch Besatz heute weit verbreitet. Im Gebiet der Ostsee und des Schwarzen Meeres auch im Brackwasser.
Lebensweise: Nachtaktiver Bodenfisch, der sich tagsüber in seinen Schlupfwinkeln verborgen hält; im Winter zieht er sich in tiefe, geschützte Lager zurück und stellt die Nahrungsaufnahme ein. Laichzeit Mai bis Juli. Das Männchen hebt an seichten, dichtbewachsenen Uferstellen eine Mulde aus, in die die ca. 3 mm großen Eier (etwa 30 000 je kg Weibchengewicht) abgelegt werden. Brutdauer 3–10 Tage. Die beim Schlüpfen ca. 7 mm langen, kaulquappenähnlichen Larven verlassen, nachdem sie ihren großen Dottersack aufgezehrt haben, die vom Männchen bewachte Nestmulde. *Nahrung:* Als Jungfische Plankton und kleine Bodentiere, später Fische, Frösche, Wasservögel und Kleinsäuger.

Aristoteleswels
Silurus aristotelis

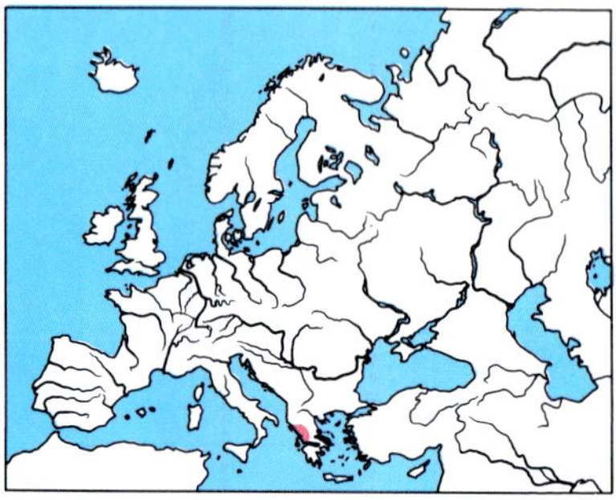

Merkmale: Langgestreckter, schuppenloser, schleimiger Körper mit breitem, abgeplattetem Kopf. 2 lange Bartfäden auf dem Oberkiefer (sie reichen nicht bis über die Brustflosse hinaus), 2 kurze, nur halb so lange auf der Kopfunterseite. Seitenlinie vollständig. Rückenflosse mit 3, Afterflosse mit 67–76 (meist 72) Strahlen. Keine Fettflosse zwischen Rücken- und Schwanzflosse. *Färbung:* Rücken dunkelbraun bis schwarz; Flanken heller, bräunlich oder grünlich; Bauchseite silbrig, mit dunklen Marmorierungen. Ansatz der After- und Schwanzflosse mit einer Reihe dunkler, runder Flecken. *Länge:* 100–150 cm, max. 200 cm.
Vorkommen: Nur in ruhigen Flußstellen und stehenden Gewässern mit Sand- oder Schlammgrund im Bereich des Aspropotamos (Acheloos) und seiner Nebenflüsse/Westgriechenland, im Einzug des Ionischen Meeres.
Lebensweise: Die Brutpflege dieser Welsart ist bereits von dem altgriechischen Philosophen und Naturforscher Aristoteles beschrieben worden. Laichzeit Juni bis August. Zum Ablaichen suchen die Tiere paarweise seichte Uferstellen mit dichten Pflanzenbeständen auf, ältere Fische etwas tieferes Wasser als die jüngeren. Die hellgelben, klebrigen Eier werden in ein vorher vom Männchen gebautes Nest abgelegt und bis zum Schlüpfen der Brut nach 3–10 Tagen von ihm bewacht und betreut. Während der ersten Tage hängen die Larven unbeweglich an den Nestwandungen; erst nachdem der große Dottersack aufgezehrt ist, schwimmen sie frei umher. *Nahrung:* Anfangs Zooplankton, später kleine Bodentiere, Fische.

Wels oder Waller

Aristoteleswels

Zwergwels
Ictalurus nebulosus

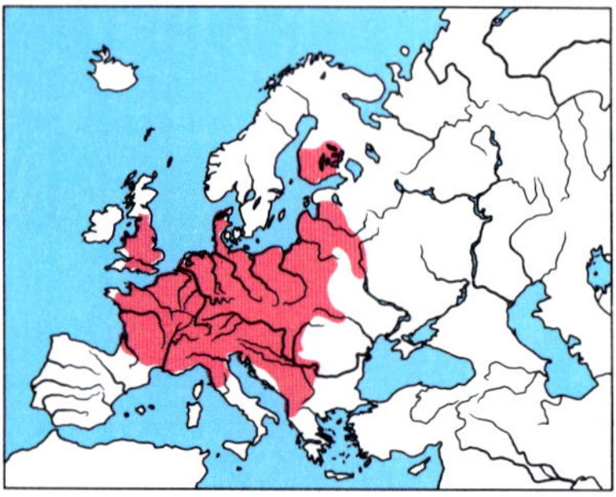

Merkmale: Gestreckter, schuppenloser, nur hinten seitlich abgeflachter Körper mit breitem, abgeplattetem Kopf. 8 Bartfäden: 2 lange (fast so lang wie der Kopf) auf dem Oberkiefer, 4 kürzere auf der Kopfunterseite, je 1 an den hinteren Nasenlöchern. Seitenlinie vollständig. Rückenflosse mit 7 Strahlen (der 1. Strahl verknöchert), Afterflosse mit 21–24 Strahlen (bei *I. melas* mit 16–22 Strahlen); 1. Strahl der Brustflossen am Hinterrand kräftig gesägt (bei *I. melas* schwach gesägt bis glatt). Fettflosse zwischen Rücken- und Schwanzflosse. *Färbung:* Rücken dunkelolivbraun, Bauch weißlich bis gelblich. Afterflosse mit heller Flossenhaut (bei *I. melas* schwarz). *Länge:* 20–30, max. 45 cm.

Vorkommen: Nordamerika, in ruhigen Gewässern östlich der Rocky Mountains, vom Kanadischen Seengebiet bis zum Golf von Mexiko. Seit 1885 nach Europa eingeführt und heute in West-, Mittel- und Osteuropa stellenweise eingebürgert. Sein Verwandter, der **Schwarze Zwergwels** *(I. melas)*, wurde in Mittel- und Süditalien ausgesetzt und hat sich dort gut behauptet. Der **Gepunktete Zwergwels** oder **Kanalwels** *(I. punctatus)*, bisher nur in Südostengland eingebürgert, wird seit 1972 (neben den Arten *I. furcatus* und *I. catus*) in südrussischen Gewässern gezüchtet.

Lebensweise: Nachtaktiver Bodenfisch. Laichzeit, je nach Gewässer, April bis Juli. Männchen und Weibchen bauen eine flache Nestmulde an geschützten Uferstellen und bewachen die Brut. *Nahrung:* Wirbellose, im Alter auch Krebse, Kleinfische und Frösche.

Quappe oder Rutte
Lota lota

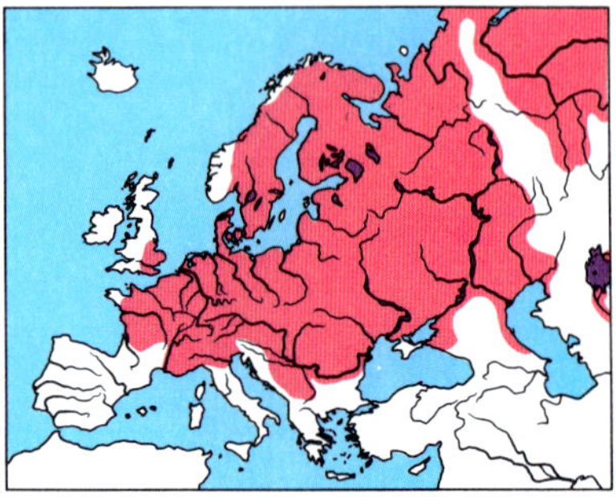

Merkmale: Langgestreckter, vorn walzenförmiger, hinten seitlich abgeflachter Körper mit breitem, flachem Kopf. Weite, leicht unterständige Mundspalte; Kiefer mit feinen Hechelzähnen. 1 langer Bartfaden am Kinn, 2 sehr kurze an den Nasenlöchern. Kleine, dünne, rundliche Schuppen. Seitenlinie unvollständig. 1. Rückenflosse mit 9–16, 2. Rückenflosse mit 67–85 Strahlen, gleich lang wie die Afterflosse (65–78 Strahlen); Bauchflossen kehlständig; Schwanzflosse abgerundet. *Färbung:* Rücken braun, gelboliv oder gründlich, mit dunkleren, undeutlichen Marmorierungen; Flanken heller, gelblich; Bauch weißlich. *Länge:* 30–60 cm, max. 120 cm.

Vorkommen: Vom Brackwasser der Flußmündungen und Haffe bis in kühle, klare Fließgewässer und Seen (in den Alpen bis auf Höhen über 1200 m), von West- und Mitteleuropa bis zum Amur- und Baikalseegebiet sehr weit verbreitet. Kommt auch in Skandinavien vor.

Lebensweise: Dämmerungs- und nachtaktiver Bodenfisch, der als einziger Vertreter der Familie Dorschfische überwiegend im Süßwasser vorkommt und dort bis in die Forellenregion aufsteigt. Laichzeit November bis März, bei einer Wassertemperatur von 0,5–4° C. Die ca. 1 mm großen Eier (1 000 000 je kg Weibchengewicht) besitzen eine große Ölkugel und treiben frei im Wasser. Brutdauer 6–10 Wochen. Erst bei einer Länge von 6–7 mm gehen die freischwebenden Larven zum Leben in Bodennähe über; Jungfische unter Steinen versteckt. *Nahrung:* Kleine Bodentiere, im Alter auch Fischlaich und -brut.

14 Zwergwelse

Zwergwels

15 Dorschfische

Quappe oder Rutte

Zebrakärpfling
Aphanius fasciatus

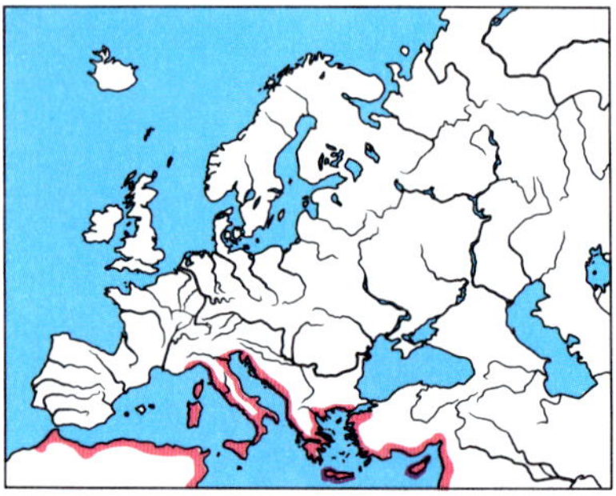

Merkmale: Mäßig gestreckter, seitlich etwas abgeflachter Körper mit von oben abgeplattetem Kopf. Kleine, schräg nach oben gerichtete Mundspalte; Kiefer mit kleinen, 3spitzigen Zähnen besetzt. Große Schuppen, 25–30 in einer Längsreihe; keine Seitenlinie. Die fast schwanzständige Rückenflosse mit 10–13, die Afterflosse mit 9–12 Strahlen; keine Fettflosse; Schwanzflosse abgerundet. *Färbung:* Männchen mit 10–15 breiten, dunklen Querbinden auf den Körperseiten; Rücken olivblaugrün, Bauch weißlich mit Silberglanz; Flossen gelb bis goldgelb, Rückenflosse mit dunklem Saum, Schwanzflosse mit breiter, dunkler Querbinde. Weibchen hell, graugrün, mit undeutlichen, schmalen Querbinden und hellgrauen, durchsichtigen Flossen. *Länge:* Männchen bis 5,5 cm, Weibchen bis 6 cm.
Vorkommen: Süß- und Brackwassergebiete im nördlichen Mittelmeerraum von Südfrankreich, Korsika, Sardinien, Italien bis Kleinasien, Zypern und bis zum vorderasiatischen Küstenbereich. Entlang der nordafrikanischen Küste von Marokko bis Libyen. Verwandte Arten: *A. anatolias, A. chantrei, A. cypris* (alle Türkei).
Lebensweise: Anspruchsloser, sehr ausdauernder Fisch, der sich meist nahe der Wasseroberfläche aufhält. Laichzeit vom Frühjahr bis zum Herbst. Die großen Eier werden an feinen Pflanzenteilen und Algenrasen abgelegt, aus denen die Brut nach 10–15 Tagen schlüpft. Geschlechtsreife am Ende des 1. Lebensjahres. *Nahrung:* Planktonkrebse, Insektenlarven und -puppen, daneben auch Algen, zartes Pflanzenmaterial und Detritus.

Spanienkärpfling
Aphanius iberus

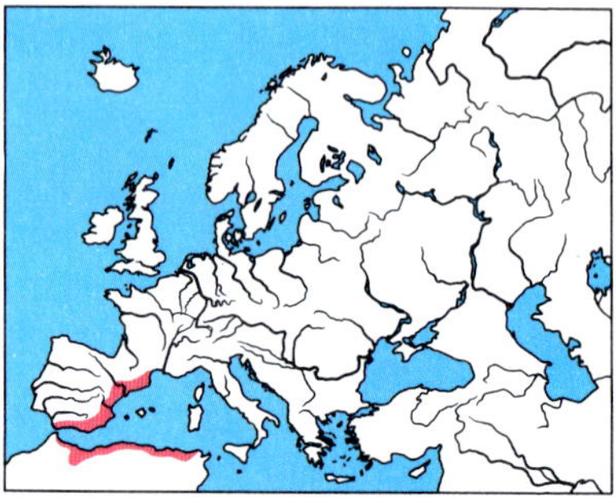

Merkmale: Gedrungener, seitlich nur wenig abgeflachter Körper mit von oben abgeplattetem Kopf. Kleine, schräg nach oben gerichtete Mundspalte; Kiefer mit kleinen, 3spitzigen Zähnen besetzt. Große Schuppen, 26–28 in einer Längsreihe; keine Seitenlinie. Die fast schwanzständige Rückenflosse mit 9–10, die Afterflosse mit 9–10 Strahlen; keine Fettflosse; Schwanzflosse abgerundet. *Färbung:* Männchen mit 15 schmalen, hellblauen Querbinden auf den Körperseiten; Rücken olivfarben, Flanken blaugrün bis blau, Bauch weißlich. Schwanzflosse dunkelblau, mit 3–5 hellen Querbändern und hellem Saum; Rücken- und Afterflosse dunkel, mit hellen Tüpfeln, Kante der Rückenflosse hellblau. Weibchen oliv- bis blaugrün, mit braunen Flecken auf den Flanken; alle Flossen hell, durchsichtig. *Länge:* Männchen bis 6 cm, Weibchen bis 8 cm.
Vorkommen: In Süßwassertümpeln, Gräben und Sümpfen, seltener auch im Brackwasserbereich von Ost- bis Südostspanien (Katalonien, Valencia, Murcia) und in der nordafrikanischen Küstenregion (Marokko bis Algerien).
Lebensweise: Die Art ist sehr unempfindlich gegenüber Temperaturschwankungen und einem niedrigen Sauerstoffgehalt des Wassers. Laichzeit April bis August. Die sehr großen Eier (ca. 200 je Weibchen) werden nach lebhaften Balzspielen zwischen Pflanzen, nahe der Wasseroberfläche, abgelegt. Die Brut schlüpft nach 6–8 Tagen. Die Geschlechtsreife tritt am Ende des 1. Lebensjahres ein. *Nahrung:* Planktonkrebse, Insektenlarven und -puppen, Anflug, Algen, zarte Pflanzen und Detritus.

Zebrakärpfling ♂

Spanienkärpfling ♂

Valenciakärpfling
Valencia hispanica

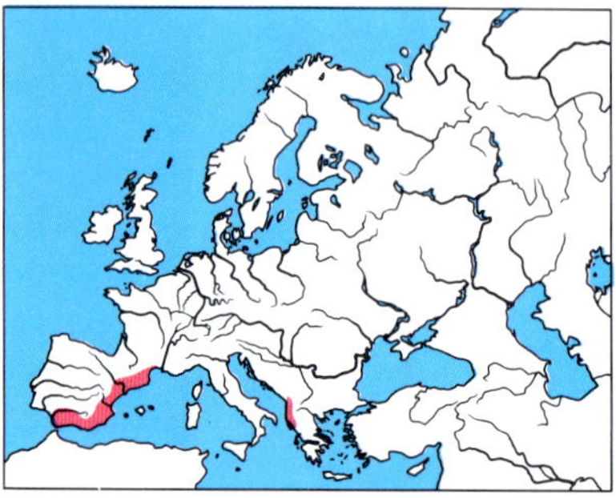

Merkmale: Gedrungener, kräftiger, seitlich etwas abgeflachter Körper mit von oben abgeplatteter Kopf- und Rückenpartie. Kleine, schräg nach oben gerichtete Mundspalte; Kiefer mit kleinen, 1spitzigen, kegelförmigen Zähnen besetzt. Große Schuppen, 29–32 in einer Längsreihe; keine Seitenlinie. Die schwanzständige Rückenflosse mit 10–11, die Afterflosse mit 12–14 Strahlen; keine Fettflosse; Schwanzflosse abgerundet. *Färbung:* Männchen bräunlich, mit einem tiefschwarzen, großen Schulterfleck hinter dem Kiemendeckel; Flanken grünlich, mit Metallglanz und schmalen, dunklen Querbinden; Bauch gelblichweiß. Rücken-, Schwanz- und Afterflosse gelb, mit dunklem Saum. Weibchen hellgelb bis weißlich, mit einer verwaschenen, bleigrauen Längsbinde vom Kiemendeckel bis zum Schwanzflossenansatz. *Länge:* Männchen bis 6 cm, Weibchen bis 8 cm.

Vorkommen: In stehenden und langsam fließenden Gewässern im Süß- und Brackwasserbereich der Küstenregion von Ost- bis Südspanien. Die Art soll auch auf der Insel Korfu und in Albanien vorkommen.

Lebensweise: Ausdauernder, anspruchsloser Oberflächenfisch, der Wassertemperaturen bis knapp unter 10°C vertragen kann. Laichzeit April bis Juli, bei einer Wassertemperatur von 20–24°C. Die ca. 2,5 mm großen, glasklaren Eier (200–250 je Weibchen) werden einzeln im Pflanzendickicht nahe der Oberfläche abgelegt. Die Brut schlüpft bei 20–24°C nach etwa 12–14 Tagen. *Nahrung:* Kleine Wirbellose und Pflanzenmaterial.

Koboldkärpfling
Gambusia affinis

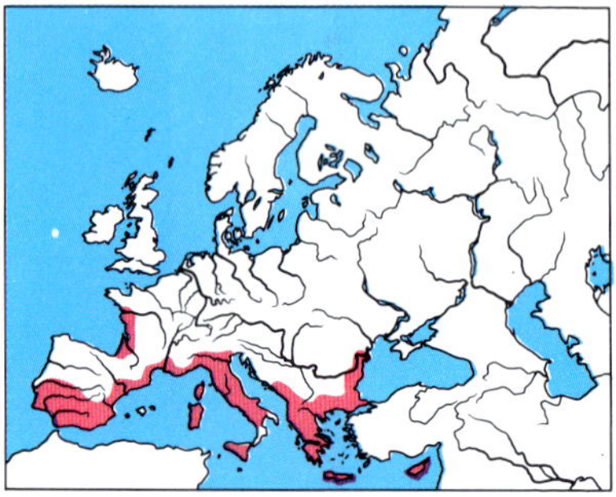

Merkmale: Mäßig gestreckter, beim Männchen seitlich abgeflachter, beim Weibchen meist dickbäuchiger Körper, mit von oben abgeplattetem Kopf. Langer, seitlich abgeflachter Schwanzstiel. Kleine, schräg nach oben gerichtete Mundspalte. Große Schuppen, 30–32 in einer Längsreihe; keine Seitenlinie. Die schwanzständige Rückenflosse mit 7–9, die Afterflosse mit 9 Strahlen; der 3.–5. Flossenstrahl der Afterflosse ist beim Männchen zu einem Begattungsapparat *(Gonopodium)* umgewandelt. *Färbung:* Rücken grau bis olivfarben; Flanken grünlich, durchscheinend, mit bläulichem Schimmer; Bauch silbrigweiß. Ein schräger, schwarzer Strich durch das Auge. *Länge:* Männchen bis 3,6 cm, Weibchen bis 6 cm.

Vorkommen: Südstaaten der USA, vom östlichen Texas bis Alabama. Zur Mückenbekämpfung in vielen tropischen und subtropischen Ländern angesiedelt; in Südeuropa weit verbreitet, sowohl im Süß- als auch im Brackwasser (Seen, Gräben, Sümpfe und Lagunen mit schwachem Salzgehalt). Kommt auch entlang der französischen Biskaya-Küste vor. Ein Verwandter, der **Guppy,** ist heute auch in wärmeren Gewässern Europas anzutreffen.

Lebensweise: Sehr anpassungsfähiger Fisch, der sowohl Temperaturen um den Gefrierpunkt als auch über 30°C ertragen kann; auch gegenüber der Wasserqualität ist er sehr widerstandsfähig. Laichzeit April bis Oktober. Ein Weibchen bringt ca. 30 Tage nach der Begattung bis zu 60 Junge zur Welt (3–5 Würfe pro Jahr). *Nahrung:* Mückenlarven und -puppen, daneben auch Kleinkrebse und Algen.

16 Zahnkarpfen

Valenciakärpfling ♂

17 Lebendgebärende Zahnkarpfen

Koboldkärpfling ♀

Kleiner Ährenfisch
Atherina boyeri

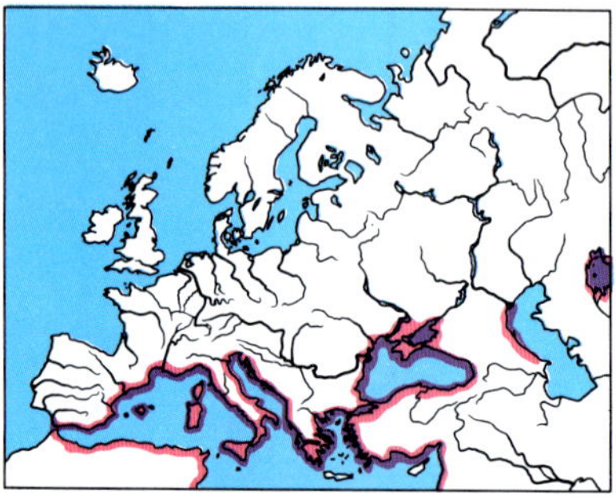

Merkmale: Schlanker, langgestreckter Körper mit 2 kurzen Rückenflossen. Weite, schräg nach oben gerichtete Mundspalte; spitze Schnauze; große Augen, ihr Durchmesser größer als die Schnauzenlänge. Mittelgroße Schuppen, die Kopf und Körper bedecken, 45 in einer Längsreihe. Die 1. Rückenflosse mit 7–8 dünnen Stachelstrahlen, die 2. mit 1 Stachelstrahl und 11 Gliederstrahlen; Abstand der Rückenflossen 2mal so groß wie der Augendurchmesser. Afterflosse (der 2. Rückenflosse gegenüberliegend) mit 1 Stachelstrahl und 11–15 Gliederstrahlen. Seitenlinie undeutlich. *Färbung:* Rücken und Flanken grünlichgrau bis -blau; Bauch weißlich. Flanken mit einem silberfarbenen Längsband, schmaler als der Augendurchmesser. Schuppenränder schwarz gepunktet. Körper etwas durchscheinend. *Länge:* 8–10 cm, max. 12,5 cm.

Vorkommen: Flache Küstengewässer, Flußmündungen und auch Süßwasserseen (z. B. in Spanien u. Italien) im Mittelmeerraum. Die Unterart *A. b. pontica* kommt im Bereich des Schwarzen und Kaspischen Meeres vor; sie wurde in den Aralsee eingesetzt.

Lebensweise: Schwarmfisch, der sich meist dicht unter der Wasseroberfläche aufhält und nur im Winter in größere Tiefen geht. Laichzeit Mai bis August. Die Eiablage erfolgt an pflanzenreichen Uferstellen sowohl im Süß- als auch im Brackwasser. Die Eier haften mit langen, fadenförmigen Anhängen am Pflanzenwuchs. *Nahrung:* Planktontiere, im Gebiet des Schwarzen Meeres auch Bodennahrung (z. B. Zuckmückenlarven).

Großköpfige Meeräsche
Mugil cephalus

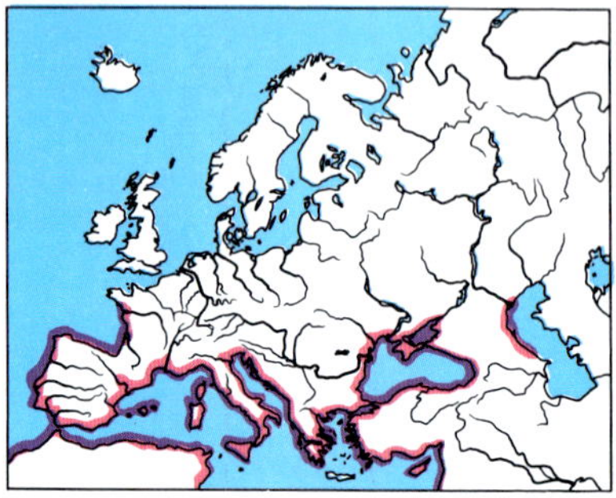

Merkmale: Langgestreckter, spindelförmiger Körper mit 2 kurzen Rückenflossen und stark abgeflachtem Kopf. Kleine, endständige Mundspalte mit schmalen Lippen; bürstenartige Zähne. Augen mit großem Fettlid (im Unterschied zu allen anderen europäischen Meeräschen). Große Rundschuppen, die sich bis auf den Kopf erstrecken, 42 in einer Längsreihe. Keine deutliche Seitenlinie. Freier Kehlfleck an der Kopfunterseite breit lanzettförmig. Dichtes Kiemenfilter mit langen, dünnen Reusendornen. 1. Rückenflosse mit 4 Stachelstrahlen, die 2. mit 1 Stachelstrahl und 8 Gliederstrahlen; Afterflosse (der 2. Rückenflosse gegenüberliegend) mit 3 Stachel- und 8 Gliederstrahlen. *Färbung:* Rücken aschgrau, mit goldenem und blauem Metallglanz; Flanken mit 9–10 dunklen Längslinien; Bauch weißlich. *Länge:* 30–50 cm, max. bis 65 cm; Männchen nur ⅔ so groß wie die Weibchen.

Vorkommen: Flache Küstengewässer, meist über Sandgrund mit starkem Pflanzenwuchs, Lagunen und Flußmündungen. Weltweit verbreitet, in Europa von der Biskaya/Westfrankreich, dem Mittel- und Schwarzmeergebiet bis zum Asowschen Meer.

Lebensweise: In kleinen Rudeln lebende, schnell schwimmende Meeresfische (die Jungfische meist dicht unter der Wasseroberfläche), die auf der Nahrungssuche ins Brack- und Süßwasser ziehen. Laichzeit Frühjahr bis Herbst. Die Eier treiben mit einer großen Ölkugel ausgestattet dicht über dem Boden. *Nahrung:* Würmer, Kleinkrebse, kleine Weichtiere, die aus dem Schlamm gefiltert werden.

18 Ährenfische

Kleiner Ährenfisch

19 Meeräschen

Großköpfige Meeräsche

Dreistachliger Stichling
Gasterosteus aculeatus

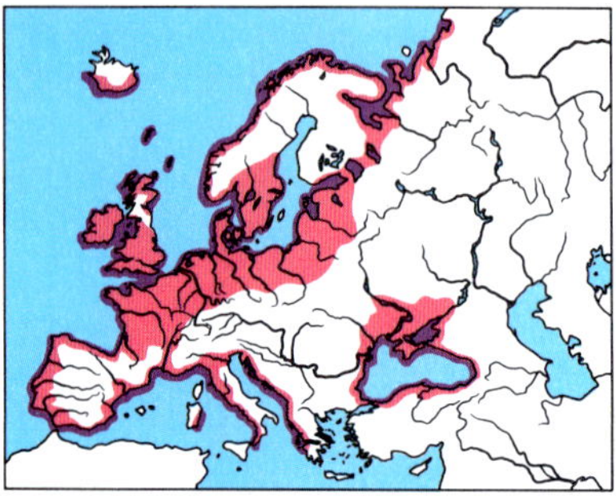

Merkmale: Gestreckter, seitlich abgeflachter Körper mit spitzer Schnauze und kleiner, endständiger Mundspalte. Auf dem Rücken 2–5 (meist 3) einzeln stehende, bewegliche Stacheln. Bauchflossen mit kräftigem Stachel. Kopf und Körper schuppenlos, nur entlang der vollständig entwickelten Seitenlinie eine Reihe von Knochenplatten, die auf dem Schwanzstiel gekielt sind (2 Formen: Schilder längs der ganzen Seitenlinie *f. trachurus*, Schilder nur auf den Brustseiten *f. leiurus*). *Färbung:* Rücken blaugrau bis olivgrün, Flanken erzfarben, Bauch weißlich. Flossen farblos, durchsichtig. Zur Laichzeit Männchen mit blaugrünem Rükken, roter Kehle und Brust, silberblau glänzender Iris und dunkler Rücken- und Afterflosse. *Länge:* 5–8 cm, marine Wanderformen bis max. 11 cm.

Vorkommen: In Küsten- und Binnengewässern Europas sehr weit verbreitet.

Lebensweise: Es kommen sowohl marine Wanderformen als auch stationäre Binnenformen vor. Laichzeit März bis Juli. Zum Laichen ziehen die marinen Wanderformen von den Meeresküsten ins Süßwasser. Das Männchen baut am Boden ein Nest aus Pflanzenfasern, die durch ein klebriges Nierensekret verfestigt werden; dann drängt es ein Weibchen (oder mehrere nacheinander) zur Eiablage (ca. 90–450 Eier je Weibchen) ins Nest. Das Gelege und die nach etwa 4–10 Tagen (je nach Wassertemperatur) schlüpfende Brut wird vom Männchen bewacht und betreut. *Nahrung:* Würmer, Kleinkrebse, Insektenlarven, Fischlaich und -brut.

Zwergstichling
Pungitius pungitius

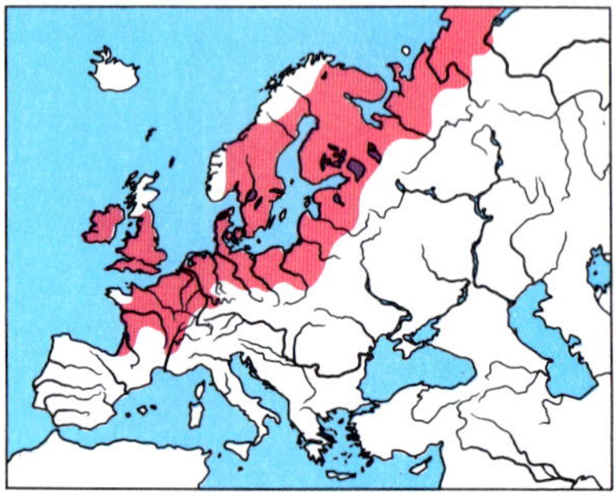

Merkmale: Langgestreckter, schmaler, seitlich abgeflachter Körper mit spitzer Schnauze und kleiner, endständiger Mundspalte. Auf dem Rücken 7–12 (meist 9–10) einzeln stehende, bewegliche Stacheln. Schwanzflosse mit gerundetem Hinterrand. Kopf und Körper schuppenlos, nur auf dem Schwanzstiel entlang der vollständig entwickelten Seitenlinie etwa 10 schwachgekielte Knochenschilder. *Färbung:* Rücken dunkel, braun- bis grüngrau; Flanken heller, mit leichtem Metallglanz; Bauch weißlich bis gelblichgrün. Rücken und Flanken mit dunkleren Querbinden. Zur Laichzeit Männchen mit schwarzer Kehle und Brust; Bauchflossen orangefarben, mit hellblauem Stachelstrahl. Ältere Männchen oft ganz schwarz, mit dunkler Rücken- und Afterflosse. *Länge:* 5–7 cm, max. 9 cm.

Vorkommen: In pflanzenreichen, flachen Tümpeln und Gräben, stellenweise auch in seichten Brackwassergebieten; fast zirkumpolar verbreitet in der kalten und gemäßigten Zone der Nordhalbkugel, in Europa nördlich der Pyrenäen, der Alpen und des Balkans, von Westfrankreich, Irland, England, dem Nord- und Ostseegebiet bis zum Weißmeer.

Lebensweise: Meist in Bodennähe lebender Standfisch, der sich bei Gefahr schnell im Schlamm oder unter Pflanzen und Laub versteckt. Laichzeit April bis August. Das Männchen baut dann ein Nest über dem Boden, zwischen Wasserpflanzen aufgehängt. Brutzeit 10–20 Tage. Die Jungfische leben nicht im Schwarm. *Nahrung:* Kleinkrebse (z. B. Hüpferlinge), Fischlaich und -brut.

Dreistachliger Stichling ♂

Zwergstichling

Ukrainischer Stichling
Pungitius platygaster

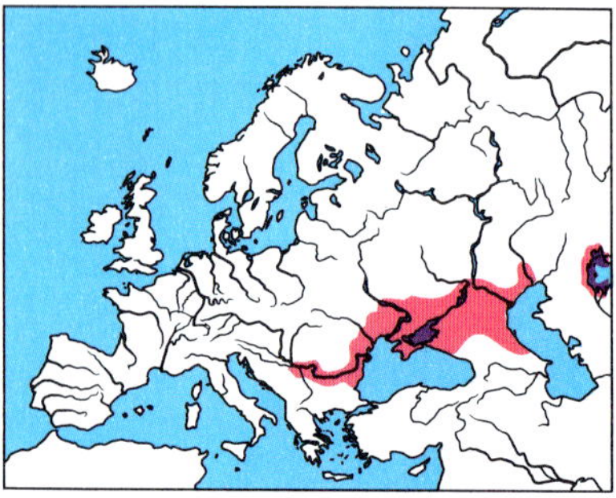

Merkmale: Mäßig gestreckter, seitlich abgeflachter Körper mit spitzer Schnauze und kleiner, endständiger Mundspalte. Auf dem Rükken 7–12 (meist 8–9) einzeln stehende, nach rückwärts gebogene, bewegliche Stacheln, die vor dem gliederstrahligen Teil der schwanzständigen Rückenflosse liegen. Bauchflossen mit kräftigem Stachel; Schwanzflosse mit gerundetem Hinterrand. Kopf und Körper schuppenlos, nur entlang der vollständig entwickelten Seitenlinie eine Reihe von dünnen Knochenplatten, die auch auf dem Schwanzstiel nicht gekielt sind (2 Formen: 6–15 Schilder nur auf den Brustseiten; 29–32 Schilder längs der ganzen Seitenlinie). Stachel der Bauchflossen deutlich gesägt. *Färbung:* Je nach Wohngewässer sehr unterschiedlich. Rücken dunkel, blaugrau bis olivgrün; Flanken heller, grünlich, mit dunkelbraunen Flecken und Marmorierungen; Bauch silberfarben, mit grünem Metallglanz. *Länge:* 4–6 cm, max. 7 cm.
Vorkommen: Flache, pflanzenreiche Gewässer im Salz- und Brackwasserbereich des Schwarzen, Asowschen und Kaspischen Meeres sowie des Aralsees. Auch in Süßwasserseen (z. B. Charkhalsee, Einzugsgebiet des Ural) und Fließgewässern, u. a. Donau (bis Belgrad), Bug, Dnjepr, Wolga, Ural.
Lebensweise: Eine Stichlingsart, die überwiegend im Brackwasserbereich, vor allem auf Sandbänken, lebt. Laichzeit April bis Mai. Das Männchen baut im Pflanzenwuchs flacher Wasserstellen ein Nest und bewacht das Gelege, später auch die Brut. *Nahrung:* Wirbellose (Kleinkrebse, Insektenlarven).

Schwarzmeer-Seenadel
Syngnathus nigrolineatus

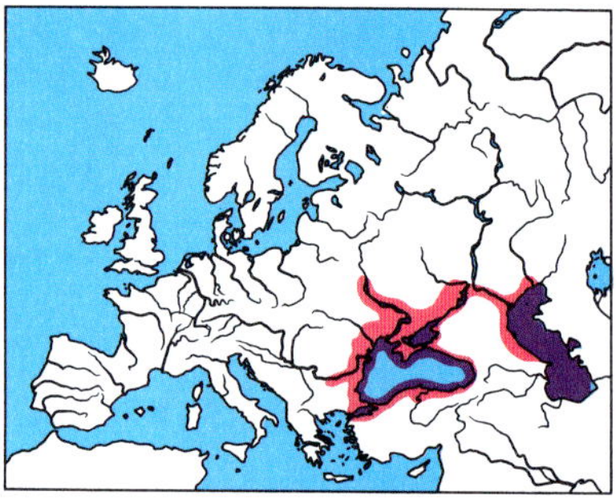

Merkmale: Sehr langgestreckter, dünner Körper mit knöchernen Hautschildern (7 Reihen am Rumpf, 4 am Schwanzstiel), die zu Ringen verbunden sind (15–17 Rumpf-, 37–41 Schwanzringe). Kurze, röhrenförmige Schnauze (7,8–10mal in der Körperlänge), seitlich leicht abgeflacht; kleine Augen (3,8mal in der Schnauzenlänge). Rückenflosse mit 29–39 Strahlen (sie überdeckt 7–9 Körperringe), Schwanzflosse mit 10, Afterflosse mit 3 und die Brustflossen mit 12–13 Strahlen; Bauchflossen fehlen. Seitenlinie vollständig. *Färbung:* Grünlich- oder rötlichbraun, mit hellen Querstreifen; Bauchseite dunkel. Rückenflosse nicht gefleckt. *Länge:* 15–18 cm, max. 22 cm.
Vorkommen: Flache, pflanzenreiche Küstengewässer, Lagunen, Flußmündungen und -unterläufe im Gebiet des Schwarzen und Asowschen Meeres, z. B. im Unterlauf von Donau, Dnjestr, Bug, Dnjepr, Don. Eine Unterart, *S. n. caspius,* kommt im Kaspischen Meer und im Unterlauf der Zuflüsse Ural, Wolga und Kura vor. In europäischen, küstennahen Süßwasserbereichen kann man auch die 4 folgenden Seenadel-Arten antreffen: *S. abaster, S. acus, Siphonostoma typhle* und *Nerophis ophidion.*
Lebensweise: Standfisch, gut getarnt in den Pflanzenbeständen der Küstengewässer. Laichzeit Mai bis August. Die großen Eier werden vom Männchen bis zum Schlüpfen der Brut an der Bauchseite getragen; es bestitzt dazu einen Brutbeutel, der aus zwei Hautfalten gebildet wird. Brutzeit 20–25 Tage. Geschlechtsreife nach 1 Jahr. *Nahrung:* Zooplankton, kleine Krebstiere und Fischbrut.

20 Stichlinge

Ukrainischer Stichling

21 Seenadeln

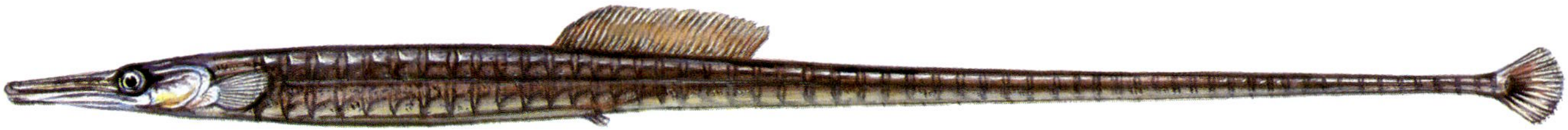

Schwarzmeer-Seenadel

Seebarsch oder Wolfsbarsch
Dicentrarchus labrax

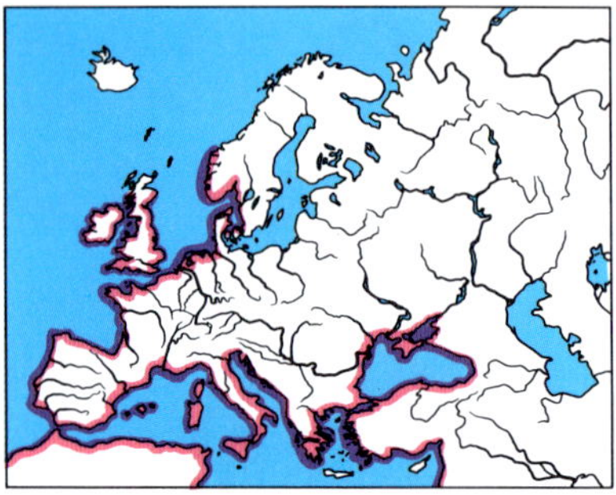

Merkmale: Langgestreckter, spindelförmiger Körper mit langem Kopf (Kopflänge 5–6mal so lang wie der Augendurchmesser). Weite Mundspalte. Kiemendeckel mit 2 starken Stacheln am oberen Rand; Vorkiemendeckel am Hinterrand gezähnelt. Kleine Kammschuppen, 65–80 in einer Längsreihe; zwischen den Augen Rundschuppen. 2 getrennte Rückenflossen, die 1. mit 9 Stachelstrahlen, die 2. mit 1 Stachelstrahl und 12–13 Gliederstrahlen; Afterflosse mit 3 Stachel- und 8–11 Gliederstrahlen; Schwanzflosse leicht eingekerbt. *Färbung:* Rücken dunkelgrau; Flanken heller, mit mattem Silberglanz; Bauchseite weiß. Seitenlinie schwärzlich. Alle Flossen hell, durchsichtig. Jungfische (bis ca. 10 cm Länge) mit dunklen Punkten auf der oberen Körperhälfte. *Länge:* 40–70 cm, max. 100 cm.
Vorkommen: Ostatlantik, von Marokko und den Kanarischen Inseln bis Westnorwegen (Tromsö); südliche Nordsee, Ärmelkanal, Ostsee (selten); Mittelmeer und Schwarzes Meer. Kommt auch im Skutarisee und im Nil vor.
Lebensweise: Jungfische in kleinen Schwärmen, ältere Tiere mehr Einzelgänger, die während der Sommermonate in die Nähe der Küsten ziehen, wo man sie dann häufig auch in Flußmündungen vorfindet. Laichzeit im Mittelmeer von Januar bis März, im Ärmelkanal von März bis Juni. Die Eier sind mit einer großen Ölkugel ausgestattet, mit deren Hilfe sie im Wasser treiben. *Nahrung:* Kleine Schwarmfische (z.B. Sardinen); Jungfische ernähren sich überwiegend von Würmern, Krebstieren, Tintenfischen und Fischbrut.

Gefleckter Seebarsch
Dicentrarchus punctatus

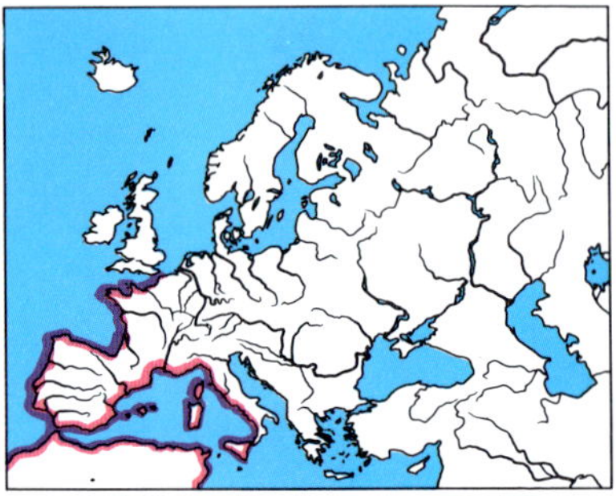

Merkmale: Langgestreckter, spindelförmiger Körper mit langem Kopf (Kopflänge 4,5mal so lang wie der Augendurchmesser) und spitzer, kurzer Schnauze. Weite Mundspalte, die bis unter die Augen reicht; Zähne auf dem Pflugscharbein T-förmig. Kiemendeckel mit 2 starken Stacheln am oberen Rand; Vorkiemendeckel am Hinterrand gezähnelt. Kleine Kammschuppen, 57–68 in einer Längsreihe; zwischen den Augen ebenfalls Kammschuppen. 2 getrennte Rückenflossen, die 1. mit 8–9 Stachelstrahlen, die 2. mit 1 Stachelstrahl und 11–12 Gliederstrahlen; Afterflosse mit 3 Stachel- und 10–12 Gliederstrahlen; Schwanzflosse schwach gegabelt. *Färbung:* Rücken dunkelblau; Flanken heller, silbrig glänzend; Bauch weiß. Ein auffälliger, schwarzer Fleck auf dem Kiemendeckel. Erwachsene Tiere mit schwarzen, über Rücken und Flanken unregelmäßig verteilten Flecken. Alle Flossen dunkel, die 1. Rückenflosse mit schwärzlicher Marmorierung. *Länge:* 25–40 cm, max. bis 60 cm.
Vorkommen: Ostatlantik, von Senegal bis zur Biskaya (selten bis zum Ärmelknal); westliches Mittelmeer und nordafrikanische Küste; fehlt im östlichen Mittelmeer.
Lebensweise: Meist in kleinen Rudeln, im Winter in größeren Tiefen, während der Sommermonate an küstennahen Sand- und Felsgründen, vorzugsweise auch in brackigem Wasser und in Flußunterläufen. Laichzeit Mai bis August. Im Süß- und Brackwasser sinken die Eier zu Boden, während sie im Meerwasser frei im Plankton treiben. *Nahrung:* Kleinkrebse, Weichtiere, Tintenfische, Kleinfische.

Seebarsch oder Wolfsbarsch

Gefleckter Seebarsch

Barsch oder Flußbarsch
Perca fluviatilis

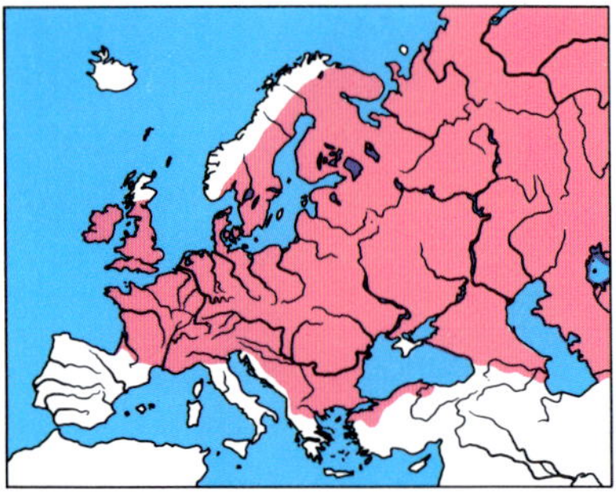

Merkmale: Je nach Wohngewässer mehr oder weniger hochrückiger Körper mit stumpfer Schnauze und weiter, endständiger Mundspalte. Kiemendeckel hinten spitz ausgezogen, mit starkem Dorn. Kleine Kammschuppen, 58–67 entlang der Seitenlinie. Zwei Rückenflossen, die 1. mit 13–17 Stachelstrahlen, die 2. mit 1–2 Stachel- und 13–16 Gliederstrahlen; Afterflosse mit 2 Stachel- und 8–10 Gliederstrahlen. *Färbung:* Rücken dunkelgrau bis bläulich oder olivgrün; Flanken heller, mit 6–9 dunklen Querbinden oder gegabelten Streifen; Bauch weiß- bis rötlich, mit Silberglanz. 1. Rückenflosse mit einem schwarzen Fleck am Hinterrand; Bauchflossen und Afterflosse rötlich. Die Männchen sind kräftiger gefärbt als die Weibchen. *Länge:* 20–35, max. 51 cm.
Vorkommen: In fließenden und stehenden Gewässern (bis auf 1000 m Höhe), in Europa weit verbreitet; fehlt in Nordnorwegen, Schottland, auf der Pyrenäenhalbinsel, in Süd- und Mittelitalien, auf der westlichen Balkanhalbinsel und dem Peloponnes.
Lebensweise: Standfisch, vorzugsweise in klaren Gewässern ohne starke Strömungen und mit hartem Grund; in der Jugend ein Schwarmfisch, alte Exemplare dagegen sind oft ausgesprochene Einzelgänger. Laichzeit März bis Juni, je nach Gewässer (Laichtemperatur 7–8° C). Die 1,5–2 mm großen Eier werden in Form von langen, netzartigen Gallertbändern an Wasserpflanzen, Steinen und versunkenem Astwerk abgelegt. Brutzeit 2–3 Wochen. *Nahrung:* Wirbellose, Fischlaich und -brut, Kleinfische.

Zander oder Schill
Stizostedion lucioperca

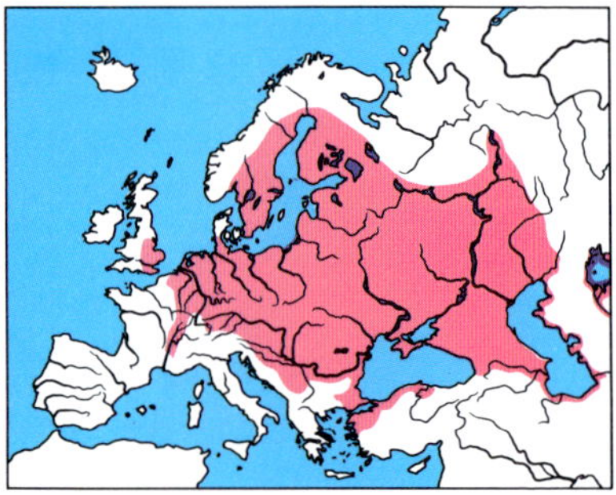

Merkmale: Langgestreckter, hechtähnlicher Körper (»Hechtbarsch«) mit langer, spitzer Schnauze und weiter, endständiger Mundspalte. Kiefer mit ungleicher Bezahnung (kleine Bürstenzähne, dazwischen große Fangzähne). Kiemendeckel mit kleinem Dorn, Vorkiemendeckel gezähnt. Augenabstand gleich oder kürzer als der Augendurchmesser. Kleine Kammschuppen, 80–97 entlang der Seitenlinie; Wangen nackt oder nur teilweise beschuppt. Zwei Rückenflossen, beide fast gleich lang, die 1. mit 13–15 Stachelstrahlen, die 2. mit 1–2 Stachel- und 19–23 Gliederstrahlen; Afterflosse mit 2 Stachel- und 11–13 Gliederstrahlen. *Färbung:* Rücken dunkel, grünlich bis grau; Flanken heller, bei Jungfischen mit 8–10 dunklen Querstreifen (im Alter meist verwaschen); Bauch weißlich. Rückenflossen mit dunklen Punktreihen, Schwanzflosse mit kleinen, schwarzen Flecken. *Länge:* 40–70 cm, max. 130 cm.
Vorkommen: Größere Flüsse, Seen, Stauseen, vorzugsweise in sommertrüben, wärmeren Gewässern mit hartem Grund, in Mittel- und Osteuropa. Heute durch künstliche Zucht und Besatz weit verbreitet (auch Westeuropa).
Lebensweise: Einzelgänger, der die dichten Pflanzenbestände der Uferregion meidet und im Freiwasser jagt. Laichzeit April bis Mai (ab 9° C Wassertemperatur). Die klebrigen, 1–1,5 mm großen Eier (150 000–200 000 je kg Weibchengewicht) haften einzeln an Wurzel- und versunkenem Astwerk. Das Gelege wird vom Männchen bewacht. Brutdauer ca. 1 Woche. *Nahrung:* Kleinfische.

Barsch oder Flußbarsch

Zander oder Schill

Seezander
Stizostedion marina

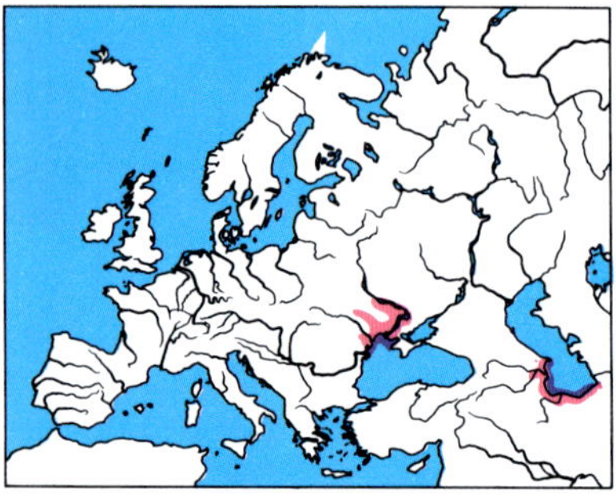

Merkmale: Etwas hochrückiger als der Zander und mit nach unten gewölbter Bauchlinie. Kiefer mit kleinen Bürstenzähnen und großen Fangzähnen. Kiemendeckel mit kleinem Dorn, Vorkiemendeckel gezähnt. Augenabstand viel größer als der Augendurchmesser. Kleine Kammschuppen, 75–88 entlang der Seitenlinie; Kopfoberseite, Wangen und Kiemendeckel stärker beschuppt als beim Zander. Zwei Rükkenflossen, die 1. mit 13–14 Stachelstrahlen, die 2. mit 2–4 Stachel- und 15–18 Gliederstrahlen; Afterflosse mit 2–3 Stachel- und 10–11 Gliederstrahlen, relativ kurz, ebenso wie die 2. Rückenflosse. *Färbung:* Rücken dunkelgrau, mit grünlichem Schimmer; Flanken heller, sandfarben, mit breiten, dunklen Querbändern; Bauch weißlich bis silberfarben. Alle Flossen durchsichtig, grau; 1. Rückenflosse am Hinterrand mit einem tiefschwarzen Fleck. *Länge:* 30–50 cm, max. 62 cm.

Vorkommen: Flache Küstengewässer mit steinigem Grund im nordwestlichen Bereich des Schwarzen Meeres und im Unterlauf des Bug; auch im südlichen Kaspischen Meer.

Lebensweise: Hält sich überwiegend in Meer- und Brackwasserzonen auf, von wo er zur Laichzeit in den Unterlauf der größeren Zuflüsse eindringt. Laichzeit April bis Mai. Die klebrigen Eier (ca. 13 000–125 000 je Weibchen) werden im Süßwasser (seltener auch im Brackwasser) über Geröllgrund, Pflanzen und Wurzelwerk abgesetzt. Die Geschlechtsreife tritt nach 3–5 Jahren ein; Höchstalter bei 10 Jahren. *Nahrung:* Überwiegend kleine Bodenfische (z. B. Grundeln).

Wolgazander oder Steinschill
Stizostedion volgensis

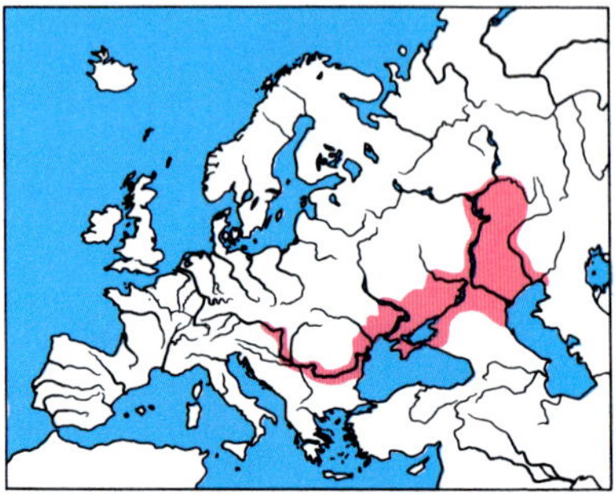

Merkmale: Schlanker als der Zander, mit langer, spitzer Schnauze und weiter, endständiger Mundspalte. Kiefer mit kleinen Bürstenzähnen, keine Fangzähne. Kiemendeckel mit kleinem Dorn, Vorkiemendeckel gezähnt. Augenabstand gleich oder kürzer als der Augendurchmesser. Kleine Kammschuppen, 70–73 entlang der Seitenlinie; Kopfoberseite, Wangen und Kiemendeckel beschuppt. Zwei Rückenflossen, die 1. sehr hoch, mit 10–14 Stachelstrahlen, die 2. mit 1–2 Stachel- und 20–22 Gliederstrahlen; Afterflosse mit 2–3 Stachel- und 9–10 Gliederstrahlen. *Färbung:* Rücken und flanken grüngrau bis bleigrau; Bauchseite silberweiß. Jungfische mit 8–10 braunen Querstreifen an den Flanken, die im Alter meist verwaschen sind. Rückenflossen grau, mit schwarzen, meist in Längsbinden angeordneten Flecken; Schwanzflosse mit kleinen, schwarzen Flecken, in Querbinden gereiht; die Paarflossen und die Afterflosse gelbgrau. *Länge:* 25–30 cm, max. 35 cm.

Vorkommen: In größeren Fließgewässern (nur selten auch in Meer- und Brackwassergebieten) im Einzugsbereich des nördlichen Schwarzen Meeres (in der Donau bis Wien), des Asowschen Meeres (Dongebiet) und des Kaspischen Meeres (Wolga bis Ural).

Lebensweise: Bevorzugt warme, ruhige Gewässer mit hartem Grund, die im Sommer Trübung aufweisen. Laichzeit April bis Mai, bei einer Wassertemperatur von 12–15° C. Die klebrigen Eier werden zwischen Steinen und Pflanzenwerk abgelegt. Geschlechtsreife nach 3–4 Jahren. *Nahrung:* Kleinfische.

Seezander

Wolgazander oder Steinschill

Don-Kaulbarsch
Gymnocephalus acerina

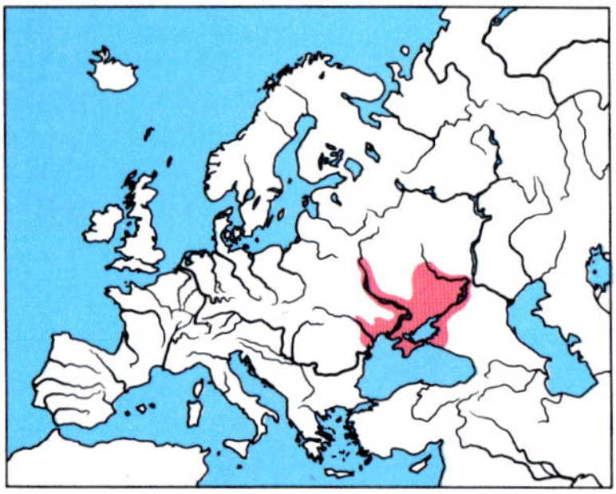

Merkmale: Langgestreckter, niedriger Körper mit langer, spitzer Schnauze (mindestens 1½ -mal so lang wie der Augendurchmesser) und breiter, abgeplatteter Stirn. An der Unterseite des Kopfes lange, flache Schleimgruben. Kiemendeckel mit langem Dorn, Vorkiemendeckel am Hinterrand gezähnt. Kammschuppen, 50–55 entlang einer Längsreihe, Seitenlinie unvollständig. Ungeteilte Rückenflosse, mit 16–19 Stachel- und 12–14 Gliederstrahlen; Afterflosse mit 2 Stachel- und 5–6 Gliederstrahlen. *Färbung:* Rücken und Flanken olivgrün bis graugrün, mit kleinen, schwarzen Flekken; Bauch weißlich bis gelblich. Braune Punktreihen auf dem vorderen, stachelstrahligen Bereich der Rückenflosse, übrige Flossen ungefleckt. *Länge:* 12–18 cm, max. 21 cm.
Vorkommen: Meist in Flußbereichen mit starker Strömung im Einzugsgebiet des nördlichen Schwarzen Meeres (Dnjestr, Dnjepr) und des Asowschen Meeres (Don, seltener auch im Kubandelta).
Lebensweise: Bodenfisch, dessen Biologie nur wenig erforscht ist. Laichzeit April bis Mai. Die Eiablage erfolgt zwischen Steinen und Pflanzen an flachen Uferstellen. *Nahrung:* Überwiegend kleine, wirbellose Bodentiere (Würmer, Kleinkrebse, Insektenlarven, Weichtiere), seltener auch kleine Bodenfische, Fischlaich und -brut.

Kaulbarsch
Gymnocephalus cernua

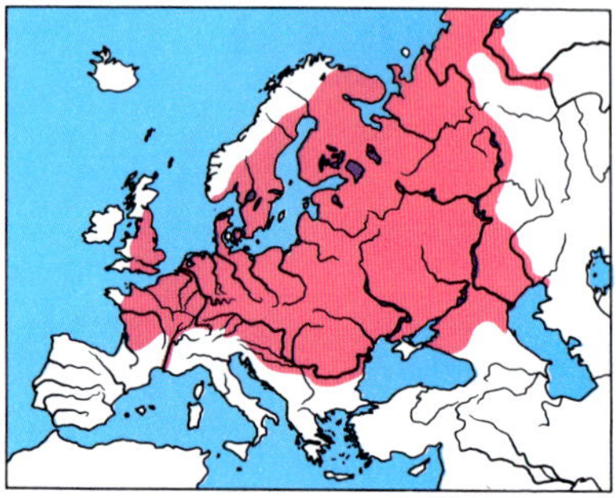

Merkmale: Etwas hochrückiger Körper mit stumpfer Schnauze (so lang wie der Augendurchmesser oder kürzer als dieser) und breiter Stirn. An der Unterseite des Kopfes runde, flache Schleimgruben. Kiemendeckel mit langem, starkem Dorn, Vorkiemendeckel mit kurzen Dornen. Kammschuppen, 35–40 entlang einer Längsreihe. Ungeteilte Rückenflosse, mit 12–16 Stachel- und 11–15 Gliederstrahlen; Afterflosse mit 2 Stachel- und 5–6 Gliederstrahlen. *Färbung:* Rücken und Flanken oliv- bis graugrün, mit unregelmäßig verteilten, dunklen Flecken; Brust mit rötlichem Schimmer; Bauchseite weiß- bis hellgrünlich. Rükken- und Schwanzflosse mit dunklen Fleckenreihen. *Länge:* 12–15 cm, max. 25 cm.
Vorkommen: In größeren Fließgewässern, Seen und Haffen nördlich der Pyrenäen und Alpen, von England und Nordostfrankreich (in Mittel- und Westfrankreich heute ausgesetzt) bis zum Weißmeergebiet, Ural und dem Kaspischen Meer. Fehlt in Irland, Schottland, West- und Nordnorwegen sowie auf dem Balkan.
Lebensweise: Eine widerstandsfähige, gegenüber Wasserverschmutzung recht unempfindliche Barschart, die meist in Scharen an tieferen Stellen mit Sandgrund lebt. Laichzeit März bis Mai (Laichtemperatur 10–15° C). Die gelblichweißen, ca. 0,5–1 mm großen Eier (50 000–100 000 je nach Weibchengröße) werden an flachen Uferstellen in gallertigen Schnüren und Klumpen an Steinen, seltener an Pflanzen abgelegt. Brutdauer 8–12 Tage. *Nahrung:* Würmer, Flohkrebse, Insektenlarven, kleine Weichtiere sowie Fischlaich und -brut.

Don-Kaulbarsch

Kaulbarsch

Schrätzer
Gymnocephalus schraetzer

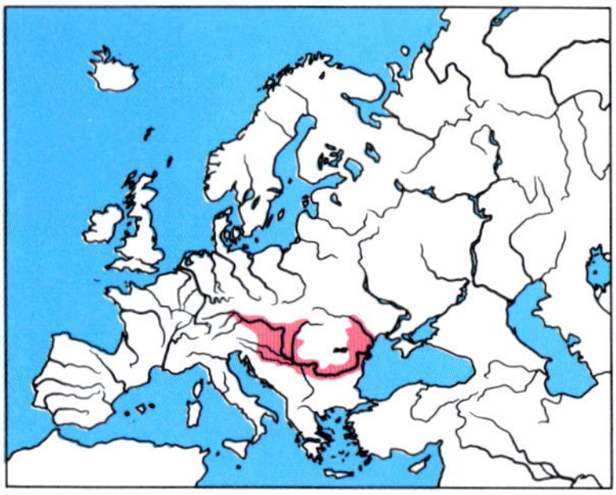

Merkmale: Langgestreckter, niedriger Körper (Körperlänge mehr als 5fache Körperhöhe) mit langer, spitzer Schnauze (mindestens 1½mal so lang wie der Augendurchmesser) und breiter Stirn. An der Unterseite des Kopfes lange, flache Schleimgruben. Kiemendeckel mit langem Dorn, Vorkiemendeckel mit mehreren, kurzen Dornen, ein starker Dorn über der Brustflosse. Kammschuppen, 55–62 entlang einer Längsreihe, Seitenlinie unvollständig. Rückenflosse mit 17–19 Stachel- und 12–14 Gliederstrahlen; Afterflosse mit 2 Stachel- und 5–7 Gliederstrahlen. *Färbung:* Rücken und Kopfoberseite grünlich; Flanken zitronen- bis messinggelb, mit 3–4 schwarzen, häufig in Striche und Punkte aufgelösten Längslinien. Stachelstrahliger Abschnitt der Rückenflosse mit dunklen Punktreihen; der gliederstrahlige Teil und die Schwanzflosse oft mit dunklen Pünktchen. *Länge:* 15–25 cm, max. 30 cm.
Vorkommen: Nur an tieferen Stellen der Donau mit Sand- oder Kiesgrund und im Unterlauf ihrer Nebenflüsse, von Bayern bis zum Mündungsgebiet.
Lebensweise: Heute ein recht seltener Bodenfisch, dessen Bestände durch den Bau von Staustufen gefährdet sind und die auch in den außerbayerischen Donauabschnitten immer mehr abnehmen. Laichzeit April bis Mai; die Laichtiere wandern dann flußaufwärts, um tiefe, überströmte Kiesbänke aufzusuchen. Die klebrigen Eier haften in breiten Gallertstreifen an Steinen und versunkenem Astwerk. *Nahrung:* Würmer, Kleinkrebse, Insektenlarven und Fischlaich.

Rhône-Streber
Zingel asper

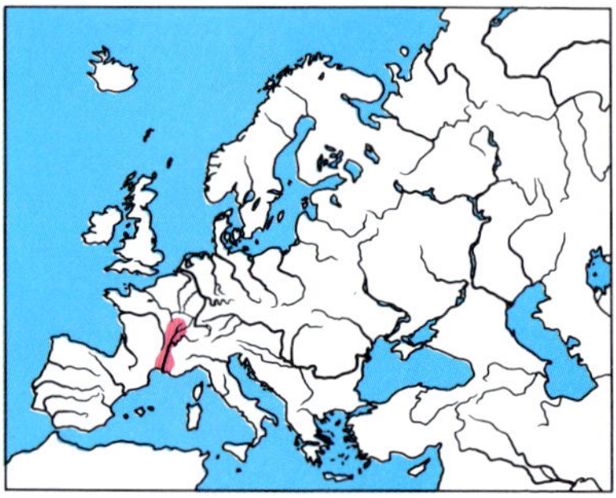

Merkmale: Schlanker, spindelförmiger Körper mit spitzem Kopf und unterständiger Mundöffnung. Dünner, drehrunder Schwanzstiel, kürzer als der Ansatz der 2. Rückenflosse. Kiemendeckel am Hinterrand mit starkem Dorn, Vorkiemendeckel am Hinterrand gezähnt. Kleine Kammschuppen, 70–80 in einer Längsreihe. Zwei weitgetrennte Rückenflossen, die 1. mit 8 Stachelstrahlen, die 2. mit 1 Stachelstrahl und 11–12 Gliederstrahlen; die Afterflosse ebenfalls mit 1 Stachelstrahl und 11–12 Gliederstrahlen. Schwimmblase völlig rückgebildet. *Färbung:* Rücken dunkelbraun bis -grau; Flanken heller, bräunlich bis gelblich, mit dunklen, unregelmäßigen Flecken am Vorderkörper und 3 deutlichen, dunklen Querbinden auf dem Schwanzstiel; Bauchseite weiß. Flossen bräunlich, ohne Fleckung. *Länge:* 15–20 cm, max. 22 cm.
Vorkommen: Nur in klaren, sauerstoffreichen Fließgewässern des Rhônegebiets (Rhône und Nebenflüsse, z. B. Doubs).
Lebensweise: Der Rhône-Streber (französisch »Apron«, »Roi du Doubs«) bevorzugt bestimmte Standplätze hinter Steinen und an seichten Uferstellen, zu denen er immer wieder zurückkehrt. Dort hält er sich, an den Boden gepreßt, tagsüber verborgen; erst bei Eintritt der Dämmerung beginnt er im Zickzack über den Boden zu huschen und nach Nahrung zu suchen. Laichzeit März bis April. Die Eiablage erfolgt an flach überströmten Kiesbänken. *Nahrung:* Würmer, Wasserinsekten, kleine Weichtiere, daneben auch Fischlaich und -brut.

Schrätzer

Rhône-Streber

Streber
Zingel streber

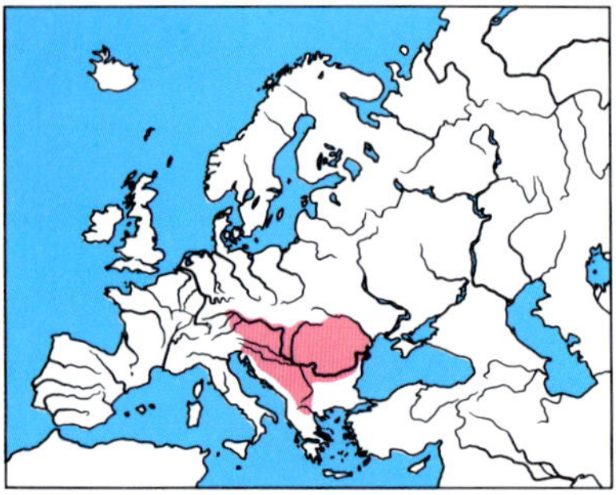

Merkmale: Schlanker, spindelförmiger Körper. Auffallend langer, dünner, drehrunder Schwanzstiel, länger als der Ansatz der 2. Rükkenflosse. Kiemendeckel am Hinterrand mit starkem Dorn, Vorkiemendeckel am Hinterrand gezähnt. Kleine Kammschuppen, 70–81 in einer Längsreihe. Zwei weitgetrennte Rückenflossen, die 1. mit 8–9 Stachelstrahlen, die 2. mit 1 Stachelstrahl und 12–13 Gliederstrahlen; Afterflosse mit 1 Stachelstrahl und 10–12 Gliederstrahlen. Schwimmblase fehlt. *Färbung:* Rücken dunkelbraun bis -grau; Flanken heller, gelbbraun, mit 4–5 dunklen, scharfbegrenzten Querbinden; Bauch weißlich. Während der Laichzeit Flanken mit smaragdgrünem Bronzeglanz. *Länge:* 12–18 cm, max. 22 cm.

Vorkommen: Klare, sauerstoffreiche Fließgewässer im Donaugebiet (Donau und Nebenflüsse, von Bayern bis zum Delta). 2 Unterarten: *Z. s. nerensis* (Südbanat/Rumänien) und *Z. s. balcanicus* (Vardar-Einzugsgebiet/Südbalkan).

Lebensweise: Bodenfisch, der wie alle Spindelbarsche (Gattung *Zingel*) seichte Uferstellen mit Kiesgrund bevorzugt. Tagsüber verborgen, geht er erst nachts mit ruckartigen Schwimmbewegungen am Boden auf Nahrungssuche; er kann dabei die Augen unabhängig voneinander bewegen und den Kopf etwas seitwärts drehen. Laichzeit März bis April. Eiablage an flachen, überströmten Kiesbänken; die 2 mm großen Eier haften an Steinen, seltener an Pflanzen. *Nahrung:* Kleine Bodentiere, Fischlaich und -brut.

Zingel
Zingel zingel

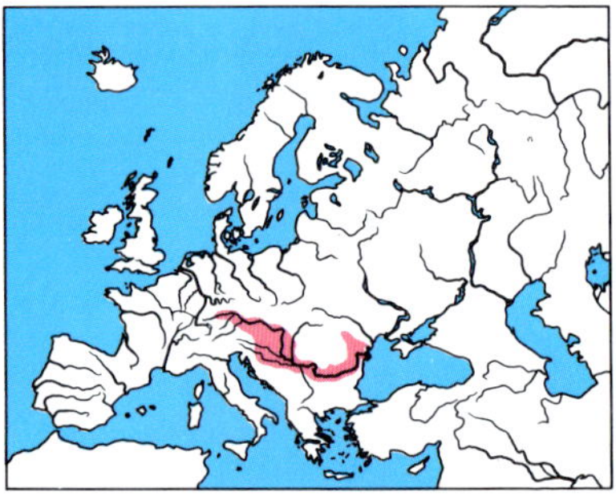

Merkmale: Kräftiger, fast drehrunder Körper mit spitzem, dreieckigem Kopf und unterständiger Mundöffnung. Dünner Schwanzstiel, kürzer als der Ansatz der 2. Rückenflosse. Kiemendeckel am Hinterrand mit starkem Dorn, Vorkiemendeckel am Hinterrand sägeförmig gezähnt. Kleine Kammschuppen, 83–92 in einer Längsreihe. Zwei weitgetrennte Rückenflossen, die 1. mit 13–15 Stachelstrahlen, die 2. mit 1 Stachelstrahl und 18–20 Gliederstrahlen; Afterflosse mit 1–2 Stachel- und 11–13 Gliederstrahlen. Schwimmblase fehlt. *Färbung:* Rücken und Flanken gelbbraun, mit 6–7 unregelmäßigen, verwaschenen, dunklen Querbinden; Bauch weißlich. *Länge:* 20–30 cm, max. 50 cm.

Vorkommen: Fließgewässer mit Sand- oder Schlammgrund im Donau-, Prut- und Dnjestr-Gebiet. Die Bestände sind heute stark gefährdet; in Bayern sind deshalb Zingel und Streber ganzjährig geschont.

Lebensweise: Bodenfisch, der sich tagsüber zwischen Steinen, Wurzelwerk und in Uferhöhlungen verborgen hält. Erst nachts wird er lebhafter und gleitet dann mit ruckartigen Bewegungen am Boden entlang, wobei dieses »Bauchrutschen« durch die Brustflossen und die Schwanzflosse unterstützt wird. Der Kopf ist nach den Seiten hin beweglich, die Augen bewegen sich unabhängig voneinander und leuchten im Halbdunkel stark grünlich. Laichzeit März bis Mai. Die 1,5 mm großen Eier (ca. 5000 je Weibchen) werden an überströmten Kiesbänken abgelegt. *Nahrung:* Kleine Bodentiere, Fischlaich und -brut.

Zingel
Streber

Perkarina
Percarina demidoffi

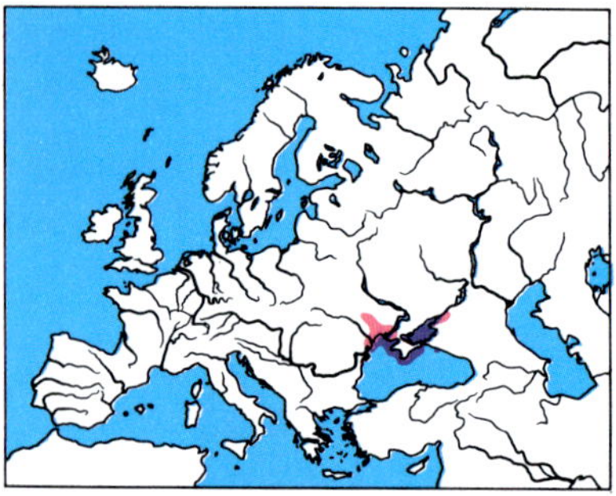

Merkmale: Gestreckter, etwas hochrückiger, seitlich abgeflachter Körper mit spitzer Schnauze (so lang wie der Augendurchmesser) und weiter Mundspalte. Schleimgruben an der Kopfunter- und -oberseite sowie auf den Wangen. Kiemendeckel mit einem breiten Dorn, Vorkiemendeckel am Hinterrand gezähnt. Kleine Kammschuppen, 33–37 entlang der Seitenlinie; Kopf und Brustbereich schuppenlos. Zwei getrennte Rückenflossen, die 1. mit 9–11 Stachelstrahlen, die 2. mit 2–3 Stachel- und 10–13 Gliederstrahlen; Afterflosse mit 2 Stachel- und 8–11 Gliederstrahlen; Schwanzflosse tief gegabelt. *Färbung:* Körper durchscheinend, milchigweiß bis gelblich. Rückenlinie mit 8–9 schwarzen, rundlichen Flecken; Nacken mit einem schwarzen, halbmondförmigen Fleck. Entlang der Seitenlinie kann eine Reihe von schwarzen Punkten vorhanden sein. Vorderkante der Bauchflossen schwarz. *Länge:* Männchen bis 7,2 cm, Weibchen bis 9,8 cm.

Vorkommen: Im Brackwasser der Mündungsgebiete von Dnjestr, Bug und Dnjepr (nördliches Schwarzes Meer), von wo die Art auch ins Süßwasser eindringt (z. B. in den Unterlauf des Bug). Eine Unterart, *P. d. maeotica,* lebt im Nordosten und Osten des Asowschen Meeres (häufig im Golf von Taganrog).

Lebensweise: Schwarmfisch, der sich meist in Bodennähe aufhält. Laichzeit Juni bis August. Die Eiablage (bis zu 3000 Eier je Weibchen) erfolgt sowohl im Süß- als auch im Brackwasser über Sand- und Schlickgrund. Brutdauer 2 Tage (bei 24–25° C). *Nahrung:* Bodentiere aller Art.

Groppenbarsch
Romanichthys valsanicola

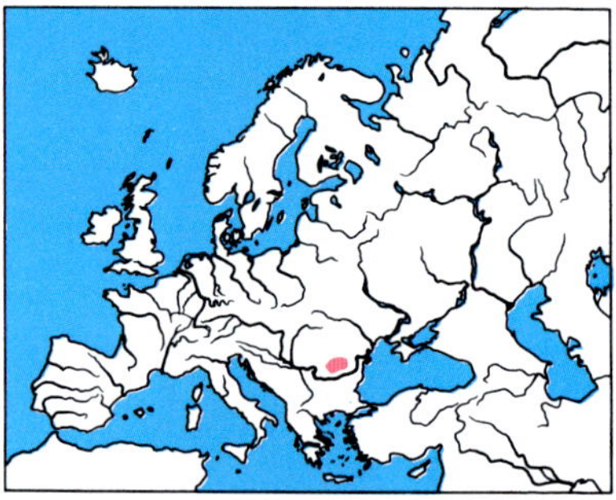

Merkmale: Dem Groppen ähnlicher, niedriger Körper (vorn rundlich, hinten seitlich abgeflacht) mit großem, breitem Kopf (breiter als hoch) und kleiner, unterständiger Mundspalte. Nach oben gerichtete, große Augen. Kiemendeckel mit einem breiten Dorn, Vorkiemendeckel fein gezähnelt. Mittelgroße Kammschuppen, 58–67 entlang der vollständig entwickelten Seitenlinie; Kopf bis auf 2 kleine Inseln schuppenlos. Zwei engstehende Rückenflossen, die 1. mit 9 Stachelstrahlen, die höhere 2. mit 1 Stachelstrahl und 15–16 Gliederstrahlen; Afterflosse mit 1 Stachelstrahl und 7 Gliederstrahlen; Schwanzflosse leicht eingebuchtet. *Färbung:* Rücken dunkelgrau bis -braun; Flanken heller, bräunlich, mit dunklen Flecken und Marmorierungen; Bauch weißlich bis gelblich. Brust-, Bauchflossen und die Schwanzflosse mit dunklen Punktreihen, Rükkenflossen mit dunklen Längsbinden. *Länge:* Max. 12,3 cm.

Vorkommen: In kühlen, klaren Fließgewässern mit Sand- oder Kiesgrund im Oberlauf des Arges und seiner Zuflüsse Vilsan und Riul Doamnei, rumänisches Einzugsgebiet der Donau. Seine Verbreitung ist wenig bekannt.

Lebensweise: Den Groppenbarsch findet man an stark überströmten Kies- und Sandbänken in der Forellen- und Äschenregion der karpatischen Gebirgsflüsse, wo er zusammen mit den im Körperbau sehr ähnlichen Groppen vorkommt; er wurde erst 1957 als neue Fischart entdeckt. Seine Biologie ist noch sehr wenig erforscht. *Nahrung:* Wirbellose Bodentiere, Fischlaich und -brut.

Perkarina

Groppenbarsch

Forellenbarsch
Micropterus salmoides

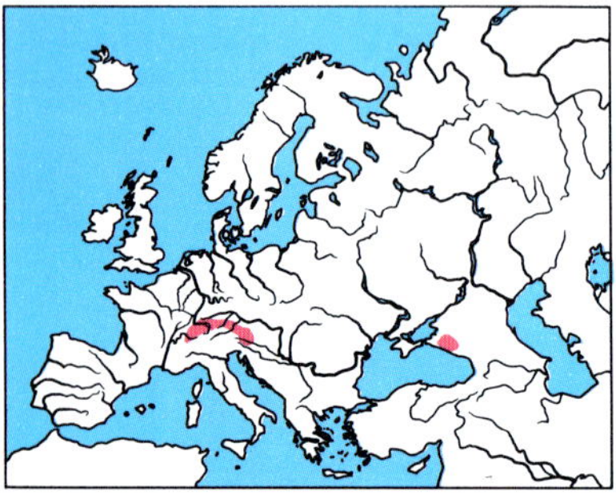

Merkmale: Gestreckter, im Alter etwas hochrückiger, seitlich stark abgeflachter Körper mit großem Kopf (über ¼ der Gesamtlänge). Der Oberkiefer reicht bis hinter das Auge. 65–70 Kammschuppen entlang der Seitenlinie. Rükkenflosse durch einen tiefen Einschnitt geteilt, der vordere Teil (9–10 Stachelstrahlen) niedriger als der hintere (1 Stachelstrahl und 12–13 Gliederstrahlen); Afterflosse mit 3 Stachel- und 10–11 Gliederstrahlen; Bauchflossen nicht durch eine Haut verbunden; Schwanzflosse eingebuchtet. *Färbung:* Rücken dunkel, olivgrün; Flanken heller, silberglänzend, mit einem unregelmäßigen, dunklen Längsband, darüber (seltener auch darunter) einzelne dunkle Flecken; Bauch weiß, mit rötlichem Silberglanz. Kopf mit schrägen, dunklen Streifen. Ältere Fische einfarbig dunkeloliv- bis graugrün. *Länge:* 40–60 cm, max. 83 cm.

Vorkommen: In Seen und Flüssen Nordamerikas (Kanadische Seenplatte bis Florida, Texas und Mexiko; auch im Brackwasser). Seit 1883 stellenweise in Europa eingebürgert (z. B. Tessiner Seen, Wörther See, Abrausee/Südostrußland).

Lebensweise: Bevorzugt als Standort ruhige, tiefe Buchten und Altwässer, wo er sich zwischen Wurzelwerk, versunkenen Ästen und Steinen verborgen hält; nur die Jungfische leben im Flachwasser. Laichzeit März bis Juli. Das Männchen baut in seinem Revier eine schüsselförmige, bis zu 1 m große Nestmulde am Boden; Gelege und Brut werden von beiden Eltern bewacht und betreut. *Nahrung:* Wirbellose, Kaulquappen, Frösche, Kleinfische.

Schwarzbarsch
Micropterus dolomieui

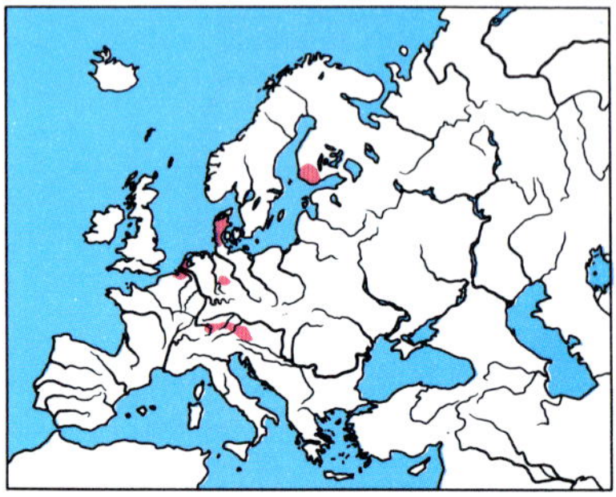

Merkmale: Spindelförmiger, im Alter etwas hochrückiger, seitlich stark abgeflachter Körper mit großem Kopf (über ¼ der Gesamtlänge). Der Oberkiefer reicht bis unter das Auge. 72–78 Kammschuppen entlang der Seitenlinie. Rückenflosse durch einen Einschnitt fast zweigeteilt, mit 10 Stachel- und 13–15 Gliederstrahlen, der vordere Teil niedriger als der hintere; Afterflosse mit 3 Stachel- und 10–12 Gliederstrahlen; Bauchflossen durch eine Haut verbunden; Schwanzflosse etwas eingeschnitten. *Färbung:* Rücken olivgrün; Flanken heller, gelbgrün, mit dunklen, wolkigen Flecken und kurzen Querbinden; Bauch weißlich. Kopf mit dunklen Tüpfeln und schrägen Streifen. Ältere Fische einfarbig dunkel, graugrün bis schwärzlich. *Länge:* 30–40 cm, max. 50 cm.

Vorkommen: Klare, kalte, größere Flüsse und Seen in den USA (von Nordminnesota südwärts bis Alabama und Oklahoma). Seit 1883 in Deutschland eingeführt; heute in Europa stellenweise mit Erfolg ausgesetzt (Niederlande, Dänemark, Südfinnland).

Lebensweise: Reviertreuer Standfisch, der zwischen Wurzelwerk und Steinen verborgen auf seine Beute lauert. Laichzeit Mai bis Juni. Das Männchen baut eine flache Laichgrube an einer kiesigen Uferstelle. Die klebrigen, ca. 1 mm großen Eier (1200–1600 je kg Weibchengewicht) haften am Nestboden. Brutdauer 8–10 Tage (bei 16–18° C). Gelege und Brut werden von beiden Eltern bewacht und betreut. *Nahrung:* Wirbellose, Kleinfische.

Forellenbarsch

Schwarzbarsch

Sonnenbarsch
Lepomis gibbosus

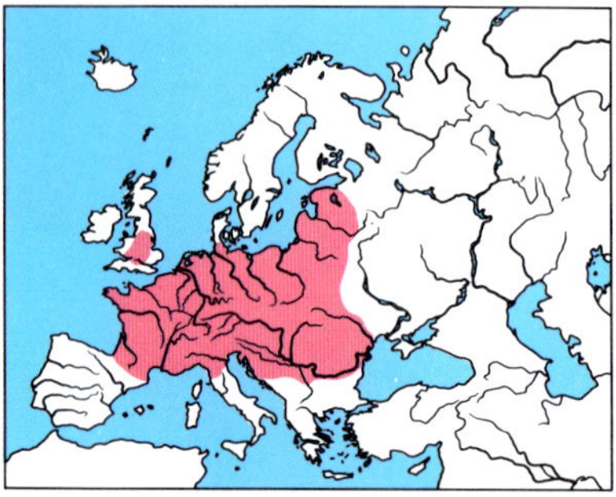

Merkmale: Hochrückiger, seitlich stark abgeflachter Körper mit großem Kopf. Kleine, leicht oberständige Mundspalte. 40–47 Schuppen in einer Längsreihe. Lange, ungeteilte Rückenflosse, mit 10 Stachel- und 10–12 Gliederstrahlen; Afterflosse mit 2–3 Stachel- und 8–12 Gliederstrahlen; große Brustflossen (etwa ⅓ der Körperlänge). Reusendornen knotig. *Färbung:* Rücken dunkelbraun bis -grün; Flanken heller, mit grünlichem Perlmutterglanz und kleinen, gelblichbraunen bis orangefarbenen Flecken; häutiger Anhang des Kiemendekkels (»Ohr«) mit einem schwarzen und roten Fleck (»Kürbiskernbarsch«); Kehle und Bauch orangefarben. Flossen grün- bis gelblich; Hinterende der Rückenflosse mit dunklen Tüpfeln. *Länge:* 15–20 cm, max. 30 cm.

Vorkommen: Warme, pflanzenreiche, ruhige Uferstellen von Flüssen und Seen in Nordamerika (Kanadische Seenplatte bis Florida und Texas). Seit 1877 in Europa eingeführt; 1877 erste erfolgreiche Zucht im Freiland; heute in West-, Mittel- und Osteuropa stellenweise eingebürgert (z. B. in einigen Seen und Altwässern in Südbayern). Zwei nahverwandte Arten wurden ebenfalls nach Europa gebracht und ausgesetzt: der **Grüne Sonnenbarsch,** *L. cyanellus* und der **Ohrenbarsch,** *L. auritus.*

Lebensweise: Im Sommer hält sich der Sonnenbarsch in 1–2 m Tiefe, im Winter an tieferen Lagern auf. Laichzeit Mai bis Juni. Die Eier werden an seichten Uferstellen in flache Laichgruben abgelegt und ebenso wie später die Brut von beiden Eltern bewacht. *Nahrung:* Wirbellose, Fischlaich und -brut.

Chanchito
Cichlasoma facetum

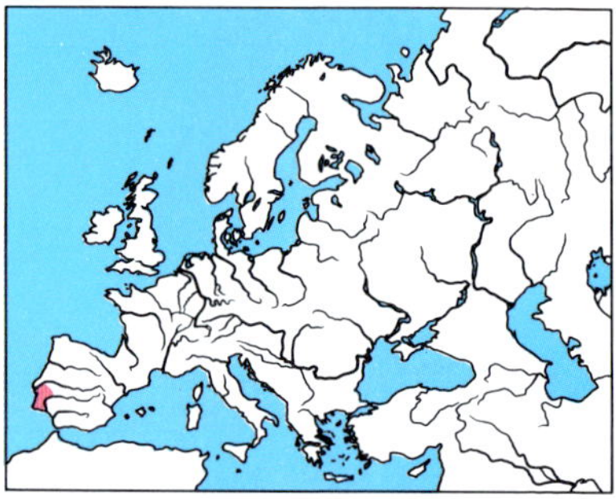

Merkmale: Hochrückiger, seitlich abgeflachter Körper mit relativ kurzem Kopf und steilem Nackenprofil. Kleine, endständige Mundspalte; nur eine Nasenöffnung auf jeder Kopfseite. 26–28 Schuppen in einer Längsreihe. Lange Rückenflosse, mit 15–17 Stachel- und 9–11 Gliederstrahlen; Afterflosse mit 6–8 Stachel- und 7–9 Gliederstrahlen. Schwanzflosse rundlich, leicht eingebuchtet. *Färbung:* Sehr veränderlich, von Messinggelb, Bräunlichgelb, Grünlich, Aschfarben bis Tiefschwarz. Auf den Flanken meist mehrere, tiefschwarze, auf die Rükken- und Afterflosse übergreifende Querbinden. Flossen meist dunkelolivgrün bis schwarz, gelegentlich farblos. Männchen zur Laichzeit mit goldgelber Grundfärbung, tiefschwarzen Querbinden und blutroter Iris. *Länge:* 10–15 cm, max. 30 cm.

Vorkommen: Ruhige, pflanzenreiche Uferstellen (Fließgewässer und Seen) in Südamerika (Südbrasilien, Paraguay, Uruguay und Nordargentinien). Seit 1894 als Aquarienfisch nach Europa eingeführt. Heute in geeigneten Gewässern Südportugals mit Erfolg eingebürgert.

Lebensweise: Gegen niedrige Temperaturen sehr widerstandsfähige Buntbarschart, bei Aquarianern als »starker Wühler und Raufbold« bekannt. Laichzeit Juni bis August. Nach der Balz bauen Männchen und Weibchen gemeinsam eine flache Laichgrube an einer seichten Uferstelle. Beide Eltern bewachen und betreuen das Gelege (Brutdauer 2–4 Tage) und eine Zeitlang auch die Jungfische. *Nahrung:* Wirbellose, vor allem Insektenlarven und kleine Weichtiere.

24 Sonnenfische

Sonnenbarsch

25 Buntbarsche

Chanchito

Süßwasser-Schleimfisch
Salaria fluviatilis

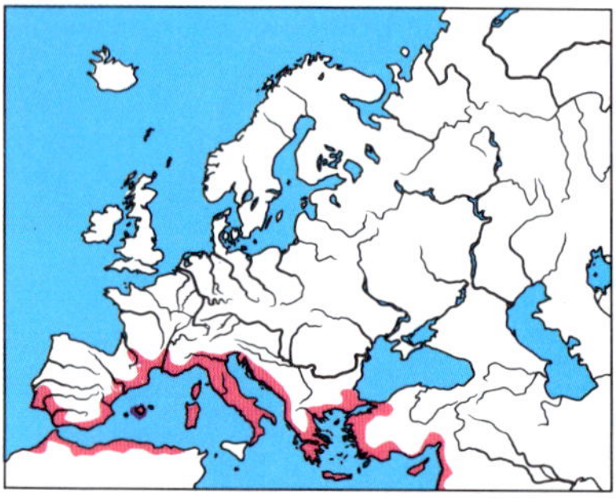

Merkmale: Langgestreckter, seitlich abgeflachter Körper mit nackter, schleimiger Haut. Steiles Kopfprofil; kurze, verzweigte Hautfäden über den Augen (4 »Überaugententakel«); eine kräftige Zahnreihe im Ober- und Unterkiefer, große, gekrümmte Eckzähne. Männchen zur Laichzeit mit hohem, fleischigem Kamm auf dem Kopf. Sehr lange Rückenflosse (12–14 Stachel-, 15–20 Gliederstrahlen) und lange Afterflosse (2 Stachel-, 15–20 Gliederstrahlen). Bauchflossen kehlständig, mit 1 kurzen, am Ansatz verbreiterten Stachelstrahl und 2–3 fadenförmigen Gliederstrahlen. *Färbung:* Rükken olivbraun, Flanken gelblichgrün, Bauch gelblichweiß. Rückenflosse mit dunklen Schattierungen. Wangen meist mit 2–3 deutlichen, braunen Strichen. *Länge:* 8–10, max. 15 cm.
Vorkommen: In Seen, Kanälen und langsam fließenden Bächen im Mittelmeergebiet, von der Iberischen Halbinsel bis Klein- und Vorderasien; in Marokko und Algerien.
Lebensweise: Lebhafte, recht neugierige Bodenfische, die jedoch ausgezeichnet schwimmen können; man trifft sie oft an der Wasseroberfläche hin und her schwimmend an. Die Jungtiere leben meist scharenweise zusammen, die Erwachsenen jedoch einzeln in ihrem Revier, wo sie sich unter Steinen oder leeren Muschelschalen ihre Wohnhöhlen bauen. Laichzeit Frühjahr bis Sommer (bei mindestens 20°C, je nach Wohngewässer). Die etwa 1 mm großen Eier werden an der Decke der Wohnhöhle abgelegt und vom Männchen bewacht und betreut. *Nahrung:* Kleine Bodentiere, auch kleine Fische.

Schwarzgrundel
Gobius niger

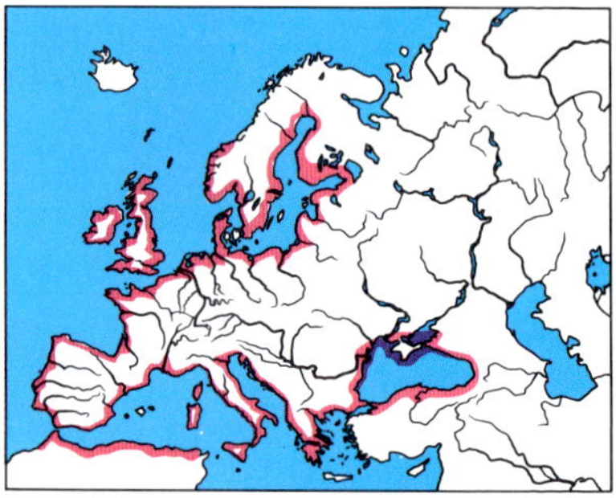

Merkmale: Gestreckter Körper mit langem, abgeflachtem Kopf. Mundspalte weit, reicht bis zum Augenvorderrand; Unterkiefer leicht vorstehend. Augen groß, nach oben gerichtet. Schwanzstiel hoch, deutlich kürzer als der Ansatz der 2. Rückenflosse. 32–42 (meist 35–41) Schuppen in der Längsreihe; Nacken, je nach Lokalrasse, mehr oder weniger beschuppt. 2 getrennte Rückenflossen, die 1. mit 5–7 (meist 6) Stachelstrahlen, die 2. mit 1 Stachelstrahl und 11–13 (meist 12–13) Gliederstrahlen; Afterflosse mit 1 Stachelstrahl und 10–13 (meist 11–12) Gliederstrahlen. Brustflossen im oberen Teil mit kurzen, freien Flossenstrahlen; Bauchflossen zu einer Saugscheibe verwachsen (Familienkennzeichen) abgerundet. *Länge:* Max. bis 18 cm.
Vorkommen: In Küstengewässern (bis in 75 m Tiefe), in Flußmündungen und Lagunen, über Sand- oder Schlammgrund und in Seegraswiesen. Nordostatlantik, von Mauretanien bis Norwegen (Trondheim); Ostsee, Mittelmeer.
Lebensweise: Bodenfische. Laichzeit März bis Mai (Mittelmeer), Mai bis August (Ostsee). Das Männchen bewacht und verteidigt sein Revier, baut unter Steinen, Muschelschalen u. a. ein Nest, in das es nach dem Balzspiel die laichreifen Weibchen zur Eiablage führt. Eizahl 1000–6000. Die birnenförmigen, ca. 0,8 mm langen Eier kleben mit Haftfäden am Nestdach; sie werden vom Männchen bewacht und betreut. Brut schwimmt frei im Plankton, bei 9 mm Länge Übergang zum Bodenleben. *Nahrung:* Würmer, Kleinkrebse, Weichtiere, Kleinfische.

26 Schleimfische

Süßwasser-Schleimfisch

27 Grundeln

Schwarzgrundel

Gebänderte Kaulquappen-Grundel
Benthophiloides brauneri

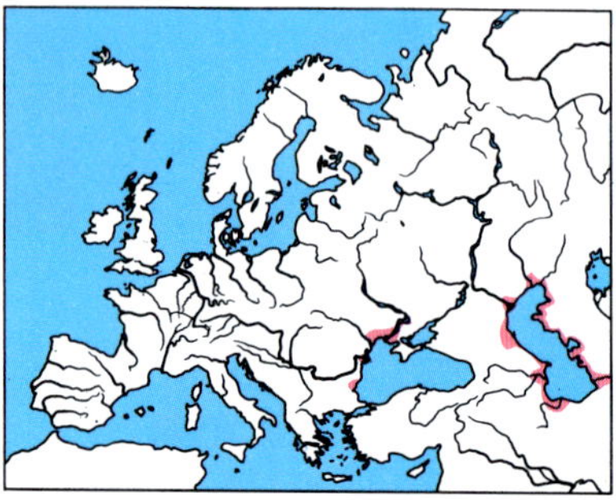

Merkmale: Gestreckter Körper mit großem, breitem Kopf (1½mal so breit wie hoch). Mundspalte weit, etwas schräg gestellt; Schnauze spitz, mit dünnen Lippen; Unterkiefer leicht vorstehend, ohne Bartfaden am Kinn. Augen groß, schräg nach oben gerichtet. Schwanzstiel seitlich leicht abgeflacht, kurz, hoch (½ Körperhöhe). Laichreife Tiere schuppenlos; Jungfische an den Flanken mit Feldern kleiner Kammschuppen, die sehr lange Dornen (oft länger als der Schuppen-Durchmesser) besitzen. 2 knapp getrennte Rückenflossen, die 1. mit 6 Stachelstrahlen, die 2. mit 1 Stachelstrahl und 11–13 Gliederstrahlen; Afterflosse mit 1 Stachelstrahl und 9–11 Gliederstrahlen; Bauchflossen reichen bis zum After. *Färbung:* Rücken und Flanken bräunlich, Bauchseite weiß. 2 dunkelbraune Querbinden auf dem Rücken (unter der 1. bzw. unter der hinteren Hälfte der 2. Rückenflosse). 2. dunkelbraune, schräge Wangenstreifen. Stirn und Nacken dunkelbraun; Vorderrücken mit braunen Zickzackflecken. *Länge:* 4–5, max. 6 cm.

Vorkommen: Meist in flachen Brackwasserbereichen, aber auch in küstennahen Süßgewässern im westlichen und nördlichen Schwarzen Meer (Schablasee/Bulgarien, Donaudelta, Unterlauf von Bug und Dnjepr) und an den Küsten des Kaspischen Meeres.

Lebensweise: Über das Fortpflanzungsverhalten dieser Grundel ist noch sehr wenig bekannt; man nimmt an, daß das Ablaichen im Brackwasser seichter Küstengewässer erfolgt. *Nahrung:* Borstenwürmer (*Nereis*-Arten), Kleinkrebse, Zuckmückenlarven.

Rauhe Kaulquappen-Grundel
Benthophilus granulosus

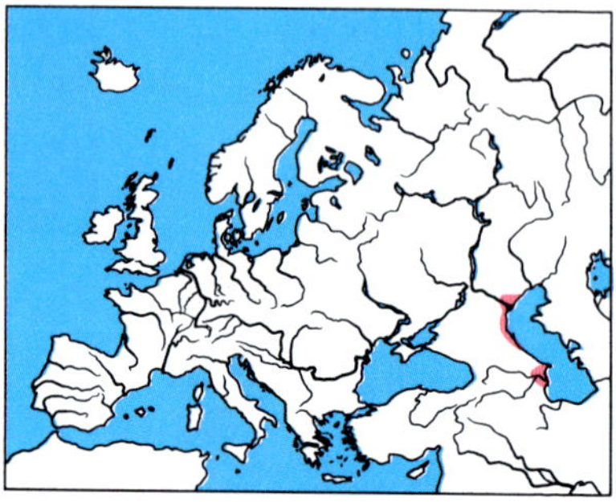

Merkmale: Kaulquappenähnlicher, kolbenförmiger Körper mit sehr breitem, stark abgeflachtem Kopf (Kopfprofil gerade, fast horizontal). Mundspalte weit, reicht bis unter die Augenmitte; Schnauze stumpf, mit dicken Lippen; Unterkiefer vorstehend, mit einem kurzen, einem Bartfaden ähnlichen Hautlappen. Augen groß, schräg nach oben gerichtet, über das Stirnprofil vorstehend. Kopf und Körper dicht bedeckt mit winzigen Knochenhöckern. Kurze Dornen auf der Schnauze und der Bauchregion, bei Jungtieren auch auf der Kopfunterseite. 2 getrennte Rückenflossen, die 1. mit 3–5 (meist 3–4) Stachelstrahlen, die 2. mit 1 Stachelstrahl und 5–9 (meist 8–9) Gliederstrahlen; Afterflosse mit 1 Stachelstrahl und 6–8 (meist 7–8) Gliederstrahlen. Brustflossen kurz, reichen nicht bis zum Beginn der 2. Rückenflosse; Bauchflossen reichen bis zur Afterflosse. *Färbung:* Hellgrau bis -bräunlich; Bauchseite gelblich, mit rosafarbenem Schimmer. 2. dunkelbraune, gebogene Querbinden auf dem Rücken (je eine unter der 1. bzw. 2. Rückenflosse). Am Ansatz der Schwanzflosse 1 dunkelbrauner Fleck. Kräftige, dunkle Binde vom Auge zum Rand des Vorkiemendeckels. Rückenflossen, Schwanzflosse und Brustflossen mit kleinen, dunkelbraunen Punktreihen. *Länge:* 3–4 cm, max. 5, 6 cm.

Vorkommen: In Küstengewässern des Kaspischen Meeres (z. B. bei Baku und, besonders häufig, im unteren Bereich des Wolgadeltas).

Lebensweise: Fortpflanzungsverhalten unbekannt. *Nahrung:* Wirbellose Kleintiere und Fischlarven.

Gebänderte Kaulquappen-Grundel

Rauhe Kaulquappen-Grundel

Kaulquappen-Grundel
Benthophilus macrocephalus

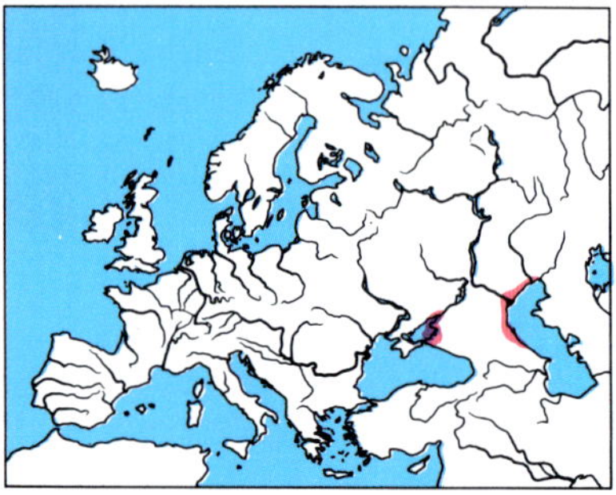

Merkmale: Kaulquappenähnlicher, kolbenförmiger Körper mit großem, stark abgeflachtem Kopf (so breit wie lang, Kopflänge ⅓ der Gesamtlänge). Mundspalte weit, reicht bis unter die Augen; Schnauze spitz, mit dünnen Lippen; Unterkiefer vorstehend, mit einem kleinen Bartfaden am Kinn; hinter den Mundwinkeln eine längliche, bartfadenähnliche Hautfalte. Augen klein, schräg nach oben gerichtet. Kleine, lochförmige Kiemenspalten. Flanken mit 3 Reihen von kleinen Knochenplatten (23–25 in der obersten Längsreihe) bedeckt, die nur wenig über die Haut hinausragen; dazwischen und auf dem Kopf Knochenhöcker, die nur auf der Bauchseite fehlen. Laichreife Männchen ohne Knochenplatten und -höcker. 2. weitgetrennte Rückenflossen, die 1. mit 3–4 (meist 3) Stachelstrahlen, die 2. mit 1–2 Stachelstrahlen und 7–9 (meist 8) Gliederstrahlen; Afterflosse und 1 Stachelstrahl und 6–8 (meist 7) Gliederstrahlen; Rückenflossen und Afterflosse bei laichreifen Männchen stark vergrößert; Bauchflossen länger als die Brustflossen. Keine Schwimmblase. *Färbung:* Rükken aschgrau, ohne Querbinden; Flanken und Bauchseite aufhellend, gelblich; Kopfunterseite und Saugscheibe orangefarben. *Länge:* Männchen bis 11,6 cm, Weibchen kleiner.

Vorkommen: Küstengewässer (Brack- und Süßwasser) im Kaspischen Meer (z. B. Wolgadelta). Im Asowschen Meer, in der Taganrogbucht und in den Kubanhaffen, kommt die Unterart *B. m. magistri* vor.

Lebensweise: Unbekannt; die Elterntiere gehen nach dem Ablaichen zugrunde.

Stern-Kaulquappen-Grundel
Benthophilus stellatus

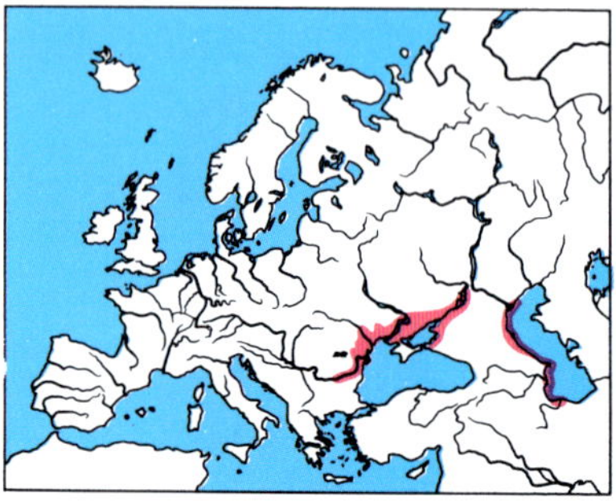

Merkmale: Kaulquappenähnlicher, kolbenförmiger Körper mit großem, stark abgeflachtem Kopf (etwas länger als breit, laichreife Männchen mit stark aufgeblähten Wangen). Mundspalte weit, reicht bis zum Augenvorderrand; Schnauze spitz, mit dünnen Lippen; Unterkiefer vorstehend, mit einem kleinen Bartfaden am Kinn und kleinen Hautlappen hinter den Mundwinkeln. Augen groß, schräg nach oben gerichtet. Flanken mit mehreren Reihen stark entwickelter Knochenplatten (27–30 in der obersten Längsreihe) bedeckt, die mit spitzen Schildchen über die Haut hinausragen; dazwischen wenige, kleine Knochenhöcker; sehr große Knochenplatten auf den Wangen. Laichreife Männchen nackt. 2 weit getrennte Rükkenflossen, die 1. mit 3–4 Stachelstrahlen, die 2. mit 1 Stachelstrahl und 6–10 (meist 8–9) Gliederstrahlen; Afterflosse mit 1 Stachelstrahl und 7–9 (meist 8) Gliederstrahlen. Bei laichreifen Männchen werden die Brustflossen länger, die 2. Rücken- und die Afterflosse höher. *Färbung:* Hellgrau bis -bräunlich, mit 2 dunkelbraunen, ringförmigen Flecken auf dem Rücken; 1 dunkelbrauner Fleck am Ansatz der Schwanzflosse. *Länge:* Weibchen bis 11, Männchen bis 13,5 cm.

Vorkommen: Brackwasserbereiche des nördlichen Schwarzen Meeres und des Asowschen Meeres mit Sand- oder Schillgrund, von dort in die Zuflüsse aufsteigend.

Lebensweise: Laichzeit Mai bis Anfang Juni. Eizahl 700–2500. Beide Elterntiere verenden danach; ab Juli trifft man nur noch Jungfische an. *Nahrung:* Kleine Bodentiere.

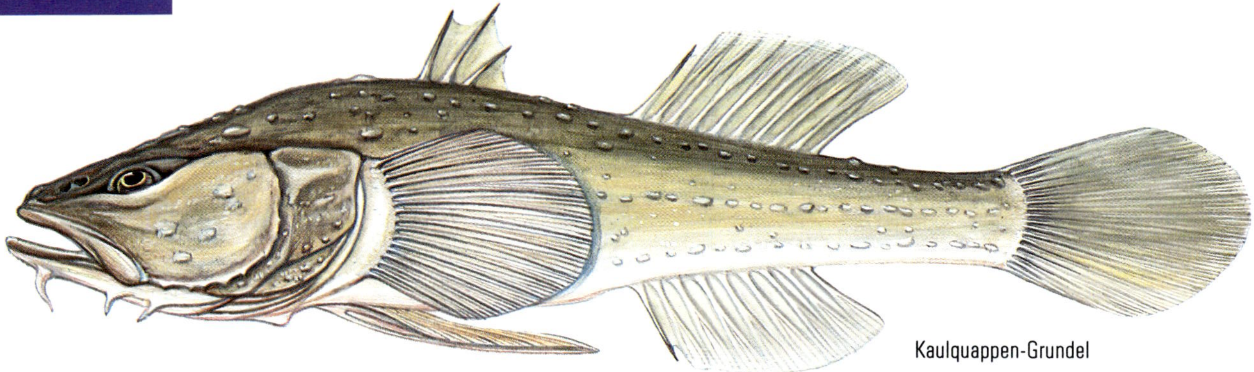

Kaulquappen-Grundel

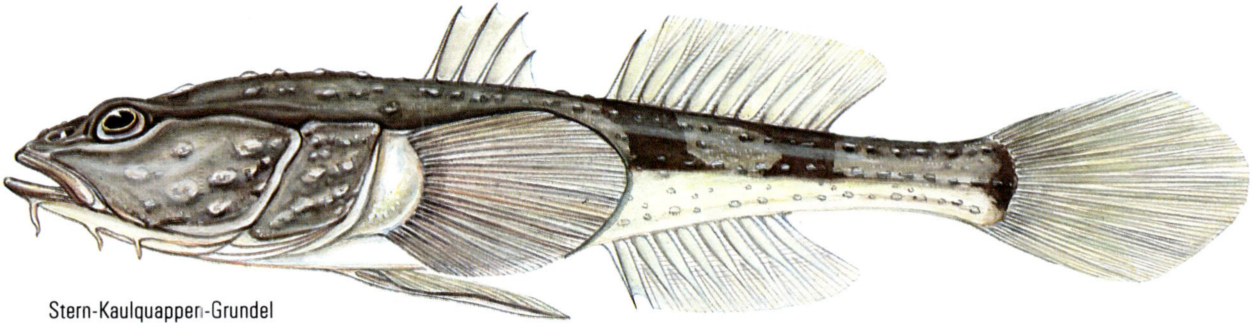

Stern-Kaulquappen-Grundel

Kaspi-Grundel
Caspiosoma caspium

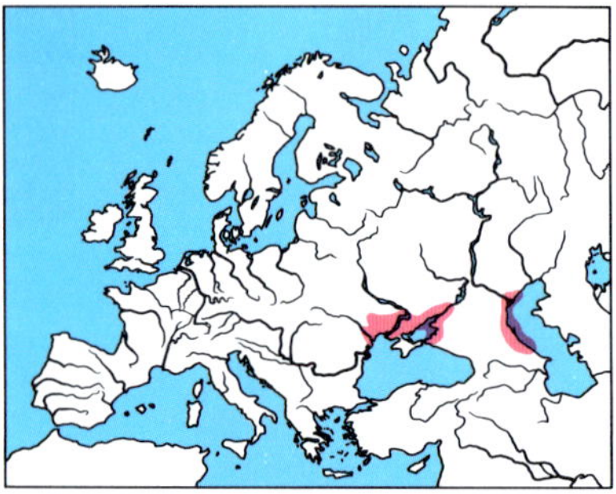

Merkmale: Langgestreckter, spindelförmiger Körper mit langem, abgeflachtem Kopf. Mundspalte eng, reicht nicht bis unter den Augenvorderrand; Schnauze stumpf, mit dicken Lippen; beide Kiefer gleich lang. Augen schräg nach oben gerichtet, vorstehend. Langer, niedriger Schwanzstiel. Keine Schuppen. 2 knapp getrennte Rückenflossen, die 1. mit 5–7 (meist 6) Stachelstrahlen, die 2. mit 1–2 Stachelstrahlen und 11–13 (meist 12) Gliederstrahlen; Afterflosse mit 1 Stachelstrahl und 8–10 Gliederstrahlen; Bauchflossen zu einer Saugscheibe verwachsen, lang; Schwanzflosse abgerundet. Keine Schwimmblase. *Färbung:* Sandfarben bis gelbbraun; 2 dunkelbraune, halbmondförmige Sattelflecken auf dem Rücken; vom Auge zum Vorkiemendeckel verläuft ein breites, schwarzes Band, ein zweites vom Auge zur Nackenregion; untere Kante des Kiemendeckels schwarz; am Ansatz der Schwanzflosse ein großer, schwarzer, dreieckiger Fleck. *Länge:* Max. 4,5 cm.
Vorkommen: Brack- und Süßwasserbereiche im Gebiet des nördlichen Schwarzen Meeres (Haffe, Unterlauf von Dnjepr und Bug), des Asowschen Meeres (im Dondelta recht häufig) und des mittleren und nördlichen Kaspischen Meeres (z. B. im Unterlauf der Wolga, zusammen mit anderen Grundelarten).
Lebensweise: Unbekannt. Bei einem laichreifen Weibchen wurden 20 große Eier gezählt; die geringe Eizahl läßt eine intensive Brutpflege vermuten. *Nahrung:* Wirbellose, vor allem Kleinkrebse und Insektenlarven (z. B. Zuckmückenlarven).

Bänder-Grundel
Chromogobius quadrivittatus

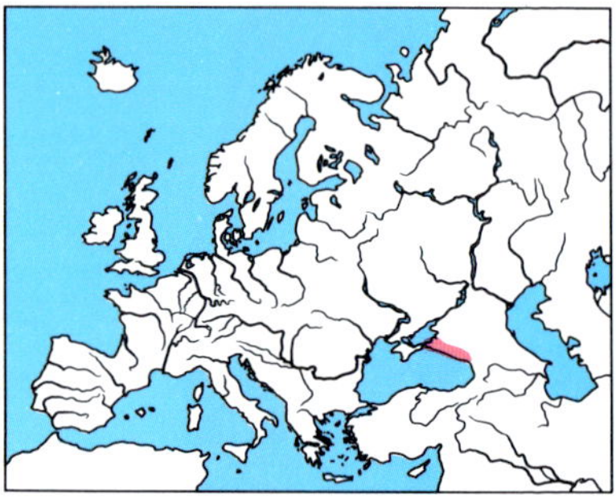

Merkmale: Sehr langgestreckter, niedriger Körper mit langem, breitem, abgeflachtem Kopf. Mundspalte sehr weit, schräg nach oben gerichtet, bis zum Augenvorderrand reichend; Unterkiefer mit seitlichen Fangzähnen, Oberkiefer in der Mitte mit sehr großen Fangzähnen; Schnauze kurz (so lang wie der Augendurchmesser). Augen sind schräg nach oben gerichtet und stehen dicht beieinander. Hoher, kurzer Schwanzstiel. 56–72 kleine Rundschuppen in der Längsreihe; Nacken ohne Schuppen. 2 knapp getrennte Rückenflossen, die 1. mit 6–7 Stachelstrahlen, die 2. mit 1 Stachelstrahl und 9–11 Gliederstrahlen, Afterflosse mit 1 Stachelstrahl und 8–10 Gliederstrahlen; Bauchflossen zu einer Saugscheibe verwachsen, kurz, nicht bis zum After reichend; Schwanzflosse abgerundet. Schwimmblase vorhanden. *Färbung:* Hellbraun, mit 10–14 deutlichen, dunkelbraunen Querbinden vom Rücken bis zur Bauchseite. Ein breites, helles Band über dem Nacken und vor den Brustflossen, dessen Hinterrand von einer schwarzen Binde über dem Ansatz der Brustflossen begrenzt wird. 2 helle Sattelflecken (am Beginn und am Ende der 2. Rückenflosse). Kopf, Wangen und Kiemendeckel mit dunklen, gebogenen Streifen; ein tiefschwarzer Fleck am Unterrand des Kiemendeckels. Dunkle Punktreihen auf der 2. Rücken- und der Schwanzflosse. *Länge:* 4–5 cm, max. 6,6 cm.
Vorkommen: In der Gezeitenzone von Küstengewässern im östlichen Bereich des Schwarzen Meeres. Typenfundort Bezirk Novorossijsk.
Lebensweise: Unbekannt.

Kaspi-Grundel

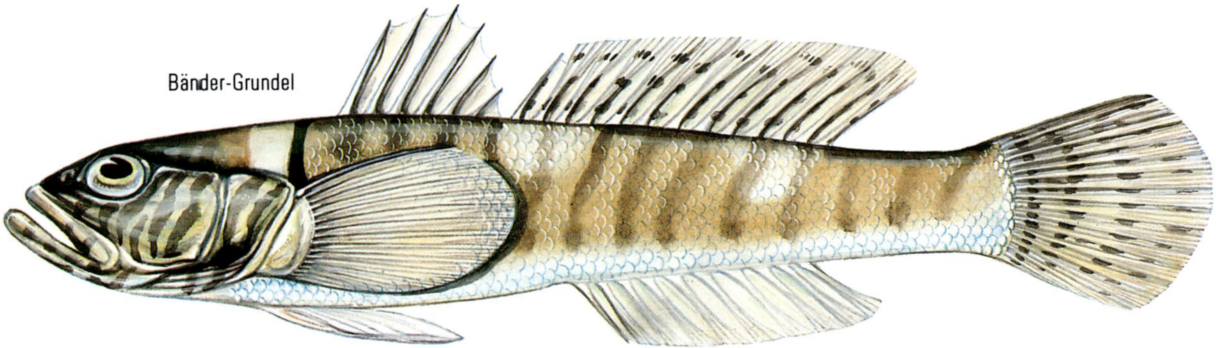

Bänder-Grundel

Langschwanz-Grundel
Knipowitschia longecaudata

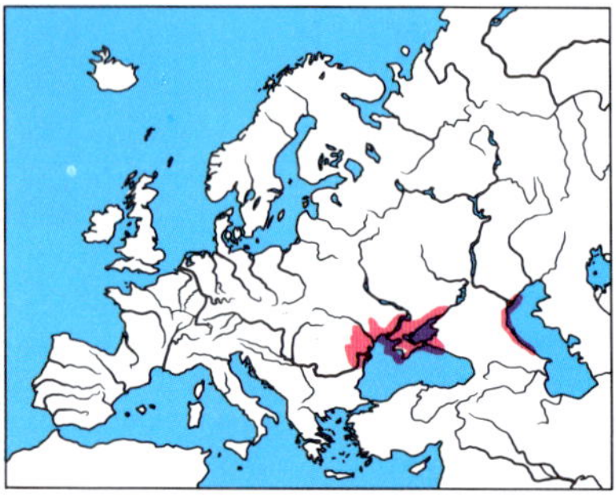

Merkmale: Langgestreckter, spindelförmiger Körper mit hohem, nicht abgeflachtem Kopf. Stirnprofil gerade, fast horizontal. Mundspalte sehr weit, leicht schräg gestellt; Schnauze spitz, mit dicken Lippen; Unterkiefer vorstehend. Augen schräg nach oben gerichtet (Augenzwischenraum nur halb so groß wie ihr Durchmesser). Sehr langer, niedriger Schwanzstiel. 36–45 Schuppen in der Längsreihe (auf den Flanken als Kammschuppen); Kopf, Rükken (bis zum Beginn der 2. Rückenflosse), Brust- und Bauchregion ohne Schuppen. 2 weitgetrennte Rückenflossen, die 1. mit 5–7 (meist 6) Stachelstrahlen, die 2. mit 1 Stachelstrahl und 7–9 Gliederstrahlen; Afterflosse mit 1 Stachelstrahl und 8–9 Gliederstrahlen. Schwanzflosse asymmetrisch abgerundet. *Färbung:* Gelblich bis hellbraun; Rükken mit kleinen, dunkelbraunen Punkten; Flanken mit einer Reihe von 10–11 dunkelbraunen Flecken, die sich beim laichreifen Männchen zu Querbinden vergrößern; ein großer, dunkler Fleck am Ansatz der Schwanzflosse. *Länge:* Weibchen bis 3,5 cm, Männchen bis 5 cm.
Vorkommen: Im Brackwasserbereich der Flußmündungen (von dort stellenweise auch in die Flußunterläufe und Süßwasserlagunen eindringend) im nördlichen Schwarzen Meer (Donau-, Dnjeprmündung) und im Asowschen Meer (Donmündung, Kubanlagunen). Im mittleren Bereich des Kaspischen Meeres kommt ein naher Verwandter, *K. iljini,* vor.
Lebensweise: Bodenfische, die flache Uferzonen im Brackwasserbereich bevorzugen. *Nahrung:* Wirbellose, vorwiegend Kleinkrebse.

Kaukasische Grundel
Knipowitschia caucasica

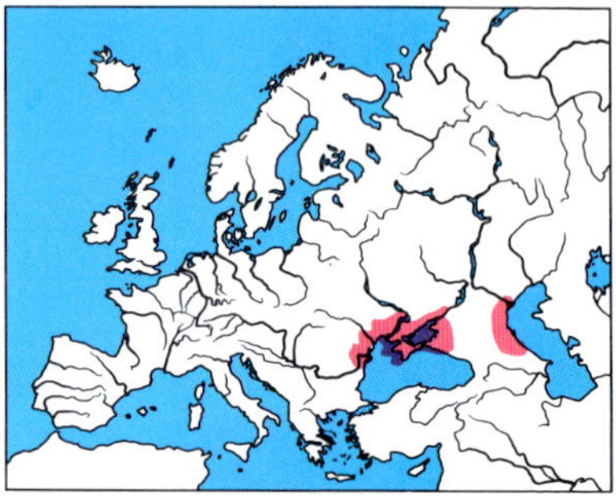

Merkmale: Langgestreckter, spindelförmiger Körper mit langem Kopf (Kopfgröße gleich der Körperhöhe oder etwas mehr). Augen seitlich am Kopf, nicht nach oben gerichtet (Augenzwischenraum kleiner als ihr Durchmesser). Langer, hoher Schwanzstiel. 30–37 (meist 32–36) Schuppen in der Längsreihe; Kopfoberseite, Kiemendeckel und Ansatz der Brustflossen ohne Schuppen. 2 getrennte Rückenflossen, die 1. mit 6 Stachelstrahlen, die 2. (ebenso wie die Afterflosse) mit 1 Stachelstrahl und 7–9 Gliederstrahlen; die Brustflossen sind kurz, rund und reichen bis zum Ende der 1. Rückenflosse, die Bauchflossen bis fast zum After; die Trichtermembran ragt seitwärts über die Bauchflossen hinaus. *Färbung:* Männchen zur Laichzeit hellbraun, mit deutlichen, schwarzen Querbinden auf den Flanken. Am Hinterende der 1. Rückenflosse ein dunkelblauer, am Ansatz der Schwanzflosse ein langer, rechteckiger Fleck. Weibchen sandfarben, meist mit wenigen, unregelmäßig verteilten schwarzen Punkten. Kinn dunkel, 2 schwarze Zügelstreifen vom Auge zur Schnauzenspitze. 1. Rückenflosse mit zahlreichen dunklen Punkten. *Länge:* 2–3 cm, max. 4 cm.
Vorkommen: Im Brackwasserbereich flacher Küstenzonen, aber auch in küstennahen Seen und im Unterlauf der Zuflüsse des Schwarzen Meeres (Donaudelta, Razelmsee, Bug), des Asowschen Meeres, in Westtranskaukasien und im nördlichen Kaspischen Meer.
Lebensweise: Bodenfische, die sehr seichte Uferstellen bevorzugen. *Nahrung:* Kleine Bodentiere.

Kaukasische Grundel

Langschwanz-Grundel

Kröten-Grundel
Mesogobius batrachocephalus

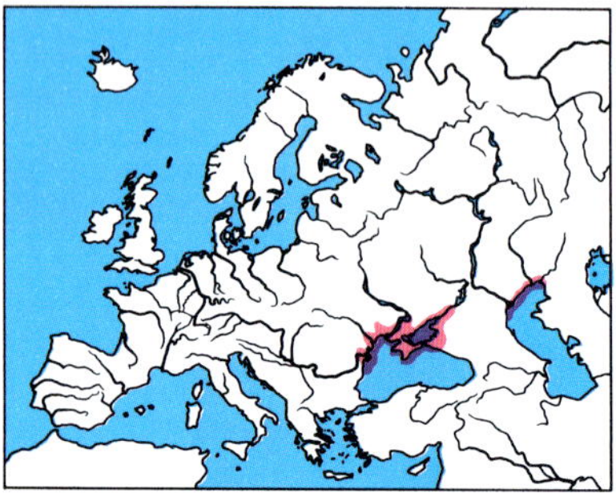

Merkmale: Niedriger, langgestreckter Körper (Körperhöhe 5⅓mal in der Gesamtlänge). Langer, abgeflachter Kopf (Kopflänge 4mal in der Gesamtlänge). Mundspalte sehr weit, schräg nach oben gerichtet; Unterkiefer lang, deutlich vorstehend; dicke Lippen. Große, vorstehende Augen. Schwanzstiel länger als hoch. 68–84 Schuppen in einer Längsreihe; Oberkopf, Nakken, Kiemendeckel und Wangen unbeschuppt. 2 eng zusammenstehende Rückenflossen, die 1. mit 6 Stachelstrahlen, die 2. mit 1 Stachelstrahl und 16–18 Gliederstrahlen, etwas höher als die 1. Rückenflosse; Afterflosse mit 1 Stachelstrahl und 13–16 Gliederstrahlen; Brustflossen groß, abgerundet. Bauchflossen zu einer Saugscheibe verwachsen. *Färbung:* Hellgrau bis gelbbraun, mit unregelmäßigen, dunkelbraunen Flecken und Streifen. Flossen (mit Ausnahme der Bauchflossen) mit dunkelbraunen Binden. *Länge:* 25–30 cm, max. 35 cm (größte Grundelart im Schwarzmeergebiet).

Vorkommen: Flache Küstenbereiche, Brackwasserlagunen und Flußdeltas im Gebiet des Schwarzen und Asowschen Meeres (z. B. Dnjestr-, Bug- und Dnjeprhaffe), seltener auch im Unterlauf der Zuflüsse und in küstennahen Süßwasserseen. Eine nahverwandte Art, *M. nonultimus,* kommt im nördlichen Kaspischen Meer vor, ihr Nackenbereich ist beschuppt.

Lebensweise: Das Ablaichen erfolgt von März bis April in küstennahen Gewässern; das Männchen bereitet dazu einen Nistplatz in seinem Revier vor, der von ihm bewacht und betreut wird. *Nahrung:* Wirbellose, insbesondere Kleinkrebse und kleine Fische.

Fluß-Grundel
Neogobius fluviatilis

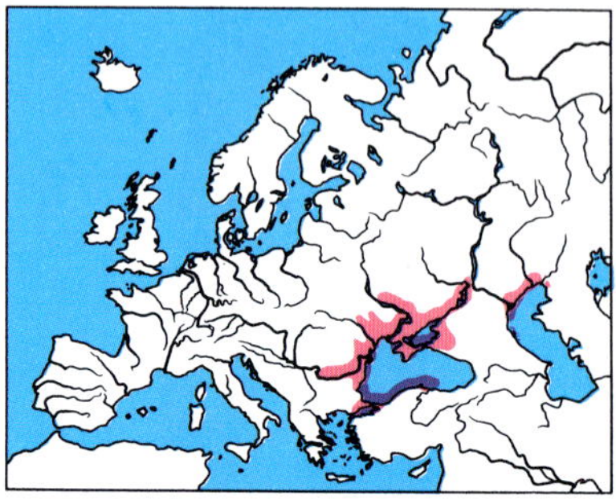

Merkmale: Gedrungener, nur mäßig gestreckter Körper (Körperhöhe ⅙ der Gesamtlänge). Langer, leicht abgeflachter Kopf, nur wenig breiter als hoch (Kopflänge ⅕ der Gesamtlänge). Mundspalte weit, fast waagrecht; Unterkiefer kaum vorstehend; dünne Lippen. Schwanzstiel länger als hoch. 58–65 Schuppen in der Längsreihe; Nacken beschuppt (26 Schuppen zwischen Kopf und Ansatz der Rükkenflossen). 2 getrennte Rückenflossen, die 1. mit 6 Stachelstrahlen, die 2. mit 1 Stachelstrahl und 15–18 Gliederstrahlen, hinten niedriger werdend; Afterflosse mit 1 Stachelstrahl und 13–16 Gliederstrahlen. *Färbung:* Grau- bis gelbbraun, mit dunkelbraunen, unregelmäßigen Flecken und Binden. Oberhalb des Brustflossen-Ansatzes ein dunkelbrauner Fleck. Rükkenflossen und Schwanzflosse mit braunen Punktreihen. Männchen zur Laichzeit schwarz, Unpaarflossen mit hellem Saum. *Länge:* 15–18 cm, max. 20 cm.

Vorkommen: Flache Küstenbereiche des Schwarzen und Asowschen Meeres, von dort weit in die großen Zuflüsse aufsteigend (Donau, Dnjestr, Bug, Dnjepr; Don, Kuban), im gesamten Gebiet des Schwarzen Meeres und des Marmarameers. Eine Unterart, *N. f. pallasi,* kommt im Mündungsgebiet von Wolga und Ural vor; sie hat größere Schuppen.

Lebensweise: Geschlechtsreif am Ende des 2. Lebensjahres. Das Ablaichen erfolgt im vom Männchen vorbereiteten Nistplatz, der bis zum Ausschlüpfen der Brut von ihm bewacht und betreut wird. *Nahrung:* Wirbellose, insbesondere kleine Krebstiere.

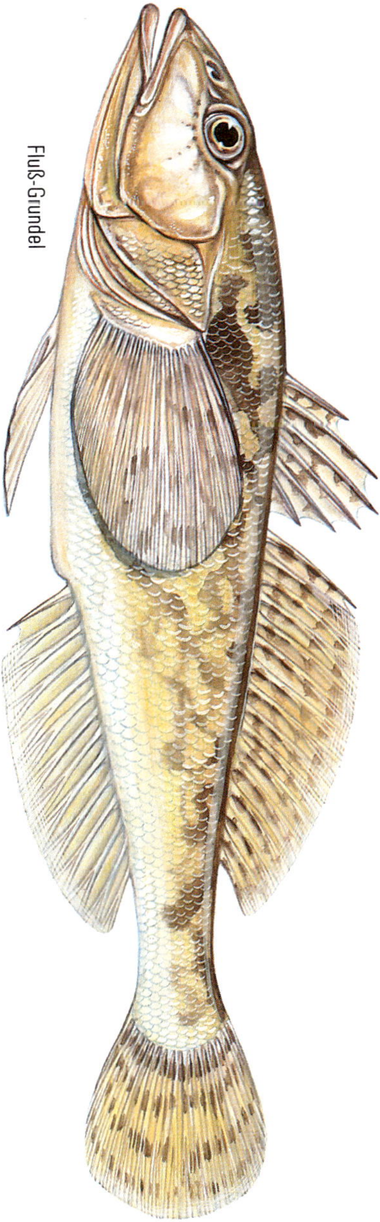

Fluß-Grundel

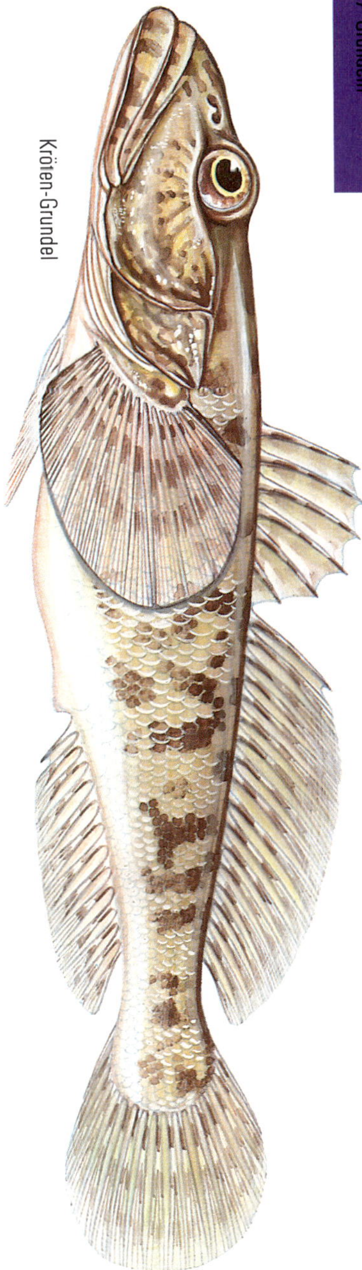

Kröten-Grundel

Großkopf-Grundel
Neogobius cephalarges

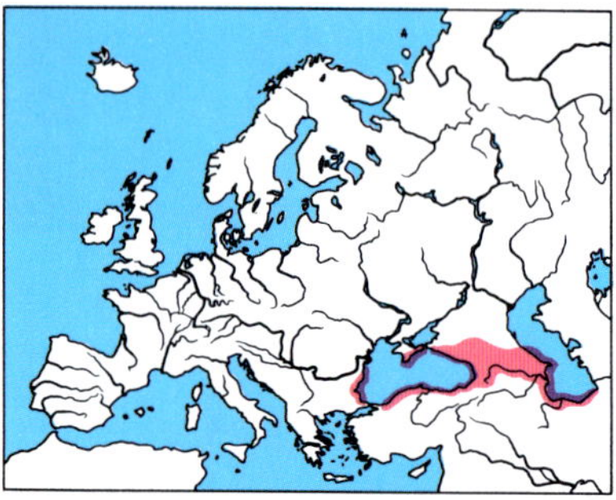

Merkmale: Breiter, abgeflachter Kopf. Mundspalte weit, schräg nach oben gerichtet; Unterkiefer leicht vorstehend. Schwanzstiel kurz, hoch. 48–79 (meist 55–67) Schuppen in der Längsreihe; Kopfoberseite, oberer Bereich der Kiemendeckel, Brustflossen-Ansatz und Bauchseite mit Rundschuppen bedeckt. 2 getrennte Rückenflossen, die 1. mit 6 Stachelstrahlen, die 2. mit 1 Stachelstrahl und 15–21 (meist 16–19) Gliederstrahlen, die hinten etwas höher werden; Afterflosse mit 1 Stachelstrahl und 11–16 (meist 12–15) Gliederstrahlen; Brustflossen reichen bis zur Afterflosse. *Färbung:* Ockergelb bis bräunlich, mit unregelmäßigen, dunkelbraunen Flecken. Wangen mit hellen, runden Flecken und 1–2 dunklen Längsstreifen. Flossen (mit Ausnahme der Bauchflossen) mit dunklen Punktreihen und bläulichem Schimmer. Männchen zur Laichzeit schwarz, 1. Rückenflosse mit weißem Saum. *Länge:* 18–22 cm, max. 24 cm.

Vorkommen: Flache, steinige Küstenbereiche, seltener auch in ausgesüßten Gebieten und in Flußmündungen im Gebiet des Schwarzen und Asowschen Meeres. Die **Kaukasische Flußgrundel** *(N. c. constructor)*, eine nicht wandernde Süßwasserform, lebt in klaren Gebirgsflüssen mit Kiesgrund (nord- und südkaukasische Flüsse im Einzugsbereich des östlichen Schwarzen Meeres sowie des westlichen und südlichen Kaspischen Meeres); bis 12,8 cm.

Lebensweise: Die Stammform *(N. c. cephalarges)* meidet Süßwassergebiete. Laichzeit März bis Mai, im Meer. *Nahrung:* Kleine Krebse, Weichtiere, Kleinfische.

Nackthals-Grundel
Neogobius gymnotrachelus

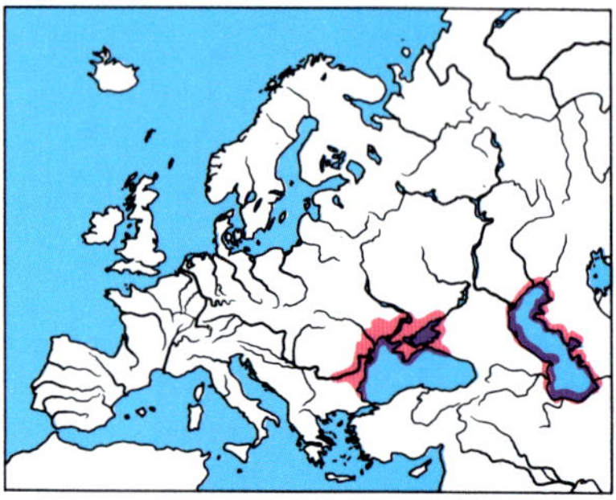

Merkmale: Langer Kopf, kaum breiter als hoch; stumpfe Schnauze; Unterkiefer nicht vorstehend; fleischige Lippen; Mundwinkel unter dem vorderen Drittel des Auges. Augendurchmesser ca. 2mal so groß wie der Augenabstand. Schwanzstiel viel länger als hoch. 54–69 (meist 56–68) Schuppen in der Längsreihe; Oberkopf, Nacken, Brustflossen-Ansatz, Kiemendeckel und Kehle unbeschuppt. 2 getrennte Rückenflossen, die 1. mit 6–7 Stachelstrahlen, die 2. mit 1 Stachelstrahl und 14–18 Gliederstrahlen; Afterflosse mit 1 Stachelstrahl und 12–16 Gliederstrahlen; Bauchflossen reichen bei großen Exemplaren bis zur Afteröffnung. Keine Schwimmblase. *Färbung:* Gelblichgrau, mit dunkelbraunen Flecken, die sich zu schräg nach vorn abfallenden Bändern vereinigen können. 3 dunkle Streifen auf den Wangen. 1. Rückenflosse mit breiten, dunklen Bändern; 2. Rückenflosse, Schwanzflosse und Brustflossen mit dunklen, schmalen Punktreihen; Saugscheibe und Afterflosse dunkelgrau. *Länge:* 12–15 cm, max. 16,5 cm.

Vorkommen: Brackwassergebiete und Zuflüsse des westlichen und nördlichen Schwarzen und des Asowschen Meeres (Bulgarien, Rumänien, Südrußland). Im Donaugebiet bis Bukarest aufsteigend. Im Kaspischen Meer kommt die Unterart *N. g. macrophthalmus* vor.

Lebensweise: Wenig bekannt. Laichzeit April bis Mai. Das Männchen bereitet einen Nistplatz vor und bewacht das Gelege. Bei einem Weibchen von 13 cm Länge wurden 1500 Eier (Durchmesser 2 mm) gezählt. *Nahrung:* Kleine Bodentiere aller Art.

Großkopf-Grundel

Nackthals-Grundel

Kessler-Grundel
Neogobius kessleri

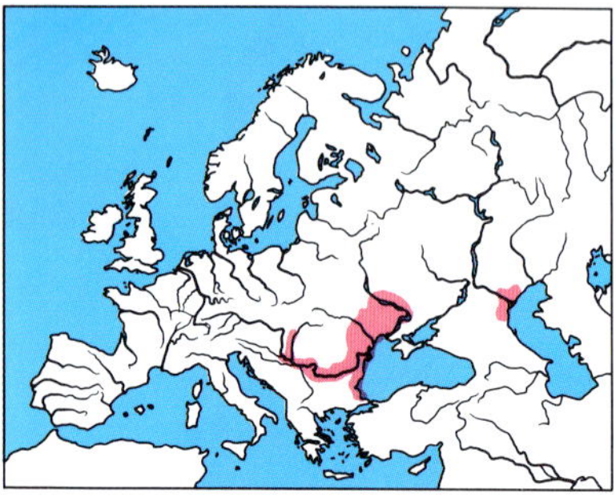

Merkmale: Niedriger, langgestreckter Körper mit breitem, abgeflachtem Kopf (2¾mal in der Gesamtlänge). Mundspalte weit, schräg nach oben gerichtet; Unterkiefer deutlich vorstehend. Schwanzstiel länger als hoch. 64–79 Schuppen in der Längsreihe; Kopfoberseite und ⅓ der Kiemendeckel beschuppt. 2 getrennte Rückenflossen, die 1. mit 5–6 Stachelstrahlen, die 2. mit 1 Stachelstrahl und 15–19 (meist 16–18) Gliederstrahlen; die Afterflosse mit 1 Stachelstrahl und 11–16 (meist 12–15) Gliederstrahlen; Bauchflossen zugespitzt. *Färbung:* Grau- oder rötlichbraun, mit dunkelbraunen Flecken (5 davon entlang der Flankenmitte). Helle, runde Flecken (mit dunklem Saum) auf den Kopfseiten. Flossen (mit Ausnahme der am Bauch) mit dunklen Punktreihen; wellenförmige, braune Streifen am Ansatz der Brustflossen. *Länge:* 12–18, max. 22 cm.
Vorkommen: Küstenbereiche mit Stein- oder festem Sandboden, von dort in die Flüsse aufsteigend. Im Schwarzen und Kaspischen Meer (Mündungsgebiete von Donau, Dnjestr, Bug, Dnjepr; Wolgadelta), fehlt im Asowschen Meer.
Lebensweise: Standorttreuer Bodenfisch. Das Männchen sucht sich sein Revier aus, das es gegen Eindringlinge verteidigt. Zur Laichzeit (April bis Mai) bereitet es unter Steinen oder leeren Muschelschalen einen Nistplatz vor. Die Eier kleben mit feinen Haftfäden am Untergrund; sie werden vom Männchen bewacht und durch Fächeln mit den Flossen mit Frischwasser versorgt. *Nahrung:* Würmer, Kleinkrebse, Weichtiere, Kleinfische.

Schwarzmund-Grundel
Neogobius melanostomus

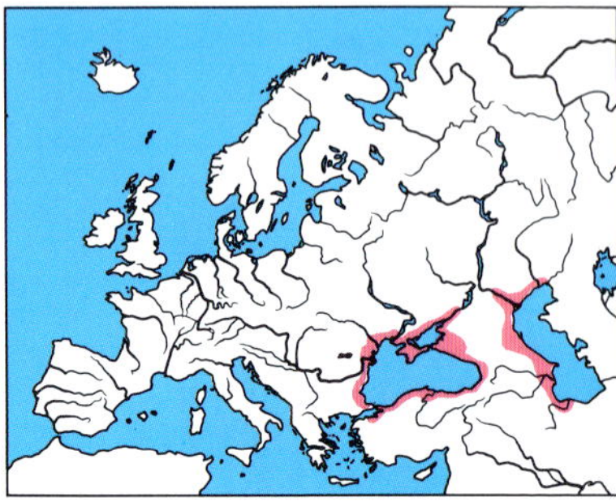

Merkmale: Gedrungener Körper (Körperhöhe 5½mal in der Gesamtlänge). Langer, hoher Kopf (Kopflänge 4½mal in der Gesamtlänge). Mundspalte weit, fast waagrecht; Unterkiefer nicht vorstehend. Augenabstand ungefähr gleich dem Augendurchmesser. Schwanzstiel länger als hoch. 45–58 (meist 47–54) Schuppen in der Längsreihe; zwischen den Augen unbeschuppt; Nacken, Rücken, Brustflossen-Ansatz, oberes ¼ der Kiemendeckel, Kehle und Bauch beschuppt. 2 Rückenflossen nahe beieinanderstehend, die 1. mit 6 Stachelstrahlen, die 2. mit 1 Stachelstrahl und 11–17 (meist 14–16) Gliederstrahlen, beide Rückenflossen gleich hoch; Afterflosse mit 1 Stachelstrahl und 10–13 Gliederstrahlen. *Färbung:* Hellgrau bis -braun, mit dunkelbraunen Flecken, die sich bei geschlechtsreifen Weibchen zu breiten Querbinden zusammenschließen. 1. Rückenflosse mit schwarzem, hell umrandetem Fleck zwischen 5. und 6. Flossenstrahl. Beide Rückenflossen mit braunen Längsstreifen. Männchen im »Brutkleid« schwarz, Rückenflossen mit gelbbraunem Saum. *Länge:* 15–18 cm, max. 25 cm.
Vorkommen: Im gesamten Küstenbereich des Schwarzen und Asowschen Meeres, von dort in die Zuflüsse aufsteigend (Donaudelta, Dnjestr, Bug, Dnjepr; Don [bis Rostow], Donez; Flüsse in Westtranskaukasien; Einzugsbereich des Marmarameeres). Im Kaspischen Meer lebt die Unterart *N. m. affinis.*
Lebensweise: Laichzeit April bis September im Süß- und Brackwasser. Eizahl ca. 1000. *Nahrung:* Weichtiere, Krebse, Fischlaich.

Kess er-Grundel

Schwarzmund-Grundel

Syrman-Grundel
Neogobius syrman

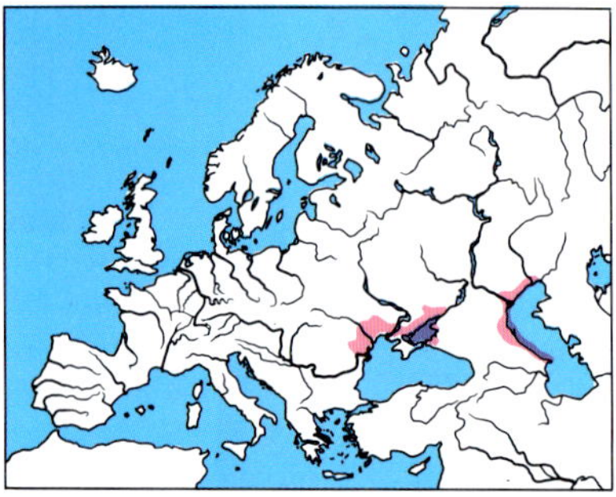

Merkmale: Niedriger Körper (Körperhöhe 5mal in der Gesamtlänge). Langer Kopf, etwas breiter als hoch (Kopflänge 4mal in der Gesamtlänge). Mundspalte weit, schräg nach oben gerichtet; Unterkiefer nur wenig vorstehend; Augen scheitelständig, ihr Durchmesser größer als ihr Abstand. Schwanzstiel etwa 1½mal länger als hoch. 56–78 (meist 58–71) Schuppen in der Längsreihe; Scheitel- und Hinterkopfbereich nicht beschuppt, oberes Drittel des Kiemendeckels beschuppt. 2 getrennte Rückenflossen, die 1. mit 6 Stachelstrahlen, die 2. mit 1 Stachelstrahl und 15–19 (meist 16–18) Gliederstrahlen; Afterflosse mit 1 Stachelstrahl und 10–15 (meist 12–14) Gliederstrahlen; Bauchflossen rund. *Färbung:* Grau- bis gelbbraun, mit großen, unregelmäßigen Flecken. Dunkler Streifen vom Auge zur Oberlippe. 3 helle und 2 dunkle Längsstreifen auf der 1. Rückenflosse. Männchen zur Laichzeit schwarzblau, Unpaarflossen mit hellem Saum. *Länge:* 18–22 cm, max. 24,5 cm.

Vorkommen: Flache Küstenbereiche mit Schillgrund (bevorzugt werden Herzmuschelbänke), von dort ins Brack- und Süßwasser aufsteigend. Im nördlichen Schwarzen Meer (Donaumündung und Ratzelmsee/Rumänien, Dnjeprhaffe, Unterlauf des Bug) und im Asowschen Meer (z. B. im Don bei Rostow). Im Kaspischen Meer (vom Ural bis Baku) kommt die Unterart *N. s. eurystomus* vor.

Lebensweise: Wenig bekannt. Laichzeit April bis Mai; das Gelege wird vom Männchen bewacht und betreut. *Nahrung:* Wirbellose, insbesondere Kleinkrebse.

Italienische Grundel
Padogobius nigricans

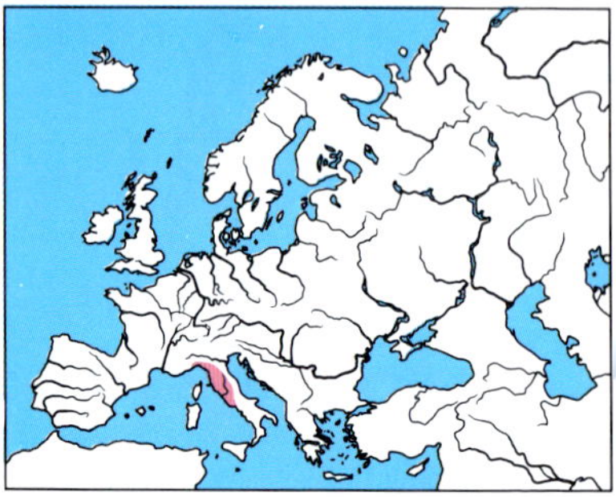

Merkmale: Gestreckter, schlanker Körper (Körperhöhe 6mal in der Gesamtlänge) mit langem, hohem Kopf (Kopflänge 4mal in der Gesamtlänge). Mundspalte eng, reicht nicht bis unter den Augenvorderrand; Schnauze stumpf, mit dicken Lippen; Unterkiefer vorstehend. Augen schräg nach oben gerichtet. Langer, hoher Schwanzstiel. 40–45 Schuppen in der Längsreihe; Nacken und Vorderrücken (bis zum Ansatz der 1. Rückenflosse) ohne Schuppen. 2 getrennte Rückenflossen, beide niedriger als die Körperhöhe, die 1. mit 6 Stachelstrahlen, die 2. mit 1 Stachelstrahl und 12–13 Gliederstrahlen; Afterflosse mit 1 Stachelstrahl und 6–8 Gliederstrahlen; Bauchflossen zu einer Saugscheibe verwachsen, kurz, weit vor dem After endend. *Färbung:* Grau, gelblich- bis rötlichbraun, mit dunklen Flecken entlang der Körpermitte; Kopf mit dunklen Marmorierungen. Rückenflossen und Schwanzflosse mit dunklen Fleckenreihen. Männchen zur Laichzeit sehr dunkel gefärbt, mit Fleck am Hinterrand der 1. Rückenflosse. *Länge:* 5–7 cm.

Vorkommen: In klaren, stehenden und fließenden Gewässern, in der Toskana (Einzugsgebiet von Arno, Serchio, Sieve), in Umbrien und Lazio, Mittelitalien.

Lebensweise: Bodenfisch, der flache Uferstellen mit Sand- und Geröllgrund bevorzugt. Laichzeit je nach Wohngewässer April bis Juli. Die Eier werden an einem vom Männchen vorbereiteten Nistplatz abgelegt, der sich meist unter größeren Steinen befindet, und von ihm bis zum Ausschlüpfen der Brut bewacht und betreut. *Nahrung:* Kleine Bodentiere.

Italienische Grundel

Syrman-Grundel

Panizza-Grundel
Padogobius panizzai

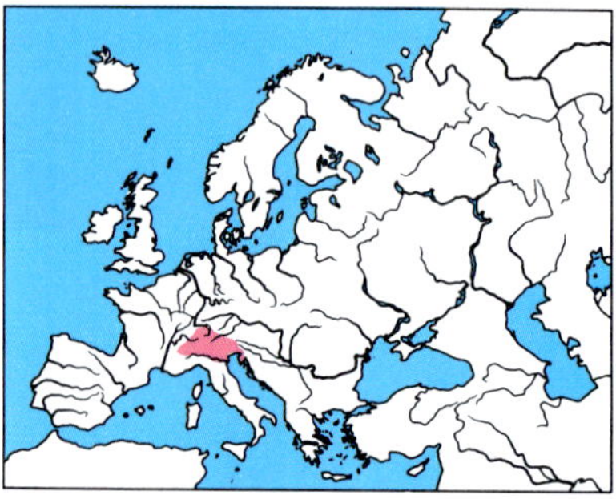

Merkmale: Gestreckter, schlanker Körper (Körperhöhe 5½mal in der Gesamtlänge) mit langem, hohem Kopf (Kopflänge 4½mal in der Gesamtlänge). Mundspalte eng, reicht nicht bis unter den Augenvorderrand; Schnauze spitz; Unterkiefer vorstehend. Augen schräg nach oben gerichtet. Langer, hoher Schwanzstiel. 35 Schuppen in der Längsreihe; Nacken unbeschuppt; Schuppen des Schwanzstiels größer als die des Körpers. 2 deutlich getrennte Rückenflossen, die 1. mit 6 Stachelstrahlen, die 2. mit 1 Stachelstrahl und 8 Gliederstrahlen, beide niedriger als der Körper; Afterflosse mit 1 Stachelstrahl und 7 Gliederstrahlen; Bauchflossen zu einer Saugscheibe verwachsen; Schwanzflosse abgerundet. *Färbung:* Gelblichbraun bis -grün; Weibchen mit einer dunklen Fleckenreihe auf den Flanken; Männchen mit dunklen Querbinden, schwarzem Kinn und einem großen, schwarzen Fleck am Hinterrand der 1. Rückenflosse. Rückenflossen und Afterflosse (bei beiden Geschlechtern) mit dunklen Binden. *Länge:* Bis 5,5 cm.

Vorkommen: Binnengewässer im Einzugsgebiet der nördlichen Adria, in Seen (z. B. Lago Maggiore, Gardasee) und Fließgewässern (Po, Etsch und andere Zuflüsse des Golfes von Venedig).

Lebensweise: Standorttreue Bodenfische, die das seichte, klare Wasser der Uferregionen bevorzugen. Die Eier werden als Grundlaich an Pflanzen, Steinen oder in leeren Muschelschalen abgelegt und vom Männchen bewacht. *Nahrung:* Wirbellose, vorwiegend Kleinkrebse und Insektenlarven.

Canestrini-Grundel
Pomatoschistus canestrini

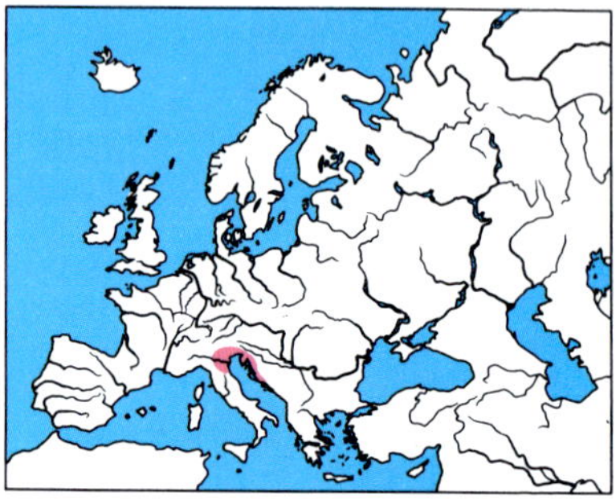

Merkmale: Kurzer, gedrungener Körper (Körperhöhe 5¼–5½mal in der Gesamtlänge). Breiter, stumpfschnauziger Kopf (Kopflänge 4–4½mal in der Gesamtlänge). Mundspalte sehr weit, schräg nach oben gerichtet; dicke Lippen; Unterkiefer wenig vorstehend. Schwanzstiel länger als hoch. 34–38 Schuppen in der Längsreihe. 2 getrennte Rückenflossen, die 1. mit 6 Stachelstrahlen, die 2. mit 1 Stachelstrahl und 8–9 Gliederstrahlen; Afterflosse mit 1 Stachelstrahl und 8–9 Gliederstrahlen; Bauchflossen zu einer Saugscheibe verwachsen, zugespitzt. *Färbung:* Hellbraun, mit dunklen, unregelmäßigen Flecken am Rükken und auf den Flanken. Beide Rückenflossen mit dunklen Längsstreifen; ein schwarzer Fleck zwischen dem 5. und 6. Strahl der 1. Rückenflosse. Ansatz der Brust- und Schwanzflosse dunkel. Kopfoberseite und Kinn schwarz. Männchen zur Laichzeit mit 6 undeutlichen Querbinden über der Flankenmitte. *Länge:* 4–5 cm, max. 5,5 cm.

Vorkommen: Süßwasserkanäle bei Venedig; im Fluß Jadro bei Split/Jugoslawien. Aus einem Bachlauf der Insel Levkos/Ionische Inseln ist eine nahverwandte Art *(P. pygmaeus)* beschrieben worden, die nur bis 3,5 cm lang wird.

Lebensweise: Stationäre Süßwassergrundel, über deren Lebensweise noch sehr wenig bekannt ist. Die Geschlechtsreife tritt bereits am Ende des 1. Lebensjahres ein. *Nahrung:* Wirbellose, insbesondere Kleinkrebse, Insektenlarven, Wasserinsekten und kleine Weichtiere (Schnecken, Muscheln).

Panizza-Grundel

Canestrini-Grundel

Strand-Grundel
Pomatoschistus microps

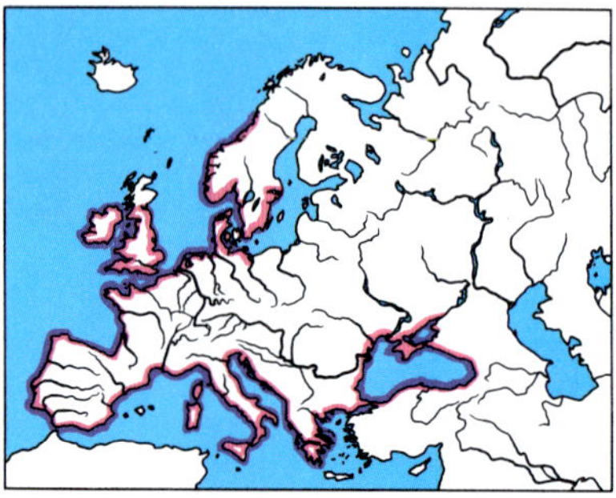

Merkmale: Spindelförmiger Körper mit hohem, wenig abgeflachtem Kopf. Augen nicht nach oben gerichtet. Kurze, senkrechte Kiemenspalten (nur bis zum Brustflossen-Ansatz reichend). Langer, niedriger Schwanzstiel. 41–52 Schuppen in der Längsreihe; Nacken, Vorderrücken (bis zum Ende der 1. Rückenflosse), Brustregion (bis zum Bauchflossen-Ansatz) ohne Schuppen. Die Schuppen des Schwanzstiels sind größer als die auf den Körperseiten. 2 getrennte Rückenflossen, die 1. mit 5–7 (meist 6) Stachelstrahlen, die 2. mit 1 Stachelstrahl und 8–10 Gliederstrahlen; Afterflosse mit 1 Stachelstrahl und 7–10 Gliederstrahlen; Trichtermembran mit feinen, körnigen Zotten. *Färbung:* Hellgrau bis -braun, mit grünem Schimmer; dunkle Fleckenreihe auf den Flanken, 2 dunkle Zügelstreifen auf der Schnauze. Rückenflossen und die Schwanzflosse mit braunroten Binden. Laichreife Männchen mit dunklen Querbinden, dunkler Kehle; ein dunkelblauer Fleck am Hinterende der 1. Rückenflosse. *Länge:* 3–4, max. 5 cm.

Vorkommen: In flachen Küstengewässern mit Sandgrund, im Meer- und Brackwasser von Südspanien bis Mittelnorwegen, in der westlichen Ostsee und dem westlichen Mittelmeer. Im Schwarzmeergebiet kommt die Unterart *P. m. leopardinus* vor, die tief in die Flußmündungen (z. B. des Bug) eindringt.

Lebensweise: Gesellige Bodenfische. Laichzeit April bis August. Das Männchen bewacht die 1 mm großen Eier, bis nach ca. 1 Woche die 3 mm langen Larven ausschlüpfen. *Nahrung:* Vorwiegend Kleinkrebse.

Marmorierte Grundel
Proterorhinus marmoratus

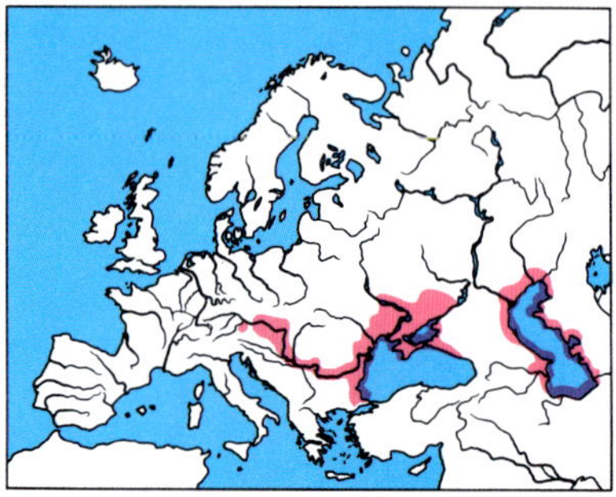

Merkmale: Gedrungener Körper mit kurzem, hohem Kopf (deutlich höher als breit, Kopflänge 4⅓mal in der Gesamtlänge). Mundspalte eng, reicht nicht bis unter den Augenvorderrand; Schnauze stumpf mit dicken Lippen; beide Kiefer gleich lang; vordere Nasenöffnungen zu ca. 1 mm langen Röhrchen verlängert, die über die Oberlippe hängen. Augenzwischenraum kleiner als ihr Durchmesser. Kurzer, hoher Schwanzstiel. 36–48 (meist 38–46) Schuppen in der Längsreihe; Nacken und oberer Teil der Kiemendeckel beschuppt. 2 dichtstehende Rückenflossen, die 1. mit 6–7 Stachelstrahlen, die 2. mit 1 Stachelstrahl und 14–18 Gliederstrahlen; Afterflosse mit 1 Stachelstrahl und 11–16 Gliederstrahlen; Brustflossen sehr groß (reichen bis zum 4.–5. Strahl der 2. Rückenflosse). *Färbung:* Gelblich-, grünlich- bis bräunlichgrau, mit dunkelbrauner Fleckenzeichnung. Unter dem Auge ein dunkler, hinten weiß gesäumter Fleck; am Ansatz der Schwanzflosse ein dreieckiger, weißgesäumter Fleck. Alle Flossen (außer der Saugscheibe) mit braunen Punktreihen. Männchen zur Laichzeit schwarz, 1. Rückenflosse mit einem roten Fleck. *Länge:* Bis 11,5 cm.

Vorkommen: Flache Küstengewässer, Brack- und Süßwasserseen sowie größere Zuflüsse im Bereich des Schwarzen, Asowschen und Kaspischen Meeres. In der Donau vom Delta bis zur Marchmündung und im Neusiedler See, wo diese Grundel besonders im Nordteil in verkrauteten Buchten des Schilfgürtels zwischen Tausendblatt und Laichkraut vorkommt.

Lebensweise: Die Biologie ist unbekannt.

Marmorierte Grundel

Strand-Grundel

Schlangenkopf-Grundel, Gras-Grundel
Zosterisessor ophiocephalus

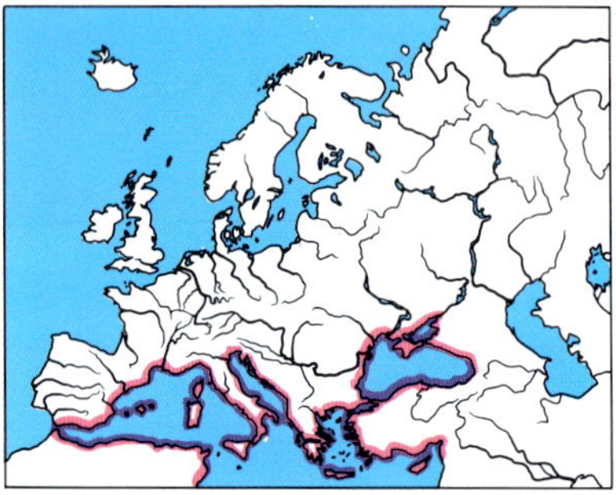

Merkmale: Niedriger Körper (Körperhöhe 6½-mal in der Gesamtlänge). Langer, abgeflachter Kopf, deutlich höher als breit (Kopflänge 4⅓mal in der Gesamtlänge). Augenabstand etwa gleich dem Augendurchmesser. Schwanzstiel länger als hoch. 51–70 (meist 57–68) Schuppen in der Längsreihe; Nacken beschuppt, Kiemendeckel nackt oder nur am oberen Rand beschuppt, Bauchregion beschuppt. 2 getrennte Rückenflossen, die 1. mit 6 Stachelstrahlen, die 2. mit 1 Stachelstrahl und 13–16 (meist 14–15) Gliederstrahlen, höher als die 1. Rückenflosse; Afterflosse mit 1 Stachelstrahl und 11–16 (meist 12–15) Gliederstrahlen; Brustflossen groß, obere Strahlen gewöhnlich fadenförmig verlängert; Bauchflossen abgerundet, kurz, Trichtermembran nur gering entwickelt. *Färbung:* Grünlichbraun, mit dunkelbraunen, wellenförmigen Querbinden. Dunkle Flecken entlang der Flankenmitte. Ein schwärzlicher Fleck am Ansatz der Schwanzflosse. Kopfseiten und Brustflossen-Ansatz weiß gefleckt. Rückenflossen, Schwanzflosse und die Brustflossen mit dunklen Fleckenreihen; Afterflosse mit dunklen Punkten. *Länge:* 18–22 cm, max. 25 cm.

Vorkommen: In flachen Brackwassergebieten, Lagunen und Flußmündungen, häufig über Schlammgrund und in Seegraswiesen im Mittelmeer- und Schwarzmeergebiet.

Lebensweise: Bodenfisch, der Seegraswiesen *(Zostera)* bevorzugt. Laichzeit März bis Mai. 5–10 Weibchen (Eizahl 153 000–307 000) laichen im vom Männchen zwischen dichtem Pflanzenwuchs vorbereiteten Nest ab.

Berg-Grundel
Hyrcanogobius bergi

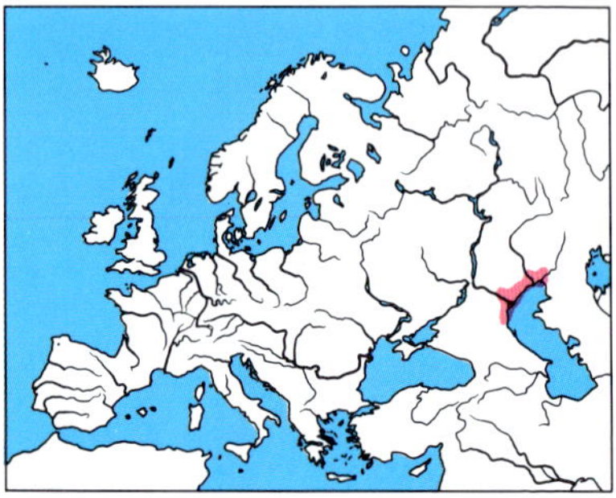

Merkmale: Langgestreckter, spindelförmiger Körper mit hohem, nicht abgeflachtem Kopf. Mundspalte weit, leicht schräg gestellt; Schnauze spitz mit dicken Lippen; Unterkiefer wenig vorstehend. Augen schräg nach oben gerichtet (Augenzwischenraum etwa ⅔ so groß wie ihr Durchmesser). Sehr langer, niedriger Schwanzstiel. 30 Schuppen in der Längsreihe; Nacken und Vorderrücken (bis zum Beginn der 1. Rückenflosse) ohne Schuppen. 2 knapp getrennte Rückenflossen, die 1. mit 6 Stachelstrahlen, die 2. (ebenso wie die Afterflosse) mit 1 Stachelstrahl und 8–9 Gliederstrahlen; Bauchflossen zu einer Saugscheibe verwachsen; Schwanzflosse symmetrisch abgerundet. *Färbung:* Gelblichweiß; Rücken mit kleinen, dunkelbraunen Punkten; Flanken mit einer Längsreihe bräunlicher Flecken. *Länge:* Weibchen bis 2,7 cm, Männchen bis 3,1 cm.

Vorkommen: Brackwasser- und Süßwasserbereiche im nördlichen Kaspischen Meer, vor der Mündung von Ural, Emba und Wolga sowie in deren Deltagebieten.

Lebensweise: Über das Fortpflanzungsverhalten ist nur sehr wenig bekannt. Laichzeit von Ende Juli bis September. Die länglich-ovalen Eier (3,5–4 mm lang, 1–1,1 mm breit) werden an leeren Muschelschalen angeheftet; bereits Ende September findet man schlüpfreife Eier (über Schlammgrund, bis in 7 m Tiefe) an. Die frischgeschlüpften Larven (6–6,5 mm lang) treiben frei im Wasser. Die Geschlechtsreife tritt bereits bei einer Länge von 21–22 mm ein. *Nahrung:* Wirbellose, vorwiegend Kleinkrebse.

Schlangenkopf-Grundel
Berg-Grundel

Sibirische Groppe
Cottus poecilopus

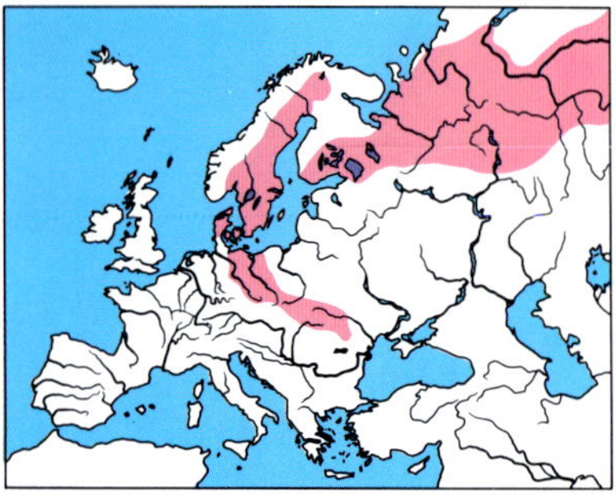

Merkmale: Keulenförmiger, schuppenloser Körper mit breitem, abgeplattetem Kopf. Weite, endständige Mundspalte. Hochliegende Augen. Kiemendeckel mit einem sehr kräftigen, gekrümmten Dorn; Kiemenspalten eng; Kiemenhäute getrennt, mit dem Isthmus verwachsen. Die Seitenlinie verläuft oberhalb der Mittellinie des Körpers und reicht nur bis etwa unter die Mitte der 2. Rückenflosse; sie ist mit 20–25 kleinen Knochenschuppen besetzt. 2 Rückenflossen, die 1. mit 6–10 Stachelstrahlen, die 2. mit 16–20 Gliederstrahlen; Afterflosse mit 12–15 Gliederstrahlen; große Brustflossen, die unteren Strahlen verstärkt und über die Flossenhaut hinausragend; schmale, lange, brustständige Bauchflossen, innerer Strahl kürzer als die Hälfte des äußeren, der bis zur Afteröffnung reichen kann; Schwanzflosse abgerundet. *Färbung:* Rücken und Flanken bräunlichgrau, mit dunklen Querbinden; Bauch weiß. Bauchflossen mit schwärzlichen Querstreifen; Rücken- und Afterflosse mit schrägen Längs-, Brust- und Schwanzflosse mit Querbinden (»Buntflossenkoppe«). *Länge:* 7–9 cm, max. 12,5 cm.

Vorkommen: Klare, sauerstoffreiche Gewässer mit Sand- oder Kiesgrund im norddeutschen Tiefland, in Nordeuropa, Nordasien und (mit der Groppe) im Karpatengebiet.

Lebensweise: Bodenfisch zwischen Steinen und unter Geröll, stellenweise auch in größeren Tiefen. Laichzeit Februar bis April. Brutpflege durch das Männchen. *Nahrung:* Bodentiere (besonders Flohkrebse), Fischlaich und -brut.

Groppe oder Koppe
Cottus gobio

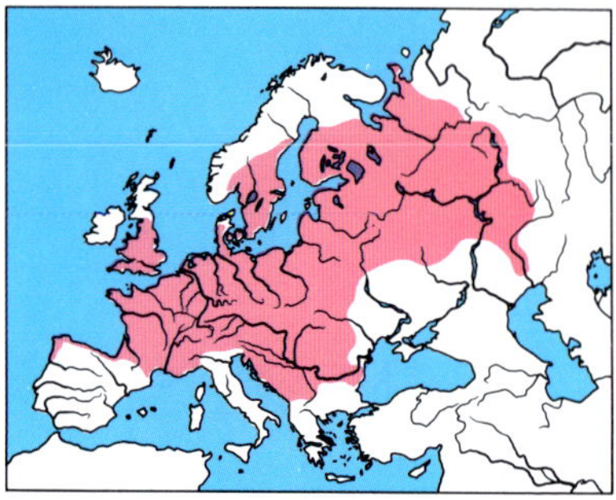

Merkmale: Keulenförmiger, schuppenloser Körper mit breitem, abgeplattetem Kopf. Weite, endständige Mundspalte. Hochliegende Augen. Kiemendeckel mit einem kräftigen, gekrümmten Dorn; Kiemenspalten eng; Kiemenhäute getrennt, mit dem Isthmus verwachsen. Die Seitenlinie verläuft in der Flankenmitte bis zum Ansatz der Schwanzflosse; sie ist mit 30–35 kleinen Knochenschuppen besetzt. 2 Rückenflossen, die 1. mit 5–9 Stachelstrahlen, die 2. mit 13–19 Gliederstrahlen; Afterflosse mit 10–15 Gliederstrahlen; große Brustflossen, die unteren Strahlen verstärkt und über die Flossenhaut hinausragend; Bauchflossen brustständig, innerer Strahl nur wenig kürzer als der äußere; Schwanzflosse abgerundet. Schwimmblase fehlt. Männchen mit Genitalpapille. *Länge:* 10–15 cm, max. 18 cm.

Vorkommen: Seichte, sauerstoffreiche Fließgewässer mit rascher Strömung (Forellenregion) und in der Uferzone klarer Seen (in den Alpen bis auf 2200 m Höhe) mit Sand- oder Kiesboden. In West-, Mittel- und Osteuropa weit verbreitet.

Lebensweise: Tagsüber zwischen Geröll, unter Steinen und Wurzelwerk verborgen, huscht die Groppe bei Gefahr nur eine kurze Strecke im Zickzack, um alsbald wieder zu verschwinden; erst mit Beginn der Dämmerung geht sie auf Nahrungssuche. Laichzeit Februar bis Mai. Die Männchen bereiten eine kleine Laichgrube vor und betreuen später das Gelege. Brutdauer 3–6 Wochen. *Nahrung:* Kleine Bodentiere, Fischlaich und -brut.

Sibirische Groppe

Groppe oder Koppe

Petit-Groppe
Cottus petiti

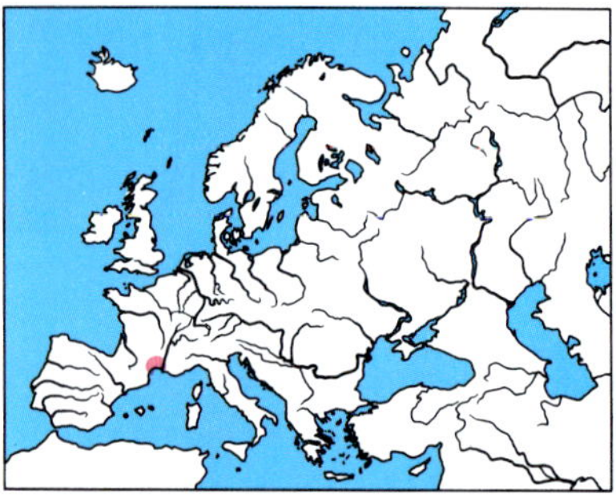

Merkmale: Fast spindelförmiger, hinten seitlich abgeflachter Körper mit relativ kleinem, abgeplattetem Kopf (im Vergleich zu den anderen Groppen-Arten). Sehr hochliegende Augen. Kiemendeckel mit einem kräftigen Dorn; Kiemenspalten eng; Kiemenhäute getrennt, mit dem Isthmus verwachsen. Die Seitenlinie verläuft, stellenweise unterbrochen, in der Flankenmitte bis zum Schwanzflossen-Ansatz. Keine Schuppen. 2 Rückenflossen, die 1. mit 5–7 (meist 6) Stachelstrahlen, die 2. mit 15–16 (meist 16) Gliederstrahlen; Afterflosse mit 11–13 (meist 12) Gliederstrahlen; sehr große Brustflossen, die unteren Strahlen verstärkt und über die Flossenhaut hinausragend; Bauchflossen brustständig, kurz; Schwanzflosse länglich, abgerundet. Laichreife Weibchen mit dreieckiger Genitalspalte. *Färbung:* Je nach Wohngewässer von fast schwarz bis grünlichgelb, Rücken und Flanken dann mit 6 bräunlichen Querbändern oder Fleckenreihen. Roter Augenkreis. Rücken-, Brustflossen und die Schwanzflosse mit braungefleckten Strahlen, Bauch- und Afterflosse ungefleckt, durchsichtig. *Länge:* 3–5, max. 6 cm.

Vorkommen: Raschfließende Bäche mit klarem, kühlem (13° C), kalkreichem Wasser im Quellgebiet des Lez/Südfrankreich. Eine verwandte, langgestreckte Art *(C. ferruginosus)* kommt im Einzugsgebiet der Adria, vom Gardasee bis Dalmatien, vor.

Lebensweise: Vergesellschaftet mit Elritzen und Schmerlen. Fortpflanzungsverhalten wahrscheinlich wie bei der Groppe. *Nahrung:* Kleine Bodentiere (Flohkrebse, Köcherfliegenlarven).

Vierhörniger Seeskorpion
Myoxocephalus quadricornis

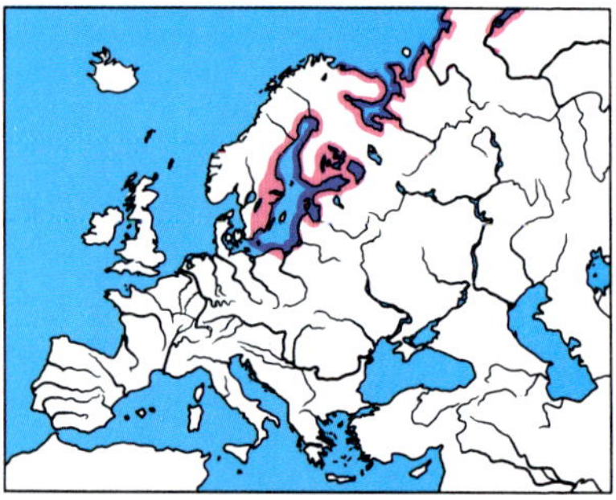

Merkmale: Kaulquappenähnlicher Körper mit breitem, abgeplattetem Kopf. Weite, endständige Mundspalte; oberhalb der Schnauze 2 kleine Dornen; 4 schwammig-knöcherne Auswüchse auf der Kopfoberseite. Kiemendeckel mit 2, Vorkiemendeckel mit 4 Dornen (der oberste am längsten); Kiemenspalten weit; Kiemenhäute nicht mit dem Isthmus verwachsen. Keine Schuppen, eine oder mehrere Reihen von Knochenhöckern zwischen der Seitenlinie und dem Rücken. 2 Rückenflossen, die 1. mit 7–9 Stachelstrahlen, die 2. mit hohen, fadenförmig verlängerten 13–16 Gliederstrahlen; Afterflosse mit 13–17 Gliederstrahlen; große, fächerförmige Brustflossen, die unteren Strahlen verstärkt und über die Flossenhaut hinausragend; Bauchflossen brustständig, innerer Strahl nur wenig kürzer als der äußere; Schwanzflosse abgerundet. Schwimmblase fehlt. *Färbung:* Rücken graubraun, Flanken gelblich, Bauch weiß. Knochenhöcker auf dem Kopf graugelb. Flossen mit dunklen Fleckenreihen. *Länge:* Süßwasserformen 10–25 cm, marine Formen bis max. 60 cm (Beringstraße).

Vorkommen: Küstengewässer der nördlichen Erdhalbkugel, als Reliktform der Eiszeit auch in kalten, tiefen Seen, seltener in Flußunterläufen, in Europa im Ostsee- und Eismeergebiet. Zahlreiche Unterarten, vor allem in der schwedischen Seenplatte.

Lebensweise: Bodenfisch im Flachwasser. Laichzeit Dezember bis Januar. Die Eier werden in Klumpen abgelegt und vom Männchen bewacht. Brutzeit ca. 5 Wochen, *Nahrung:* Würmer, Kleinkrebse, kleine Bodenfische.

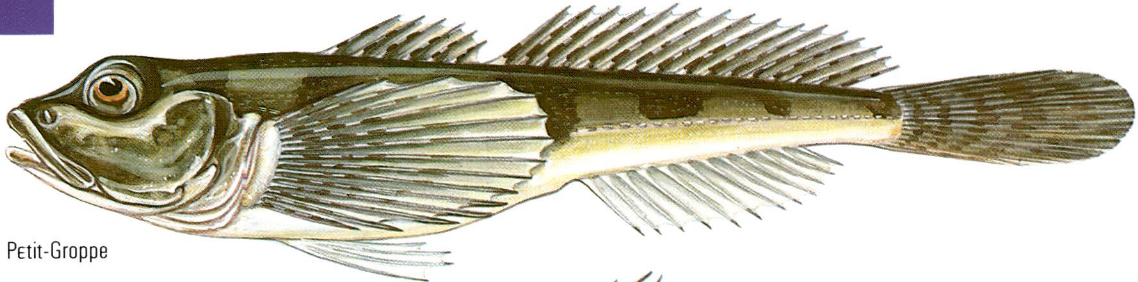

Petit-Groppe

Vierhörniger Seeskorpion

Flunder oder Butt
Platichthys flesus

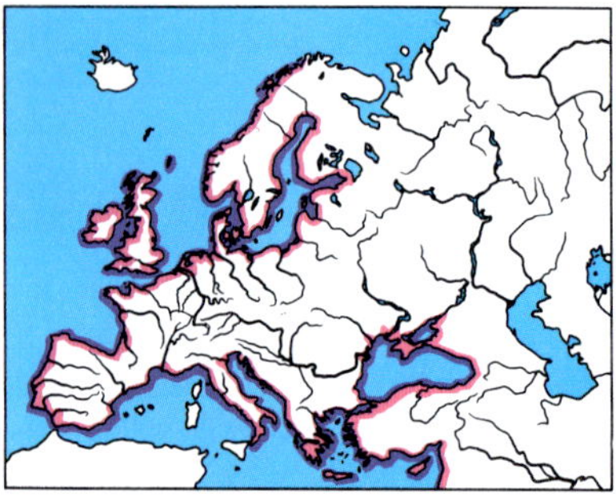

Merkmale: Ovaler Körper mit kleiner Mundspalte (reicht nicht bis unter das Auge). Meist rechtsäugig (lokal bis 30 Prozent linksäugig). Vorkiemendeckel mit freiem Rand. Kleine, glatte Schuppen; dornige Hautwarzen entlang der Seitenlinie und an der Basis der Rücken- und Afterflosse. Seitenlinie über der Brustflosse schwach gewölbt. Rückenflosse mit 49–71, Afterflosse mit 33–48 Gliederstrahlen. Schwanzflosse frei. *Färbung:* Augenseite grünlich oder bräunlich, meist mit großen, schwarzen und kleinen, braunen oder gelben Flecken, lokal auch mit schmutzigorangefarbenen Punkten. Blindseite weißlich, dunkel bestäubt. *Länge:* 20–30 cm, max. 50 cm.

Vorkommen: Von der Gezeitenzone bis in ca. 50 m Tiefe, im Sommer auch im Brackwasser und weit flußaufwärts, im Winter tiefer. Küstengewässer des Nordatlantiks, bei Island fehlend. 4 Unterarten: *P. f. trachurus* (Ostseegebiet, in die Weichsel aufsteigend), *P. f. bogdanowi* (Weißmeergebiet, Unterlauf der Dwina), *P. f. septentrionalis* (Murmanküste, Flußmündungen), *P. f. luscus* (Mittelmeer, Schwarzes und Asowsches Meer).

Lebensweise: Gesellig lebender Bodenfisch, tagsüber im Sandboden vergraben, nachts wird er lebhafter und zieht auf Nahrungssuche ins Flachwasser. Laichzeit Januar bis März (Schwarzes Meer), Februar bis Mai (Südliche und südöstliche Nordsee in 20–40 m, westliche Ostsee in 40–100 m Tiefe). Die 0,8–1,4 mm großen Eier treiben, ebenso wie die nach 5–7 Tagen (bei ca. 10° C) schlüpfenden 3 mm langen Larven, frei im Wasser.

Arktische Flunder
Liopsetta glacialis

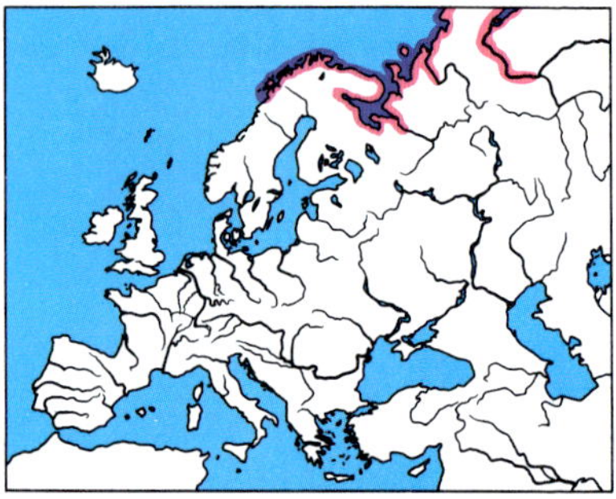

Merkmale: Länglich-ovaler, stark abgeflachter Körper mit kleiner, endständiger Mundspalte (reicht nicht bis unter das Auge). Rechtsäugig. Vorkiemendeckel mit freiem Rand. Sehr kleine Schuppen, beim Männchen Kammschuppen, beim Weibchen Rundschuppen; keine vergrößerten, dornigen Warzenschuppen entlang der Seitenlinie und an der Basis der Rücken- und Afterflosse. Seitenlinie über der Brustflosse fast gerade. Rückenflosse mit 51–64, Afterflosse mit 37–45 Gliederstrahlen; keine Stachelstrahlen; Bauchflossen kehlständig; Schwanzflosse frei. 10–14 Reusendornen auf dem 1. Kiemenbogen (bei der Flunder dagegen 15–22). *Färbung:* Augenseite bräunlich bis olivgrau, mit runden, unterschiedlich großen, schwarzen Flecken, auch auf der Rücken-, Schwanz- und Afterflosse. Brust- und Bauchflossen hellbraun, nicht gefleckt. *Länge:* 15–25 cm, max. 35 cm.

Vorkommen: Küstengewässer und Flußmündungen in Nordeuropa, von Nordnorwegen, dem Weißmeergebiet entlang der nordrussischen Küste bis Sibirien. Während der Sommermonate weit in die Zuflüsse eindringend.

Lebensweise: Katadromer Wanderfisch, der zur Nahrungssuche aus dem Meer- und Brackwasserbereich weit ins Süßwasser aufsteigt, zur Fortpflanzungszeit aber wieder in die Küstengewässer zurückkehrt. Laichzeit Januar bis Februar (Karameer), Mai (Weißmeergebiet), bei Wassertemperaturen unter 0° C. Eier und Larven treiben frei im Wasser. *Nahrung:* Bodentiere, überwiegend kleine Schnecken und Muscheln.

Flunder oder Butt

Arktische Flunder

Die Klasse der Fische

Fische sind Wirbeltiere *(Vertebrata)*, die sich, dem Leben vorwiegend im Wasser angepaßt, mit Hilfe von Flossen vorwärts bewegen und die durch Kiemen den zum Leben notwendigen Sauerstoff dem Wasser unmittelbar entnehmen. Die Haut ist meist mit Schuppen bedeckt, kann aber auch Hautzähne und Knochenschilder tragen oder ganz unbeschuppt sein. Wale und Delphine zählen nicht zu den Fischen, sondern zu den Säugern.

Die große Gruppe der Wirbeltiere gliedert sich auf in die Kiefermäuler *(Gnathostomata)* und die Kieferlosen *(Agnatha)*. Die Kieferlosen, zu denen auch die Neunaugen gehören, bilden heute nur noch eine kleine Gruppe innerhalb der Rückensaiter oder *Chordatiere*. Von fischähnlicher Gestalt, tragen sie anstelle der Kiefer eine mit Hornzähnen bewaffnete Saugplatte vor ihrer Mundhöhle, mit der sie sich schmarotzend an Fische und andere Organismen anheften. Sie gehören nicht zu den Fischen, werden aber in unserem Band mit einigen Arten beschrieben.

Die Überklasse der Fische *(Pisces)* unterteilt man in die Klassen der

Urfische *(Acanthodii)*,
Knorpelfische *(Chondrichthyes)* und
Knochenfische *(Osteichthyes)*.

Die Urfische sind die ausgestorbenen Vorläufer heute existierender Fischarten oder ganz ausgestorbene Zweige.

Den Knorpelfischen gehören die Haie, Rochen und Seedrachen an. Ihr Skelett besteht ausschließlich aus Knorpel – auch der Schädel. Man stelle sich diese Tiere aber durchaus nicht als weiche, nachgiebige Organismen vor. Die Skelettknorpel dieser Fische erhalten durch Kalkeinlagerungen große Festigkeit.

Die Knochenfische werden in 2 Unterklassen geteilt:

1. Strahlenflosser *(Actinopterygii)*, mit den Flösslern *(Polypteri)*, den Knorpelganoiden *(Chondrostei)*, den Knochenganoiden *(Holostei)* und den Echten Knochenfischen *(Teleostei)*. 2. Fleischflosser *(Sarcopterygii)*, mit den Quastenflossern *(Crossopterygii)* und den Lungenfischen *(Dipnoi)*.

Die große Gruppe der Echten Knochenfische umfaßt die weitaus meisten heute lebenden Fischarten. Zu ihnen zählen außer dem Stör alle europäischen Süßwasserfische. Von den 25 000 lebenden (rezenten) Fischarten der Welt gehören etwa 20 000 zu den echten Knochenfischen. Die meisten Arten leben im Salzwasser, etwa 5000 im Süßwasser, davon über 200 in europäischen Gewässern. Die Fische stellen etwa 56 Prozent der rund 47 000 Wirbeltierarten. Sie sind die größte und formenreichste Gruppe dieses höchstentwikkelten Stammes im Tierreich.

Die Quastenflosser bilden eine stammesgeschichtlich bedeutende Gruppe, die bis auf eine heute noch lebende Art (ein Meeresfisch) schon in vorgeschichtlicher Zeit ausstarben.

Man wähnte die urtümlichen Quastenflosser seit 70 Millionen Jahren ausgestorben. Am 22. Dezember 1938 ging einem Fischer vor der Küste Südafrikas ein lebendes Exemplar ins Netz: eine wissenschaftliche Sensation! Bis 1969 wurden 12 weitere Fänge bekannt. Aufgrund ihrer baulichen Besonderheiten gelten die Quastenflosser als die Urahnen aller Vierfüßer, also der Lurche, Kriechtiere und Säuger.

Die europäischen Süßwasser-Knochenfische gehören 11 Ordnungen an:

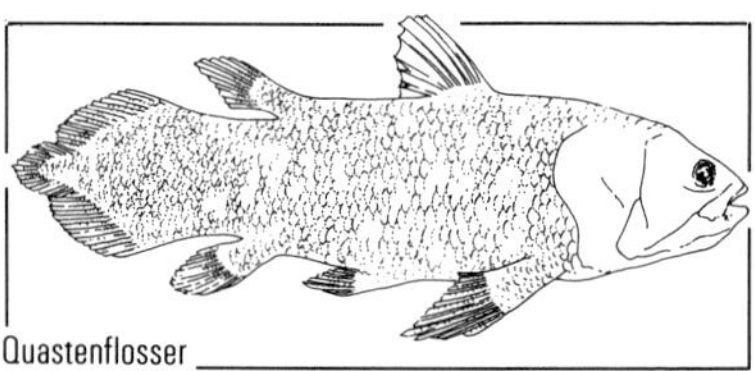
Quastenflosser

Störe (keine echten Knochenfische)
Heringsartige
Aalartige
Lachsartige

Karpfenartige
Welsartige
Dorschartige
Ährenfischartige

Panzerwangen
Barschartige
Plattfische

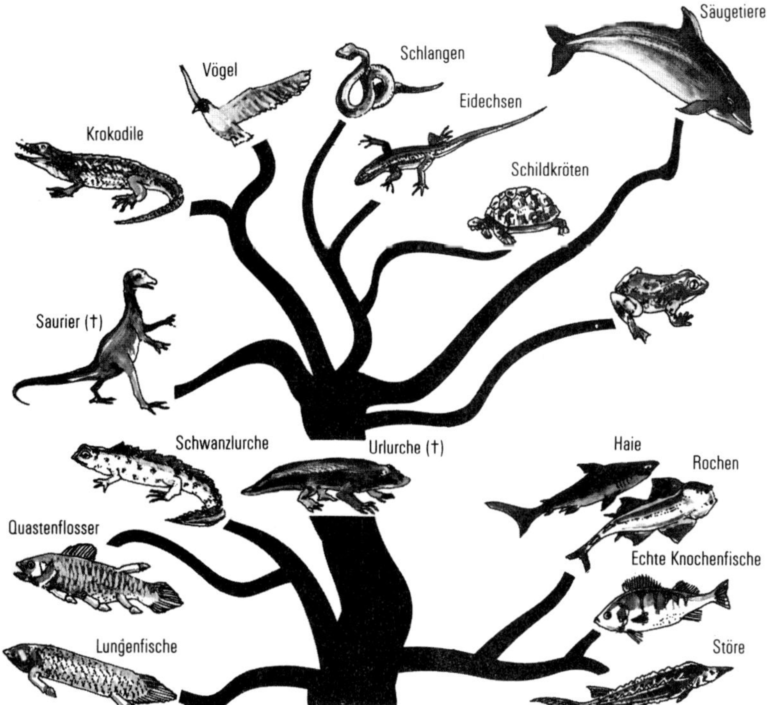

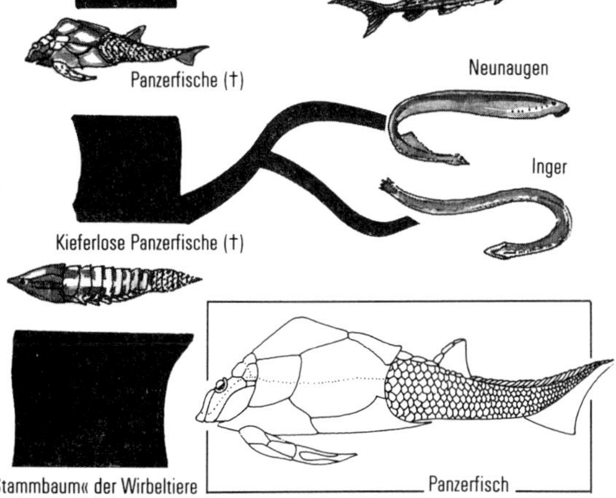

Der kieferlose Panzerfisch steht am Anfang der Wirbeltier-Entwicklung. Ihm folgten die Formenkreise der heute noch vorkommenden Neunaugen und Inger sowie die stammesgeschichtlich höher stehenden Panzerfische mit Kiefer im Kopfskelett. Sie gelten als Urahnen der Knochenfische sowie der übrigen Wirbeltiere.

»Stammbaum« der Wirbeltiere

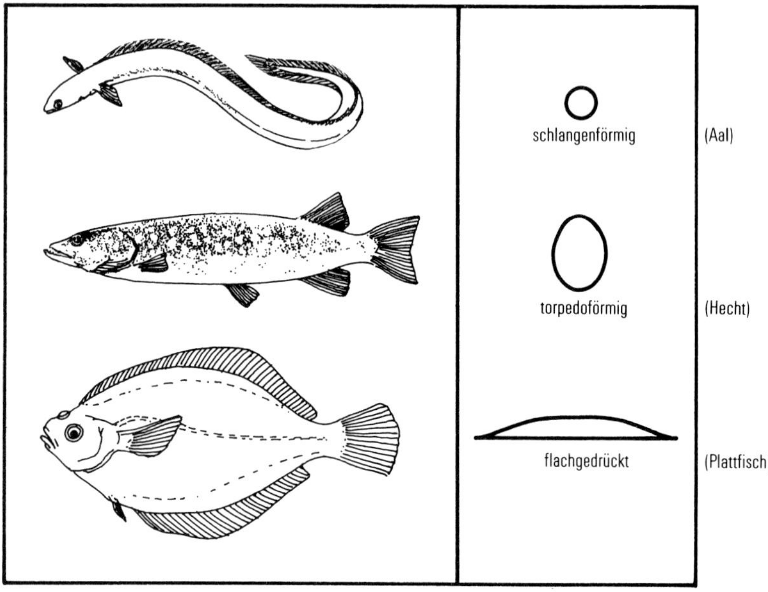

Körperformen der Fische

Zur Anatomie der Fische

Der typische Fischkörper ist spindelförmig gebaut, um dem Wasser bei der Vorwärtsbewegung möglichst wenig Widerstand entgegenzusetzen. Schon die meisten Urfische hatten diese Körperform.

Die heute lebenden Fische zeigen entsprechend ihrer Lebensräume und Lebensart vielfache Abwandlungen der Grundform. Hechte etwa müssen für ihren Nahrungserwerb auf kurzer Strecke äußerst schnell sein; ihr Rumpf ist torpedoförmig. Das Gegenbeispiel gibt der bodenbewohnende Plattfisch (Flunder, Scholle), dessen stark abgeflachter Körper das völlige Anschmiegen an den Grund ermöglicht: ein Schutz vor Feinden und Tarnung zum Beutemachen. Aale weisen einen schlangenförmigen Körperbau mit fast rundem Querschnitt auf. Ihre besonders gut ausgebildeten Längsmuskeln bewirken ein zwar langsames, aber sehr ausdauerndes Vorwärtsschwimmen. So entspricht auch bei den Fischen die Körperform den Anforderungen von Umwelt und Lebensweise.

Fische bewegen sich durch eine Bewegung fort, die im vorderen Rumpfdrittel beginnt und sich fließend bis in die Schwanzflosse hinein fortsetzt. Diese Bewegungen fügen sich bei vielen Fischarten so nahtlos ineinander, daß die neue Bewegungswelle beginnt, bevor die vorhergehende das Körperende erreicht hat. Besonders deutlich ist das beim Aal zu sehen. Die fast schwerelos erscheinende Körperbewegung wird durch die gasgefüllte Schwimmblase der Fische gestützt. Sie hält den Körper so im Gleichgewicht, daß er ohne Auftriebsbewegung im Wasser schwebt. Alle Muskelkraft kann in Vorwärtsbewegung umgesetzt werden.

Nicht alle Fischarten haben eine Schwimmblase; so fehlt sie vielen bodenbewohnenden Arten ganz oder wird mit fortschreitendem Reifestadium zurückgebildet.

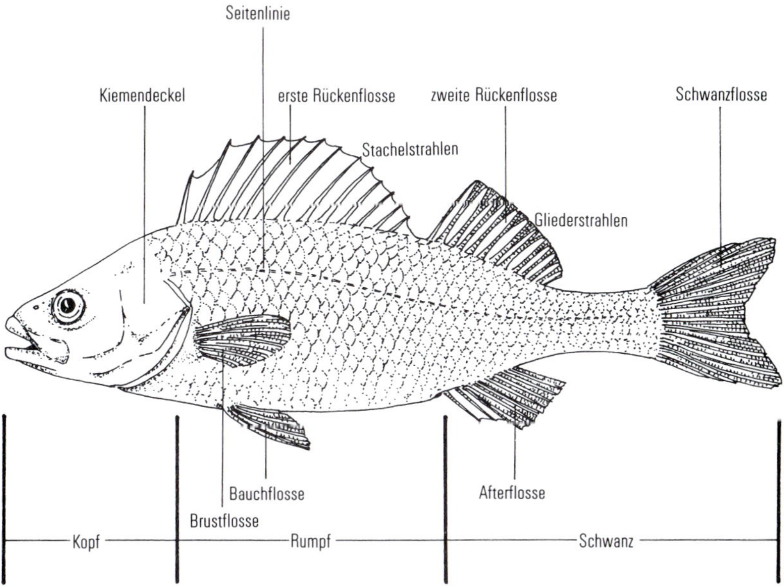

Flossenschema am Beispiel Flußbarsch

Flossen

Fische besitzen Flossen, die zum Steuern, Antreiben und Bremsen der Vorwärtsbewegung gebraucht werden. Flossen sind paarig oder unpaar, das heißt, der Fisch hat von manchen Flossentypen zwei (paarig), von manchen nur eine einzige Flosse (unpaar). Die paarigen Flossen stehen in mehr oder weniger direkter Verbindung zum übrigen Körperskelett.

Flossen sind Hautfalten, die von harten oder weichen Flossenstrahlen gestützt werden. Die harten Strahlen, wie wir sie z. B. in der ersten Rückenflosse der Barsche finden, sind nicht quergeteilt und heißen Stachelstrahlen. Die weichen, quergeteilten Strahlen, die zum Rand der Flosse hin oft mehrfach geteilt (gefiedert) sind, werden Gliederstrahlen genannt. Flossen können sich am Rumpf bewegen. An ihrer Basis sitzen Muskelgruppen, die es dem Fisch ermöglichen, sie zusammenzufalten, auszubreiten, sie zum Steuern und zu anderen Bewegungen einzusetzen. Unpaar sind Rücken-, Schwanz- und Afterflosse, während Bauch- und Brustflossen paarig angeordnet sind. Die Lage der paarigen Flossen kann sich, je nach Fischgruppe, stark unterscheiden. Das gilt hauptsächlich für die Bauchflossen, die nach hinten verschoben vor dem After (bauchständig) oder sehr weit vorn (brust- bis kehlständig) liegen können. Manche Arten, wie zum Beispiel der Aal, besitzen keine Bauchflossen.

Rückenflosse (Äsche)

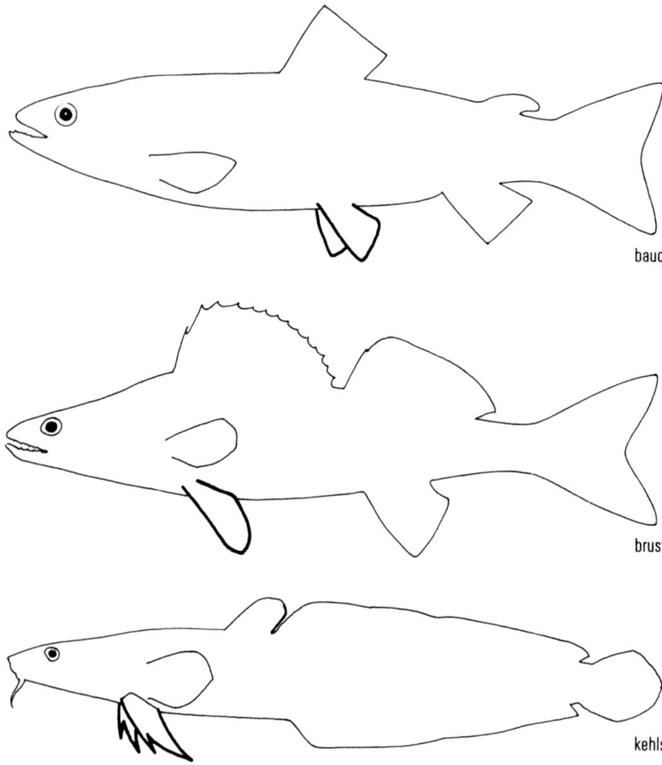

bauchständig (Forelle)

brustständig (Zander)

kehlständig (Rutte)

Lage der Bauchflossen

Der Aal gibt auch ein gutes Beispiel dafür, wie unterschiedlich Flossen geformt sein können: Bei ihm haben sich Rücken-, Schwanz- und Afterflosse zu einem umlaufenden Flossensaum vereinigt, der seine Schlängelbewegung beim Schwimmen unterstützt. Einzeln stehen lediglich die beiden Brustflossen links und rechts vom Körper.

Eine Besonderheit unter den Flossen ist die sogenannte Fettflosse bei den forellenartigen Fischen, die zwischen Rücken- und Schwanzflosse an der Oberseite des Körpers sitzt. Sie kennzeichnet die Lachsartigen, kommt aber auch bei anderen Süßwasserfischen (Welse, Salmler) vor.

Auch die Schwanzflosse kann unterschiedlich aussehen. Bei den ausdauernden Schnellschwimmern ist sie stark sichelförmig (Bonito – schnellster Fisch der Meere); beim Hecht ist die Schwanzflosse großflächig und abgestumpft – Kennzeichen für einen Fisch, der als Stoßräuber für kurze Zeit hohen Wasserdruck zur Vorwärtsbewegung braucht.

In der *Ichthyologie*, der Wissenschaft von den Fischen, zieht man die Anordnungen der Flossen am Fischkörper als wichtiges Unterscheidungsmerkmal heran. Zahl und Bau der Flossen einer Fischart faßt man für jede Fischart in einer Formel zusammen. Als Beispiel steht hier die Flossenformel des Flußbarsches:

$$\frac{R_1\,13\text{–}16/0;\ R_2\,1/13\text{–}15}{Br\,0/14;\ B\,1/5;\ A\,2/8\text{–}10}\ S\,0/17$$

R_1 = erste Rückenflosse
R_2 = zweite Rückenflosse
S = Schwanzflosse
Br = Brustflossen
B = Bauchflosse
A = Afterflosse

Die Zahlen bezeichnen die Stachel- bzw. Gliederstrahlen; wobei die Hartstrahlen immer vor dem Schrägstrich stehen.
So hat der Barsch nach der angegebenen Formel im ersten Teil der Rückenflosse 13 bis 16 Stachelstrahlen und keine Gliederstrahlen; in der zweiten Rückenflosse als erstes einen Stachelstrahl, und darauf folgen 13 bis 15 Gliederstrahlen.

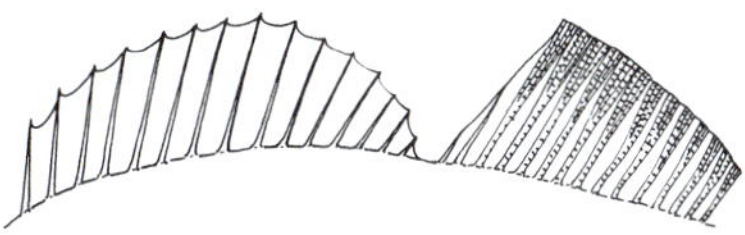

Stachelstrahlen Gliederstrahlen
(Flußbarsch)

Schuppenkleid

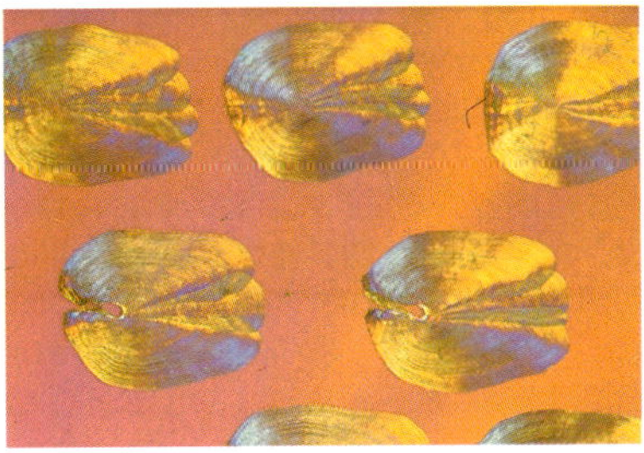

Rundschuppen

Kammschuppen

Haut und Schuppen

Die Haut der Fische besteht aus zwei Schichten: der äußeren oder *Epidermis*, und der inneren, der Lederhaut oder *Cutis*. Die *Epidermis* sondert Schleim ab, der den Reibungswiderstand gegen das Wasser herabsetzt und einen Schutz gegen Parasiten bildet.
Die *Epidermis* kann bei bestimmten Arten Hartsubstanzen bilden, etwa Hautzähnchen (*Plakoid*schuppen) bei den Haien.
Zwischen äußerer und innerer Hautschicht liegen die Schuppen, die in die innere Schicht, die Lederhaut, eingebettet sind. Nicht alle Fische tragen Schuppen. Bei unseren Süßwasserfischen treten zwei verschiedene Schuppenarten auf: Die meisten Arten tragen Rundschuppen, die Barschartigen (Barsche, Zander) Kammschuppen, die an ihrem hinteren, dem aus der Lederhaut herausragenden sichtbaren Teil mit kleinen Zähnchen besetzt sind. Das verleiht diesen Fischen ihr rauhes Äußeres, was man aber nicht mit dem »Sandpapier« der Plakoid-Schuppen bei den Haien verwechseln darf.
Schuppen wachsen mit ihren Trägern. Man kann deshalb das Alter der Fische an

Schuppenringe

den Ringen der Schuppen – vergleichbar den Jahresringen der Bäume – ablesen. Die Anzahl der Schuppen in einer Längs- und Querreihe ist bei jeder Fischart anders. Daraus ergibt sich die sogenannte Schuppenformel, die zur wissenschaftlichen Artbestimmung mit herangezogen wird. Die Formel gibt Auskunft über die Zahl der Schuppen in der Längsrichtung der Seitenlinie und zwischen Seitenlinie und Rückenflossenansatz; bzw. zwischen Bauchende und Seitenlinie.

$$80–98\ \frac{8–10}{17–20}$$

Das Formelbeispiel des Barsches zeigt, daß diese Art längs der Seitenlinie 80 bis 98 Schuppen haben kann; oberhalb der Seitenlinie bis zum Rücken treten 8 bis 10, unterhalb der Seitenlinie bis zum Bauch 17 bis 20 Schuppen auf.

Farbe

Über die ganze Haut des Fisches verteilt liegen unzählige Farbzellen, die seine Färbung bestimmen. Einzelne Farbzellen enthalten immer nur eine Farbe, zum Beispiel Schwarz, Gelb, Rot. Die Färbung des Fisches entsteht durch das Nebeneinanderwirken der Farbzellen. Ein Farbwechsel kommt dadurch zustande, daß sich die verschiedenen Farbstoffe in den Zellen ausdehnen oder zusammenziehen. Auch ein Wechsel der Lichtintensität beeinflußt diese Vorgänge, so daß mancher Fisch sich mit seiner Färbung unterschiedlicher Helligkeit und Umgebung anpassen kann.

Skelett

Knochenfische besitzen, wie alle Wirbeltiere, ein Skelett, das dem Körper seine Form gibt und ihn stützt. Das Fisch-Skelett besteht aus Achsen-, Kopf- und Extremitäten-Skelett. Grundlage des Achsen-Skeletts, dessen Hauptbestandteil die Wirbelsäule ist, bildet die *Chorda dorsalis*. Aus ihr und um sie herum entwickelt sich die Wirbelsäule. Bei erwachsenen Wirbeltieren – also auch bei den Knochenfischen – ist die Chorda in der fertigen Wirbelsäule bis auf Reste zurückgebildet.
Die Wirbelsäule besteht aus einer unterschiedlichen Zahl von Wirbelkörpern, die untereinander verbunden sind. Beim Aal sind es bis zu 200. Die Wirbelkörper weisen oberhalb der Mitte eine Öffnung auf, durch die das zentrale Nervensystem, das Rückenmark, verläuft. Im Bereich der Bauchhöhle tragen die Wirbel unterseits doppelte Dornfortsätze, an die sich die Rippen anschließen.

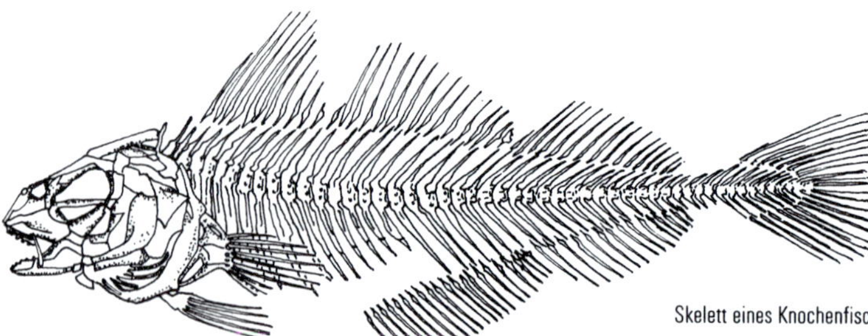

Skelett eines Knochenfisches

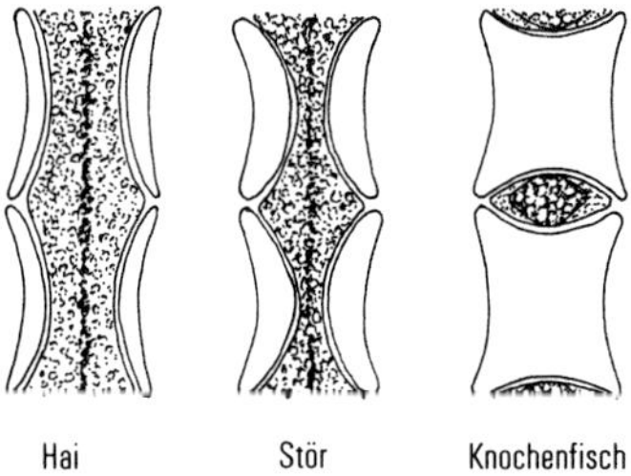

Rückbildung der Chorda bis auf eingeschnürte Reste (Nach Reichenbach-Klinke)

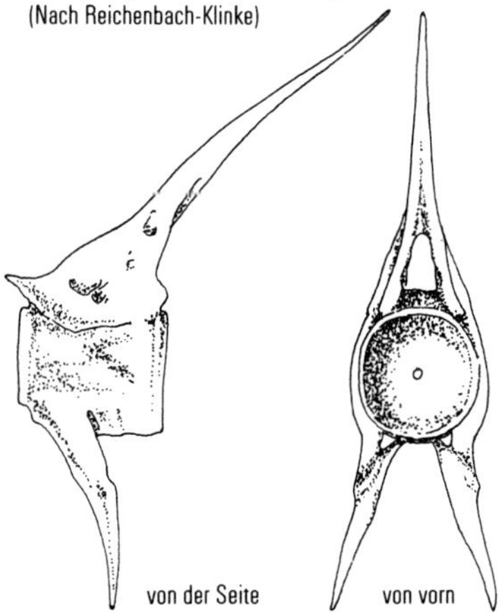

Wirbelkörper aus der Wirbelsäule des Flußbarsches

Das Kopf-Skelett der Fische besteht aus vielen einzelnen Teilen. Zum Extremitäten-Skelett gehören die Flossen der Fische. Das Skelett der unpaaren, also einzeln stehenden Flossen hat direkte Verbindung zur Wirbelsäule und wird von dieser gestützt. Die paarigen Flossen dagegen (Bauch- und Brustflossen) besitzen einen eigenen Stütz-Skelett-Aufbau, der in die Rumpfmuskeln eingelagert ist. Sie stehen nur in losem Zusammenhang mit dem Zentral-Skelett.

Muskulatur

Den größten Teil des Fischkörpers nehmen die Muskeln ein. Die Seitenrumpf-Muskulatur dient der Fortbewegung, wird am meisten beansprucht und ist darum am kräftigsten entwickelt. Sie erstreckt sich vom Hinterhaupt bis zur Schwanzflossenwurzel und bildet beidseitig der Wirbelsäule zwei gleich stark ausgeprägte Stränge. Die Muskeln bestehen aus zahlreichen, hintereinanderliegenden Abschnitten *(Segmenten)*, die wie Scheiben unterschiedlicher Form nahtlos ineinandergepaßt sind. Aus der Rumpf-Muskulatur hat sich auch die Muskulatur der Flossen entwickelt. Sie setzt sich aus zwei Hauptmuskeln zusammen, die das Spreizen und Zusammenfalten der Flossen bewirken.

Mundformen

Die Stellung der Kiefer zueinander kann endständig, oberständig oder unterständig sein. Bei Fischen mit endständiger Mundöffnung (Forelle) sind Ober- und Unterkiefer gleich lang. Bei Fischen mit oberständigem Mund ragt der Unterkiefer vor (Hecht). Bei Fischen mit unterständigem Mund ist der Unterkiefer kürzer als der Oberkiefer.

Sportfischer unterscheiden »Fried- und Raubfische«; eine Bezeichnung, die unglücklich und irreführend gewählt wurde. Da sie sich beim Sportfischen eingebürgert hat, folgen wir hier dieser Typisierung.

Friedfische sind hauptsächlich Kleintierfresser. Sie leben von Insekten, Krebschen, kleinen Muscheln, Schnecken, Würmern, aber auch von pflanzlicher Nahrung. Raubfische leben fast ausschließlich von Fischen, unter ihnen auch kleinere Artgenossen und andere Tiere, die im Wasser vorkommen, zum Beispiel Frösche. Nicht selten wird sogar die eigene Brut verzehrt. Auch junge Wasservögel fallen den Angriffen größerer Hechte und Welse zum Opfer. Die Bauweise der Mundöffnung spiegelt die unterschiedliche Lebensweise von Raub- und Friedfischen. Die Kiefer vieler Knochenfische sind mit Zähnen besetzt.

endständig (Forelle)

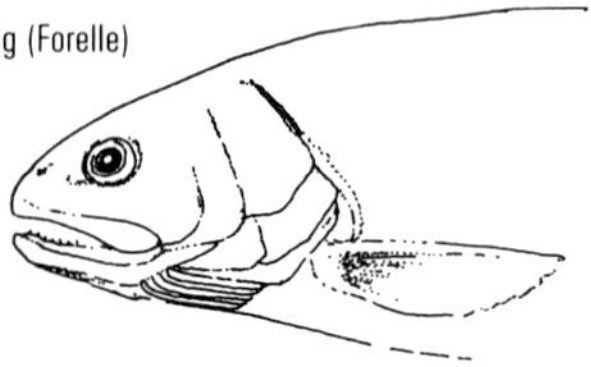

oberständig (Hecht)

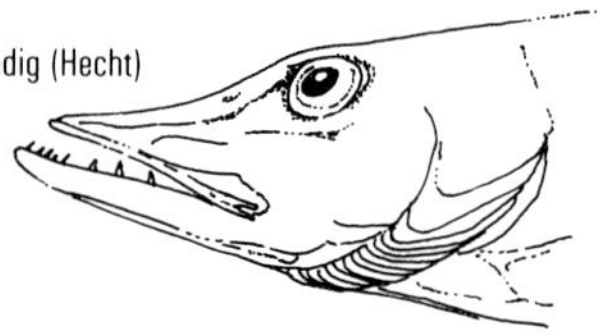

unterständig (Barbe)

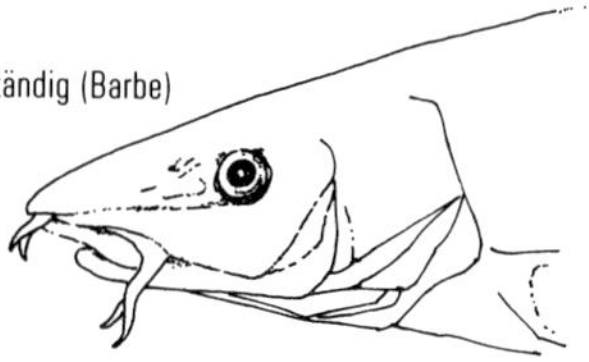

Rüsselmaul (Karpfen)

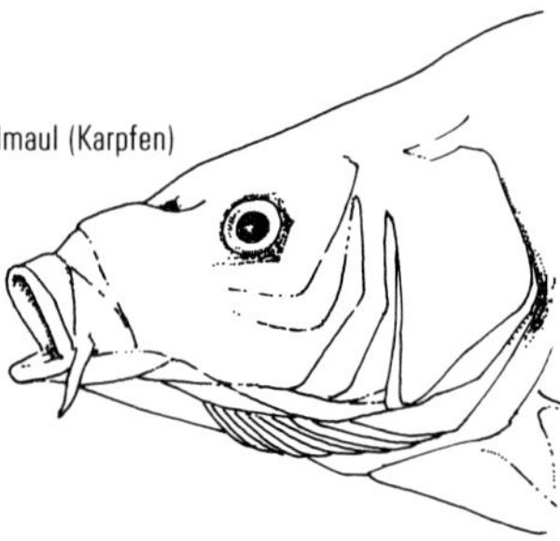

Mundstellungen

Sie stehen bei manchen Arten so dicht beieinander, daß sie wie eine Bürste aussehen, etwa die Bürstenzähne des Wels. Oder sie sind einzeln so stark ausgeprägt, daß man von Reißzähnen sprechen kann, wie die »Hundszähne« beim Zander oder die großen Fangzähne beim Hecht. Den zähnestarrenden Kiefern der Raubfische entsprechen verhältnismäßig große Mundöffnungen. Ausstülpbare Münder, die, einem Staubsauger vergleichbar, Nahrung vom Boden aufnehmen und Pflanzen abweiden können, weisen auf Friedfische. Karpfen, Schleien, Rotaugen und andere Karpfenfische haben keine zahnbewehrten Kiefer, sondern Schlundzähne zum Zerdrücken, Zermalmen und Weiterführen der Nahrung am Schlundeingang – also am Ende der Mundhöhle.

Schlundzähne sitzen auf dem letzten, dem fünften Kiemenbogen, der keine Kiemen mehr trägt, sondern zum Kauapparat umgebildet ist. Er heißt auch Schlundbogen. Diese Zähne, die je nach Fischart spitz oder stumpf-pflastersteinartig sein können, stehen in einer Reihe oder bis drei Reihen auf dem unteren Schlundknochen. Nach Zahl und Anordnung der Zähne, die im übrigen während eines Fischlebens oft mehrfach gewechselt werden, kann man die verschiedenen Fischarten, die solche Schlundzähne tragen (Karpfenfische, Schmerlen), sicher unterscheiden. In einer Zahnformel ist die Bezahnung jeder Art festgehalten.

Beispiele:	Karpfen	1.1.3–3.1.1
	Elritze	–.5.2–2.5.–
	Rotauge	–.–.5–5.–.–

Die Zerkleinerung der Nahrung erfolgt, indem die Schlundzähne gegen eine hornige Platte am Ende des Gaumens drücken und mahlen. Diese Platte bezeichnet man auch als »Karpfenstein«.

Bürstenzähne im Unterkiefer (Wels)

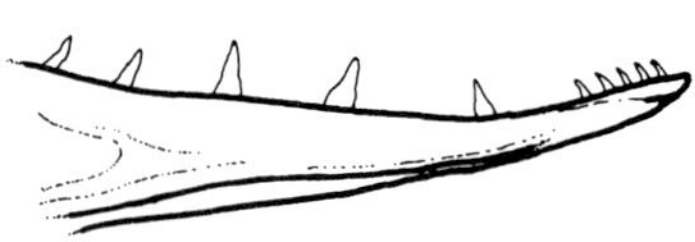

Reißzähne im Unterkiefer (Hecht)

Unterkiefer (Hecht)

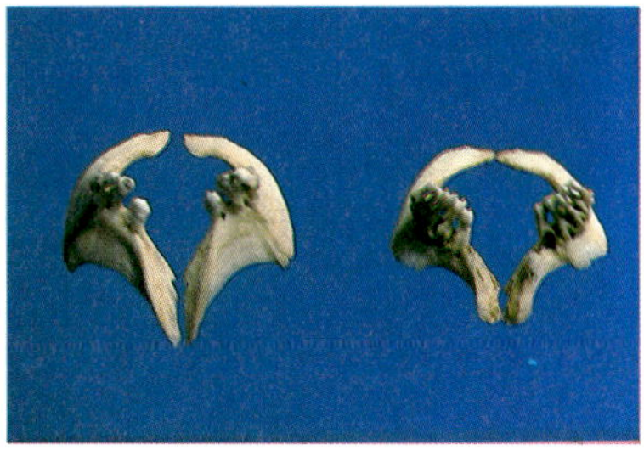

Schlundzähne

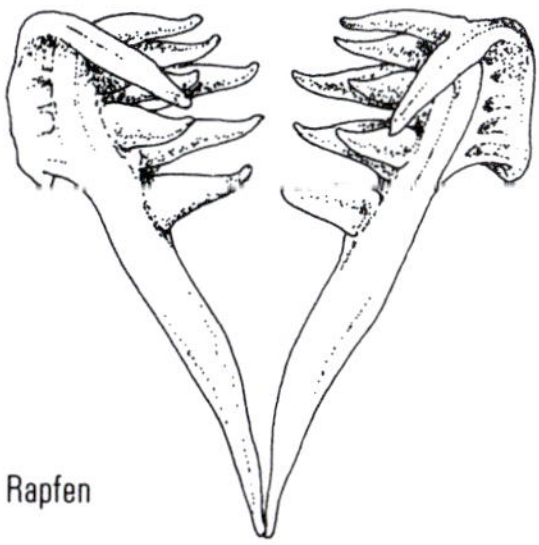

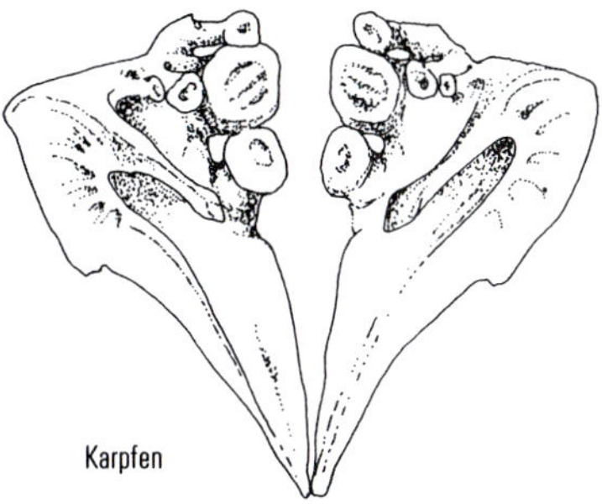

Schlundknochen bei Karpfenartigen

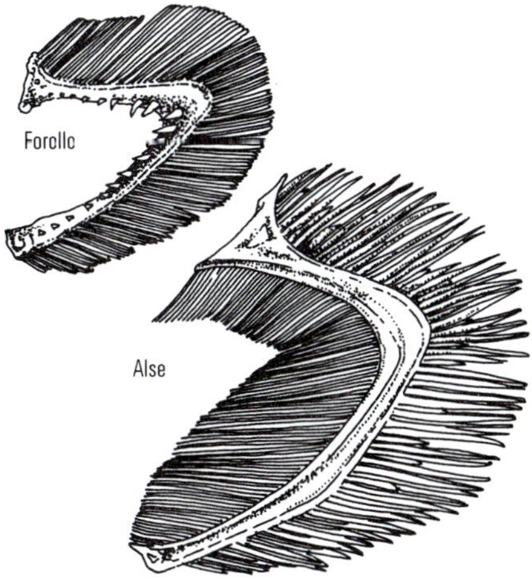

Kiemen mit Reusendornen

Manche Fischarten sind auf Kleinstlebewesen im Wasser spezialisiert und haben eine besondere Vorrichtung entwickelt, um Plankton in größeren Mengen einsammeln zu können. Das geschieht mittels der Kiemenreusendornen, die bei allen Fischen auf den Kiemenbögen gegenüber den Kiemenblättchen sitzen. Diese Dornen können zu einer regelrechten »Reuse« ausgebildet sein, mit der das Plankton aus dem Wasser herausgefiltert wird. Einige Arten aus der Familie der Maränen sowie Finte und Alse aus der Familie der Maifische sind Plankton-Spezialisten mit Filtergittern aus Reusendornen.

Verdauungsorgane

Der Verdauungsapparat der Fische besteht aus Vorder-, Mittel- und Enddarm. Mundhöhle, Schlund und Magen bilden den Vorderdarm. Daran schließen sich Mittel- und Enddarm an. Karpfenähnliche Fische (Karpfen, Rotaugen, Güster, Brachsen und andere) haben keinen Magen. Bei den meisten anderen Knochenfischen ist der Magen U-förmig, also einmal gebogen. Dort, wo der Magen die Krümmung des U bildet, ist bei vielen Fischen ein Blindsack

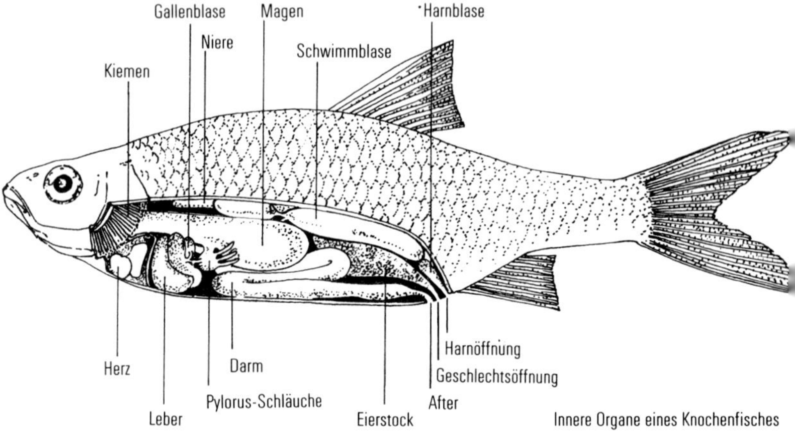

Innere Organe eines Knochenfisches

ausgebildet, in den manche Arten Luft pumpen können.
Die eigentliche Verdauungsarbeit leistet der Mitteldarm, nachdem durch die Magendrüsen der Nahrung eiweißspaltendes Pepsin beigemischt wurde. Die Oberfläche dieser Darmpartie ist durch tiefe Falten oder Blindschläuche, die sogenannten *Pylorus-Schläuche*, stark vergrößert. Ihre Anzahl kann bis zu 200 betragen, zum Beispiel beim Huchen.
Im Mitteldarm werden auch die für die Verdauung nötigen Enzyme *Trypsin, Amylase* und andere hergestellt. Alle Kleintierfresser nutzen die Enzyme ihrer Nahrung für ihre Verdauung. So produziert der Karpfen fettspaltende Lipasen nicht selbst, sondern entnimmt sie den Nahrungsorganismen. Verdauungs-Enzyme werden auch in der Leber gebildet. Die Leber der Knochenfische kann artbedingt unterschiedlich groß werden. Die größte Leber der Süßwasserfische findet man bei der Rutte. Im Gegensatz zu allen anderen Knochenfischen fehlt dieser Art eine Gallenblase. Die Leber ist bei vielen Arten zwischen Darmschlingen eingebettet. Sie gibt über den Gesundheitszustand ihres Trägers Auskunft. Verfärbung und Flecken etwa lassen auf Krankheiten schließen. Wer einen Fisch ausnimmt, sollte deshalb immer auf die Leber achten. Sie ist beim gesunden Fisch gleichmäßig braun-rot gefärbt und weist eine glatte Oberfläche auf.
Der Enddarm der Fische ist der kürzeste Teil des Verdauungsapparates. Er hat lediglich Sammelfunktion vor dem Ableiten. Eine besondere und einmalige Einrichtung im Enddarm besitzt übrigens der bodenlebende Schlammpeitzger aus der Familie der Schmerlen. Sein Enddarm ist durch eine besonders große Zahl von Blutgefäßen in der Lage, aus geschluckter Luft Sauerstoff in den Blutkreislauf abzugeben. Hier liegt der einmalige Fall von Darmatmung bei Knochenfischen vor, die dieser Fisch dann anwendet, wenn er im Wasser nicht mehr genügend Sauerstoff findet. Er steigt an die Oberfläche empor und schluckt Luft, die dem Organismus über den Darm Sauerstoff zuführt.
Die Mündung des Enddarmes, der After, ist bei den meisten Knochenfischen von der Geschlechtsöffnung getrennt, die dicht dahinter liegt. Eine sogenannte Kloake, also die Mündung des Darms in den Geschlechtsgang und über diesen die Ableitung nach außen, findet man nur bei Lungen- und Knorpelfischen (Haie, Rochen und andere).

Schwimmblase

Die meisten Fische besitzen eine Schwimmblase. Diese sackartige Schlundausstülpung entwickelte sich im Laufe von Jahrmillionen aus einer primitiven Lunge. Als hydrostatisches Organ hält sie den Fisch in der Schwebe. Die Schwimmblase liegt immer oberhalb des Darmes. Durch Einschnürung ist sie bei manchen Arten (Karpfenartige) in zwei zusammenhängende Abschnitte aufgeteilt. Bei vielen Fischen bleibt die Schwimmblase über einen Gang mit dem Darm in Verbindung; so bei den Salmoniden, den Hechten und den Karpfenartigen.

Andere Arten, wie die Barsche, haben eine geschlossene Schwimmblase ohne Verbindung zum Darm. Bei diesen Fischen bildet sich der im Larvenstadium noch vorhandene Verbindungsgang zurück, nachdem die kleinen Fischchen durch Luftschnappen ihre Schwimmblase zum ersten Mal gefüllt haben. Wieder andere Fischarten, wie Streber, Groppen, Flundern, Makrelen und die meisten bodenbewohnenden Fische, besitzen überhaupt keine Schwimmblase. Bei diesen verschwindet sie nach dem Larvenstadium.

Die Schwimmblase sorgt bei wechselnden Wassertiefen für den notwendigen Druckausgleich. Das geschieht durch Änderung des Gasvolumens. Dieses Organ ist in der Lage, schnell das in ihr enthaltene Gas-Luft-Gemisch zu vergrößern oder abzubauen.

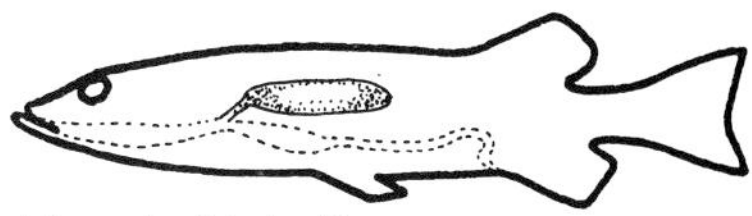

einkammerige Schwimmblase mit Verbindungsgang zum Darm (Hecht)

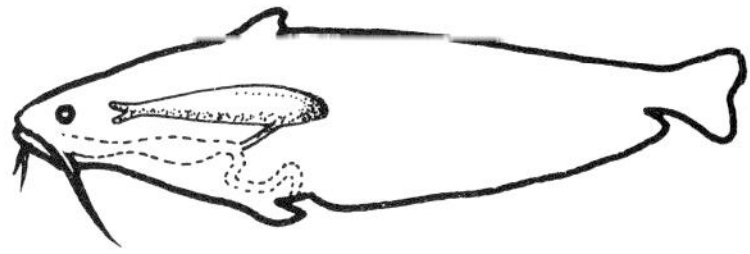

einkammerige Schwimmblase mit Verbindung zum Labyrinth und zum Darm (Wels)

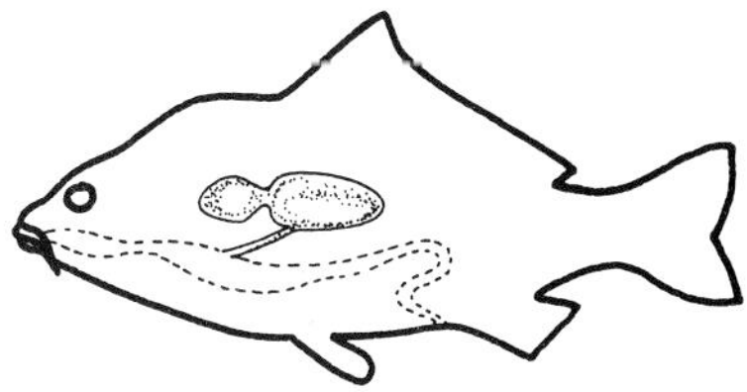

zweikammerige Schwimmblase mit Verbindung zum Darm (Karpfenartige)

geschlossene Schwimmblase (Barschartige)

Formen der Schwimmblase

Mit Hilfe besonderer Zellen und feiner, verzweigter Äderchen in der Wand der Schwimmblase wird dem Blutkreislauf Gas entzogen und damit das Volumen der Schwimmblase vergrößert. Ein Aal hat beispielsweise etwa 100 000 arterielle und 90 000 venöse Äderchen mit über 100 Quadratzentimetern Gesamtfläche in der Wandung der Schwimmblase! (Nach Reichenbach-Klinke) Muß dagegen das Schwimmblasen-Volumen verkleinert werden, kann bei Fischen mit Luftgang zum Darm über diesen überschüssiges Gas entweichen.

Bei geschlossenen Schwimmblasen (Barsch) übernehmen sogenannte »rote Körper«, das sind besonders entwickelte Gefäße in deren Wandung, die Gasproduktion. Da bei geschlossener Schwimmblase kein Gas entweichen kann, muß es eine Möglichkeit geben, überschüssiges Gas auf andere Weise abzubauen. Am Ende ge-

Zweikammerige Schwimmblase (Rotauge)

schlossener Schwimmblasen liegt darum eine kleine verschließbare Höhle mit einem besonderen Organ, dem Oval. Es kann Gas aus der Schwimmblase aufnehmen und dem Kreislauf zuführen. So ist auch bei Fischen mit geschlossener Schwimmblase für den erforderlichen Druckausgleich gesorgt.
Obwohl der Gasaustausch bei Tiefenwechsel verhältnismäßig schnell vor sich geht, ist es keinem Fisch, der eine Schwimmblase hat, möglich, größere Tiefenänderungen in kurzer Zeit ohne Schaden zu überstehen. Fischen, die man an der Angel oder im Netz schnell aus großen Tiefen hochholt, werden durch die dann unvermeidliche übermäßige Ausdehnung der Schwimmblase die Eingeweide aus der Mundhöhle gepreßt (Trommelsucht). Oder die Schwimmblase platzt. Diese Gefahr besteht unter den Süßwasserfischen besonders bei Rutten und Seesaiblingen; beide Arten leben in großen Tiefen.
Die Schwimmblase dient vielen Arten auch als Resonanzkörper für das Labyrinth, das innere Hörorgan der Fische. Entweder besteht eine direkte Verbindung über feine, röhrchenförmige Ausstülpungen der Schwimmblase bis zum Kopf, wie bei den Heringen; oder die Verbindung und Weiterleitung der Schallschwingungen erfolgt über eine Reihe von kleinen Knochen, die »Weberschen Knöchelchen«. Diese leiten die Resonanzen aus der Schwimmblase ins Labyrinth. Besonders gut entwickelt ist dieser »Webersche Apparat« bei den karpfenartigen Fischen und den Welsen. Welse verfügen über ein außerordentlich feines Gehör.
Schmerlen haben die Empfänglichkeit für Schallwellen auf eine andere Art verfeinert. Mit Flüssigkeit gefüllte Kanälchen führen von der verknöcherten Schwimmblase bis zur Außenhaut des Fisches. So kann er noch feinste Druckschwankungen der Atmosphäre wahrnehmen. Schmerlen gelten deshalb als die Wetterfrösche unter den Fischen.
Aber die Möglichkeiten der Schwimmblase sind damit noch nicht erschöpft. Aale zum Beispiel können ihrer Schwimmblase bei Landwanderungen Atemsauerstoff entnehmen. Viele Fische benutzen dieses Organ auch, um Geräusche zu erzeugen. Karpfen und Schmerlen »murmeln«; wahrscheinlich bringt aus der Schwimmblase herausgepreßte Luft diese Geräusche hervor. Einige außereuropäische Barsch- und Welsarten brummeln und singen ebenfalls durch Schwimmblasen-Geräusche.

Atmung und Kreislauf

Nur wenige Fischarten können Sauerstoff der atmosphärischen Luft entnehmen: Lungenfische und Schlammpeitzger. Die letztgenannte Art verfügt über die Möglichkeit der Darmatmung und der Hautatmung für einen Teil des benötigten Sauerstoffs. Andere Arten besitzen im Kopf besondere, zur Sauerstoffaufnahme aus der Luft eingerichtete Organe. Alle diese Möglichkeiten stellen Ausnahmen dar. In der Regel atmen Fische durch Kiemen.
Sauerstoff gelangt durch Vermischung mit Luft oder durch die Fotosynthese der Wasserpflanzen ins Wasser. Stark bewegtes, kaltes Wasser, wie das schnell strömender Gebirgsbäche, enthält mehr gelösten Sauerstoff als langsam fließendes, stehendes oder wärmeres Wasser. So

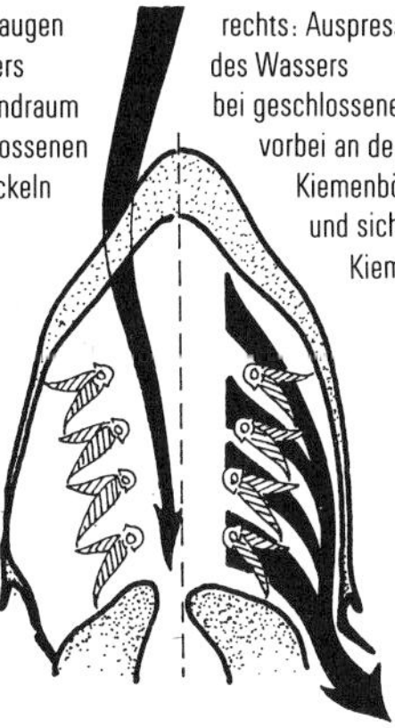

Kiementätigkeit eines Knochenfisches (schematisiert)

kommt es in sommerlich aufgeheizten stehenden Gewässern oft zu Fischsterben, weil der im Wasser gelöste Sauerstoff den Bedarf der Fische nicht mehr deckt.
Der Sauerstoffmangel verschärft sich auch, wenn große Mengen organischer Rückstände im Wasser zersetzt werden und durch das damit einhergehende explosionsartige Bakterienwachstum zusätzlich Sauerstoff verbrauchen. Auch lang andauernde Vereisung eines Gewässers kann für Fische tödlich wirken, weil das Wasser keinen Luftsauerstoff mehr erhält. Fische mit hohem Sauerstoffbedarf, wie alle Forellenartigen, sind darum fast ausschließlich Bewohner kalter, sauerstoffhaltiger Gewässer. Eine Ausnahme bildet die vor einiger Zeit aus Amerika in unsere Gewässer eingeführte Regenbogen-Forelle, die nicht so empfindlich ist wie die heimischen Arten.
»Ruhigere« Fischarten haben einen geringeren Sauerstoffbedarf. Sie leben vorwiegend in langsam fließenden oder stehenden Gewässern.
Fische gewinnen ihren Atemsauerstoff mit Hilfe der Kiemen unmittelbar aus dem Wasser. Dafür muß Wasser in ausreichender Menge an den Kiemen vorbeifließen. Diesem Zweck dienen Mundhöhle und seitlich am Kopf sitzende, nach hinten öffnende Kiemendeckel. Während die Kiemendeckel am Kopf anliegen, öffnet der Fisch sein Maul und nimmt durch den entstehenden Unterdruck Wasser auf. Der Druckabfall saugt die weichrandigen Kiemendeckel an den Kopf, so daß sie nach Art von Ventildeckeln dichten. Nun schließt der Fisch seinen Mund. Der entstehende Druck läßt das Wasser den Weg des geringsten Widerstandes suchen. Die beweglichen Kiemendeckel geben nach und öffnen sich; das Wasser strömt an den Kiemenbögen vorbei aus.
Knochenfische tragen, je nach Artzugehörigkeit, auf jeder Seite des Kopfes vier bis sieben Kiemenbögen, auf denen die Kiemenblättchen angeordnet sind. Die Gesamtfläche der Kiemenblättchen kann beispielsweise bei einem ausgewachsenen Hecht bis zu 51 Quadratmeter betragen – eine bemerkenswerte Fläche im Verhältnis zur Körpergröße des Fisches.

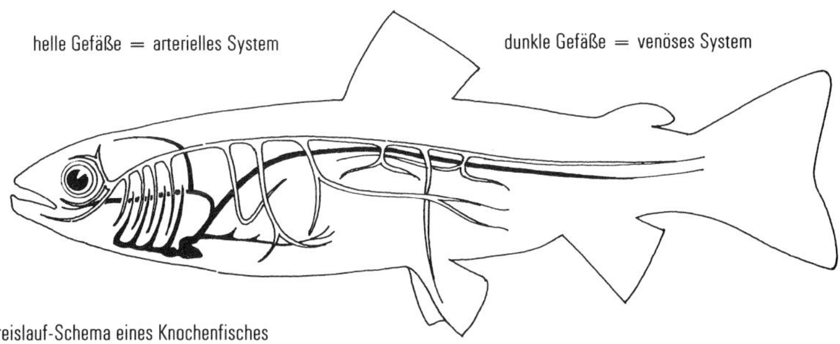

Kreislauf-Schema eines Knochenfisches

Die Kiemenblättchen sind mit einer gasdurchlässigen Haut überzogen, unter der das vom Herzen kommende venöse, also sauerstoffarme Blut, pulsiert. Durch Gasaustausch wird dem Wasser Sauerstoff entzogen und dem Blut zugeführt. In einer großen Arterie sammelt sich das sauerstoffangereicherte Blut, das von den Kiemen kommt, und versorgt Muskeln und Organe des Fisches.

Das Blut der Fische zeigt keine großen Unterschiede zum Blut der übrigen Wirbeltiere. Es besteht aus Serum, roten Blutkörperchen *(Erythrozyten)*, weißen Blutkörperchen *(Leukozyten)* und Blutblättchen *(Thrombozyten)*. Die Blutkörperchen entstehen bei den Fischen zum Teil in der Kopfniere, dem vorderen, zum Kopf hin gelagerten Teil der Niere, aber auch in der Milz. Die Milz resorbiert Blutzellen, die durch neue ersetzt werden.

Das Blutgefäßsystem der Fische ist geschlossen. Ihr Blut fließt innerhalb von Gefäßen (Adern), die überall fest mit Organen verbunden sind, es tritt nirgends frei in die Leibeshöhle. Das Herz, Zentrum des Kreislaufs, ist im Vergleich zum Herzen höher entwickelter Wirbeltiere einfach gebaut und enthält nur eine Haupt- und eine Vorkammer. Es fördert ausschließlich venöses, sauerstoffarmes Blut, das aus dem Körper zur erneuten Anreicherung mit Sauerstoff zurückströmt. Vom Herzen wird es sogleich in die Kiemen befördert.

Fische sind wechselwarme Tiere, deren Körpertemperatur nahe der jeweiligen Temperatur des sie umgebenden Wassers liegt. Das Herz schlägt durchschnittlich 20–30mal je Minute, arbeitet aber temperaturabhängig. So kann die Herzfrequenz bei Karpfen in der Winterruhe bis auf einen oder zwei Schläge je Minute absinken. Die Körpertemperatur erregter oder auch kranker Fische kann bis zu 2,9°C (Aal) ansteigen. Es gibt also auch bei den Fischen eine Art Fieber.

Sinnesorgane

Fische können schmecken, riechen, hören, sehen und Druckunterschiede des Wassers wahrnehmen. Durch ein besonderes Organ ist es ihnen möglich, ihre Position zu anderen Objekten zu bestimmen. Fische sind auch in der Lage, sich auf ihren Laich- und Wanderzügen sehr weiträumig zu orientieren.

Die Sinnesorgane der Fische sind je nach Lebensweise hoch entwickelt und ermöglichen durch ihr Zusammenwirken ein der jeweiligen Situation angemessenes Verhalten.

Der *Geschmackssinn* beruht auf Sinneszellen, die in der Mundhöhle, aber auch in die Haut von Flossen und Barteln eingebettet sind. Karpfen können, um ein Beispiel zu nennen, salzig, süß, bitter oder sauer wahrnehmen. Fische wissen genau zwischen frischer und ungenießbarer Nahrung zu unterscheiden. So ist der Aal durchaus kein Aasfresser; er bevorzugt möglichst frische Nahrung.

Fische verfügen mit den beiden Nasenöffnungen, die links und rechts vor den Au-

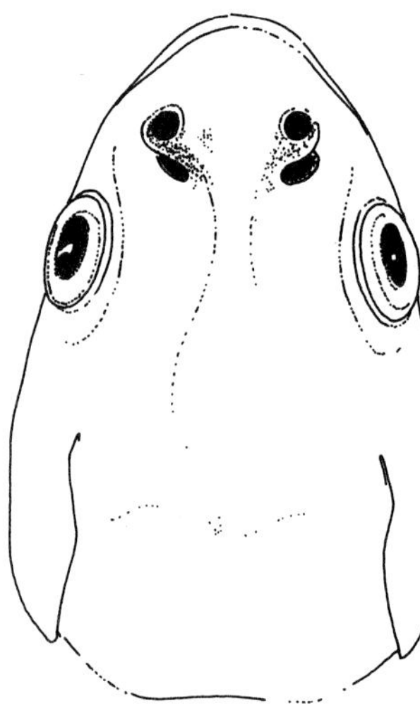

Riechöffnungen eines Fisches

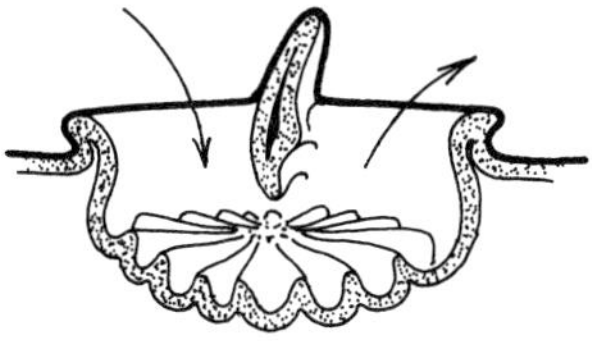

Querschnitt durch die Riechgrube

gen sitzen und oft durch eine Hautbrücke in Ein- und Ausflußöffnung unterteilt sind, ein hochentwickeltes *Geruchsorgan*. Aale können einen gelösten Riechstoff noch bei einer Verdünnung von 1:2,857 Trillionen lokalisieren (nach Muus-Dahlström). Das stellt die feinste Hundenase in den Schatten!

Die Nasenhöhle ist ein Blindgang, in dem Riechfalten die Riechfläche stark vergrößern. Je nach Lebensart der Fische kann diese Fläche 0,2 bis 3,5% der Körperoberfläche ausmachen (nach Reichenbach-Klinke).

Der Hecht hat als augenorientierter Stoßräuber die kleinere Riechfläche, der bodenlebende Gründling eine besonders große, wodurch er die oft schlechten Sichtverhältnisse seines Lebensraumes ausgleicht.

Fische haben keine äußeren, nur innere *Hörorgane*. Das Labyrinth, inneres Ohr, liegt im Kopf; es dient, wie bei anderen Wirbeltieren, gleichzeitig als *Gleichgewichtsorgan*, das den Fisch seine Position im Raum, auch bei Drehungen und Wen-

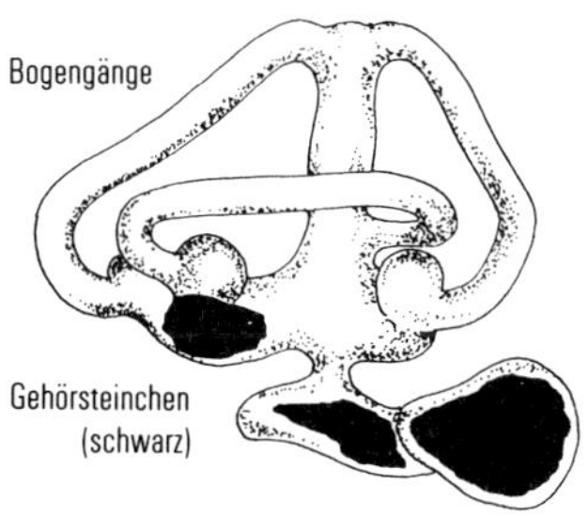

Innenohr oder Labyrinth

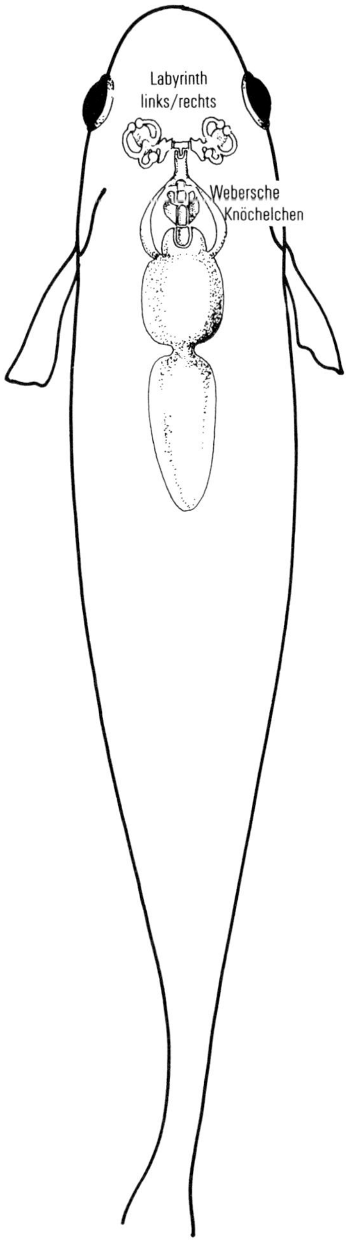

Schwimmblase und Labyrinth

dungen, wahrnehmen läßt. Es besteht aus drei in die drei Raumesrichtungen ausgelegten und mit Flüssigkeit gefüllten Bogengängen mit je einer kugelförmigen Verdickung *(Ampullen)*. Die Bogengänge münden in ein Säckchen *(Utriculus)*, dem nochmals nach unten ein weiterer kleiner Sack *(Saccolus)* mit seitlicher Ausbuchtung *(Lagena)* anhängt.
In jedem dieser Säckchen befindet sich ein lose eingelagertes Ohrsteinchen. Es ruht auf einem Polster empfindlicher Nervenzellen. Jede Veränderung der Körperlage wirkt sich durch einen Druck der Steinchen auf diese Sinneszellen aus. Die unterschiedlichen Drücke werden vom Gehirn verarbeitet. Ohrsteinchen wachsen mit dem Fisch und lagern jedes Jahr eine neue Kalkschicht an. Man zieht sie deshalb zur Altersbestimmung heran. Ihr Anschliff zeigt Jahresringe, ähnlich wie die Schuppen der Fische.
Die Hörfähigkeit vieler Fische wird durch die Schwimmblase und das System der Weberschen Knöchelchen verstärkt.
Der *Gesichtssinn* der Fische ist meist gut entwickelt. Hechte, Forellen, Barsche und andere Beutegreifer jagen hauptsächlich augenorientiert. Das Fischauge ist ähnlich dem der landlebenden Wirbeltiere gebaut, weist aber einen grundsätzlichen Unterschied auf: Die Linse kann nicht wie bei anderen Wirbeltieren ihre Form verändern, um Objekte unterschiedlicher Entfernung jeweils scharf auf der Netzhaut abzubilden. Die Linse des Fischauges ist ein fester, kreisrunder Glaskörper – eine Kugel. Zur Einstellung unterschiedlicher Entfernungen kann ihre Lage durch Muskeln im Auge verändert werden.
Im Unterschied zu anderen Wirbeltieren ragt die Linse ein Stück aus der Pupille heraus, was durch ihre Kugelform zu einem sehr großen Gesichtsfeld von etwa 180° C führt. Fische haben somit fast Rundumsicht! Im Bereich vor dem Kopf

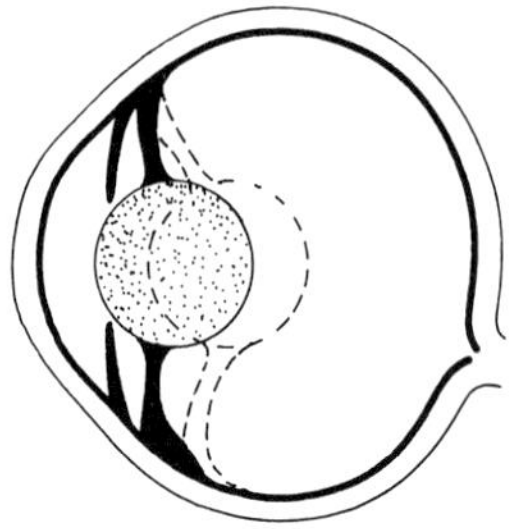

Auge Fisch

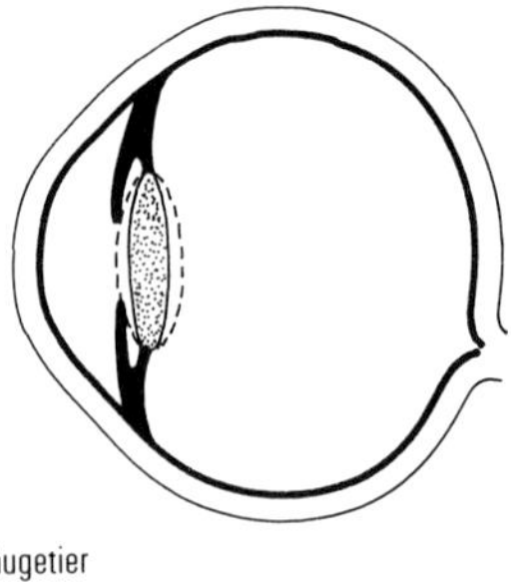

Auge Säugetier

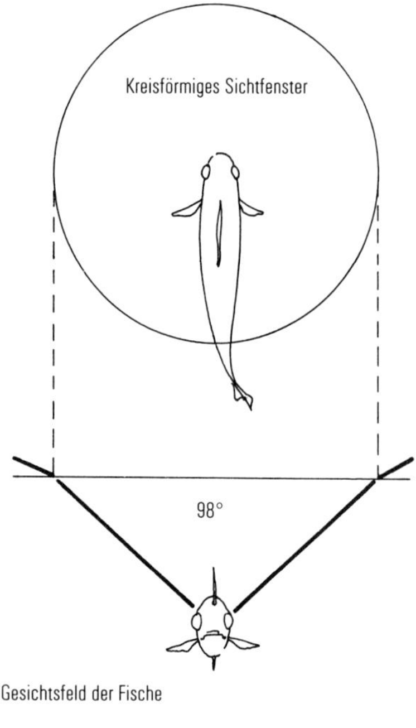

Gesichtsfeld der Fische

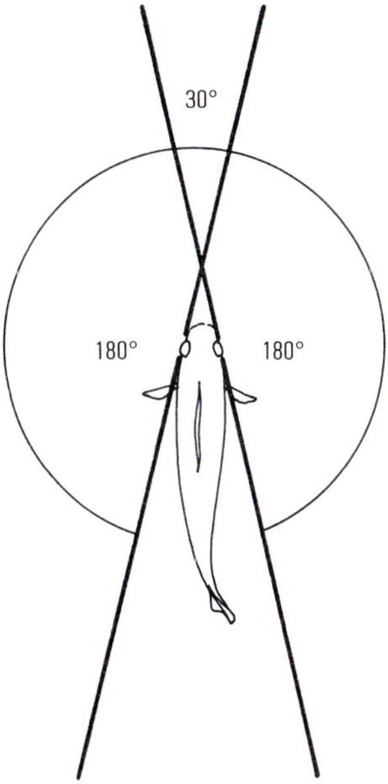

Jedes Auge erfaßt an seiner Körperseite einen Winkel von etwa 180°

Seitenlinie

anderer Tiere oder durch die Reflektion von Druckwellen an Gegenständen, wahrzunehmen. So orientieren sich die Fische unabhängig von Licht und Schall. Die Sinneszellen der Seitenlinie liegen meist in einer flachen Rinne auf mittlerer Höhe beider Körperseiten. Die Rinne verläuft vom Kopfansatz bis zur Schwanzwurzel. Über der Seitenlinienrinne liegende Schuppen weisen kleine Öffnungen auf, die wie dunkle Punkte wirken und sich zu einer gut sichtbaren Linie aneinanderreihen. Erreichen Druckwellen die Seitenlinie, läuft der

überschneiden sich die beiden Gesichtsfelder. In diesem Sektor, der etwa 20 bis 30° beträgt, sieht der Fisch räumlich, weil hier beide Augen das gleiche Bild aufnehmen. Ein nach oben blickender Fisch sieht die Welt außerhalb des Wassers nur durch eine kreisrunde Öffnung, das »Fenster«, dessen Ausdehnung maximal 98° beträgt. Alles außerhalb dieses Fensters wirkt für den Fisch wie ein Spiegel und kann deshalb von ihm nicht wahrgenommen werden. Für viele Fischarten ist das Farbensehen nachgewiesen.
Mit der *Seitenlinie* verfügen Fische über ein nur ihnen zugehöriges Organ, um Strömungen und Veränderungen des Wasserdrucks, etwa durch Schwimmbewegungen

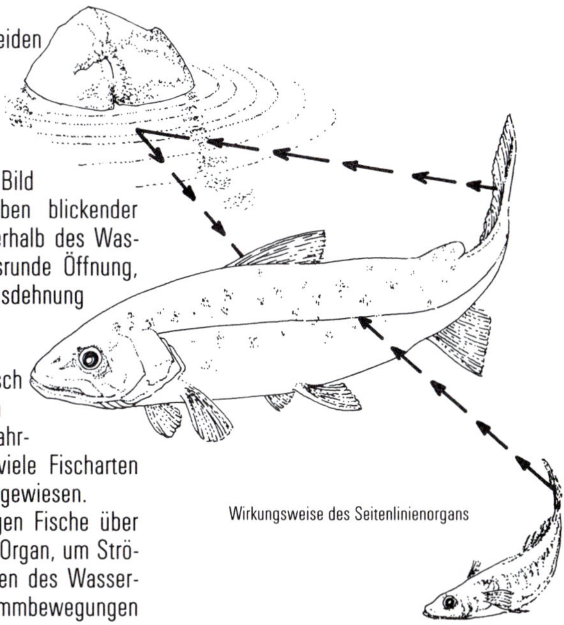

Wirkungsweise des Seitenlinienorgans

Impuls durch die Schuppenöffnungen in den Seitenlinienkanal und trifft dort auf empfindliche Sinneszellen. Sie werden dadurch angeregt und leiten ihn über Nervenbahnen ans Gehirn weiter. Dort wird der Impuls mit anderen aufeinanderfolgenden Reizen zur Wahrnehmung verarbeitet. Auf diese Weise ist der Fisch jederzeit über Bewegungsvorgänge seiner näheren und weiteren Umgebung informiert.
Viele Fische zeigen darüber hinaus einen hoch entwickelten *Orientierungssinn*. Wie anders könnten sonst Lachse nach jahrelanger Abwesenheit ihren Geburtsort genau wiederfinden oder andere Fischarten jahrelange Fernwanderungen mit bestimmtem Ziel bewältigen? Man nimmt an, daß bei Lachsen der Geruchssinn maßgeblich am Wiederfinden ihrer Laichplätze beteiligt ist. Auch das Auge ziehender Fische hat offenbar Anteil an der »Navigation«, es verwertet den Stand der Sonne. So hat man festgestellt, daß Fische bei bedecktem Himmel ihre Wanderungen unterbrechen und sie erst wiederaufnehmen, wenn die Sonne scheint.

Fortpflanzung

Fische pflanzen sich in der Regel durch Eier fort. Die Befruchtung erfolgt nach der Eiablage außerhalb der Tiere (Ablaichen): Das Männchen ergießt seinen Samen über die Eier. Die Eientwicklung bis zum Schlüpfen vollzieht sich bei den allermeisten Fischarten ohne Zutun der Elterntiere. Männchen und Weibchen ähneln sich äußerlich meist sehr stark; man kann sie nicht oder nur schwer voneinander unterscheiden. Während der Laichzeiten aber verändert sich die Färbung vieler Fische, bei manchen Arten auch die Körperform. Salmoniden, also Lachse und forellenartige Fische, aber auch andere, kleinere Fischarten, wie zum Beispiel die Stichlinge, färben sich dann so augenfällig, ja prächtig, daß man wie bei Vögeln vom

Laichhaken (Forelle)

»Hochzeitskleid« spricht. Beim Lachsmännchen wächst ein Laichhaken heran, sein Unterkiefer biegt sich am Ende hakenförmig aufwärts. Auch bei vielen Forellen-Milchnern – so nennt man die Männchen dieser Fische – kann man dieses Kennzeichen beobachten, wenn auch nicht so ausgeprägt wie beim Lachs.
Andere Fischarten, so die Rotaugen, bekommen während der Laichzeit – und auch hier wieder die Männchen – vorwiegend in der Kopfregion einen pockenartigen, weißen Ausschlag. Diese Pöckchen sehen aus wie kleine weiße, nach außen zugespitzte Perlen und sind sehr hart. Man nimmt an, daß die Fische mit ihrer Hilfe beim Ablaichen und Befruchten der Eier den Körperkontakt durch Reibung erhöhen.

Laichausschlag (Rotauge)

Während der Laichzeit verlängert sich bei den Weibchen der Bitterlinge der Eileiter zu einer Legeröhre, die es ihnen ermöglicht, die Eier einzeln in die Kloakenöff-

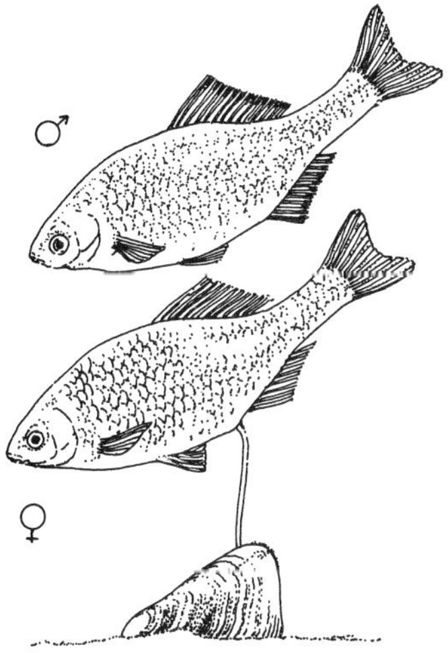

Bitterlinge bei der Eiablage

nung verschiedener Süßwasser-Muschelarten zu legen. Das Männchen trägt dann ein prächtig blau schillerndes Hochzeitskleid.

Bei anderen Fischarten gibt es sekundäre Geschlechtsmerkmale, die nicht nur während der Laichzeit, sondern immer zu beobachten sind. Dazu gehören die Schleien und die Schmerlen, bei denen jeweils die Männchen stark vergrößerte Bauchflossen haben. Der Hauptstrahl der Schleien-Bauchflosse ist bei den Männchen außerdem stark verdickt. Auf der Bauchflosse des Schmerlen-Männchens sitzt als zusätzliches sekundäres Geschlechtsmerkmal eine einzelne, die »canestrinische« Schuppe. Ein weiteres Beispiel für bleibende Geschlechtsmerkmale gibt die bei Sportanglern als Trophäe beliebte braunrot gezeichnete, vergrößerte Rückenflosse des Äschen-Männchens, Fahne genannt.

Im Jugendstadium der Fische und außerhalb ihrer Laichzeiten sind die Geschlechtsorgane sehr klein. Erst bei Erreichen der Geschlechtsreife und wenn die Laichsaison heranrückt, vergrößern sie sich stark und produzieren bei den Männchen den milchartigen Samen, die »Milch«, bei den Weibchen die je nach Art verschieden großen und verschieden zahlreichen Eier, den »Rogen«.

Die voll entwickelten Geschlechtsorgane liegen wie prall gefüllte Schläuche links und rechts paarig in der Leibeshöhle – bei einem weiblichen Tier die Eierstöcke, bei einem männlichen die Hoden. Beim Barsch-Weibchen sind beide Eierstockstränge zu einem Strang verschmolzen.

In welchem Alter Fische geschlechtsreif werden, hängt von ihren jeweiligen Lebensbedingungen ab. Allgemein werden die männlichen Tiere früher geschlechtsreif als die weiblichen. Die Anzahl der Eier, die in den Weibchen heranreifen, hängt von Art und Größe der Fische ab. So erzeugt ein Bitterlingsweibchen in der Regel nur etwa insgesamt 40 Eier; der Karpfen dagegen rund 150 000–250 000 Eier je Kilogramm Körpergewicht!

Diese beiden Beispiele markieren Extreme.

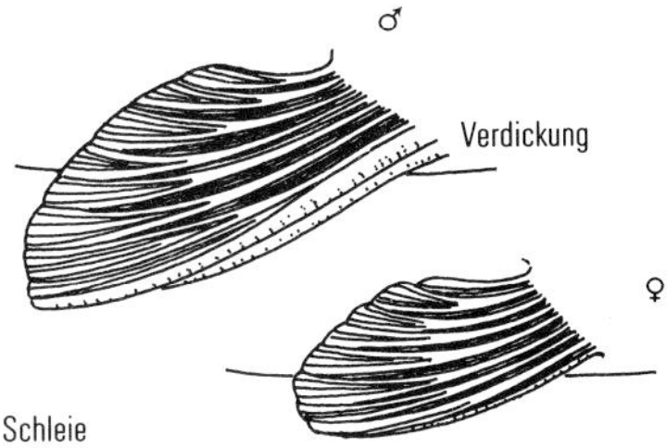

Schleie

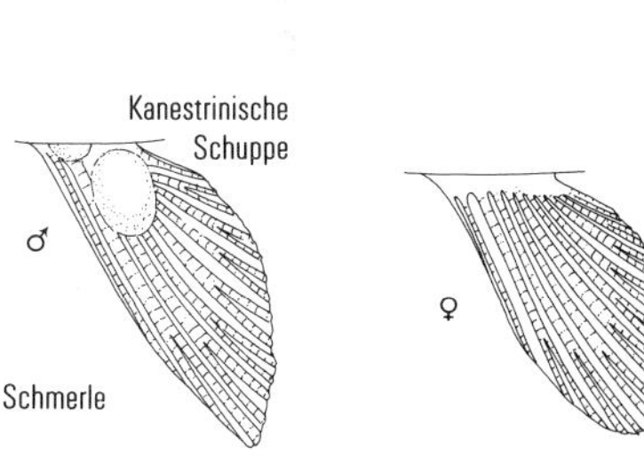

Schmerle

Bauchflossen als sekundäre Geschlechtsmerkmale

Als Regel gilt: Je exponierter ein Gelege plaziert wird – viele Arten entlassen ihre Eier frei schwimmend im Wasser – desto größeren Gefahren ist es ausgesetzt. Die Eizahl muß dann möglichst hoch sein, damit sich trotzdem eine für die Arterhaltung ausreichende Brut entwickeln kann.
Für das Ablaichen sucht das Weibchen bevorzugte Plätze auf, die sich von Art zu Art unterscheiden. So spricht man zum Beispiel von Kies- und von Krautlaichern. Fische der ersten Gruppe, zu denen auch die Lachse gehören, schlagen und wühlen mit ihrem Körper eine Mulde in den Boden des Laichgewässers und legen einzelne Eier in dieses Brutbett. Die Eier der Krautlaicher sind oft in langen Schnüren aneinandergereiht und werden an Pflanzen oder an totes Geäst unter Wasser angeheftet. Die Eier und Eischnüre vieler Fischarten sind mit einem klebrigen Stoff umgeben, der dafür sorgt, daß die Gelege nicht auseinandertreiben und an Pflanzen und anderen Gegenständen im Wasser haftenbleiben. Bei manchen Arten (Hecht, Barsch) werden alle Eier gleichzeitig abgelegt. Andere Fischarten (viele Karpfenartige) legen ihre Eier mit großen Pausen, weil sie im Körper erst nach und nach heranreifen.
Nachdem das Weibchen seine Eier ins Wasser entlassen hat, schwimmt das Männchen möglichst nahe an das Gelege heran und läßt seinen milchartigen Samen darüberfließen. Die Spermien schwimmen zielstrebig, ohne sich durch Wasserbewegung oder Strömung aufhalten zu lassen, zu den Eiern und befruchten sie. Selbst in den schnell fließenden Gebirgsbächen, wo Forellen laichen, liegt die Befruchtungswahrscheinlichkeit noch bei 80 bis 90%.
Bestimmte Fischarten laichen nur paarweise, etwa Lachse, Forellen und Hechte. Andere laichen vorzugsweise im Schwarm. Die Rotfeder sucht gern laichende Schwärme anderer Cyprinidenarten (Rotaugen, Brachsen) auf. Dadurch entstehen oft Bastardformen, die sich aber meist nicht mehr fortpflanzen können.
Der Laichbeginn hängt von einer bestimmten Wassertemperatur ab, an die sich manche Fischarten sehr genau halten. In Jahren mit ungünstigen Wassertemperaturen kann das Ablaichen über längere Zeiträume behindert werden. Der Nachwuchs in solchen Jahren ist dann nur schwach.
Je nach erforderlicher Laichtemperatur unterscheidet man zwischen Winter-, Frühjahrs- und Sommerlaichern. Auch die Erbrütung der befruchteten Fischeier hängt von der Temperatur des umgebenden Wassers ab. Sie kann, je nach Fischart, zwischen einem Tag und mehreren Monaten dauern. Die notwendige Entwicklungszeit bis zum Schlüpfen der Brut wird in »Tagesgraden« (TG) gerechnet. Die Bachforelle benötigt beispielsweise 410 TG. Das bedeutet, daß die Eier bei einer angenommenen Wassertemperatur von 5° C etwa 82 Tage bis zum Schlüpfen brauchen. (Die Brutzeit bei Fischeiern wird errechnet, indem man die angegebenen Tagesgrade durch die durchschnittliche Wassertemperatur für eine bestimmte Fischart dividiert.) Höhere Wassertemperatur verkürzt die Brutzeit. Bei 8° C, um beim Beispiel der Bachforelle zu bleiben, schlüpft sie demnach in etwa 51 Tagen. Ist die Wassertemperatur dagegen niedriger – zum Beispiel 2° C –, dauert die Entwicklung der kleinen Fischchen 205 Tage, also erheblich länger. Das Beispiel verdeutlicht die unmittelbare Abhängigkeit der Eientwicklung von der Wassertemperatur.
Die Entwicklungszeit einiger Fischarten nach Tagesgraden:

Bachforelle	410 TG
Lachs	410 bis 420 TG
Äsche	200 TG
Wels	140 bis 210 TG
Barsch	120 bis 160 TG
Hecht	120 bis 155 Tg
Karpfen	60 bis 70 TG

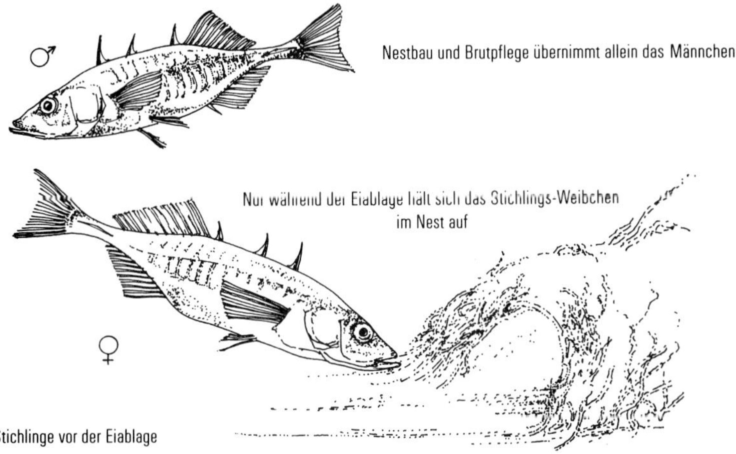

Stichlinge vor der Eiablage

Bei einer angenommenen Wassertemperatur von 15° C dauert es bei Karpfen vier Tage, bis die Brut schlüpft (60 : 15 = 4).
Nur verhältnismäßig wenige Fischarten betreiben Brutpflege. Die Männchen der Stichlinge bauen Nester aus Pflanzenteilen, in denen die Eier gehütet werden, bis die Brut schlüpft. Damit genügend Frischwasser in die Bruthöhle gelangt, fächeln die Männchen mit ihren Brustflossen vor dem Eingang und erzeugen so die notwendige Wasserzirkulation.

Entwicklung der Jungfische

Frisch geschlüpfte Fische schwimmen zunächst mit einem Dottersack umher, aus dem sie in den ersten Tagen ihre Nahrung beziehen. Erst wenn sie den Vorrat des Dottersackes verbraucht haben, ernähren sie sich aus dem Wasser.
Jungfische mit Dottersack werden als Larven bezeichnet. Die Wachstumsgeschwindigkeit der Jungfische hängt vom Nahrungsangebot und von der Wassertemperatur ab. Fische wachsen am schnellsten bis zur Geschlechtsreife. Auch danach nehmen sie noch an Gewicht zu, aber deutlich langsamer als vor der Geschlechtsreife. Das Wachstum von Fischen ist auch abhängig von den Jahreszeiten – im Winter wachsen Fische wenig oder überhaupt nicht, während sie im Sommer, wenn das Nahrungsangebot groß und die Wassertemperatur günstig ist, schneller wachsen. Die jahreszeitlichen Wachstumsunterschiede bedingen die Wachstumsringe der Schuppen. Sieht man von Krankheiten, Parasitenbefall, Freßfeinden oder Fang durch Netz und Angel ab, so können Fische fünf bis über 100 Jahre alt werden. Die Aufstellung nach Reichenbach-Klinke (1970) nennt Durchschnittsalter. Offenbar besteht ein enger Zusammenhang zwischen artbedingter Größe und Lebenserwartung eines Fisches.

Stint	5 Jahre
Elritze	6 Jahre
Aal	12 Jahre
Plötze	12 Jahre
Schleie	13 Jahre
Zander	14 Jahre
Huchen	16 Jahre
Bachforelle	30 Jahre
Karausche	30 Jahre
Karpfen	40 Jahre und mehr
Stör	72 Jahre
Wels	100 Jahre und mehr

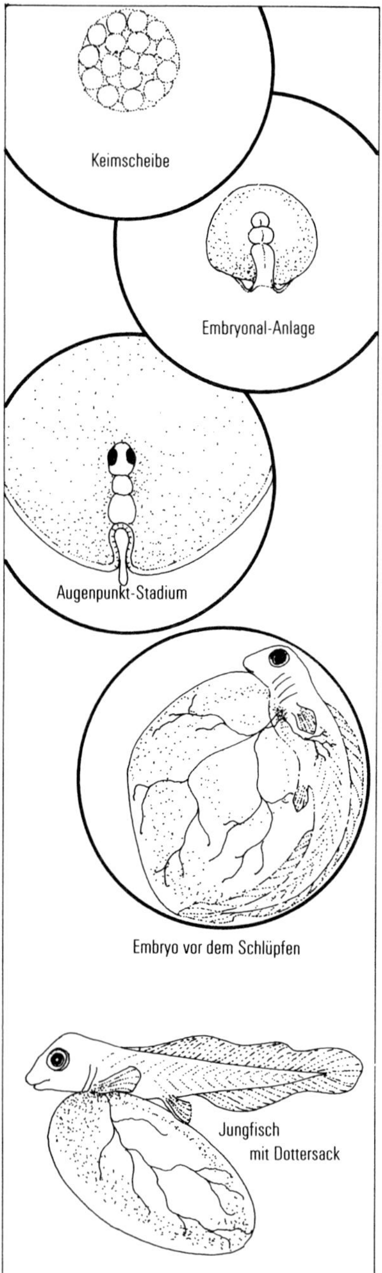

Vom Ei zum Jungfisch

Viele Fischarten verbringen ihr ganzes Leben in einer Region, sofern sie nicht durch äußere Umstände, wie zum Beispiel Austrocknung ihres Wohngewässers, zum Abwandern gezwungen werden. Es gibt aber auch Fischarten, die weite Wanderungen unternehmen, um ihre Laichplätze aufzusuchen. Einige Arten ziehen vom Meer zum Laichen ins Süßwasser, wie die Lachse, die Meerforellen und die Stinte. Ihr Verhalten bezeichnet man als *anadrom*. Andere Arten, wie der Aal, wandern zum Laichen vom Süßwasser ins Meer. Man nennt sie *katadrom*. Aale laichen im Sargassomeer, heute besser bekannt als das Bermuda-Dreieck. Die Jungfische kehren ins Süßwasser zurück.
Viele Alttiere verenden nach dem Ablaichen. Bei den Lachsen ist das nicht immer der Fall; manche kehren nach dem Laichgeschäft zwar erschöpft, aber doch zielstrebig ins Meer zurück. Aale sterben, soweit man das bisher weiß, nach dem Ablaichen immer. Laichverhalten und Laichwanderungen der Fische, besonders der Lachse und Aale, sind noch längst nicht in allen Einzelheiten erforscht und bekannt.

Wasser und Gewässer

Wasser, das Lebenselement der Fische, kann in seiner Zusammensetzung große Unterschiede aufweisen. Die größten natürlichen Gegensätze bestehen zwischen dem Salzwasser der Meere und dem Süßwasser unserer Binnengewässer. Süßwasserfische können nur in »süßem« Wasser leben. Es enthält viel geringere Mengen gelöster Mineralien als das deshalb spezifisch schwerere Meerwasser.
Wohlbefinden und Gesundheit der Fische hängen zwar nicht allein, aber unmittelbar und immer auch von der Wasserqualität ab. Viele Faktoren tragen zur Qualität eines Wassers bei, das als Gewässer Lebensraum bildet. Wichtig sind unter anderen:

Jungfische (Seeforelle) mit Dottersack

Sauerstoffgehalt,
Temperatur,
pH-Wert,
Mineralgehalt.

Der *Sauerstoffgehalt* eines Gewässers markiert entscheidende Rahmenbedingungen für die in ihm lebenden Organismen. Fische haben artbedingt unterschiedliche Sauerstoffbedürfnisse. Die Salmoniden stellen die höchsten, die Cypriniden (Karpfenartige) die geringsten Ansprüche an den Sauerstoffgehalt des Wassers. Für gutes Gedeihen benötigen Salmoniden in einem natürlichen Gewässer sieben Milligramm Sauerstoff je Liter. Werden die Mindestmengen unterschritten (Salmoniden drei Milligramm/Liter, Cypriniden ein Milligramm/Liter), sterben die Fische sehr schnell. Fische, die an Sauerstoffmangel eingegangen sind, erkennt man an abstehenden Kiemendeckeln. Wasser kann auch zu viel Sauerstoff enthalten. Das ist zum Beispiel dann der Fall, wenn dichter Wasserpflanzenbewuchs durch starke Assimilationstätigkeit unter Sonnenlicht Sauerstoff abgibt. Man spricht dann von einer Sauerstoffübersättigung des Wassers.

Der viel häufigere Sauerstoffmangel kann eintreten, wenn Abwässer mit organischen Stoffen in ein Gewässer eingeleitet werden. Die dann sprunghaft sich vermehrenden bakteriellen Zersetzer verbrauchen beim Abbau der organischen Verbindungen große Mengen von Sauerstoff. Ein natürlicher Sauerstoffmangel herrscht in tieferen Gewässerschichten ruhiger Seen. Gefahr eines starken Absinkens des Sauerstoffgehaltes besteht auch dann, wenn durch plötzliche Erwärmung eines nährstoffreichen Gewässers starkes Algenwachstum einsetzt. Beim Absterben dieser

Kleinstpflanzen entsteht organischer Schlamm, der zur starken Vermehrung von Abbaubakterien führt. Diese verbrauchen viel Sauerstoff, der Sauerstoffgehalt kann dann in Bereiche sinken, die Fischen gefährlich werden.
Auch Quell- und Grundwasser enthält sehr wenig Sauerstoff.
Zwischen *Temperatur* und Sauerstoffgehalt eines Gewässers besteht ein enger Zusammenhang. Je höher seine Temperatur ist, desto weniger Sauerstoff kann Wasser binden. Jede Fischart hat ein Temperaturoptimum, in dem sie sich am liebsten bewegt. So liebt die Forelle kalte Gewässer, während der Karpfen sich bei höheren Temperaturen wohler fühlt. Forellen stellen schon bei 20° C Wassertemperatur die Futteraufnahme ein, während Karpfen erst ab 30° C Wassertemperatur nicht mehr fressen. Das Sauerstoffbedürfnis eines Fisches steigt sprunghaft bei gesteigerter Aktivität in artgemäß richtiger Wassertemperatur. Da Fische wechselwarme Tiere sind, verlangsamt sich ihr Stoffwechsel bei sinkenden Temperaturen bis zu winterschlafähnlichen Zuständen, in die Karpfen während der Wintermonate verfallen. Der Sauerstoffbedarf des Fisches ist dann sehr gering.
Die Wassertemperatur beeinflußt auch den Laichvorgang der Fische. Die Regenbogenforelle laicht nur bei 6 bis 10° C. Ähnliches gilt für Renken, Hechte brauchen mehr als 10° C, Barsche über 12° C, Karpfen mehr als 18° C und Schleien über 19° C. Daneben beeinflußt die Tageslänge den Laichvorgang. Laichen Fische bei ungeeigneten Wassertemperaturen, können die Gelege unfruchtbar bleiben.
Wasser als Lebenselement von Pflanzen und Tieren soll möglichst frei von zivilisationsbedingten Fremdstoffen sein und je nach dem Lebensraum, dem es zugehört, einen natürlichen *pH-Wert* aufweisen. Der pH-Wert, eine aus der Wasserstoffionen-

Konzentration gewonnene Maßeinheit mit der Skala 1–14 gibt – wie beim Boden – Auskunft über das Säure-Basen-Verhältnis einer Substanz. Der Wert 1 entspricht einer Natronlauge, der Wert 14 einer Salzsäure. Der neutrale Punkt, wo ein Medium weder sauer noch alkalisch reagiert, liegt bei 7. Gesunde Fischwasser weisen Werte in diesem mittleren Bereich auf. Saure Niederschläge, verursacht durch weiträumige Luftverschmutzung, können die Lebensqualität eines Gewässers ohne äußerlich sichtbare Trübung stark beeinträchtigen. So wurden schon vor dem Einsetzen des Waldsterbens in Mitteleuropa schwedische Seen durch Versäuerung für Fische unbewohnbar. Unnatürliche pH-Werte werden heute sogar von Schweizer Hochgebirgsseen gemeldet.
Von Natur aus sind kalkarme Gewässer eher sauer, kalkreiche eher alkalisch. Das weiche, schwarze und saure Moorwasser schränkt in seinem Bereich das Pflanzen- und Tierleben stark ein, es beherbergt keine Fische.

Grund- und Quellwasser ist nicht chemisch reines H_2O. Es enthält *gelöste Mineralien* (Mineralsalze), die es auf seinem Weg durch die Gesteine des Unterbodens aufnimmt. Diese Nährsalze bilden die Voraussetzung für das Gedeihen pflanzlichen Planktons, zum Beispiel ein- und mehrzellige Algen (Blaualgen, Grünalagen). Pflanzliches Plankton naturnaher Gewässer beeinträchtigt die biologische Reinheit des Wassers nicht. Durch Assimilation der Mikroflora in den sonnenbelichteten oberen Wasserschichten entstehen organische Verbindungen und Sauerstoff, Lebensgrundlage des tierischen Planktons, das seinerseits viele Tierarten, auch Fische, ernährt. So entspringen im Wasser, bedingt durch seinen Gehalt an mineralischen Nährsalzen, die Nahrungsketten. Der Mineralgehalt eines Wassers bestimmt deshalb wesentlich, wie artenreich sich das pflanzliche und das unmittelbar mit ihm verknüpfte tierische Leben bis hinauf zu den Fischen, Lurchen, Vögeln und Säugern entfalten kann.

Die größten Gegensätze innerhalb der Süßgewässer bilden in dieser Hinsicht das lebensfeindliche, weil mineralienarme Hochmoor einerseits, es ist von der Mineralienzufuhr des Untergrundes durch Torfmoosschichten abgetrennt, und das mineralreiche Flachmoor andererseits. Es entsteht an den Verlandungszonen von Seen und weist einen außerordentlichen Artenreichtum an Pflanzen und Tieren auf, an dem auch die Fische, je nach Wassertiefe, teilhaben.

Nährstoffarme Gewässer, zu denen die Hochgebirgsseen und die Quellflüsse des Hochgebirges zählen, sind *oligotrophe* Gewässer. In ihnen können sich nur wenige Fischarten entwickeln, wie Forellen und Saiblinge. Sie bilden dort aufgrund des knappen Nahrungsangebotes und beschränkten Entfaltungsraumes Kümmerformen.

Ein Gewässer, das viele Nährstoffe enthält, ist ein *eutrophes* Gewässer. Beispiele für diese Gewässerart sind die unteren Regionen der Flüsse sowie die Seen der Tiefebene.

Werden Abwässer mit hohen organischen Bestandteilen in ein Gewässer eingeleitet, kommt es zu explosionsartiger Algen- und Planktonentwicklung. Bei dieser »Eutrophierung«, wie sie vor einigen Jahren im Bodensee besonders stark zu beobachten war, wird der natürliche Stoffkreislauf eines Gewässers aus dem Gleichgewicht gebracht, das Gewässer »kippt um«, und seine Fischbestände geraten in höchste Gefahr. An der Eutrophierung von Gewässern hat auch die Landwirtschaft teil. Durch Ausbringen von Mineraldünger (Kunstdünger) in oft zu großen Mengen gelangen wasserlösliche Stickstoff- und Phosphorverbindungen ins Grundwasser und in die Gewässer, deren Pflanzen auf diese Weise unbeabsichtigt, aber sehr wirkungsvoll gedüngt werden. Die für die Pflanzenernährung (im Wasser und auf dem Land) wichtigsten Mineralsalze entstammen den Elementen Phosphor, Stickstoff, Kalium und Kalzium. Andere Elemente müssen in Spuren vorhanden sein.

Nahrungsketten gestalten sich auch innerhalb eines abgrenzbaren Biotops, wie etwa eines Sees, nie einfach. Ihre Glieder sind elastisch und können bei Störungen durch andere Glieder entlastet oder teilweise ersetzt werden. Einzelne Stränge des vielfach vernetzten Systems greifen auf benachbarte und fernere Lebensräume über. Ein gesundes Biotop ist im warmen und gemäßigten Klima immer artenreich und hoch organisiert. Pflanzliches Plankton (Plankton heißt das im Wasser Schwebende) wird vom tierischen Plankton, von Kleintieren wie Hüpferlingen, Bachflohkrebsen, Wasserflöhen und anderen verzehrt, die ihrerseits kleinen und größeren Fischen (Rotaugen, Karpfen, Schleien und

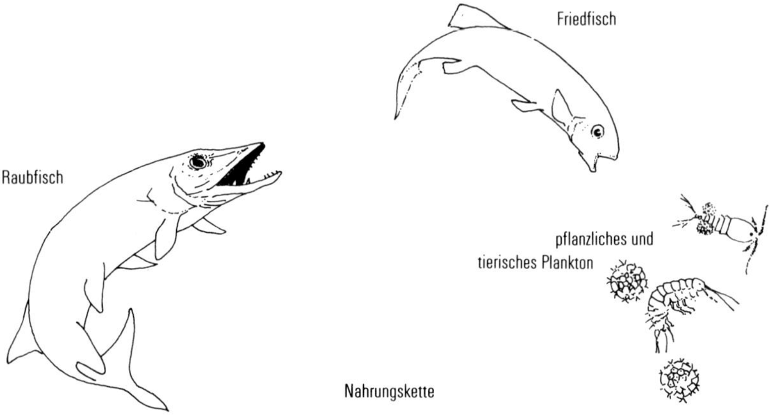

anderen) als Nahrung dienen. Diese werden von den kleineren und größeren Räubern (Barsch, Hecht, Zander und andere) erbeutet. Große, ausgewachsene Räuber, wie Hechte oder Welse, haben im Gewässer keine natürlichen Feinde mehr und würden im hohen Alter eines natürlichen Todes sterben, wenn sie nicht irgendwann dem Menschen an die Angel oder ins Netz gingen.

Die Nahrungskette ist ein Kreislauf, bei dem in der Regel alles Organische verwertet wird. Absterbendes Plankton, das nicht unmittelbar andere Tiere ernährt, sinkt zu Boden, wird dort von Bakterien zersetzt und in anorganische Nährsalze (Mineralien) zurückverwandelt. Bei geringerer Wassertiefe versorgen absterbende Kleinlebewesen auch bodenbewohnende Tiere, zum Beispiel Muscheln und viele Würmer, mit Nahrung. Sterben Fische eines Tages auf natürliche Weise, dienen sie anderen Fischen, Krebsen und Kleinlebewesen als Nahrung. Was nicht direkt verwertet wird, zersetzen die Bakterien zu Nährsalzen, die für den Aufwuchs von Pflanzen und pflanzlichem Plankton benötigt werden. So schließt sich die Nahrungskette zum Kreis.

75% der in Europa vorkommenden gut 200 Fischarten sind durch zunehmende Verschmutzung und durch Eingriffe in ihre einst natürlichen Lebensräume, etwa die Begradigung der Flüsse, vom Aussterben bedroht. Die chemisch darstellbare Wasserqualität ist ein wichtiger, aber nicht allein entscheidender Gesichtspunkt. Kanalisiertes Trinkwasser etwa bildet noch keinen Lebensraum für Fische.

An einem gesunden Wasserbiotop haben artenreiche Lebensgemeinschaften von Pflanzen und Tieren Anteil. Die Nahrungsketten umgreifen Kleinstlebewesen, wie sie schon im reinsten Grund- und Quellwasser zu finden sind, Pflanzen, die durch ihre Assimilation für die Anreicherung des Wassers mit Sauerstoff sorgen, und Tiere aller Klassen bis hinauf zu den Vögeln und Säugern. In diesem dichtvernetzten Kreislaufgeschehen der Stoffe und Kräfte bilden die Fische eine reichgegliederte, unverzichtbare Gruppe von Lebewesen. Ist eine Pflanzen- oder Tierart durch Änderung der Umwelt in ihrem Fortbestand gefährdet, so zeigt sie Gleichgewichtsstörungen des Biotops an, die zwangsläufig schädliche Kettenreaktionen in den Lebensgemeinschaften auslösen. Jede Lücke, die eine gefährdete oder ausgerottete Lebewesenart hinterläßt, vergröbert das Wirkgefüge eines Biotops, läßt es auf eine niedrigere Organisationsstufe zurücksinken.

Die Sportfischerei in Europa

Allgemeines

Wer in der Bundesrepublik Deutschland fischen will, muß sich registrieren lassen. Ausweis für diese Erfassung ist der *Bundesfischereischein*, die überregionale staatliche Lizenz, die ihren Inhaber dazu berechtigt, einen *Angelschein* – Tages-, Wochen- oder Jahresschein – zu erwerben. Erst die Verbindung dieser beiden Dokumente berechtigt den Angler, den Fischen seinen Köder im ausgewählten Gewässer anzubieten.

Sportfischerpaß (Vereine), Bundesfischereischein und Erlaubnisschein (Angelschein) bilden die Voraussetzung für das Sportfischen. Eine Ausnahme sind bei Binnengewässern private Angelteiche oder -seen, meistens Anhängsel gewerblicher Fischzüchter. Hier kann, wer morgens seinen Obulus entrichtet, auch ohne Schein fischen. Sportfischer blicken allerdings mit Geringschätzung auf einen solchen »Forellen-Zirkus«.

Seit einigen Jahren gibt es die Bestrebung, ähnlich wie in der Jägerei, jedem, der einen Fischereischein erwerben möchte, einen Befähigungsnachweis in Form einer *Sportfischer-Prüfung* abzuverlangen.

In Bayern, Rheinland-Pfalz, Nordrhein-Westfalen und Schleswig-Holstein wurde diese Prüfung bereits gesetzlich verankert. In anderen Bundesländern werden Prüfungen auf freiwilliger Basis abgelegt. Auf diese Weise kann für die weiter ansteigende Zahl von Petri-Jüngern ein Standard sportlicher und hegerischer Qualifikationen vorgeschrieben und kontrolliert werden.

Für eine entsprechende Ausbildung und praktische Anleitung sorgen fast ausschließlich die örtlichen Angelvereine, von denen es in der Bundesrepublik etwa 10 000 gibt. Davon sind 5000 im *Verband deutscher Sportfischer e. V.* (VDSF) überregional zusammengefaßt, während die restlichen 5000 privat organisiert sind.

Die Angelvereine unterhalten eine große Zahl von Angelgewässern. Sie kümmern sich um Hege, Pflege, Besatz und Schonzeiten, soweit diese nicht gesetzlich festgelegt sind (siehe Tabelle). Die Schonzeiten der einzelnen Fischarten hängen von deren jeweiligen Laichzeiten ab (Frühjahrs-, Sommer- und Winterlaicher).

Doch nicht nur die Laichzeit ist ausschlaggebend für die Schonung der Fische, sondern auch die jeweilige Größe, ab welcher man einen Fisch fangen darf. Beide Einschränkungen sollen ein rücksichtsloses Ausräubern, vor allem begehrter Arten, verhindern. Die Schonzeit hilft den Nachwuchs zu sichern. Die Tiere sollen der Fortpflanzung möglichst ungestört nachgehen können. Mit dem Schonmaß verfolgt man das Ziel, einem Gewässer nur solche Fische zu entnehmen, die schon geschlechtsreif sind und wenigstens einmal für Nachwuchs haben sorgen können.

Ausrüstung

Die Zeiten, wo man sich eine Weidenrute schnitt, diese mit einem Stück Schusterzwirn, einem durchbohrten Flaschenkorken als Schwimmer sowie einer gebogenen Stecknadel als Haken für den Regenwurm versah – und damit sogar Erfolg hatte –, liegen noch gar nicht so lang zurück. Der Blick in eines von mehreren tausend Angelfachgeschäften, die es mittlerweile bei uns gibt, macht deutlich, welch rasante Entwicklung das Sportfischen und seine Ausrüstung in den letzten Jahrzehnten nahmen. Dort sind Unmengen von Ruten, Rollen, Schnüren und anderen Ausrüstungsgegenständen zu einem wahren Tempel aufgebaut, dem die Liebhaber dieses Sportes ihre Referenz erweisen.

Entsprechend den grundsätzlich verschiedenen Angelmethoden *(weiter auf S. 239).*

Schonzeiten und Schonmaße heimischer Fische

Fischart	Bayern* Maß	Schonzeit**	Nordrhein-Westf. Maß	Schonzeit	Rheinland-Pfalz Maß	Schonzeit
Bachneunauge		ganzjährig				
Zingel		ganzjährig				
Streber		ganzjährig				
Perlfisch		ganzjährig				
Frauennerfling		ganzjährig				
Huchen	70	15.2.–15.5.				
Lachs			50	20.10.–31.12	50	15.10.15.3.
Seeforelle	69	1.10.–31.12.	50	–		
Meerforelle					50	15.10.–15.3.
Bachforelle	26	1.10.–28.2.	25	20.10.–15.3.	25	15.10.–15.3.
Regenbogenforelle	26	15.12.–15.4.	25	1.1.–15.4.	25	15.10.–15.3.
Bachsaibling	20	1.10.–28.2.	25	20.10.–15.3.	25	15.10.–15.3.
Seesaibling	30	15.10.–31.12.				
Äsche	35	1.3.–30.4.	30	1.3.–30.4.	30	15.2.–30.4.
Renke	28	15.10.–31.12.				
kleine Maräne			20	–		
Wels			50	–		
Hecht	45	15.2.–15.4.	50	–	45	1.2.–15.4.
Zander	50	15.3.–30.4.	45	1.5.–30.6.	40	1.4.–31.5.
Barbe	38	1.5.–15.6.	35	15.5.–15.6.	35	1.5.–15.6.
Aal	40	–	35	–	40	–
Nerfling	30	–				
Karpfen			35	–	35	–
Schleie			20	–	25	–
Nase					20	15.3.–30.4.
Brassen					15	–
Rotauge					15	–
Rotfeder					15	–

Die nachfolgend aufgeführten Tierarten sind zwar keine Fische, leben aber hauptsächlich in Angelrevieren und unterliegen wegen ihrer starken Gefährdung strengen Schutzbestimmungen.

Sumpfschildkröte		ganzjährig				
Edelkrebs	12	1.9.–30.6.	10	1.11.–31.5.	10	1.11.–31.5.***
Amerik. Flußkrebs					8	1.11.–31.5.

* Für den Bodensee gelten diese Bestimmungen nicht. Dort sind internationale Vereinbarungen getroffen.

** Letztes angegebene Datum gilt einschließlich, also z. B. NRW-Regenbogenforelle, erst ab 16. 4.

*** Weibliche Edelkrebse sind in Rheinland-Pfalz das ganze Jahr über geschützt.

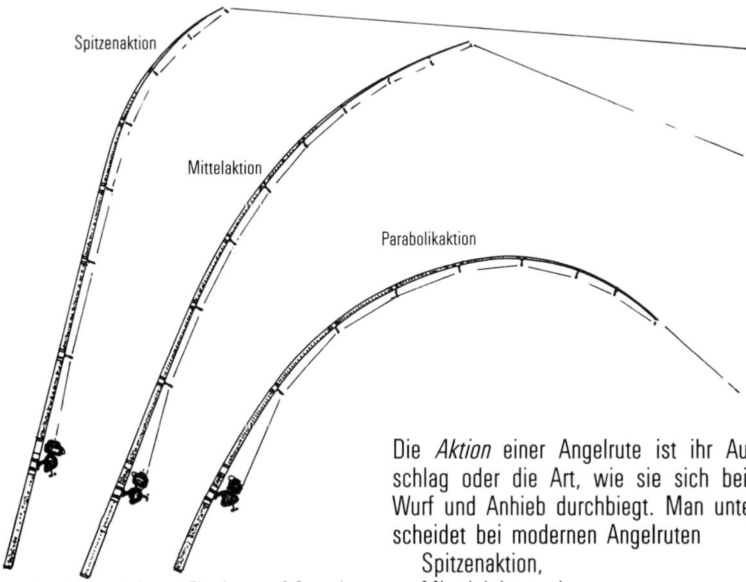

Fischen mit Pose, Fischen auf Grund
und Spinnfischen

besteht die Geräte-Grundausrüstung des Anglers aus wenigstens zwei Ruten, zwei Rollen, einem Sortiment von Schwimmern, verschiedenen Schnüren unterschiedlicher Stärke, Bleischroten verschiedener Größen, mehreren Grundbleien, verschieden großen Haken, einer Reihe von Blinkern, Spinnern, Wobblern und weiteren Zubehörteilen.

Angelruten

Früher wurden Angelruten aus Naturmaterialien, wie Bambus oder Peddigrohr, gefertigt. Heutige Ruten bestehen aus Glasfaser oder Kohle-Glasfaser-Gemischen. Sie sind leicht, hochelastisch, sensibel, bruchfest und verrotten nicht.

Man unterscheidet zerlegbare *Steckruten* und *Teleskopruten*, deren Teile ineinandergeschoben werden wie eine Autoantenne. Bei den beringten Teleskopruten muß das System mit Rolle, Pose, Blei und Haken nicht abgebaut werden, deshalb bevorzugen viele Angler diesen Rutentyp.

Die *Aktion* einer Angelrute ist ihr Ausschlag oder die Art, wie sie sich beim Wurf und Anhieb durchbiegt. Man unterscheidet bei modernen Angelruten

Spitzenaktion,
Mittelaktion und
Parabolikaktion
(durchgehende Aktion).

Bei einer Wettkampfrute mit *Spitzenaktion*, deren Hauptaufgabe der Anschlag auf kürzere Distanz ist, biegt sich nur der obere Teil der Rute in einem festgelegten Maß. Die Schnur kann sehr schnell vom Wasser abgehoben werden, sie stellt in kürzester Zeit direkte Verbindung zum Fisch her. Solche Ruten benutzt man zum leichten Posenfischen an stehenden oder wenig bewegten Gewässern.

Eine Rute mit *Mittelaktion* biegt sich von der Spitze bis ungefähr zur Hälfte der Rute. Sie ermöglicht einen Anhieb über lange Entfernungen. Diese Rute ist sowohl für kleine als auch für etwas größere Fische, für das Grundangeln oder allgemeinere Zwecke geeignet.

Eine Rute mit *parabolischer Aktion* beugt sich in ihrer ganzen Länge von der Spitze bis zum Griff. Dies sind meist kräftige Ruten, die für das Werfen großer Köder und den Drill großer Fische, wie Karpfen, Hecht oder Huchen, konstruiert sind.

Huchen

Es gibt Ruten für allerfeinstes Fischen auf Friedfische, die bis zu Längen von 10 Metern ohne Ringe gebaut und ohne Rolle benutzt werden. Das sind unberingte *Wettkampfruten*. Die Angelschnur, die nicht viel länger sein kann als die Rute selbst, wird an der Spitze fest montiert. Für feines Fischen in größeren Tiefen und Entfernungen vom Ufer, als es das fest montierte System der Wettkampfrute zuläßt, gibt es beringte Ruten bis zu einer Gesamtlänge von etwa acht Metern. Bei diesem Rutentyp wird mit einer Rolle gefischt, die einen Schnurvorrat aufnimmt. Die Verwendung solcher Angel-Systeme erlaubt ein Auswerfen des Köders in größeren Entfernungen, man kann große Fische »an der langen Leine« sich müde laufen lassen, ohne die Gefahr eines Schnurbruchs zu riskieren.
Mit der unberingten Wettkampfrute hat man nur die Länge der an ihrer Spitze befestigten Angelschnur zur Verfügung, was den Aktionsradius einengt. Andererseits läßt sich mit dieser sensibelsten Art zu fischen der Köder fast unsichtbar für die Fische präsentieren, was den Erfolg dieser Ruten ausmacht. Ihr Nachteil liegt darin, daß man mit großen Fischen am Haken kaum fertig wird.
Ein weiterer Rutentyp, die *Hecht-* oder *Karpfen-Rute*, ist kürzer und kräftiger gebaut. Immer beringt, besteht sie nur aus zwei Teilen. Ihre Längen liegen zwischen etwa 2,50 und 3,50 Metern. Hecht- oder Karpfen-Ruten werden mit den unterschiedlichsten Tragfähigkeiten und Wurfgewichten angeboten. Sie eignen sich für das Fischen auf Grund, das Raubfischangeln und für das Spinnfischen.
Eine Reihe noch kürzerer Ruten (zwischen etwa 1,70 und 2,40 Metern) werden vorwiegend für das Spinnfischen, das heißt, das Angeln mit künstlichen Ködern auf Raubfische, eingesetzt, für kleine Bäche und für das Fischen vom Boot aus. Aber auch mit der mittellangen Hecht- oder Karpfen-Rute läßt sich gut »blinkern«.
Allgemein gilt für Ruten: Vollglas-Ruten sind billig, aber heute technisch überholt. Hohlglas-Ruten können bei guter Verarbeitung für langen Gebrauch empfohlen werden. Kohlefaser-Ruten wiegen weniger und kosten mehr. Diese nicht ganz so bruchfesten Ruten leiten elektrischen Strom. Besonders mit den langen, unberingten Wettkampfruten ist größte Vorsicht in der Nähe von elektrischen Leitungen und Hochspannungsmasten geboten. Bei Gewitter ist eine Kohlefaser-Rute sofort aus der Hand zu legen!
Bei allen Ruten sollte man auf sorgfältige Verarbeitung, fehlerlose Lackierung, bei beringten Ruten auf einwandfreie, wasserfeste Wicklungen achten. Tragkraft und Wurfgewicht sollten möglichst genau auf den Verwendungszweck des Gerätes abgestimmt sein.

Angelrollen

Außer bei Wettkampfruten braucht man für jede Angel eine Rolle zur Aufnahme des Schnurvorrates. Man unterscheidet Achsenrollen (heute veraltet und kaum noch in Gebrauch), Stationärrollen, Kapselrollen und Multirollen. Alle Typen werden in verschiedenen Größen und Schnurstärken und für unterschiedlich große Schnurvorräte angeboten.
Bei der *Stationärrolle* wird die Schnur durch den »Schnurfangbügel« um 90° umgelenkt, bevor sie quer zur Rute auf die Spule gelangt. Die Vorratsspule dreht sich beim Wurf nicht mit. Die Schnur wird durch das Wurfgewicht in »Klängen« von der Spule abgezogen.
Die *Kapselrolle* ist grundsätzlich wie die Stationärrolle gebaut. Die Spule liegt aber nicht frei, sondern eingekapselt, die Schnur wird quer zur Rutenrichtung durch ein Loch im Dach der Kapsel mittels einer rotierenden Nadel aufgewickelt.

Bei der *Multiplikatorrolle*, kurz *Multirolle* genannt, beschleunigt ein Getriebe das Einholen der Schnur: Bei jeder Kurbelumdrehung macht die Vorratsspule je nach Typ bis zu fünf Umdrehungen. Die Rolle benötigt für gute Wurfweiten ein Bleigewicht ab 20 Gramm. Deshalb wird sie für feines Fischen kaum verwendet. Sie eignet sich aber hervorragend für kapitale Fische im Drill, weil die Schnur gerade von der Rolle läuft und nicht über einen Bügel umgelenkt wird. Beim Wurf dreht sich die Vorratsspule mit.

Angelschnüre

Im Süßwasser verwendete Schnüre bestehen mit Ausnahme der Fliegenschnur aus einem einzigen Nylonfaden definierter Stärke und werden deshalb *monofile* Schnüre genannt.

Empfehlenswerte Schnurstärken für das allgemeine Fischen sind 0,20er für feines Fischen, 0,35er für mittleres Fischen und 0,45er für schwere Raubfische wie große Hechte und andere. Die Zahl gibt Millimeterbruchteile an: eine 0,20er Schnur ist 0,20 Millimeter dick. Aussagefähig für die Qualität einer Schnur ist ihre Tragkraft. Eine 0,20er Schnur sollte etwa 2,5 Kilogramm Tragkraft aufweisen. Da Nylon elastisch ist, können mit dieser Schnur auch größere Fische gelandet werden. Je mehr Schnur beim Drill eines großen Fisches im Wasser liegt, desto mehr dämpft sie durch ihre Dehnungsfähigkeit die Fluchten des Tieres. Deshalb sollte man einen großen Fisch auch nicht hektisch ans Ufer kurbeln. Dort besteht erhöhte Schnurbruchgefahr, wenn der Fisch noch nicht ausreichend ermüdet ist.

Angelschnüre unterliegen einem natürlichen Alterungsprozeß, der durch Sonnenlicht und Wasser beschleunigt wird. Wer viel fischt, sollte seine hart, rauh und brüchig gewordenen Schnüre einmal im Jahr auswechseln. Das erste Stück Schnur in etwa doppelter Rutenlänge ist beim Fischen den größten Belastungen ausgesetzt. Man muß es von Zeit zu Zeit abtrennen und zu Haus(!) in die Mülltonne werfen. Niemals dürfen ausgediente Nylonschnüre am Angelplatz liegenbleiben! Sie bilden dort tödliche Gefahren für Wasservögel und andere Tiere.

Im allgemeinen knüpft der Angler zwischen Hauptschnur und Haken ein dünne-

Schnurstärke	Tragkraft kg	Angelart	Fischart
0,15–0,20	bis 2,5	feines Stippfischen auf kleinere Fische	Rotaugen, Rotfedern, kleine Barsche, alle anderen Kleinfische
0,20–0,30	2,5–5,0	allgemeines Posenfischen und feines Grundfischen	Brasse, Schleie, Döbel, Aale (kleinere), Forellen
0,30–0,35	5,0–7,0	Posenfischen mit schwerem Zeug und Grundfischen, feines Spinnfischen	größere Fische wie oben, Barben, Karpfen mittlerer Größe, Zander
0,35–0,50	8,0–13,0	Posenfischen in Erwartung großer Fische, Angeln auf Raubfische, Grundfischen, Spinnfischen mit größeren Ködern	schwere Karpfen, Hecht, große Zander, schwere Aale, Seeforellen u. a.
0,55 und stärker	15,0 u. mehr	Fischen mit schwerstem Gerät auf »Riesenfische«; bei stark verkrauteten Gewässern und vielen Unterwasserhindernissen	Hecht, Huchen, Wels und alle anderen Großfische

res Stück Nylon von etwa 50 bis 100 Zentimeter Länge. Am bequemsten montiert man dieses *Vorfach* mittels eines kleinen Drahtwirbels, in den man die Schlaufe eines fertig gebundenen Hakenvorfaches einhängt. Warum? Fische sind scheu. Man sollte deshalb alles tun, um das Angelgerat so unsichtbar wie möglich zu machen. Das gilt vor allem, wenn man gezwungen ist, mit kräftigeren Schnüren auf große, aber doch scheue Fische, wie zum Beispiel Karpfen, zu fischen.

Bei Hängern oder Überlastung reißt die Schnur ohne Vorfach meistens kurz vor der Rutenspitze, und die ganze Schnur bleibt im Wasser liegen. Sie bedeutet für alle Wasserbewohner, gegebenenfalls für Schwimmer und andere Angler eine Gefahr. Hängt noch ein Fisch am Haken, so geht er zugrunde, er verludert, wenn es ihm nicht gelingt, den Haken loszuwerden. Das Vorfach wirkt wie eine Sollbruchstelle als schwächstes Glied der Kette. Ist man gezwungen, die Schnur abzureißen, reißt sie in den meisten Fällen an dieser Stelle kurz vor dem Haken. Ein Fisch muß an einem Angelhaken nicht zugrunde gehen, sofern nur die kurze Vorfachschnur daran hängt.

Haken

Haken sollen scharf sein (Haken-Schleifstein) und die richtige Biegung aufweisen. Alte Haken brechen leichter. Es gibt weltweit etwa 60 000 verschiedene Haken-Typen. Bei uns werden fast ausschließlich der Limerick-Haken und der Kristallbogen-Haken verwendet. Man unterscheidet: Öhr- und Plättchen-Haken und Einfachhaken für Friedfische, Sonderausführungen mit zwei und drei Spitzen (Zwillings- und Drillingshaken), die man ausschließlich zum Angeln von Raubfischen einsetzt. Die Hakengröße wird durch eine Zahlenreihe

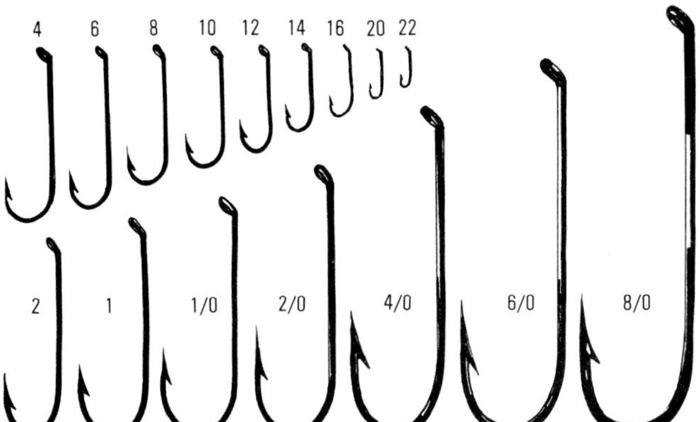

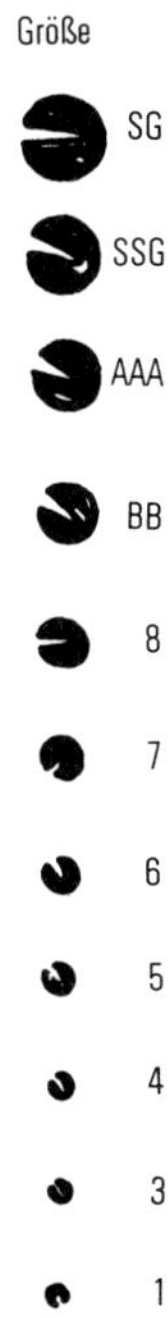

Größenskala für Angelhaken und Bleischrote nach internationaler Norm

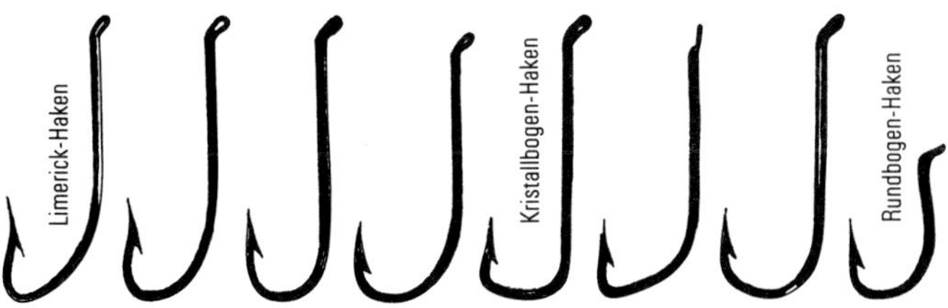

Gängige Hakenformen

ausgedrückt, die der wirklichen Größe der Haken entgegenläuft. Ein Haken der Größe 16 ist ein sehr kleiner Haken, einer der Größe 1 der größte gängige Haken der Normskala.
Für die meisten Angelmethoden im Süßwasser reichen Haken der Größe 12, 14 und 16. Kleinere Haken werden nur für feinstes Fischen auf ganz scheue Exemplare verwendet. Haken der Größe 6, 8 und 10 benutzt man für große Karpfen, Aale, Barsche und andere.
Eine Spezialität, die *Wurmhaken*, beschafft man sich am besten in größeren Abmessungen für Aale und Karpfen. Der Wurmhaken trägt auf der Schaftaußenseite zwei Kerben. Dadurch entstehen zusätzliche Widerhaken, die den angeköderten Wurm besser am Hakenschenkel festhalten.
Im Sinne der »Fischgerechtigkeit« soll der Haken niemals zu klein gewählt werden, sonst hat ihn der geköderte Fisch bereits abgeschluckt, bevor der Angler etwas merkt. Der Haken sitzt dann im Schlund und verursacht fast unvermeidlich Verletzungen, wenn man ihn löst.

Posen oder Schwimmer

In stehenden, klaren Gewässern, wie Baggerseen der Ebene, hat der Fisch viel Zeit, den Köder zu prüfen. Man braucht dann dünne, empfindliche Schwimmer, die auch die kleinsten Bewegungen am Köder anzeigen. Bei einem Fluß mit turbulenter Strömung kommt es weniger auf die Feinheit des Schwimmers an. Vielmehr muß die Pose den Köder sicher durch alle Wasserbewegungen tragen, ohne daß er untergeht und dadurch Fehlbisse anzeigt. Außerdem muß er im unruhigen Wasser gut zu sehen sein.
Der Angler sollte nicht nur mehrere unterschiedliche Modelle mit sich führen, sondern von jedem verschiedene Größen mit unterschiedlichen Tragfähigkeiten. Die aus dem Wasser herausragende Spitze ist zweckmäßig in Signalfarbe, der Unterwasserteil am besten dunkel gehalten, damit er dem Fisch nicht auffällt.

Beschwerung

Jede Posenangel braucht eine Beschwerung, damit der Köder geworfen werden kann, nach unten befördert wird und dort bleibt. Die Flugangel bildet eine Ausnahme. Für einige Methoden des Posenfischens, wo der Köder auf Grund liegt, und für das Grundfischen kommt man mit Bleischrot nicht mehr aus. Man braucht dafür verschiedene Formen und Größen von Grundbleien. Es gibt Posen, an deren unterem Ende das Gewicht bereits fertig für den Einsatz angegossen ist. Alle anderen Posen tariert man am besten zu Haus in einem Eimer mit Wasser aus. Dabei werden nach und nach so viele Bleischrote an ein Stück Schnur unter dem Schwimmer geklemmt, bis er in der richtigen Position im Wasser liegt. Es gibt Schwimmermodelle, auf denen die Zahl der notwendigen Bleischrote mit englischen Größenbezeichnungen aufgedruckt ist.

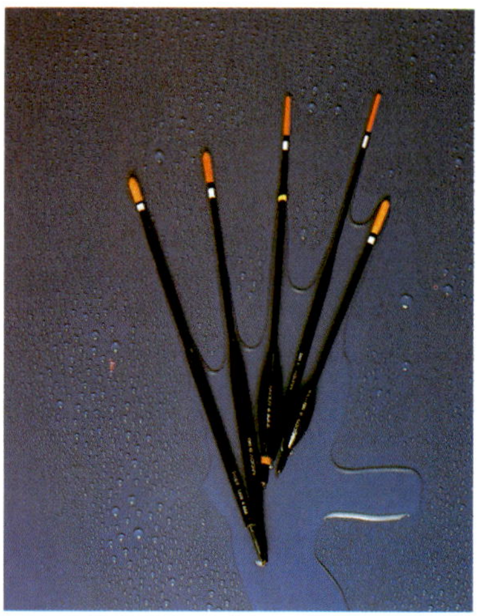
Posen mit Gewichtsangabe

Verbinderteile

In den wenigsten Fällen kann man zum Aufbau eines Angelsystems einfach die einzelnen Teile aneinanderknüpfen. Als Verbinder gibt es darum für diese Zwecke im Fachhandel kleine, aber wichtige Bauteile, die in unterschiedlichen Größen zu jeder Ausrüstung gehören: Sprengringe (am besten ovale), Tönnchenwirbel, Dreifachwirbel und Karabinerwirbel. Auch

Tönnchenwirbel

Dreiwegewirbel

Karabinerwirbel

Sprengring (am besten oval)

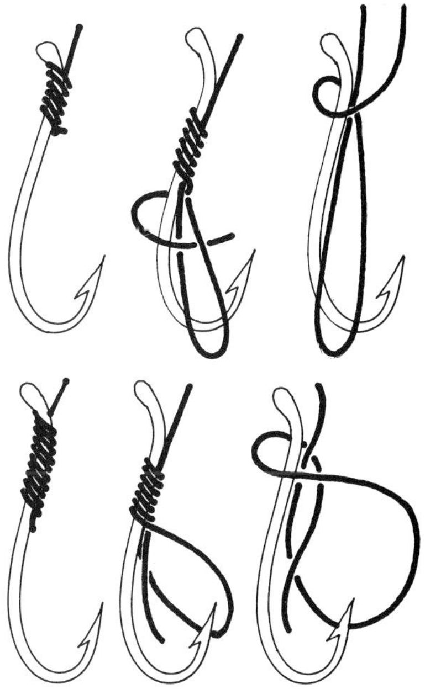

Anwindeknoten für Plättchenhaken

wenn diese Teile noch so klein sind – sie müssen ebenso viel aushalten wie alle anderen System-Teile! Vom Gebrauch bereits angerostete oder sonstwie mitgenommene Teile am besten ausrangieren und durch neue ersetzen. Möglichst nicht nur einen Wirbel mitführen – und das in verschiedenen Größen –, sondern gleich mehrere. Das gilt für alle anderen Teile ebenso. Was für Verbinderteile gilt, steht natürlich erst recht für Knoten, mit denen alle Teile einer Angel aneinandergefügt werden. Jede Angel ist so stark wie ihr schwächstes Teil! Für die Angelpraxis gibt es eine Reihe von Knoten mit hoher Zugfestigkeit, die jeder Angler kennen sollte.

Doppelt gesteckter halber Blutknoten

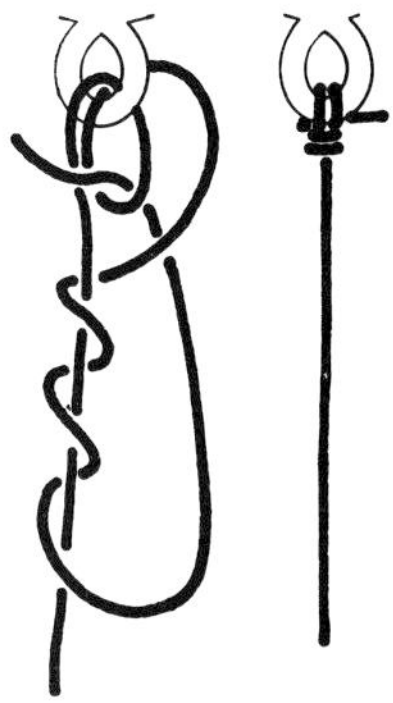

Clinchknoten

doppelter Blutknoten

Weiteres Zubehör

Mit dem unentbehrlichen *Hakenlöser* bekommt man auch tiefer im Schlund sitzende Haken aus dem Fisch. Besonders zweckmäßig ist die aus der Chirurgie übernommene zangenähnliche Arterienklemme, mit der man durch Druck auf das scherenförmige Ende den Haken zunächst einmal festlegt. Anschließend kann man den Haken, ohne ständig mit der Zange neu greifen zu müssen, in Ruhe herauslösen.

Der *Kescher*, auch Landenetz genannt, sollte so bemessen sein, daß auch kapitale Fische durch die Öffnung passen und vom Netzsack aufgenommen werden können. Für das Fischen vom Ufer aus muß der Stiel mindestens einen Meter lang sein. Teleskopartig ausziehbare Handgriffe verschiedener Längen lösen das Problem. Bootsangler kommen mit einem kürzeren Handteil besser zurecht. Zusammenlegbare Klappkescher sparen dem Sportfischer Transportplatz.

Der *Setzkescher* ist ein Netz, in das die gefangenen Fische eingesetzt werden. Er sollte möglichst tief und lang sein, damit auch eine größere Menge gefangener Fische sich nicht gegenseitig zu sehr behindern. Setzkescher aus Metallgeflecht verletzen die empfindliche Schleimschicht der Fische. Bei zurückgesetzten Tieren nisten sich Pilze und Parasiten an solchen Stellen ins Schuppenkleid ein und führen zu Krankheiten. Drahtkescher eignen sich nur für Aale; sie entkämen aus einem Kescher mit Textilnetz.

Rutenständer dienen der Entlastung des Anglers. Vor allem beim Grundfischen legt man auf ihnen die Rute ab. Man könnte einen Rutenständer leicht aus einer Astgabel schneiden. Täten das alle Angler, wäre kein Ufergehölz mehr vor ihnen sicher. Rutenständer erhält man für ein paar Mark im Fachgeschäft. Zum Stippfischen benutzt man einen einzigen Rutenständer, auf den man nur das Vorderteil der Rute ablegt, damit die Hand für eine schnelle Reaktion immer an der Rute bleiben kann. Die Grundangel placiert man sicher auf zwei Rutenständer.

Ventilgummi vom Stück und eine *Schere* für kleine Gummiringe braucht man zum Festlegen der Posen oder als Stopperknoten.

Mit dem *Senkblei* lotet man ein Gewässer aus. Ein *Taschenmesser* tut als Universalwerkzeug viele gute Dienste, etwa zum Ausnehmen gefangener Fische, nachdem man sie mit dem *Fischtöter* durch einen Schlag auf den hinteren Teil des Kopfes, wo das Gehirn sitzt, getötet hat.

Die *Mini-Apotheke* enthält Pflaster und Jod. Ein *Handtuch* ist für saubere, schleimfreie Hände unentbehrlich, aber ungeeignet, um den nassen, schleimigen Fisch beim Auslösen des Hakens besser halten zu können! Das trockene Handtuch verletzt sofort die empfindliche Schleimschicht des Tieres. Man sollte sogar, bevor man einen Fisch anfaßt, die zugreifende Hand befeuchten, um seine Schleimschicht möglichst zu schonen – ausgenommen Aale.

In einem *Plastikeimer* mischt man Lockfutter. *Größere und kleinere Schachteln* halten den Kleinkram sortiert. Eine *Umhängetasche*, besser ein *Rucksack*, am besten ein Sitzkorb nimmt die Ausrüstung einschließlich des Mundvorrates auf. Warme Kleidung, Regenhaut, Hut und Gummistiefel vervollständigen die Grundausrüstung des Anglers.

Wurf und Drill

Auf dem Weg zur Beute liegen Wurf und Drill als Auftakt und Finale. Die Angel auch unter widrigen Umständen richtig auszuwerfen, will gelernt sein und bedarf ständiger Übung.

Das Auswerfen der Angel *über Kopf* ist die häufigste Art, einen Köder ins Wasser zu

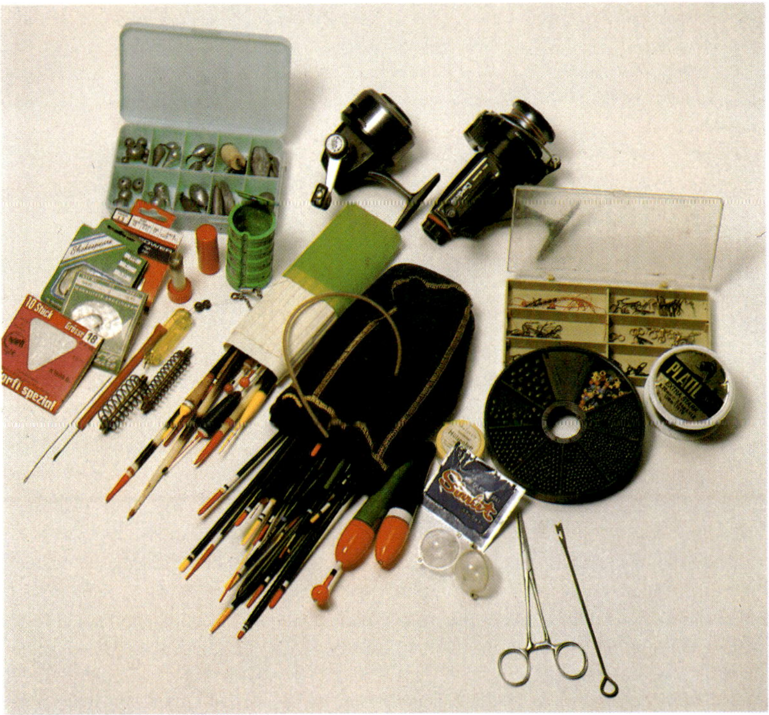

Grundausrüstung eines Sportanglers ohne die größeren Teile wie Angelruten und Setzkescher

bringen. Dabei faßt der Rechtshänder mit der rechten Hand die Angelrute dort, wo die Rolle sitzt. Und zwar am besten so, daß die rechte Hand unmittelbar oberhalb des Rollenfußes die Rute ergreift. So hat man, wenn der Zeigefinger im Wurf zum Halten der Schnur gebraucht wird, durch die übrigen drei Finger und den Daumen genügend Kraft und Sicherheit, um die Rute zu führen. Mit der linken Hand öffnet man nun den Schnurfangbügel der Stationär-Rolle oder drückt die Freigabetaste der Kapselrolle und legt sich die Schnur über das erste Zeigefingerglied der rechten Hand, welche die Rute hält. Die linke Hand ergreift den Rutenfuß. Damit hat man, gemessen an der Gesamtlänge der Rute, nur ein relativ kurzes Stück in Händen; aber einen guten Hebel, mit dem die Rutenspitze zur Erzielung maximaler Wurfweiten auf Höchstgeschwindigkeit beschleunigt werden kann. Drehpunkt der Aktion ist die rechte Hand. Man hebt die Rute seitlich-rückwärts an sich vorbei, bis ihre Spitze in halber Höhe nach hinten zeigt. Das Angel-System hängt nur bis kurz unterhalb der Pose frei von der Rutenspitze herab; es darf den Boden zu keiner Zeit des Wurfes berühren.

Es empfiehlt sich, den Weg der Rutenspitze und des Systems mit den Augen zu kontrollieren. Denn leicht gibt es bei dieser rückführenden Bewegung, die den Wurf einleitet, Verwicklungen. Der Angler steht jetzt mit nach hinten zeigender Rute und schaut vorwärts auf den Punkt, wo er seinen Köder einwerfen möchte. Der anschließende Wurf muß schnell, kraftvoll

Wurf mit der beringten Stipprute und Stationärrolle

und zügig über den Kopf hinweg nach vorne ausgeführt werden. Dabei zieht die linke Hand den unteren Handteil der Rute nach unten; die rechte Hand stößt die Rute nach oben-vorne, und der Angler schiebt mit der rechten Schulter die »Axthiebbewegung« unterstützend in Richtung Einwurfstelle. Hat die Rutenspitze im Wurf etwa die Position zwischen 10.00 Uhr und 11.00 Uhr erreicht, wobei der Angler den Mittelpunkt eines imaginären Zifferblattes bildet und dabei in Richtung 9.00 Uhr schaut, gibt der rechte Zeigefinger die Schnur frei. Der Köder muß jetzt im sanften Bogen auf die Zielstelle zufliegen und dort ins Wasser tauchen.

Der *Seitenwurf* ähnelt dem Überkopfwurf. Man braucht diese Wurfart, wenn Hindernisse hinter dem Angler den Überkopfwurf unmöglich machen. Hierbei wird die Rute mit dem von ihrer Spitze herabhängenden System in Brusthöhe quer zum Ufer gehalten. Die Handhaltung ist wie beim Überkopfwurf. Wenn es die Situation zuläßt, kann die Rute auch noch weiter nach rückwärts geführt werden. Im Wurf beschleunigt man kraftvoll vorwärts-aufwärts. Will man sein Ziel auch mit diesem Wurf genau treffen, ist ein wichtiger Unterschied zum Überkopfwurf zu beachten: Dort fliegt das System in gerader Linie über den Angler hinweg auf das Ziel zu, ohne nach links oder rechts abzuweichen. Beim Seitenwurf strebt die Rutenspitze, die sich je nach Länge der Rute bis zu acht Metern seitlich vom Angler befindet, nach vorn zur Mitte. Man beschleunigt also in einer Schrägen von rechts zur Mitte. Verfehlt man das Ziel, muß die Grundstellung so verändert werden, daß man den Fehler ausgleicht. In der Regel stellt sich der Angler für einen Seitenwurf entsprechend der nötigen Korrektur schräg zum Ufer.

Auch für den *Drill* gelten Regeln, die zum Erfolg führen. Beißt ein großer Fisch, spürbar am kräftigen Zug, der auf die Angel kommt, weiß der erfahrene Angler, daß er mit Umsicht zu Werke gehen muß. Wegen des natürlichen Mißtrauens der Fische werden die Angel-Systeme meist möglichst fein gehalten, sie zwingen zur Vorsicht. Ein 6- bis 10pfündiger Karpfen etwa kann mit einer 0,20er Schnur und einem 14er Häkchen nur mit taktischem Geschick, nicht mit Kraft, gelandet werden.

Schon vor dem Fischen muß die Rollenbremse auf die Schnurstärke eingestellt werden. Dazu ergreift man die Schnur oberhalb der Rolle mit der linken Hand und zieht sie gegen den Druck der Schleif-

in vior Phooon

bremse von der Rolle ab. Läßt sich die Schnur gerade noch abziehen, ohne zu reißen, stellt man als Sicherheitsreserve noch ein wenig lockerer und hat die richtige Bremseinstellung. Jetzt kann der Fisch bei einer plötzlichen Flucht nicht mehr die Schnur zerreißen – die Bremse gibt nach. Selbst wenn man schon kurz bis vor das Ufer gedrillt und die Dehnbarkeit der langen Schnur nicht mehr als Puffer zur Verfügung hat, kann nichts mehr passieren. Besonders bei verhältnismäßig schwerer Beute ist es wichtig, behutsamen, aber stetigen Zug auf der Schnur zu halten, damit die Verbindung zum Fisch nicht abreißt.

Es kommt vor, daß ein Fisch zunächst schnell auf den Angler zuschwimmt. Dadurch fällt die Schnur schlapp, wenn man nicht sehr schnell einholt. Dreht der Fisch dann plötzlich um und holt ungehindert Schwung, ist er für den Angler meist verloren, weil die Schnur reißt. Nach den ersten kräftigen Fluchten, die es so gut wie möglich abzufangen gilt, beginnt der Fisch, Pausen einzulegen, ein erstes Zeichen seiner Ermüdung. Während der immer länger werdenden Pausen wird der Fisch gedrillt. Man holt ihn durch Einkurbeln der Schnur näher zu sich heran. Dabei wird eine Technik angewandt, die »Pumpen« heißt: Zunächst hebt man die Rute gegen den Druck des Fisches langsam und vorsichtig an, bis sie etwa auf 11.00 Uhr steht. Jetzt wird die Rute zügig gesenkt. Was man so an gewonnener Schnur »aufgibt«, holt man sich schnell durch Betätigung der Kurbel auf die Rolle zurück, ohne daß der Fisch damit wegschwimmen kann. Es wird so lange gepumpt, bis der Fisch in Reichweite des Unterfangkeschers kommt.

Viele Fische, vor allem große, unternehmen noch ein paar heftige Fluchten, wenn ihnen Mensch und Kescher das erste Mal zu Gesicht kommen. Darauf muß man vorbereitet sein und in aller Ruhe und ohne Panik wieder pumpen, bis der Fisch Seite zeigt. Das heißt, der Fisch kippt vor Ermüdung auf die Seite, und man sieht seinen hellen Bauch. Jetzt ist es Zeit, die Beute in den Kescher zu bringen. Man taucht den Kescher ins Wasser und führt den Fisch über ihn. Erst dann wird der Kescher angehoben, und der Fisch ist sicher gelandet – sofern der Kescher groß genug ist. Nur Anfänger heben den Kescher über die Wasseroberfläche und versuchen, den Fisch an der Angel hochzuhieven, damit er in den Kescher gelangt.

Angelmethoden

Der Sportfischer unterteilt die fangbaren Fische in Friedfische und Raubfische.
Friedfische fängt man hauptsächlich mit natürlichen Ködern, wie Maden, Würmer, Lebensmittelprodukte, aufgeweichte Körner und Hülsenfrüchte, Teigzubereitungen und anderem mehr. Findige Angler stellen den Friedfischen sogar erfolgreich mit Insektenimitationen, den künstlichen Fliegen, nach, die in der Regel nur für den Fang von Salmoniden gedacht sind.
Raubfische werden sowohl mit natürlichen Ködern (tote Köderfische) als auch mit Kunstködern wie Spinner, Blinker und von Fall zu Fall mit Insektenimitationen (Streamer) erbeutet. Je nach Fischart, der man gerade nachstellt, wendet man unterschiedliche Techniken an:
Fischen mit natürlichem Köder:
- Posenfischen und Grundangeln,

Fischen mit künstlichem Köder:
- Spinnfischen und Fliegenfischen.

Eine Angel besteht aus Rute, Schnur und Haken. Je nachdem, mit welcher Methode gefischt wird, braucht man Rollen zur Aufnahme eines Schnurvorrates, Posen, die den Köder im Wasser so natürlich wie möglich präsentieren, Bleigewichte unterschiedlicher Art, die den Köder am Grund festhalten, oder künstliche Köder wie Spinner, Wobbler und Blinker. Je nach Art der Gerätezusammenstellung spricht der Angler dann von Posen-, Grund- oder Spinnfischen. Fliegenfischen ist eine besondere Kategorie, die sich von allen anderen Methoden und Geräten grundsätzlich unterscheidet.

Posenfischen

Der Köder wird in einer bestimmten Tiefe von der Pose, auch Schwimmer, Floß, Zapfen, Korken genannt, getragen und treibend, stillstehend oder auf Grund liegend angeboten.

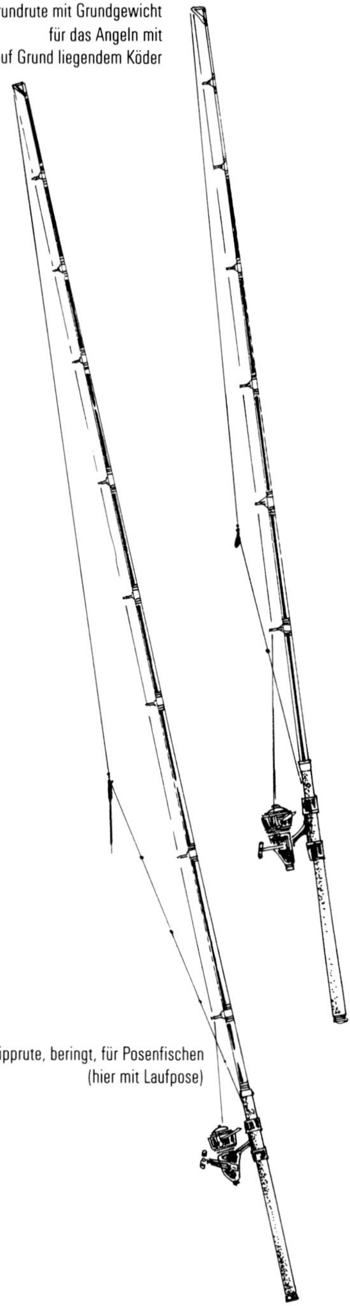

Grundrute mit Grundgewicht für das Angeln mit auf Grund liegendem Köder

Stipprute, beringt, für Posenfischen (hier mit Laufpose)

Übersicht über die gebräuchlichen Angelmethoden

Friedfische	*Raubfische*
(z. B. Karpfen, Schleie, Brachse, Barbe, Nase, Hasel, Döbel, Rotauge, Rotfeder) Hauptsächlich Fang mit natürlichen Ködern; vereinzelt Fang mit der Fliege.	(z. B. Bachforelle, Regenbogenforelle, Huchen, Barsch, Zander, Aal, Hecht, Wels) Fang mit natürlichem Köder, in der Regel nur noch mit toten Köderfischen; hauptsächlich Fang mit Kunstködern.
Methoden Posenangel: Wettkampfrute ohne Rolle, beringte Stipprute mit Rolle; Grundangel: Hecht- und Karpfenruten; Grundruten; alle mit Rolle. Vereinzelt Flugangel.	Methoden Grundangeln mit totem Köderfisch; Spinnfischen mit totem Köderfisch; Spinnfischen mit Kunstköder; Fliegenfischen.

Die Pose dient dem Angler als optische Anzeige für das, was sich unter der Wasseroberfläche für ihn unsichtbar an seiner Angel tut. Nimmt ein Fisch den Köder, bewegt sich die Pose in irgendeiner Form: Sie wackelt, hüpft, geht unter, kommt hoch, kippt um. Der erfahrene Angler sieht daraus, was der Fisch mit seinem Köder macht; ja sogar, welche Fischart sich am Köder zu schaffen macht und wann er den Anhieb zu setzen hat: mit einem Ruck an der Schnur den Haken in das Maul des Fisches zu treiben, um ihn zu landen und den Fang zu sichern.

Der Aufbau des Gerätes läßt zwei Möglichkeiten zu: Die beringte Rute mit Rolle oder die sehr lange, aus einzelnen Teilen zusammengesteckte »Wettkampfrute«, an der die Angelschnur mit Pose und Haken befestigt ist. Sie kann im allgemeinen nicht länger sein als die Rute selbst.

Jedes der beiden Systeme hat Vorteile – und Nachteile. Die Wettkampfrute, die bis zu einer Länge von 10 Metern mit fest angebundener Schnur eingesetzt wird, erlaubt feinstes Fischen und bietet dem, der mit ihr umzugehen weiß, die größten Chancen auf Beute. Diese Ruten haben bis auf fast Drahtdicke auslaufende Spitzen, mit denen kaum ein Anhieb danebengeht. Aber ihr Aktionsradius ist begrenzt, und man kann, hat einmal ein Großer angebissen, keine Schnur auslaufen lassen, um dessen Wucht abzufangen. Die Schnur reißt möglicherweise nach wenigen Sekunden ab, und der Fisch sucht das Weite. Mit der beringten Rute und einer Rolle beugt man diesem Mißgeschick vor, aber man kann mit dem Gerät niemals so fein, so »heimlich« und erfolgreich fischen wie mit der äußerst feinen Wettkampfrute. Der Karpfen-Angler wird nicht mit der Wettkampfrute ans Wasser gehen, der Rotaugen-Fischer eher auf die beringte Rute und Rolle zugunsten eines feineren Fischens mit der Wettkampfrute verzichten.

Mit der Pose fischt man auf alle Arten von Friedfischen. Posenfischen ist deshalb neben dem Grundfischen die am weitesten verbreitete Angelmethode. Vielfältig und je nach Zweck verschieden sind die Posenformen und der Gesamtaufbau der Systeme. Je sorgfältiger der Angler sein Gewässer beobachtet, je besser er die Gewohnheiten »seiner« Fische kennt und je feiner er den jeweiligen Aufbau seiner Angel darauf abstimmt, desto größer sind seine Erfolgsaussichten. Es gibt be-

Posensortiment

stimmte Posenformen für das Angeln auf Rotaugen, Brassen, Karpfen und andere; für ruhiges und windiges Wetter; für fließendes und stehendes Wasser.

Der zweckmäßige Aufbau einer Angel richtet sich nach der Gewässerart und dem Fisch, dem man nachstellt. So wird der Köder in verschiedenen Wassertiefen und auf dem Grund angeboten, je nachdem, wo man den Fisch vermutet. Die Beschwerung aus Blei hält die Pose im Gleichgewicht. Man benutzt meistens Spaltschrote, das sind kleine geschlitzte Bleikügelchen, die man über der Schnur zusammendrückt. Die Pose muß so austariert sein, daß nur noch ein kleiner Teil von ihr zu sehen ist. Sie soll im Wasser so leicht sein, daß der Fisch nicht gegen einen großen Auftrieb anzukämpfen hat. Das würde ihn leicht verscheuchen.

Bleischrote bringt man, sofern mehrere unterschiedliche Größen verwendet werden, in der Regel so an, daß das größte der Pose am nächsten sitzt. Die kleineren nehmen zum Haken hin gleichmäßig an Größe ab. Das gewährleistet beim Auswerfen der Angel gleichmäßigen Flug des Systems und gestrecktes Auftreffen auf dem Wasser.

Andere Systeme für fließendes Wasser bedienen sich einer kleinen durchbohrten Bleikugel, durch die man die Schnur fädelt. Bei Wassertiefen, welche die Länge der Angelrute übersteigen, verwendet man Laufschwimmer und Stopper. Die Bleikugel liegt am Boden, und die Pose ist bei genau auf die Wassertiefe eingestelltem System an der Oberfläche noch sichtbar. Der Köder liegt auf dem Grund. Durch den Druck der Strömung rollt die kleine Bleikugel langsam mit dem Strom und zieht den Köder nach und nach über eine größere Strecke. Beißt nun ein Fisch, so kann er die Schnur leicht durch die Bohrung der Bleikugel ziehen; die Pose taucht ab, der Angler setzt seinen Anhieb und hat den Fisch.

Normalerweise werden Posen verschiebbar auf der Schnur befestigt. Bevor man die Schnur durch das untere Öhr der Pose fädelt, schiebt man ein kleines Stückchen Ventilgummi auf die Schnur. Hat man nun die Pose auf die Schnur gefädelt, schiebt man ihr oberes Ende durch diesen Ventilgummiring. Die Pose ist jetzt am oberen und unteren Ende befestigt und kann sich selbst nicht mehr so leicht verstellen. Sie bleibt aber für unterschiedliche Wassertiefen verschiebbar.

Bei der Laufpose für große Gewässertiefen läßt man die obere Ventilgummibefestigung weg. Der Schwimmer kann leicht an der Schnur heraufrutschen, er »läuft«. Allerdings muß in irgendeiner Tiefe die Pose gestoppt werden, sonst übt das Bleigewicht keinen Zug auf die Pose aus. Sie steht dann nicht im Wasser, sondern fällt flach; der Köder sinkt auf Grund, und man hat keine Bißkontrolle. Darum gibt man in entsprechender Entfernung vom Haken einen kleinen Stopperknoten auf die Angelschnur. Man kann auch fertige Gummi-

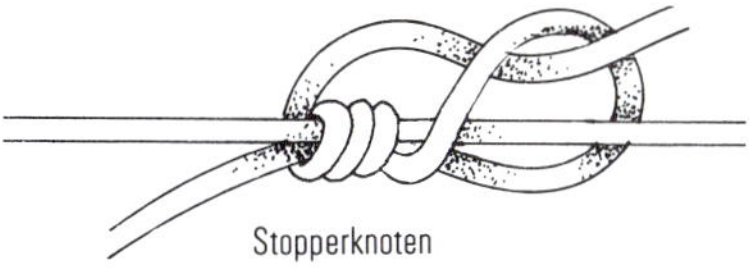

Stopperknoten

stopper oder fertig gebundene Knoten mit Glasperlen, die nur noch auf die Schnur geschoben werden müssen, im Fachhandel kaufen. Ist der Knoten auf der Schnur, fädelt man sie durch die am Schwimmer angebrachte Öse, klemmt unter dem Schwimmer die Schrote an, bindet seinen Haken entweder an die Hauptschnur oder verwendet ein kleines Karabiner-Häkchen am Ende der Schnur für das fertiggebundene Hakenvorfach.

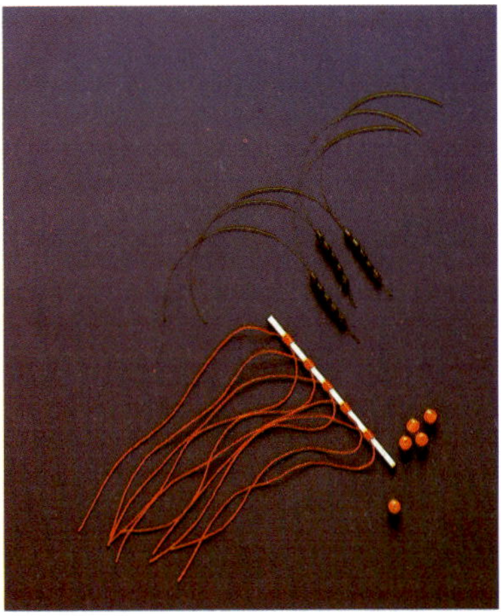

Vorgefertigte Stopperknoten und Gummistopper

Bei einer Gewässertiefe von zum Beispiel 15 Metern sitzt der Knoten in dieser Entfernung auf der Hauptschnur und wird mit ihr eingerollt; die Pose rutscht an der Schnur herunter bis auf die Bleischrote; so hat das System eine zum Werfen brauchbare Länge. Beim Wurf gleitet der Knoten mit der Schnur durch die Ringe, ohne zu behindern. Im Wasser zieht das Bleigewicht den Köder herunter, die Pose schwimmt durch ihren Auftrieb oben, und die Schnur gleitet bei offengelassener Rolle so lange durch die Öse, bis der Knoten bewirkt, daß sich die Pose aufrichtet. Das System steht korrekt im Wasser.

Soll der Köder genau am oder nur wenige Zentimeter über Grund angeboten werden, muß die Wassertiefe zuvor genau ausgelotet werden. Dazu bedient man sich des Bleilotes oder Senkbleis. Das praktische Klapplot ist wie eine kleine, mit einer Feder versehene Baggerschaufel gebaut, die man über den Haken stülpt. Sie klemmt sich dort durch Federdruck selbst fest.

Klapplot

Mit diesem Gewicht wird die Angel eingeworfen. Ist zu tief gestellt, bleibt der Schwimmer auf der Wasseroberfläche liegen, ohne sich aufzurichten. Ist zu flach eingestellt, geht die Pose mit unter. In beiden Fällen muß man durch Verschieben des Stopperknotens nach oben oder unten

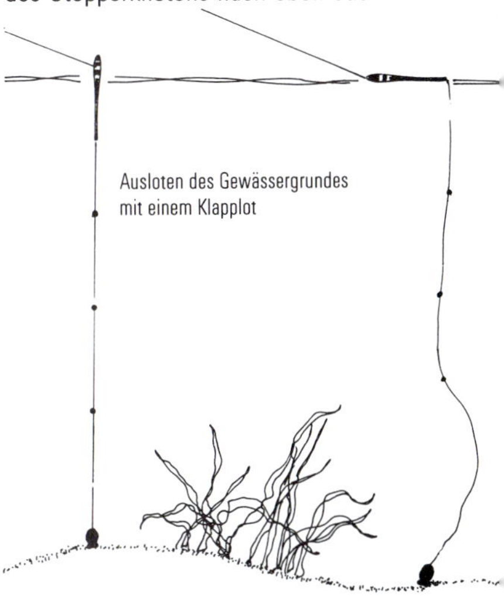

Ausloten des Gewässergrundes mit einem Klapplot

korrigieren, bis der Schwimmer bei auf Grund liegendem Köder korrekt im Wasser steht oder seine Spitze noch ein wenig untergetaucht bleibt, wenn der Köder ganz kurz über Grund angeboten werden soll. Danach wird das Senkblei entfernt.

Posen-Angelsysteme

Im folgenden werden häufig gebrauchte Angelsysteme mit verschiedenen Posenmodellen für bestimmte Gewässer, Wetterverhältnisse und Fischarten vorgestellt. Die *Antennen-Pose* ist Bestandteil vieler Systeme und wird sehr häufig verwendet. Ihre Antenne ist in der Längsachse durch den ovalen Schwimmkörper hindurch gesteckt und ragt am unteren Ende ein Stückchen hervor. Dort sitzt eine Schnuröse. Das obere Stück der Antenne ist sehr lang und trägt oft am oberen Ende einen abnehmbaren, kugelförmigen Signalkörper aus farbig lackiertem Styropor. So kann man die Antenne, wenn man sie als Gleitpose einsetzt, auch auf große Entfernung noch gut erkennen. Zur Montage wird die Schnur durch die Öse geführt und auf der Antenne oben mit einem Ventilgummi belegt.

Die Antennen-Pose wird hauptsächlich für das feine bis mittlere Fischen in stehenden Gewässern verwendet. Sie läßt sich ebensogut als Lauf- oder Gleitpose einsetzen. Antennen-Posen eignen sich gut als »Windschwimmer« bei starkem Wind. Hierfür werden sie mit der aufgesteckten Signalkugel verwendet. Die Pose darf dann nur am unteren Teil in die Schnur eingehängt und soll dort mit einem Ventilgummi festgelegt werden. Durch Austarieren senkt man die Pose bis auf ihre Spitze ab. Dabei liegt das Schrotkorn vor dem Köder auf Grund auf. Die Schnur wird von der Rutenspitze an im Wasser versenkt, damit der Wind durch Druck auf die Schnur die Angel nicht ständig vom Platz treiben kann. Die Rutenspitze bleibt während des Fischens ebenfalls unter Wasser.

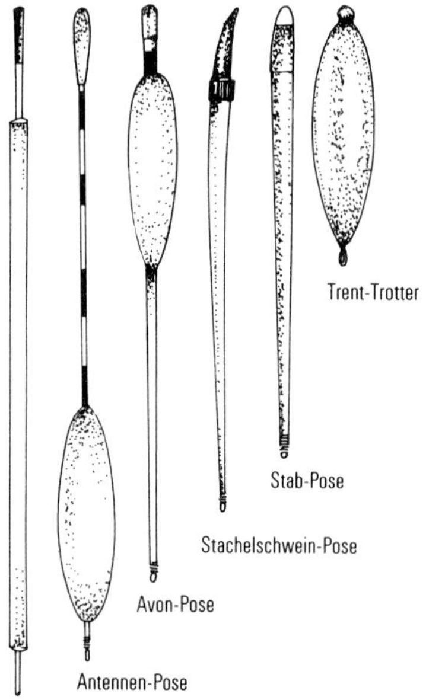

Dadurch, daß die lange Pose nur mit der Spitze aus dem Wasser schaut, bietet sie dem Wind kaum Angriffsfläche, und ihr langes Unterwasserteil wirkt bei dem unruhigen, vom Wind bewegten Wasser wie ein beruhigendes Pendel.

Beißt ein Fisch, so hebt er zunächst das unterste Bleischrot an und sorgt für ein langsames Auftauchen der Pose. Der Angler ist gewarnt und kann vorsichtig seine Rutenspitze aus dem Wasser nehmen. Er schlägt an, wenn die Pose ganz abtaucht. Dieses »Wind-System« eignet sich nur für stehendes Wasser, weil bei fließendem Wasser die Strömung die versenkte Schnur zu stark mitziehen würde. Ohne Wind kann dieses System auch sehr gut zum Fischen auf Brassen und Schleien nach der »Lift-Methode« eingesetzt werden. Man stellt den Schwimmer dann so ein, daß seine Antenne etwa einen halben Zentimeter aus dem Wasser ragt. Der Signalkörper an der Spitze des Systems wird dabei nicht gebraucht. Der Köder liegt in etwa acht bis zehn Zentimetern Entfernung vom letzten Bleischrot auf Grund. Kommt der Fisch und nimmt den Köder auf, steigt die Pose aus dem Wasser. Brassen und Schleien tauchen nun im Gegensatz zu anderen Fischarten mit dem Köder nicht wieder ab, sondern schwimmen weiter in die Höhe, wobei die Pose regelrecht umkippen kann und flach auf dem Wasser liegt. Sie »liften« die Pose. Liegt sie flach oder fährt sie flach liegend über die Wasseroberfläche, beendet man den Ausflug des geköderten Fisches durch einen kräftigen Anhieb.

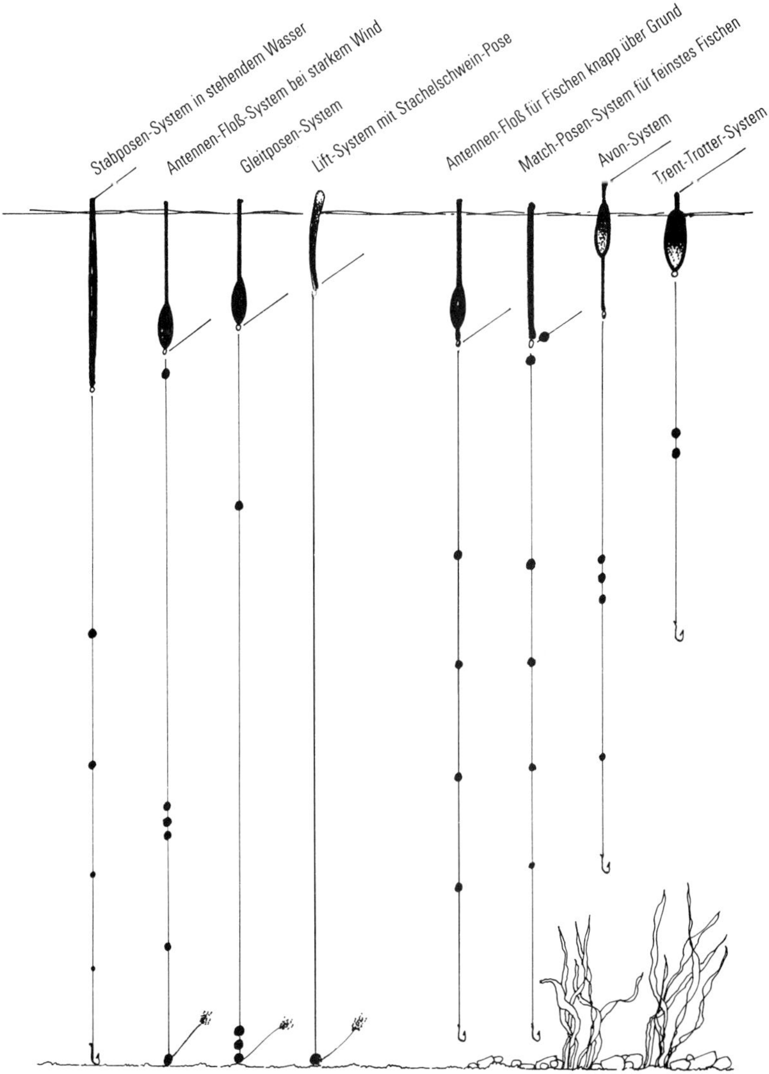

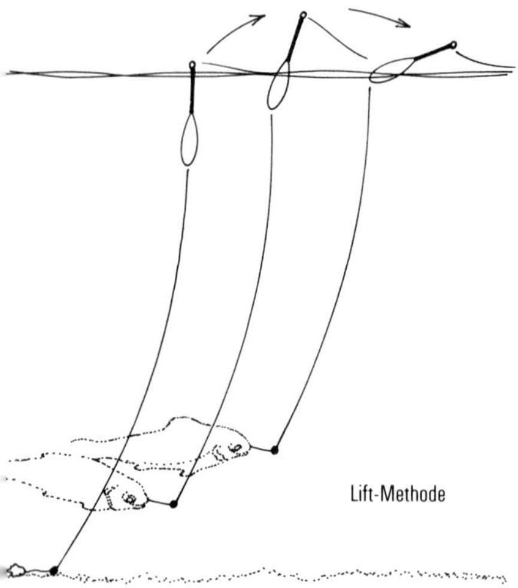

Lift-Methode

Stachelschweinposen aus den Stacheln des afrikanischen Stachelschweines sind im allgemeinen 10 bis 20, seltener auch bis zu 30 Zentimeter lang. Sie werden wie eine Stabpose mit Ventilgummis an der Schnur befestigt und erlauben wirklich feinfühliges Fischen, weil sie durchgehend gleichmäßigen Auftrieb gewährleisten. Fischt man mit der Lift-Methode bei schlechtem Wetter, so wird nur das untere Ende an der Schnur befestigt. Bei ruhigem Wetter dagegen belegt man auch die Spitze der Pose mit einem Gummiring, so daß sie oben und unten befestigt ist. Die Schnur bleibt dann auf der Wasseroberfläche liegen. Das bringt einen Zeitvorteil, weil nicht erst die Rutenspitze vorsichtig aus dem Wasser gehoben werden muß, bevor man den Anhieb setzt. Die Kombination von ringloser Wettkampfrute und Stachelschweinpose erlaubt in stehendem Wasser ein ideales Fischen auf Friedfische.

Die *Avon-Pose* ist der klassische Schwimmer für fließendes Wasser. Durch ihren verdickten Schwimmkörper aus Balsa-Holz im oberen Teil trägt sie je nach Größe eine Menge Gewicht und kann für viele Angelarten eingesetzt werden. Modelle mit Schnurösen am unteren Ende lassen sich auch als Laufposen einsetzen. Es empfiehlt sich darum grundsätzlich, Avon-Posen nur mit Schnuröse zu kaufen, da man mit ihnen immer auf beide Arten fischen kann. Die notwendige Bebleiung konzentriert sich bis auf ein kleines Schrot kurz vor dem Köder (für besseres Werfen), etwa auf die Mitte zwischen Pose und Haken. Das erlaubt im Fließwasser eine besondere Technik: Man wirft seine Angel flußaufwärts ein – so weit, daß man die Pose noch mit dem Auge kontrollieren kann. Das System treibt auf den Angler zu. Er holt so lange Schnur ein, bis die Pose auf seiner Höhe angekommen ist, damit er für den Fall eines Bisses immer die kürzestmögliche Verbindung zu seinem Angel-System hält. Dabei ist vor allem darauf zu achten, daß die Rute lang genug ist, um die Schnur über weite Strecke aus dem Wasser zu halten. Andernfalls entsteht ein Schnurbogen, an dessen Ende das System mit dem Köder schneller treibt, als die Strömungsgeschwindigkeit wirklich ist. Tritt dieser Mißstand ein, überwirft man mit einem Ruck flußaufwärts die eigene Schnur. Sie hebt dann vor der Rute vom Wasser ab und bildet einen Bogen, der bis zum Schwimmer läuft. Dadurch kommt der unerwünschte Bogen aus der Schnur, das System treibt wieder natürlicher. Diese Art, seine eigene Schnur zu überwerfen, ist bei den Fliegenfischern als »Rollwurf« bekannt.

Kommt die Pose auf der Höhe des Anglers an, muß er Schnur von der Rolle ziehen, damit das System ungehindert flußab treiben kann. Hält man jetzt die treibende Angel sanft an der Schnur zurück, so steigt der Köder durch den Zug der Strömung bis zu den auf die Mitte des Systems konzentrierten Bleischroten an. Man hat damit die Möglichkeit, flußabwärts in verschiedenen Höhen zu fischen und mit dem Auf-

und Absteigen des Köders ein natürliches Verhalten vorzutäuschen. Eine Strömung läuft nie gleichmäßig. Hervorgerufen durch die Form des Untergrundes werden frei treibende Teilchen auch Steig- und Sinkbewegungen unterliegen.

Der Avon-Schwimmer eignet sich auch gut, um mit auf Grund liegendem Köder im fließenden Wasser zu fischen. Hierbei ist die gesamte Bleibeschwerung kurz vor dem Köder angebracht (15 bis 20 Zentimeter). Dadurch bietet das System der Strömung nicht so viel Widerstand. Die Tiefe sollte immer etwas größer eingestellt werden, als sie ist. Bei hochgehaltener Schnur holt man die Pose um genau diese Distanz gegen die Strömung auf sich zu, bis man den Druck des Grundgewichtes spürt. Dadurch hält man direkte Verbindung zum Köder, wie man sie beim Anhieb unbedingt braucht.

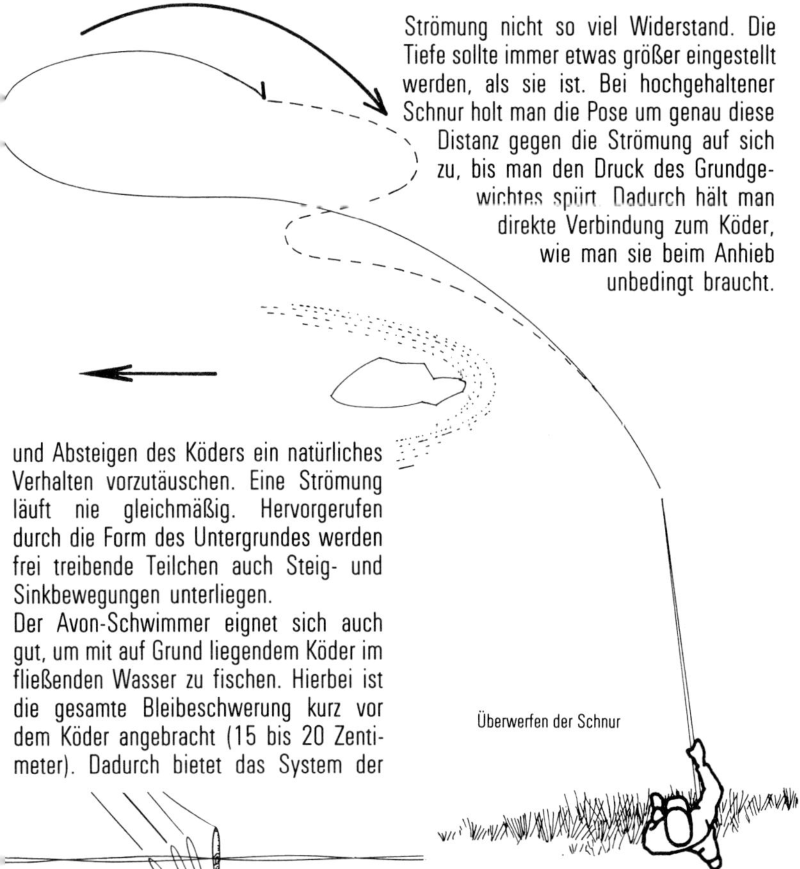

Überwerfen der Schnur

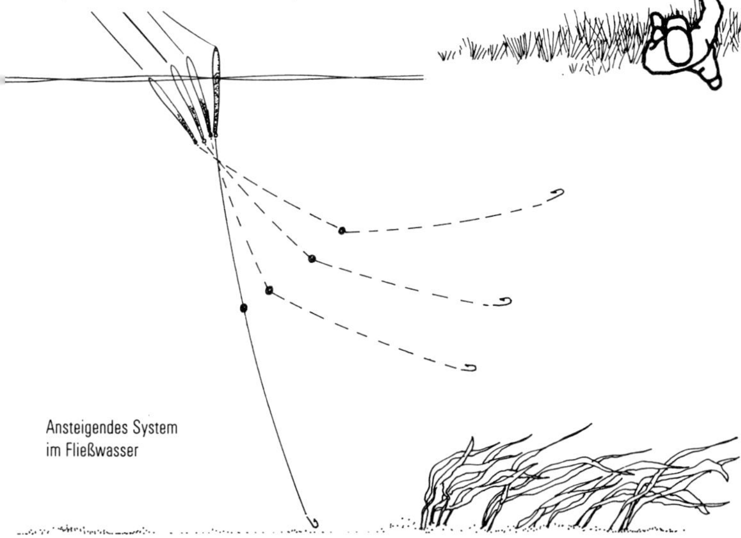

Ansteigendes System im Fließwasser

Das *Balsa-Floß* oder der *Trent-Trotter*, eine behäbig wirkende »Tönnchen«-Pose, kommt aus England und heißt nach dem Fluß Trent. Man fischt mit dem dicht unter der Oberfläche treibenden System vorzugsweise auf Döbel. Dieser Vagabund streift meist nahe der Oberfläche umher oder steht mit dem Kopf in der Strömung, wo er, nur unterstützt durch sparsame Steuerung seiner großen Brustflossen, Traversal-Bewegungen zum Absuchen seines Jagdgebietes macht. Er verschlingt mit seinem großen Maul alles, was ihm irgendwie verdaulich erscheint. Von Trauben, Kirschen, Holunderbeeren über Brot und Käse bis hin zu Fischbrut nimmt der Nimmersatt alles an. Da der Köder möglichst dicht unter dem Wasserspiegel treiben soll, kann man keinen langen Schwimmer verwenden – der würde zu sehr auffallen.

Der Trent-Trotter hat allerdings, wenn es um möglichst unauffälliges Fischen geht, einen Nachteil: Da er kurz und gedrungen gebaut ist, sieht ihn der Fisch vor allem in klaren Gewässern auch aus größerer Tiefe sehr leicht. Und da die Fische, auf die man mit diesem schnell treibenden Oberflächen-System Jagd macht, wie Döbel, Forellen, Rapfen, Hasel, Nasen und andere, recht mißtrauisch sind, war man gezwungen, sich gerade für diese Fische etwas Unscheinbares einfallen zu lassen. Und so verwenden die Angler neben dem Trent-Trotter in kritischen Fließgewässern die *Wasserkugel* – auch »Buldo« genannt.

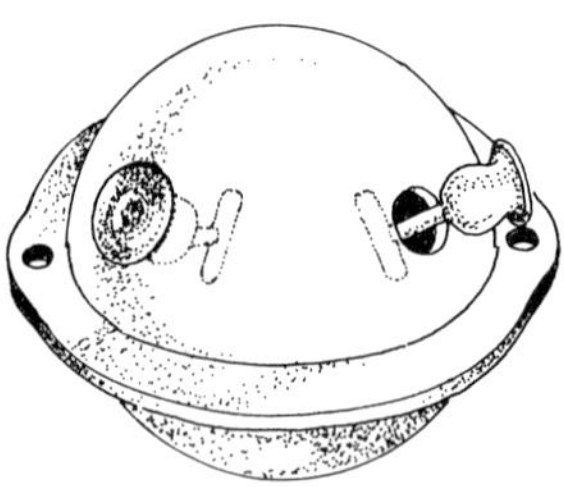

Wasserkugel

Es handelt sich um eine durchsichtige Plastik-Kugel mit zwei Ösen, die sich auf der Mittelebene der Kugel gegenüber liegen, und zwei Stöpselchen in zwei oben und unten angebrachten Bohrungen. Je nachdem, ob die Kugel tiefer oder weniger tief eintauchen und langsam oder schneller treiben soll, läßt man sie mehr oder weniger mit Wasser vollaufen und stöpselt zu. Durch die beiden einander gegenüber liegenden Ösen an der Wasserkugel fädelt man die Schnur und legt sie mit zwei kleinen Bleischroten links und rechts fest. Der große Vorteil dieses Systems ist, daß man keine weitere Bleibeschwerung braucht, wenn man besonders unscheinbar bleiben will. Nur um den Hakenköder, der in etwa 50 bis 100 Zentimetern Entfernung von der Wasserkugel angebracht sein sollte, auf Tiefe zu bringen, kann man ein oder zwei Bleischrote anklemmen.

Die *Stabpose* eignet sich ebenfalls für Fließgewässer geringer bis mäßiger Strömung und kleine Köder am feinen Gerät. Die vielen Variationen der Stabposen haben eines gemeinsam: Zwei Drittel ihrer Länge bestehen aus einem Röhrchen, in das man als oberes Drittel einen Schwimmkörper aus Balsaholz gesteckt hat. Dieser ist so beschaffen, daß die Pose wie ein glatter, sich schwach nach oben verstärkender Stab aussieht. Stabposen tragen meist keine Schnuröse und werden oben und unten nur durch Gummiringe an der Schnur befestigt. Die dafür verwendeten Ventil-Gummiringe dürfen nicht zu schmal abgeschnitten werden, weil sonst die Schnur zu leicht rutscht und dann die eingestellte Tiefe nicht mehr stimmt. Die Bleischrote verteilt man gleichmäßig zwischen Schwimmer und Haken, das größte zur Pose und das kleinste zum Haken hin ausgerichtet. Stabposen tariert man so aus, daß nur die mit einer Signalfarbe lackierte Spitze noch schwach aus dem Wasser ragt. In starker

Strömung mit unruhigem Wasser und für uferferneres Fischen sollte man die Stabpose nicht verwenden.

Die *Matchpose* wurde von Wettbewerbsfischern in England für allerfeinstes Fischen entwickelt. Sie besteht aus einem langen, dünnen, oben und unten verschlossenen Röhrchen, in dessen oberes Ende noch eine sehr feine Antenne eingesetzt ist. Die Antenne kann, je nach Bedarf, mit einem kleinen leuchtend farbig bemalten Styropor-Signalkörper versehen werden. Matchposen baut man in unterschiedlichen Größen für unterschiedliche Tragfähigkeit meistens aus Pfauenfeder-Kielen oder dünnen Kunststoffröhrchen. Sie werden hauptsächlich für feines Fischen mit Maden und aufgequollenen Hanfkörnern auf Rotaugen und Rotfedern verwendet. Wer mit der Matchpose fischt, sollte die Hauptschnur nicht stärker als 0,20 verwenden, am besten mit einem noch feineren Vorfach.

Das System wird so austariert, daß nur noch der obere Rand der Pose und die Antenne aus dem Wasser ragen. Für das Fischen in etwas größeren Entfernungen steckt man das Signal-Kügelchen auf. Mit diesem Schwimmer wird der Köder möglichst dicht über Grund angeboten. Zwei kleine Bleischrote vor und hinter der Schnuröse am Schwimmer sorgen dafür, daß die Pose durch die zusätzliche Belastung am unteren Ende das Wasser vorsichtig »durchreitet«, und gestatten lange, akkurate Würfe; besonders dann, wenn man die Pose nur am unteren Ende an der Schnuröse befestigt. Die Matchpose hat sich auch für das Fischen bei starkem Wind mit entsprechender Bebleiung an ihrem unteren Ende und versenkter Schnur sehr gut bewährt.

Grundangeln

Bei dieser Methode präsentiert man den Köder immer auf dem Grund des Gewässers oder ganz kurz darüber. In der Regel wird kein Schwimmer verwendet. Als Bißanzeiger dient entweder die Rute selbst, oder man schafft sich Vorrichtungen, an denen abzulesen ist, wenn ein Fisch beißt. Ein gut justiertes Grundangel-System ist sehr sensibel.

Viele Sportangler, die mit der Pose fischen, haben als »zweites Bein« die Grundangel ausgelegt. Besonders in den Herbst- und Wintermonaten bei starkem Wind und Wellengang bedeutet das Grundfischen eine zweckmäßige Alternative zum Posenfischen. Die Fische haben sich dann ins tiefere Wasser zurückgezogen, und wer in den letzten Monaten des Jahres noch seinen Karpfen fangen will, muß zur Grundangel greifen. Aber nicht nur Karpfen und andere Friedfische gehen auf die Grundangel. Auch Raubfische wie Hecht, Wels, Zander – und hier selbst große – fallen oft genug auf einen toten Köderfisch an der Grundangel herein.

Zum Grundangeln gehören die kürzeren Rutentypen von etwa 2,50 bis 3,20 Meter. Man ist nicht auf deren Länge angewiesen, um möglichst weit weg vom Ufer fischen zu können. Die Grundangel mit ihrem recht hohen Bleigewicht ermöglicht ohnehin wesentlich weitere Würfe als die Posenangel. Zum Grundangeln gehört immer eine Rolle, die den Schnurvorrat aufnimmt. Eine Stationär-Rolle ist am einfachsten zu handhaben, doch wird von Spezialisten bei höheren Wurfgewichten auch die Multirolle benutzt. Mit ihr ist das Werfen ungleich schwieriger, weil es genauere Bewegungsabläufe verlangt. Dreht sich nämlich beim Wurf mit der Multirolle die Spule schneller, als Schnur vom Wurfgewicht abgezogen wird, entsteht ein kaum noch entwirrbares Schnurknäuel, das man »Perücke« nennt.

Es gibt verschiedene Möglichkeiten, die Grundangel unterschiedlichen Bedingungen anzupassen. Doch wird in der Regel ohne Pose, nur mit einem Bleigewicht auf der Schnur, gefischt, das für gute Würfe groß genug ist und den Köder auf Grund hält. Ab und zu sieht man einen Angler, der auf die Schnur seiner Grundangel eine kräftige Hecht-Pose aufgezogen hat, ohne einen Stopperknoten zu verwenden. Die Pose bleibt dort, wo die Schnur aus dem Wasser taucht, flach liegen. Gefischt wird mit offener Rolle, damit der Fisch beim Biß ungehindert Schnur mitnehmen kann, bis der Zeitpunkt eines sicheren Abhiebes gekommen ist. Kleine Kippbewegungen der Pose verraten den Biß. Sie ersetzt die optischen Anzeigen, von denen noch die Rede sein wird. Es handelt sich trotz der Pose um ein Grundangel-System!

Grundsätzlich unterscheidet man zwei große Kategorien von Grundangel-Systemen, die vielfältig variiert werden:
die Laufbleiangel und den Paternoster.

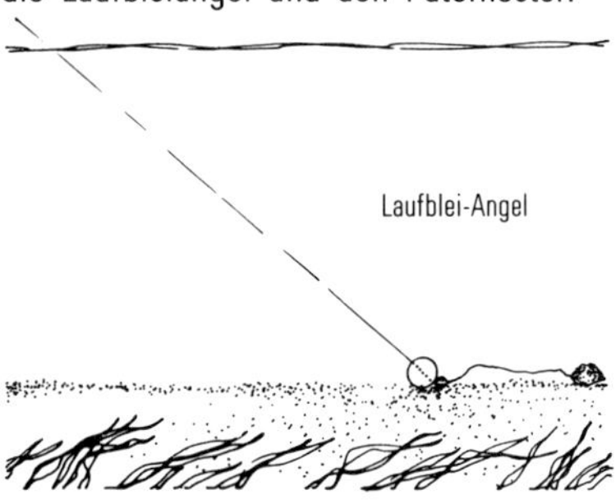

Die *Laufbleiangel* hat den einfachsten Aufbau. Ein Blei, das unterschiedlich geformt sein kann, eine Mittelbohrung oder eine angegossene Öse aufweist, wird auf die Schnur aufgezogen. Ans Ende der Hauptschnur, auf der nun das Blei »laufen« kann, knüpft man als Verbinderteil zum Vorfach einen Karabiner-Wirbel. Da hinein wird das Hakenvorfach mit dem Köder gehängt. Dieses Angel-System kommt sowohl in fließendem als auch in stehendem Wasser zum Einsatz.

Fischt man in einem Bach oder Fluß auf Grund, kann man auf diese Weise eine sehr wirksame *Tastangel* zusammenstellen. Auf die Hauptschnur zieht man eine je nach Strömung kleine oder größere durchbohrte Bleikugel oder Bleiolive. Die Olive bevorzugt man für hindernisreichen Untergrund, etwa mit Kies oder Geröllbrocken. Sie ist schlanker und setzt sich nicht so leicht fest.

Die im allgemeinen günstigere Kugel sollte so schwer sein, daß sie in der Strömung langsam flußab rollt. Wirft man nun möglichst weit oberhalb des Angelplatzes ein und hält mit dem Grundgewicht bei straffer Schnur Fühlung, kann man mit diesem System über eine je nach Wurf kurze oder lange Strecke den Flußgrund abtasten. Barben, Aale, aber auch Äschen und Forellen lassen sich mit diesem System aufspüren.

Das *Schrotband* als Grundgewicht an der Laufbleiangel weist Vorteile gegenüber

dem Bleigewicht aus einem Stück auf. Statt des durchbohrten Laufbleies nimmt man ein kleines Stück Nylonschnur und schlingt dieses einmal um die Hauptschnur. Die beiden Enden der entstandenen Schlinge klemmt man mit einer Reihe größerer oder kleinerer Schrotkügelchen zusammen. Anzahl und Größe der Schrote hängen davon ab, wie schwer das Gesamtgewicht sein muß, um den Köder auf Grund zu halten.

Das Schrotband ist sehr fein justierbar; es stellt für den abziehenden Fisch kaum ein spürbares Hindernis dar und ist gegen

Krautpaternoster mit verkürztem Hakenvorfach bei Gefahr des Einsinkens in Pflanzen oder Schlamm

Paternoster für festen Boden: der Köder liegt bei verlängertem Hakenvorfach auf Grund

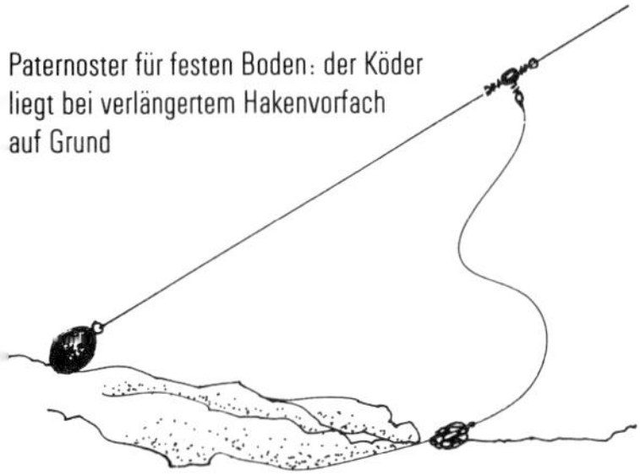

Hänger nicht so anfällig. Hängt man doch einmal, kann man durch einen Ruck an der Angel die Schrote einfach abziehen und ist wieder frei.

Auch das *Paternoster-System* wird in stehendem und fließendem Wasser eingesetzt. Im fließenden Wasser soll es aber den Köder an einer Stelle festlegen. In stehendem Wasser nimmt man für die Paternosterangel Bleigewichte, die so klein wie möglich, aber noch in der Lage sind, den Köder über die gewünschte Distanz zu befördern. In Fließgewässern soll das Grundgewicht gerade so groß sein, daß der Köder an seinem Platz liegenbleibt. Also: je stärker die Strömung, desto schwerer und größer das Blei. Welche Form des Grundbleies man wählt, Sargblei, Olive, Kugel oder Birnenblei, ist nicht so wichtig. Nur bei Gefahr von Hängern sollte man es so schlank wie möglich wählen.

Die Hauptschnur trägt das Bleigewicht am Ende, das Hakenvorfach zweigt in einiger Entfernung oberhalb des Gewichtes ab. Dafür knüpft man in etwa 50 bis 100 Zentimeter Abstand vom Blei einen Dreiwege-Wirbel oder eine Vorfachschlaufe in die Hauptschnur. In diese Schlaufe wird das Hakenvorfach eingehängt.

Beim Fischen mit dem Paternoster wird die Rute nach dem Einwurf auf einen oder besser auf zwei Rutenständer abgelegt und die Schnur stramm geholt, bis sich die Rutenspitze ein wenig gegen den Schnurdruck in Richtung Wasser neigt. Der Schnurfangbügel bleibt geschlossen. Beißt ein Fisch, bewegt sich die Rutenspitze und wirkt als Bißanzeiger. Die Schnur wird dann vorsichtig in Richtung Wasser entlastet, indem man die Angelrute nach vorn neigt. Am besten öffnet man jetzt den Schnurfangbügel, damit der Fisch ungehindert ein Stück Schnur mitnehmen kann und so Zeit hat, den Köder richtig aufzunehmen. Erst danach setzt man bei geschlossenem Schnurfangbügel und vorsichtig wieder stramm geholter Schnur den Anhieb.

Seit einiger Zeit gibt es sogenannte Anfütterer. Das sind kleine Döschen mit durchbohrter Wandung und Springdeckel, die statt des Grundbleis am Ende der Hauptschnur befestigt werden. Man füllt sie mit Lockfutter oder Maden und lockt damit die

Dreiwegewirbel

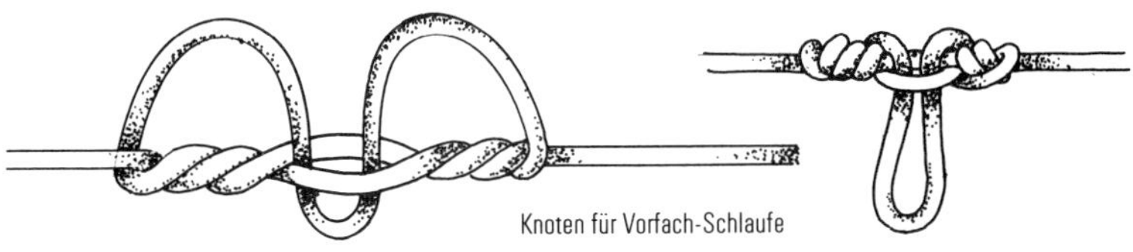

Knoten für Vorfach-Schlaufe

Grundblei-Formen: Sargbleie Blei-Oliven Arlesey-Bleie durchbohrte Kugelbleie

Fische in die Nähe des Hakenköders. Anders gebaute Modelle dienen auch als Ersatz für das Laufblei. Sie bestehen aus einer Drahtspirale, in deren Mitte ein Röhrchen montiert ist, durch das die Hauptschnur läuft. Es läßt sich eine Portion Lockfutter hineinkneten, das am Grund langsam aufgelöst wird und auf diese Weise als Lockmittel am richtigen Platz ist.

Anfütterer für das Grundfischen
in zwei verschiedenen Ausführungen

Bißanzeiger

Nicht immer reicht die Rutenspitze bei aufgestellter Rute und stramm geholter Schnur als Bißanzeiger aus. Sei es durch starken Wind oder sehr unruhiges Wasser oder beides – in vielen Situationen bewegt sich die Rutenspitze ständig, obwohl kein Fisch beißt. Man hat keine Kontrolle mehr und verpaßt einen wirklichen Biß. Auch ist in vielen Fällen die Spitze der Rute als Bißanzeiger nicht sensibel genug, oder der Fisch spürt durch die straffe Schnur, daß etwas faul ist, und spuckt den Köder wieder aus. Man kann durch teilweise recht einfache, aber wirkungsvolle Einrichtungen Abhilfe schaffen.
Der einfachste, aber auch empfindlichste Bißanzeiger ist die Hand des Anglers. Bei starkem Wind und Wellengang nimmt man die Rute am besten in die rechte Hand (Rechtshänder), klemmt sie sich zur Entlastung zusätzlich unter den rechten Arm und erfaßt mit Daumen, Zeige- und Mittelfinger der linken Hand die Schnur oberhalb der Rolle. Dabei zieht man die Schnur links etwa 10 bis 20 Zentimeter von der

Rolle weg. Sie bildet jetzt einen Winkel zur Rute und gibt bei einem Biß die notwendige Bewegungsfreiheit zum Nachlassen, damit der Fisch nichts merkt. Wer die Geduld und Kraft aufbringt, längere Zeit so auszuhalten, hat eine unmittelbare Verbindung zum Fisch.

Weitere Möglichkeiten improvisierter Bißanzeiger:

Man zieht die Schnur zwischen Leitring (das ist der erste große Ring in Richtung Rutenspitze) und dem nächsten zur Spitze liegenden Ring herunter und legt sie mit einem kleinen Stein am Boden fest. Beißt ein Fisch, hebt die Schnur den Stein beiseite und schnellt hoch. Ein schräg in den Boden gestecktes Zweiglein erfüllt oft den gleichen Zweck. Bei dieser Methode bleibt der Schnurfangbügel der Rolle geschlossen.

Fischt man mit offener Rolle, wird die Schnur zwischen Angelrolle und Leitring

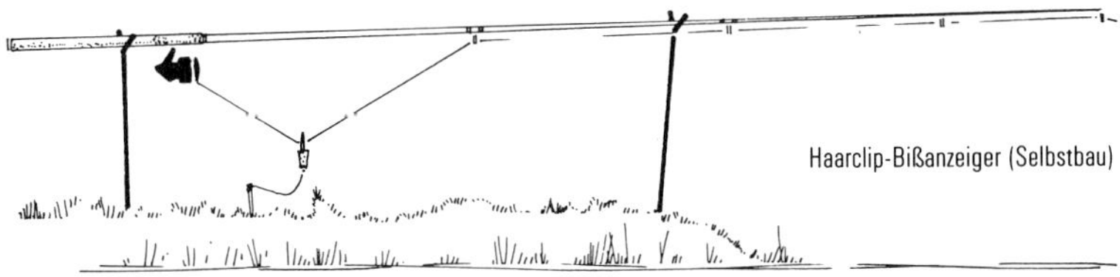

Haarclip-Bißanzeiger (Selbstbau)

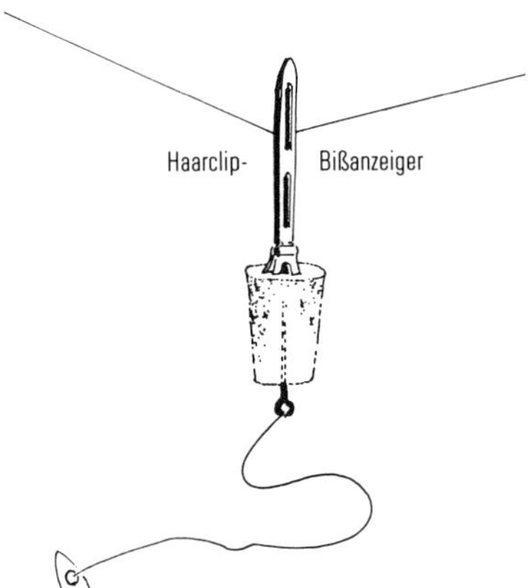

heruntergezogen und beschwert. Zur zusätzlichen optischen Kontrolle kann man vor der Rutenspitze in Richtung Wasser einen Streifen Alufolie um die Schnur legen, die wie ein kleines Signalfähnchen absteht. Beginnt ein Fisch mit dem Köder im Maul die Schnur abzuziehen, kommt sie frei, und das Silberfähnchen wandert in Richtung Wasser.

Man kann auch einfach einen Brocken Angelpaste um die Schnur kneten. Beim Anhieb fliegt sie weg, ohne Spuren zu hinterlassen oder zu behindern.

Elektrische Bißanzeiger

Der Handel bietet verschiedene Modelle an. Die Schnur wird durch einen Schlitz im Gerät geführt. Dieses gibt ein optisches

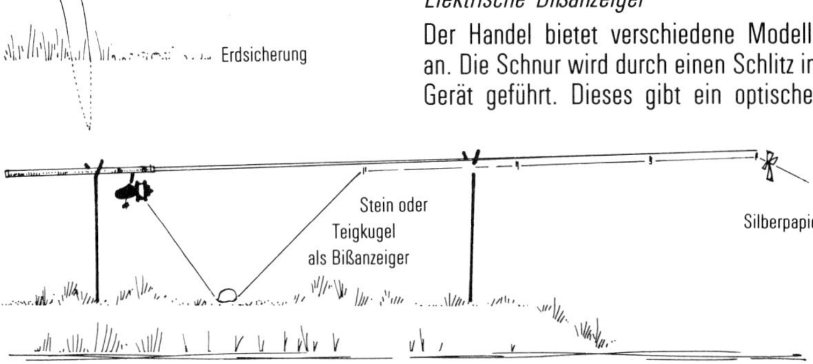

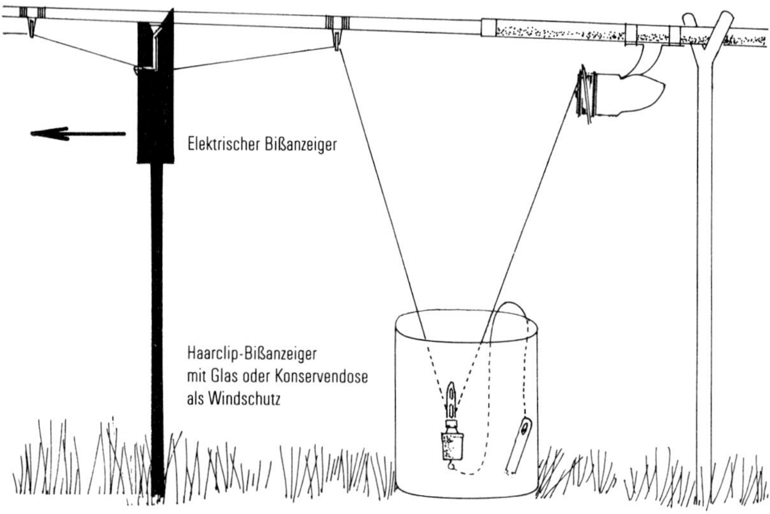

und akustisches Signal, sobald die Schnur zu laufen beginnt. Manche Angler kombinieren den Einsatz elektrischer und selbstgebauter Bißanzeiger. Ein solches System zeigt die Abbildung.

Die *Schwingspitze*, ein sehr einfaches, aber außerordentlich sensibles Anzeige-System, kam vor einigen Jahren aus England. Es besteht aus einer flexiblen Verlängerung der Rute über die Spitze hinaus. Man schraubt die Schwingspitze in ein bei speziellen Grundangelruten vorgesehenes Gewinde im Spitzenring ein und führt die Schnur durch sie hindurch.

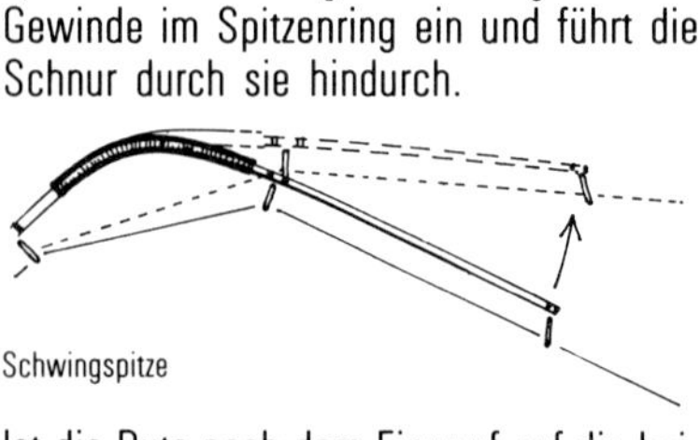

Schwingspitze

Ist die Rute nach dem Einwurf auf die beiden Ständer abgelegt, so bricht die herabhängende Schwingspitze, je nachdem, ob die Schnur mehr oder weniger dicht geholt wird, die Schnurrichtung nach unten. Beißt ein Fisch und zieht an der Schnur, bewegt sich die Schwingspitze vorwärts-aufwärts bis zu dem Punkt, wo die Schnur wieder in gerader Linie verläuft. Hört der Zug auf die Schnur auf, fällt sie wieder zurück. Diese einfache Vorrichtung zeigt auch allerfeinste Bisse durch ihr Ausschwingen an. Allerdings ist die Schwingspitze nur in stehenden Gewässern einsetzbar, weil sie in fließenden Gewässern zu unruhig reagieren würde.

So angelt man Raubfische

Raubfische, wie Barsch, Hecht, Zander, Forelle, Aal oder Wels, schlagen vorwiegend solche Beutetiere, die durch Alter oder Krankheit nicht mehr im Vollbesitz ihrer Kräfte sind. Somit spielen sie in natürlichen Gewässern eine wichtige Rolle zur Gesunderhaltung und für die Auslese von Fischpopulationen, auch für die Bestandsregulierung der eigenen Art durch den Verzehr von Jungfischen. Dieser Kannibalismus schafft den notwendigen Ausgleich dafür, daß viele ausgewachsene Raubfische der Süßgewässer keine natürlichen Freßfeinde haben. Raubfische sind also durchaus erwünschter Bestandteil naturnaher Gewässer. In Gewässern mit geheg-

ten Beständen kann es aber manchmal nötig werden, Raubfische herauszufangen, weil sie die Bestände zu stark lichten.
Das Angeln auf Raubfische übt auf Sportfischer einen besonderen Reiz aus. Und so mancher Angler, der mit der Stipprute tagsüber friedlich am Wasser sitzt, ist nur auf kleine Köderfische für das abendliche Raubfischangeln aus! Raubfische angelt man mit natürlichem oder künstlichem Köder, und in der Mehrzahl der Fälle ist der Naturköder ein Fisch.
Leider wird auch heute noch mit lebendem Köderfisch, dem sogenannten »Stellfisch«, geangelt, obwohl es dafür keinen triftigen Grund gibt! Diese Art zu angeln bringt dem Sportfischer oft nur kalte Füße, weil man dabei stundenlang herumsteht und nicht aktiv sein kann. Lebende Fischchen mit einem oder mehreren Haken im Fleisch in Todesangst an einer Angel umherschwimmen zu lassen ist heute bereits in manchen Bundesländern und vielen Vereinsgewässern verboten. Es wäre sehr zu begrüßen, wenn der Einsatz lebender Köderfische bald allgemein verboten würde. Das Bundesfischereigesetz schreibt denn auch vor, daß mit lebenden Köderfischen nur noch dann geangelt werden darf, wenn hegerische Maßnahmen dies erfordern – eine dehnbare Bestimmung.
Beim Angeln mit totem Köderfisch an der »Hakenflucht« wird der Köder wie ein Blinker ständig in Bewegung gehalten. Man fischt mit ihm alle Teile eines Gewässers in unterschiedlichen Tiefen ab. Im Unterschied zum künstlichen Köder, wie Blinker, Spinner, Wobbler und andere, kommt hier für den Räuber der Anreiz des Geruchs hinzu und veranlaßt ihn schließlich zum Zupacken. Deshalb gilt das Fischen mit beweglichem, totem Köderfisch an der Flucht als die erfolgreichste Methode auf Raubfische. Allerdings kann es auch zweckmäßig sein, den Köderfisch auf Grund zu legen, etwa wenn man auf Zander oder große Aale fischt. Auch ein Hecht wird bisweilen so zur Annahme des toten Köderfisches verführt.

Anködern toter Köderfische mit der »Fischchen-Flucht«

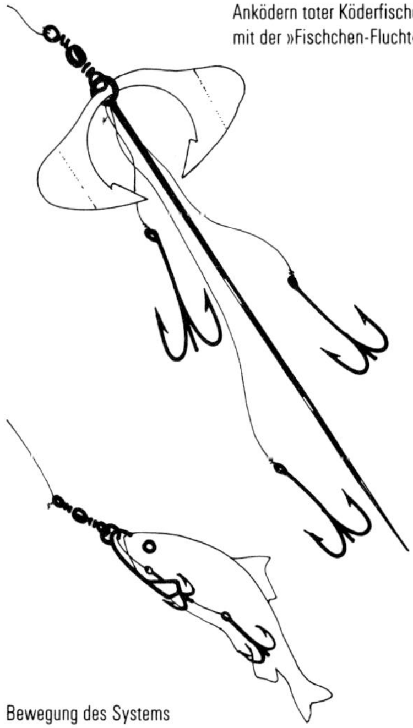

Bewegung des Systems bei richtiger Anwendung im Wasser

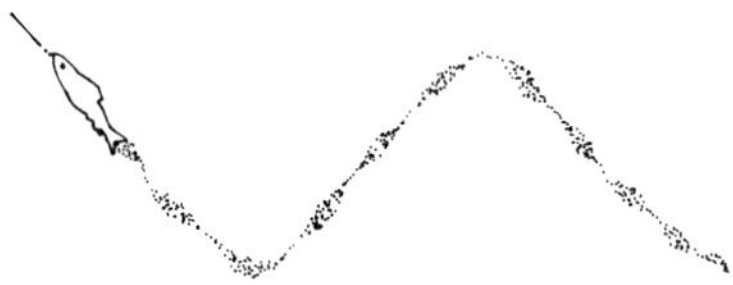

Spinnfischen mit künstlichen Ködern

Im Laufe vieler Anglergenerationen entstanden im fortgesetzten Bemühen, immer verlockendere Köder zu präsentieren, Tausende von Mustern künstlicher Köder. Sie alle haben das eine Ziel, dem Räuber eine verletzte, kranke oder flüchtende Beute vorzugaukeln und ihn dadurch zu veranlassen, nach dem Köder zu schnappen. Alle Modelle lassen sich in drei große Kategorien einteilen: Spinner, Wobbler, Blinker.

Spinner mit vorgeschaltetem Antikinkflügel gegen Schnurdrall

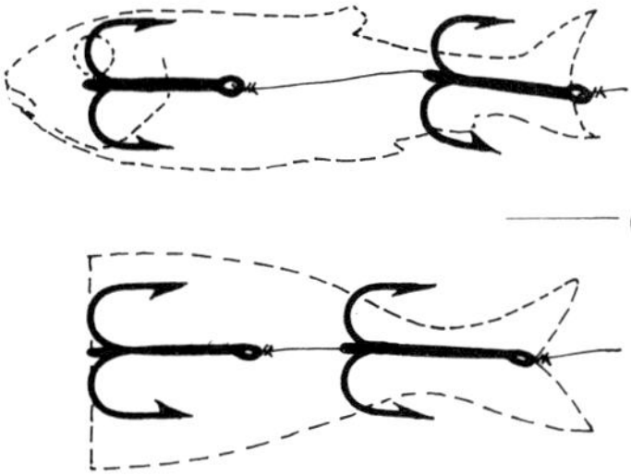

Anködern toter Köderfische (Doppeldrillings-Montage)

Bewegung des Spinners im Wasser

Als *Spinner* bezeichnet man einen schlanken Metallkörper, der über einem Enddrilling montiert ist. Der Reiz dieses Kunstköders geht von einem drehbaren Metallblatt aus, das sich an einem kleinen Gelenk um den zentralen Metallkörper dreht, wenn die Angel durchs Wasser gezogen wird. Spinner sind meistens mit leuchtenden Farben lackiert, die »Löffel« blitzen bei der Bewegung reizvoll durch Metalleffekte. Der Köder soll durch die vom rotierenden Löffel ausgehenden Druckwellen die Seitenlinien des Raubfisches ansprechen. Das glitzernde Farbspiel von Metallkörper und Löffel dagegen spricht den Gesichtssinn an. Spinner sind hervorragende Köder für Barsche und Forellen.

Man wirft von einem Standpunkt aus mit mehreren Würfen fächerförmig nach beiden Seiten das Gewässer ab, bevor man sich einige Meter aufwärts oder abwärts einen neuen Standpunkt sucht. Die auf diese Weise abgefischten Bereiche überlappen einander, und man sorgt so dafür, daß man keinen möglichen Standplatz eines Raubfisches ausläßt. Zeigt sich nach einiger Zeit kein Erfolg, ist es möglich, schnell und problemlos Größe, Gewicht und Farbe des Spinnköders zu wechseln, um mit neuem Muster auf besseren Erfolg zu hoffen. Spinnfischen ist eine aktive An-

Zweiteiliger Wobbler
mit einstellbarer Tiefenschaufel

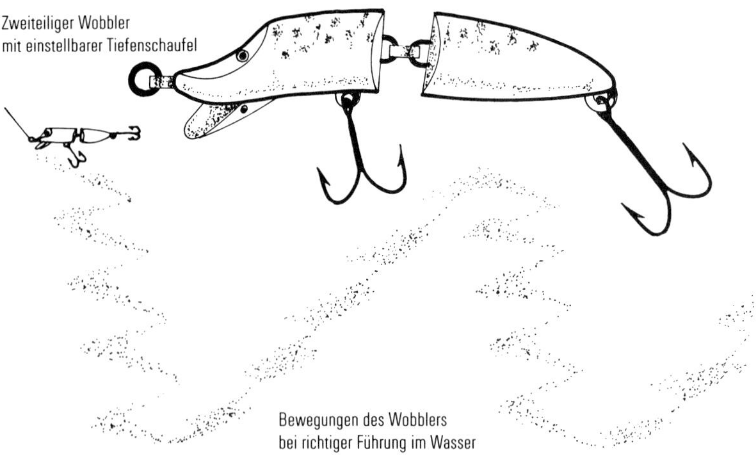

Bewegungen des Wobblers
bei richtiger Führung im Wasser

gelart, bei der man sich auf der Pirsch befindet und mögliche Einstellplätze schon vor dem Wurf ausmachen sollte.

Spinner haben den Nachteil, daß sie durch ihre Drehbewegungen die Angelschnur selbst mit verdrehen, auch wenn man sie in einen Karabiner-Wirbel eingehängt hat. Abhilfe schaffen Stabilisierungsflügel oder sogenannte Antikinkbleie, die man etwa 50 bis 100 Zentimeter oberhalb des Spinners zwischen zwei Tönnchen-Wirbeln in die Schnur einknüpft. Sie verhindern, daß die Schnur nach mehreren Würfen völlig verdrallt ist und der Spinner nicht mehr richtig läuft.

Hechte gehen zwar auch auf Spinner, sind aber besser mit dem *Wobbler* zu fangen. Dieser Kunstköder aus Holz oder Kunststoff ist einem realen Fisch nachgebildet. Die Drillinge sind unter dem Fischkörper und an seinem Ende montiert. Wobbler sind selbstschwimmend oder halbsinkend und bestehen oft aus mehreren Teilen, was ihnen eine optisch reizvolle Bewegung verleiht. Sie haben vor dem Kopf eine Tiefenschaufel, mit deren Einstellung man die Tiefe regeln kann, in welcher der Köder beim Einholen laufen soll. Zieht man die Schnur ein, gleitet der Wobbler in die Tiefe; macht man eine Pause, steigt er wieder auf. Der Wobbler imitiert einen kranken oder sterbenden Fisch und muß deshalb mit Sorgfalt geführt werden.

Halbsinkende, gegliederte Wobbler sind besonders erfolgreich. Man holt sie am besten mit unregelmäßigen Rucken ein, wobei zwischen den einzelnen Zügen unterschiedlich große Pausen eingelegt werden sollten, während derer der Wobbler wieder aufsteigt. So entsteht eine taumelnde, wellenförmige Bewegung im Wasser, die besonders auf Hechte einen verführerischen Reiz ausübt.

Verschiedenartig geformte Metallblech-Köder, die einen Drilling hinter sich herziehen, nennt man *Blinker*. Auch sie werden in den verschiedensten Ausführungen und Bemalungen angeboten. Bekannte Muster sind der Heinzblinker, ein großes kupfer- oder silberfarbenes löffelförmiges Blech, und der Toby aus Schweden, der ebenfalls löffelförmig ausgebuchtet und gebogen ist, aber an seinem spitz auslaufenden Ende noch eine kleine Schwanzflosse trägt.

Blinker winden sich beim Einholen durch ihre asymmetrische Form mit einer wobbelnden Bewegung blitzend durchs Wasser. Zwischen längeren oder kürzeren Zügen zum Angler hin sollte man kleine Pausen einschalten, während derer sie taumelnd und blitzend zu Boden sinken. Auch diese Taumelbewegung hat schon manchen Raubfisch zum Zubeißen gereizt. Eine spezielle Form dieses Kunstköders ist der Krautblinker, der zum Schutz gegen Hänger in Krautbetten und an anderen Hindernissen über einem großen, fest montierten Einfachhaken an seinem Ende eine flexible Metallklammer hat, die ihm hilft, über Hindernisse hinwegzugleiten, ohne sich zu verhaken.

Diese Kunstköder sind besonders in großen Ausführungen bei kapitalen Hechten, bei Welsen und auch bei Huchen, den so selten gewordenen Groß-Salmoniden, erfolgreich. Es gibt noch eine ganze Reihe von Sonderformen, die dem großen Sortiment künstlicher Köder im Laufe der Zeit hinzugefügt wurden. Dazu gehören der

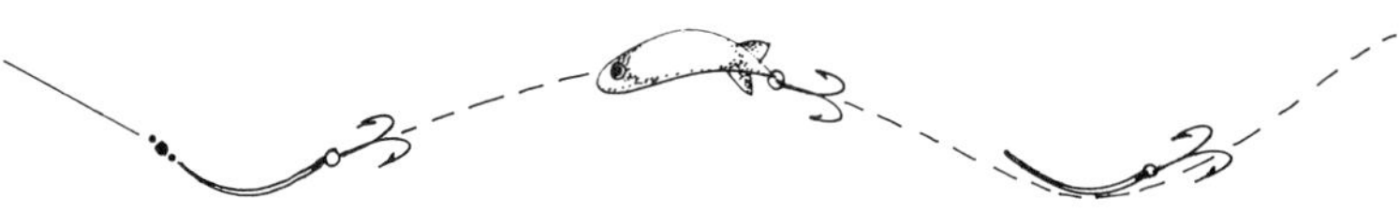

Löffel-Blinker und seine Bewegung im Wasser bei richtiger Führung

Blinkersortiment

Zopf, ein besonders auf Huchen eingesetzter Köder mit einem Bündel im Wasser flatternder Leder- oder Gummistreifen; Plastikregenwürmer mit Bleikopf, die *Wurm-Jig* heißen; Nachbildungen von Mäusen, die besonders auf große Hechte und Welse erfolgreich sein sollen; *Süßwasserpilker*, die für das Fischen unterhalb eines Bootes gedacht sind, und noch viele andere Formen. Sie alle dienen, genau wie die vorhin beschriebenen Standardmuster, dazu, große und kleine Raubfische zu überlisten. Alle können erfolgreich sein.

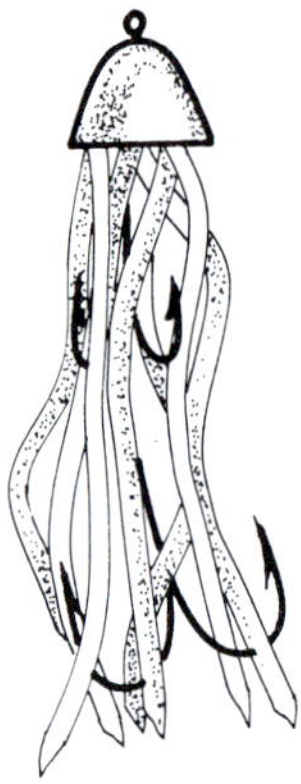

Huchenzopf

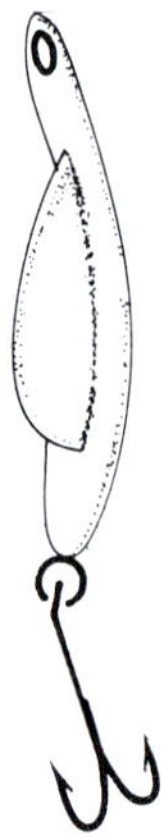

Pilker

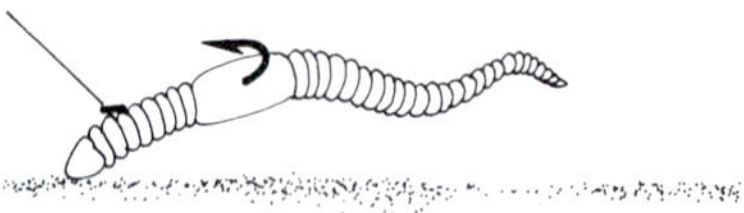

Wurm-Jig

Fliegenfischen

Die Kunst, mit der Fliege zu fischen, unterscheidet sich grundsätzlich von allen bisher beschriebenen Angel-Methoden. Hier gibt es weder Pose noch Grundblei – auch die Rute muß andere Konstruktionsmerkmale aufweisen. Disweilen wird mit dcr Fliege auch auf Friedfische geangelt, aber in der Regel zielt das Fliegenfischen auf Salmoniden. Beobachtet man einen Fliegenfischer bei der Ausübung seines Sports, sieht die ganze Sache sehr kompliziert aus. Fast schwerelos gleitet mehr und mehr Schnur aus der Rolle, schwingt vor und zurück wie eine Peitsche, ohne das Wasser zu berühren; es sei denn, der Angler will seine Fliege, eine Insekten-Imitation aus Federn, Wolle und anderen Materialien, aufs Wasser legen, um eine Forelle oder einen anderen Fisch zum Biß zu verleiten. Fliegenfischen ist eine elegante Technik und läßt der Beute, dem Fisch, alle Chancen, nicht gefangen zu werden. Beim Fliegenfischen müssen Erfahrung und Können des Anglers viele Faktoren zur Harmonie bringen, damit er Erfolg hat: Jahreszeit, Tageszeit, Schlupfzeit der Insekten, denen das augenblicklich verwendete Muster nachgebildet ist, Wetter, Wasser – und Fische.

Dic *Flugangel* ist in der Regel zwischen 2,00 und 3,00 Meter lang und sehr leicht gebaut. Das geringe Gewicht ist schon deshalb erforderlich, weil die Rute während der Zeit des Fischens mit dem Arm ständig in Bewegung gehalten werden muß. Die normale *Flugschnur* besteht aus feingeklöppelten Kunststoffäden und ist an der Oberfläche mit einem Kunststoff versiegelt. Daß sie sich beim Werfen selbst trägt, liegt daran, daß Flugschnüre auf den ersten Metern dicker sind als der nachfolgende Rest. Der vordere Teil der Schnur ist schwerer und kann deswegen geworfen werden. Die Dicke der Flugschnüre verschiedener Typen wechselt auf ihrer ganzen Länge, damit sie in bestimmten Situationen leichter geworfen werden kön-

Die Ausrüstung des Fluganglers:
Rute, Rolle mit Fliegenschnur, Fliegendose mit Kunstfliegen und Nylonvorfach

nen. Erfahrene Fliegenfischer benutzen mehrere Rollen mit unterschiedlichen Schnurqualitäten. Die verschiedenen Schnurtypen sind nach der internationalen AFTM-Norm (Associated Fishing Tackle Manufactures) klassifiziert.
Schnüre, die an ihrer Spitze dicker sind, haben ihr Gewicht weiter vorne und werden mit den beiden Buchstaben WF (Weight Forward) bezeichnet. Eine Schnur, die sich von der Mitte ihrer gesamten Länge aus nach beiden Seiten gleichmäßig verjüngt, ist eine doppelt verjüngte Schnur und trägt die Bezeichnung DT (Double Taper). Fliegenschnüre können schwimmen, an der Spitze unter Wasser sinken, ganz unter Wasser sinken und langsam oder sehr schnell sinken. Auch diese Eigenschaften kann man in der Typ-Bezeichnung für Fliegenschnüre wiederfinden. Schwimmende Schnüre tragen den Buchstaben F (Floating), sinkende den Buchstaben S (Sinking). Die Bezeichnung einer Schnur folgt immer der gleichen Anordnung: Form, Gewicht, Schwimmkraft. Eine DT 6 F ist also eine beidseitig gleichmäßig verjüngte (Double Taper) Schnur mittleren Gewichtes (Nr. 6), die schwimmt (Floating). Die AFTM-Nummer, die jede Schnur trägt, bezieht sich auf das Gewicht der ersten 30 Fuß solch einer verjüngten Schnur (etwa 10 Meter). Damit Ruten und dazugehörige Schnüre optimal ausbalanciert werden, tragen auch Ruten diese Nummern, wobei man darauf achten muß, daß die Länge der Rute der Schnurmenge angepaßt sein soll, die man in der Luft halten will. An einem kleinen Bach etwa braucht man nicht mehr als fünf bis sieben Meter zu werfen. Man nimmt also keine schwere, sondern eine leichte Schnur mit kurzer, leichter Rute. Bei jeweils zwei Meter mehr Schnur, die man in der Luft hält, steigt die AFTM-Nummer um einen Wert. Acht Meter einer Schnur mit AFTM 8 entwickeln demnach ebensoviel Druck auf die Rute wie zehn Meter der AFTM-Nummer 7, zwölf Meter der AFTM-Nummer 6 und 14 Meter der AFTM-Nummer 5.
Fliegenfischer benutzen ausschließlich Insekten-Imitationen aus Wolle, Kunstfasern, Federn oder Tierhaaren. Am Haken befestigt ergeben sie ihren natürlichen Insekten-Vorbildern mehr oder weniger ähnliche *Kunstköder*. Es gibt Tausende verschiedener Fliegenmuster.
Man unterscheidet hauptsächlich

Nymphen,
Naßfliegen,
Trockenfliegen und
Streamer.

Die Größe der Fliegen hängt von der Größe der verwendeten Haken – meistens spezielle Fliegenhaken mit Öhr – ab. Fliegenhakengrößen haben die gleiche Bezeichnung und absteigende Numerierung wie alle anderen Haken auch. Das heißt, eine Fliege mit der Nummer 1 ist auf dem größten Haken gebunden. Fliegen solcher Größe sind selten und werden in der Regel nur für die Lachsfischerei oder die Anfertigung von großen Streamern benutzt. Eine 18er Fliege ist das kleinste Modell. Solche Winzlinge benutzt man für den Fang von Äschen – eine Salmonidenart, die bei der Auswahl ihres Futters sehr wählerisch ist.
Die einzelnen Kategorien der Fliegenmuster haben mit den Lebensstadien am Wasser lebender Insekten zu tun. Wer mit der Fliege erfolgreich fischen will, sollte sich wenigstens ein Grundwissen über Eintagsfliegen und andere ans Wasser gebundene Insekten aneignen. Bietet man die falsche Fliege zur falschen Zeit am falschen Ort an, beißt kein Fisch. Trotz der Geschwindigkeit, mit welcher etwa Forellen ihre Beute ausmachen, erkennen und in schnell fließenden Gewässern schnappen müssen, merken sie allzu leicht, wenn etwas mit dem Beutetier nicht stimmt.

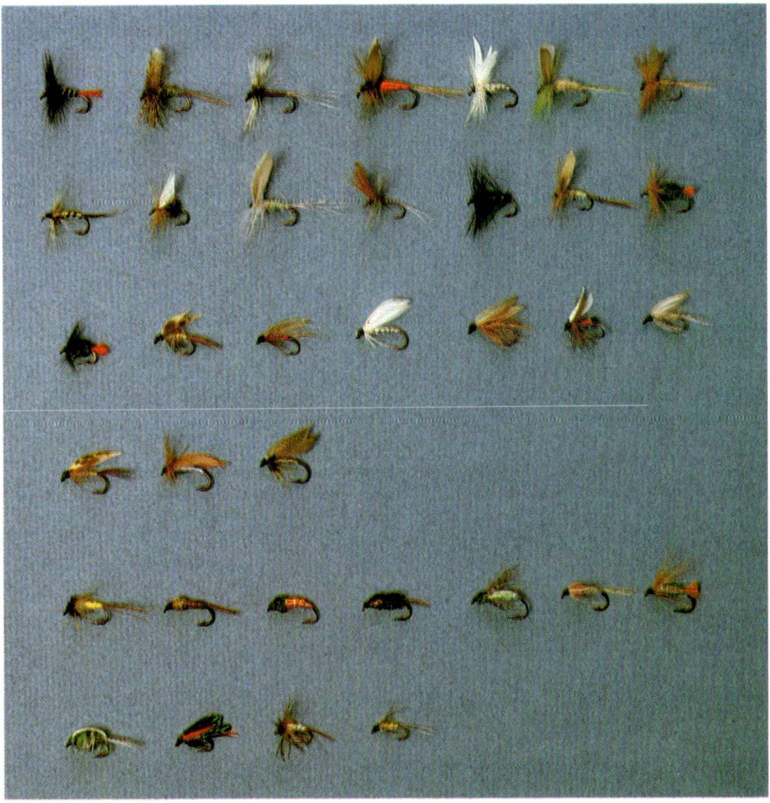

Eine Auswahl fängiger Fliegenmuster

Trockenfliegen (Reihe 1 und 2)		Naßfliegen (Reihe 3 und 4)		Nymphen (Reihe 5 und 6)	
1 Black Zulu	8 Krebserul	15 Black Zulu	20 Coachman	25 Stone Fly	31 Palaretta Nymphe
2 Marchbrown	9 Coachman	16 Marchbrown	21 Blue Dun	26 Bavaria A	32 Bachflohkrebs
3 Moskito	10 Blue Dan	17 Red Spinner	22 Stone Fly	27 Bavaria C	33 Alexandra Nymphe
4 Red Spinner	11 Quill Gordon	18 White Moth	23 Fraun Sedge	28 Bavaria D	
5 White Moth	12 Black Parner	19 Wickham's Fancy	24 Greenwell's Glory	29 Green Nymph	34 Maifliegen-Nymphe
6 Oliv Dan	13 Stone Fly			30 Tups Nymphe	35 Krebserl
7 Wickham's Fancy	14 Red Tag				

Noch wählerischer geben sich die Fische langsam fließender oder gar stehender Gewässer.

Die für den Flugangler interessanten Fliegenarten kann man in drei große Gruppen unterteilen:

Eintagsfliegen (Ephemeroptera)
Köcherfliegen (Trichoptera)
Steinfliegen (Plecoptera).

Es gibt darüber hinaus noch eine Reihe anderer Insekten, die als Köder in Frage kommen, so Heupferdchen, Hummeln und andere. Sie sind aber mehr oder weniger Beifang im täglichen Speisezettel der Fische.

Alle vorgenannten Fliegenarten durchlaufen in ihrem Leben die gleichen Entwicklungsstadien: Das fertige Insekt legt seine Eier im Wasser ab. Dort schlüpfen Larven, die am Gewässergrund leben, bis sie so

Fliegenfischen (Naßfliege)

weit entwickelt sind, daß sie zum Landleben übergehen. Aufsteigende Larven nennt man Nymphen, die anschließend an der Wasseroberfläche treiben, während aus ihnen die Vorstufe zum fertigen Insekt, das »Subimago«, schlüpft. Diese Tiere suchen sich an Land einen Ruheplatz, wo sie sich in kurzer Zeit zum fertigen Fluginsekt, dem »Imago«, entwickeln. Kurz danach steigen sie zum Hochzeitstanz in die Lüfte, werden befruchtet und legen ihre Eier auf der Wasseroberfläche ab. In jedem dieser Stadien werden die Kerbtierchen von Fischen gefressen. Weil die Insekten jeweils ganz anders aussehen, gibt es für jede Entwicklungsstufe eigene Fliegenmuster, mit denen gefischt wird. So benutzen die Fliegenfischer Kunstfliegen, die etwa der »Märzbraunen (March Brown)« nachempfunden sind, in drei verschiedenen Ausführungen: Nymphen, Naßfliegen (Subimago) und Trockenfliegen (Imago).

Beim Aufsteigen zur Wasseroberfläche werden die *Nymphen* von den Forellen gejagt. Zu bestimmten Jahres- und Tageszeiten kommt es zum Massenschlupf verschiedener Insektenarten. Man kann dann am Wasser die Forellen bei wahren Freßorgien beobachten. Das bekannteste Beispiel gibt die Maifliege zu ihrer Schlüpfzeit. Nymphen als Kunstköder werden vielfach stromauf eingeworfen, man läßt sie unter der Wasseroberfläche treiben.

Naßfliegen imitieren das bereits geschlüpfte, fertige Insekt oder ertrunkene und tote, die in der Strömung treiben. Mit Naßfliegen wird unter Wasser gefischt. In starker Strömung erübrigt sich eine besondere Führung der Naßfliege. Bei schwächerer Strömung oder stehendem Wasser werden Naßfliegen durch ruckweises Einholen der Schnur »lebendig« gemacht, um den Fisch zum Anbiß zu reizen. Naßfliegen werden in der Regel stromabwärts geworfen und gegen die Strömung eingeholt.

Trockenfliegen bilden das fertige Insekt nach. Sie täuschen dem Fisch frisch geschlüpfte, eierlegende oder gestorbene und abtreibende Insekten vor. Wichtig sind die am Kopf angebrachten Hecheln,

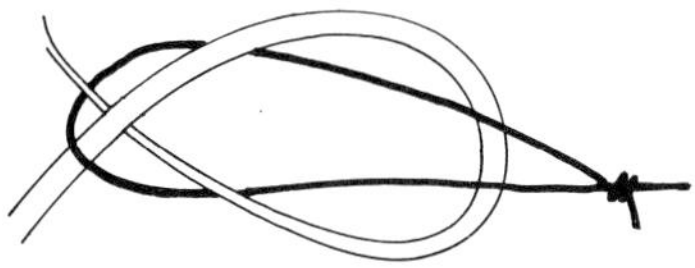

Flagstich zum Verknüpfen der Fliegenleine mit dem Vorfach

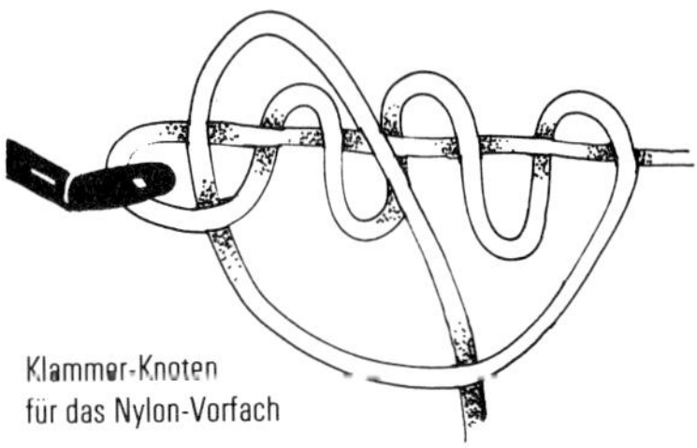

Klammer-Knoten
für das Nylon-Vorfach

welche die Fliege vor dem Untergehen schützen. Trockenfliegen werden in der Regel stromaufwärts geworfen.
Die *Streamer* sind meistens größere, oft phantasievoll gebundene Fliegenmuster, die große Insekten, kleine Fische und andere Beute imitieren. Man benutzt sie häufig zum Fang großer Forellen in stehenden und fließenden Gewässern. Streamer werden sowohl für Salz- als auch für Süßwasser gebunden.
Fliegenfischerei bedeutet, daß man das Wasser beobachtet und einem Fisch die Fliege möglichst genau »serviert«. Dazu benötigt man Flugangel und Fliegenschnur. Da Fliegenschnüre durch ihr hohes Gewicht recht stark und gut sichtbar sind, knüpft man zwischen der Fliegenschnurspitze und dem Fliegenmuster ein Stück dünnes Nylon, ein Vorfach, damit der Fisch nicht mißtrauisch wird. Vor dem Wurf muß genügend Schnur von der Rute herabhängen, damit Gewicht zur Verfügung steht. Die Rute wird mit Schwung angehoben und zieht die Schnur mit sich, die dadurch rückwärts fliegt und sich nach hinten streckt. Der Angler spürt für einen Augenblick den Zug der gestreckten Schnur, sein Signal für den Vorschwung der Rute. Diese Rutenbewegung nach vorwärts trägt die Fliegenschnur mit der Fliege in die Zielrichtung. Die Rute wird bis fast zur Horizontalen geneigt, und die Schnur legt sich mit der Fliege an ihrer Spitze aufs Wasser.
Ist es notwendig, die Distanz zwischen Rutenspitze und Fliege noch zu verlängern, geschieht der Vorgang des Rück- und Vorschwunges noch mehrere Male, um immer mehr Schnur »abzuziehen«; und zwar so lange, bis die gewünschte Schnurlänge in der Luft ist. Erst dann läßt der Angler seine Schnur »nach vorn schießen«, um die Fliege gezielt aufzusetzen.

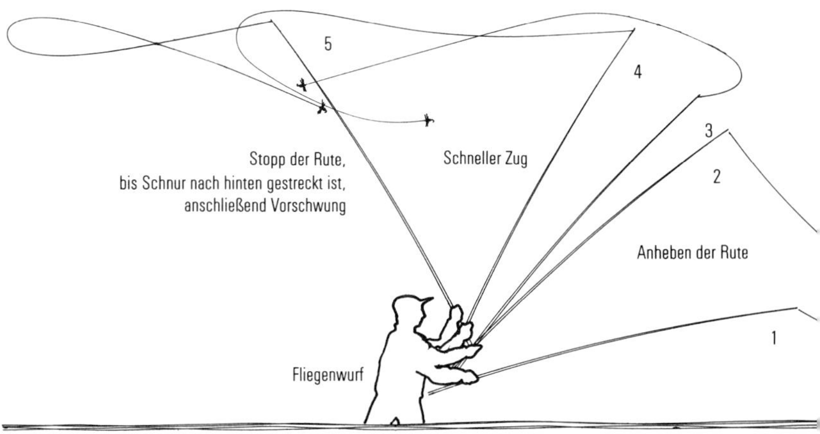

Fliegenwurf

Lebensräume der europäischen Süßwasserfische

Vom Quellbach bis zur Flußmündung, wo sich Meer- und Süßwasser zum Brackwasser mischen, vom tiefen, kalten Gebirgssee bis zum flachen, sommerwarmen Moorweiher bieten die Landschaften eine Vielzahl natürlicher Gewässerarten, die von recht unterschiedlich zusammengesetzten Lebensgemeinschaften aus Pflanzen und Tieren bewohnt werden. Verbreitung und Vorkommen auch der Fische hängt von den jeweiligen ökologischen Bedingungen ab, die das Nahrungsangebot bestimmen. Der Typisierung von Gewässern nach bestimmten Kennzeichen entsprechen in der Natur keine festen Grenzen. Vielmehr fließen die Übergänge, was man hier wörtlich nehmen kann; entsprechend vielgestaltig und veränderlich tritt uns die Zusammensetzung der Arten von Fischpopulationen entgegen. So trifft man zum Beispiel den Aal in fast allen Gewässertypen an; auch viele Cyprinidenarten, darunter vor allem Rotaugen und Rotfedern, sind sehr anpassungsfähig und deshalb weit verbreitet. Arten wie die Bachforelle dagegen brauchen sauberes Wasser mit hohem Sauerstoffgehalt und niedrigen Temperaturen von 8–10° C. Ihr Vorkommen beschränkt sich heute auf Quellbäche und Flüßchen bester Wasserqualität, die im Flachland selten geworden und meist nur noch im Gebirge zu finden sind. In dieser Region wird man aber trotz seiner weiten Verbreitung niemals ein Rotauge antreffen. Noch vor 100 Jahren lebten Lachse in fast allen größeren Flüssen West- und Nordeuropas. Die Industrialisierung und die damit verbundene zunehmende Verschmutzung der Gewässer führte zur weitgehenden Ausrottung der Lachsbestände in diesem Gebiet.

Man unterscheidet fließende und stehende Gewässer mit jeweils recht verschiedenartigen Lebensräumen.

Fließgewässer

Der Lauf eines Flusses, der sein Wasser vom Gebirge bis zum Meer bringt, und, von Bächen und Nebenflüssen gespeist, auf seinem Wege dahin immer wasserreicher wird, bildet Lebensräume unterschiedlicher Bedingungen für Pflanzen und Tiere. Jeder dieser Abschnitte bildet einen typischen Biotop, dessen Abgrenzung zum nächsten fließend ist und, was die vorkommenden Fischarten betrifft, Überschneidungen aufweist. Aber niemals kommen typische Fischarten der Mündungsregion beispielsweise auch in der Quellregion vor, wenn alle dazwischenliegenden Lebensräume vorhanden sind.

Nach den dort in der Regel am häufigsten vorkommenden Fischarten bezeichnet man die einzelnen, nicht scharf gegeneinander abgrenzbaren Gewässerabschnitte als

obere Forellenregion,
untere Forellenregion,
Äschenregion,
Barbenregion,
Brachsenregion,
Kaulbarsch- und Flunderregion,
Brackwasserregion.

Klima, Wasserführung und Wasserqualität, Gefälle, geologische Verhältnisse, Bodenbeschaffenheit und die dadurch bedingte Ufergestaltung mit dem ihr zugehörigen Pflanzenbewuchs bestimmen den jeweiligen Wasserbiotop. Ein weiterer Umstand gewann erst in neuerer Zeit Bedeutung, er entscheidet heute wesentlich über den Belebungsgrad einer Flußregion: die Besiedlung des Umlandes und die mit ihr verbundene Nutzung eines Fließgewässers. Die von Natur aus erhebliche Selbstreinigungsfähigkeit der Flüsse verkraftete die Abwasserbelastung der seit alters bevorzugt an Fließgewässern siedelnden Menschen vorindustrieller Zeitalter schadlos. Heute können die noch verbliebenen Fi-

Obere Forellenregion

sche aus den schmutz- und giftüberfrachteten, aufgeheizten und kanalisierten europäischen Strömen nicht mehr ohne Risiko verzehrt werden.

Das Quellgebiet eines Flusses liegt meist im Bergland, oft im Hochgebirge. Ein kleiner Quellbach sucht sich seinen Weg talwärts, springt schäumend über Steine und nagt sich sein Bett in den Fels des Berges. Die Bachforelle, den seit 1884 aus Amerika eingeführten Bachsaibling und die Koppe, ein kleiner Fisch aus der Ordnung der Panzerwangen, kann man bis in 2000 m Höhe antreffen. Das Nahrungsangebot dieser *oberen Forellenregion* ist karg und setzt sich aus Fluginsekten, Steinfliegenlarven, einigen kleinen Schneckenarten, Bachflohkrebsen und anderem Kleingetier zusammen. Der Boden solcher Bäche und Quellflüsse ist meistens kiesig und mit Gesteinsbrocken durchsetzt oder besteht aus nacktem Fels. Hier gedeiht kein Plankton, und höhere Wasserpflanzen können kaum Fuß fassen. Zum einen ist es zu kalt, die Wassertemperatur beträgt auch im Sommer höchstens 10° C, zum andern fließt das Wasser zu schnell. Durch die ständige starke Bewegung wird es hoch mit Sauerstoff angereichert, eine Lebensvoraussetzung für die wenigen hier vorkommenden Fischarten. Entsprechend dem eingeengten und nahrungsarmen Lebensraum bleiben hier alle Fische verhältnismäßig klein.

Gebirgsbäche gewinnen durch Zustrom von Nebenwassern oft schnell an Masse. Sperren Felsriegel ihren Weg, kommt es zu klammartigen Bettvertiefungen, zu Wasserfällen und stattlichen Gumpen. Verblockte Gefällestrecken weiß schäumender Wasser wechseln mit tiefgründigen, stilleren Abschnitten. Hier kommt das immer noch kalte und klare Wasser vorübergehend zur Ruhe. Auch wo die Wasser mit Wucht zu Tal gehen, bilden sich hinter Felsbrocken immer wieder Kehrwasser, am steinigen Ufer Unterspülungen, wo Forellen abseits der Hauptströmung günstige Einstellplätze finden. Von hier aus unternehmen sie kurze Beutezüge oder greifen, was das Wasser an Verwertbarem vorüberträgt. Hier, in der *unteren Forellenregion*, erreicht manches Exemplar schon ansehnliche Körpergröße. Neuere wissenschaftliche Untersuchungen ergaben, daß im Gegensatz zu früherer Annahme Bachforellen ausgesprochene Revier- oder Standfische sind, die ihren einmal eingenommenen Platz nur dann verlassen, wenn sie durch äußere Umstände dazu gezwungen werden. Während einer langen Trokkenperiode abwandernde Fische kehren später an ihre angestammten Standorte zurück und nehmen ihre alten Plätze wieder ein. Ein anderer Grund für das Verlassen eines Reviers ist das Auftauchen eines stärkeren Rivalen, der dem Schwächeren seinen Platz nimmt. Im übrigen verläßt die Bachforelle ihren Einstand nur, wenn sie zum Laichen bachauf steigt, meistens so weit, wie es die Wasserverhältnisse zulas-

Untere Forellenregion

sen. In der Regel kehrt sie nach dem Laichgeschäft an ihren Platz zurück.
Auch in der unteren Forellenregion ist die Strömung im allgemeinen noch zu stark, als daß sich Plankton oder höhere Wasserpflanzen entwickeln könnten. Allenfalls wachsen an begünstigten Stellen, wo die Strömung nicht zu stark zieht, die Kissen des Quellmooses (Fontinalis) im Wasser. Zu den erwähnten Fischarten der oberen Forellenregion gesellen sich in der unteren Regenbogenforellen, Elritzen und Schmerlen. Ab und zu trifft man Rutten an, die sich als Bruträuber betätigen. Ein weiterer, besonders auffälliger Bewohner der Forellenregion ist das Bachneunauge. Diese Tiere, die zoologisch nicht zu den Fischen zählen, heften sich zur Laichzeit in Gruppen mit ihrer Mundscheibe an Steinen fest und lassen ihre aalartigen Körper in der Strömung wie Seegras schlingern.
Schließlich ist die Forellenregion wichtiges Laichgebiet, in das etliche Fischarten, zum Beispiel Lachse und Huchen, aufsteigen, um es nach dem Ablaichen wieder zu verlassen.
Der Begriff Forellenregion beschränkt sich nicht auf Quellflüsse im Gebirge. Auch die Quellgebiete im Flachland (Niederungsbäche) tragen diese Bezeichnung, auch wenn die Wasserqualität heute dort meist nicht mehr den für Forellen notwendigen Standard erreicht und sie darum in diesen Regionen kaum noch anzutreffen sind. In Niederungsbächen fließt das Wasser erheblich langsamer als im Gebirge. Der Untergrund ist meistens weich, so kann sich hier dichter Pflanzenwuchs entwickeln. Die Pflanzen bieten vielerlei Kleintieren Nahrung und Lebensraum, die ihrerseits Fische ernähren. Hier wachsen Bachforellen unter günstigen Bedingungen zu ansehnlicher Größe heran.
Erreicht der junge Gebirgsfluß das Vorland, läßt mit dem jetzt geringeren Gefälle auch die Transportkraft des Wassers für Steine und Geröll nach. Feiner gewordene Kiesbänke wechseln mit sandigem Grund, das ruhiger und gleichmäßiger strömende Wasser schwingt in Kehren aus. Nur Hindernisse, wie umgestürzte Bäume oder Naturwehre, lassen die Wasseroberfläche bewegt erscheinen. Die immer noch kräftige Strömung unterspült Busch- und Baumwurzeln und vertieft das Flußbett an den Prallwänden (den Außenseiten) von Windungen. In ruhigen Flußabschnitten entstehen ausgedehnte Schlammablagerungen. Hier entwickelt sich schon dichter Pflanzenbewuchs, hauptsächlich aus Wasserpest und Flutendem Hahnenfuß. Der Leitfisch dieses Flußbereiches gab ihm den Namen *Äschenregion*. Die Äsche gehört zur Ordnung der Lachsartigen. Die Wassertemperatur erreicht in diesem Abschnitt bis 18° C; das Wasser der Äschen-

Äschenregion

Barbenregion

region ist noch sehr sauerstoffhaltig, so daß auch Forellen und Saiblinge vorkommen. In der Äschenregion der Donau und ihrer Nebenflüsse kann man den Huchen antreffen, den größten heimischen Salmoniden. Döbel, Nase, Rutte, Rapfen, Hasel, Gründling, Elritze und mitunter Hecht leben in der Äschenregion, sind aber nicht auf sie beschränkt, sondern bevölkern auch die flußabwärts sich anschließenden Regionen.

Die nächste heißt *Barbenregion*. Das tiefer und breiter gewordene Flußbett kann größere Wassermassen aufnehmen. Auch unter Hochwasserbelastung bietet der Fluß ein beständiges Bild. Auf seinem Grund finden sich weite Strecken weichen Bodens, die mit starkem Pflanzenwuchs besetzt sind. Dazwischen liegen aber noch viele Kiesbänke – Voraussetzung für die Anwesenheit der Barbe. Die Strömung ist auch hier noch kräftig und das Wasser immer noch reich an Sauerstoff. Aber die Wassertemperaturen erreichen in warmen Sommern schon 19–20° C.

Neben der Barbe, die vorzugsweise dicht über kiesigem und sandigem Grund steht, leben hier die meisten der bereits für die Äschenregion aufgeführten Beifische. Forellenartige treten nur noch vereinzelt auf. Dafür bereichern Rotaugen und Rotfedern die Fischgesellschaft dieser Region. Flußbarsch, Hecht – auch schon Zander – sorgen für die natürliche Regulierung der Bestände.

Im weiteren Verlauf erreicht der Fluß nun seine ganze, oft majestätische Größe. Er wird zum Strom. Hier findet sich fast durchweg weicher Grund, wenn nicht Gebirgsausläufer örtlich felsigen Boden bedingen. Die tiefe Strommitte läßt aus Lichtmangel keinen Pflanzenbewuchs zu. Aber an den flacheren Rändern mit je nach Standort unterschiedlich temperiertem Wasser gedeihen Unterwasserpflanzen üppig. Der Strom führt viele Ballaststoffe als Schlamm mit sich, sein ruhiges Wasser ist deshalb meistens trüb. Der nährstoffreiche Schlamm lagert sich in Ufernähe und an seichten Stellen ab. Er sorgt in Verbindung mit den höheren Wassertemperaturen und der geringen Strömung für reiches Planktonwachstum, das viele Fischarten ernährt. Dieser Bereich, der nach dem dort häufig vorkommenden Blei oder Brachsen die *Brachsenregion* genannt wird, beherbergt die größte Artenzahl an Fischen im Verlauf des ganzen Flusses: unter anderen Brachsen, Schleien, Zander, Karpfen, Rapfen, Rotaugen, Rotfedern, Hechte, Barsche, Gründlinge, Welse und besonders häufig Aale. Einige Fischarten kommen nur in bestimmten Regionen Europas vor. So findet man den Frauennerfling ausschließlich in der Donauregion. Viele Fischarten bilden örtlich unterschiedliche

Brachsenregion

Formen aus. So etwa die Rotaugen, von denen es besonders viele Unterarten gibt, die nur örtliche Bedeutung haben: zum Beispiel im Schwarzen und im Kaspischen Meer. Auch die Gruppe der Hasel ist in Europa durch zahlreiche Arten vertreten.

Als nur kurzer Übergang folgt die *Kaulbarsch-Flunder-Region*. Sie leitet zum untersten Flußbereich, der *Brackwasser-Region*, über. Äußerlich unterscheidet sich die Kaulbarsch-Flunder-Region nur wenig von der vorangegangenen. Die vielleicht noch flacheren Ufer treten weit zurück; ruhig und behäbig gleiten die Wassermassen dem nahen Meer zu. Die Tiefebene dehnt sich ohne Erhebung von Horizont zu Horizont. Die schweren Böden des Marschlandes nähren Viehherden und werden durch ein Netz von schnurgeraden Gräben und Kanälen entwässert. Schleusen schützen Wiesen, Weiden und Ortschaften vor dem im Gezeitenrhythmus auflaufenden Flutwasser (Tidenhub). Leitfisch dieser Übergangsregion, in der man zeitweise schon starken Salzwassereinfluß feststellen kann, sind Kaulbarsch, Dreistachliger Stichling und Flunder. Das Vorhandensein der Flunder deutet auf salzhaltiges Wasser hin. Die äußerst anpassungsfähige Flunder kann in beiden Wasserarten leben. Die Kaulbarsch-Flunder-Region und die sich anschließende Brackwasser-Region mit ihren träge sich bewegenden Wassermassen, die sich im Sommer stark erwärmen können, bieten eine besonders günstige Nahrungsgrundlage für Kleinlebewesen aller Art. Die großen Schlammengen, die der Fluß hier mit sich trägt, enthalten Nährsalze für ein reiches pflanzliches Planktonaufkommen, das die breite Grundstufe für zahlreiche Nahrungsketten bildet. Schnecken, Würmer, Muscheln, Insekten-Larven, Kleinkrebse und andere Kleinlebewesen entwickeln sich in diesen »Brutkammer-Regionen« massenhaft. Das große Nahrungsangebot ermöglicht nicht nur viele verschiedene Fischarten, sondern auch eine hohe Bestandsdichte. Die Brackwasser-Region bildet den Akklimatisationsraum für ins Süßwasser aufsteigende Meereswanderer, wie zum Beispiel Lachse und Meerforellen.

Charaktristisch für diese Region sind die kurzfristig wechselnden Salzgehalte des Wassers mit sehr hohen Schwankungen. Sie werden durch den Wechsel von Ebbe und Flut bewirkt. Starke landein wehende Winde können in Verbindung mit auflaufendem Wasser (Flut) für einen Süßwasser-Aufstau in der Brackwasser-Region sorgen, der zu einem schnellen Zunehmen der Salzwasserkonzentration führt. Fische und andere Tiere, die hier leben, müssen sich diesen Schwankungen anpassen können. Salzwasserbewohnende Fischarten, wie Meeräschen und Wolfsbarsche, steigen während der Flut die Flußmündungen stromauf, um das hier besonders reiche Futterangebot zu nutzen. Der Salzgehalt im Mündungsbereich entspricht bei auflaufendem Wasser ihren Anforderungen. In dieser letzten Region kulminiert allerdings

Brackwasserregion

auch die zivilisationsbedingte Abwasser-Belastung des Flusses, vermehrt um die Ölrückstände eines regen Schiffsverkehrs im Küstenbereich.

Stehende Gewässer

Stehende Gewässer sind im Gegensatz zu Fließgewässern in sich abgeschlossene Lebensräume, ganz gleich, welche Ausdehnung sie aufweisen. Man unterscheidet zwischen Seen und Teichen. Ein Teich kann genauso groß sein wie ein See. Das Vorhandensein einer Tiefen- oder Freiwasserzone macht ein stehendes Süßgewässer zum See, ihr Fehlen weist es als Teich aus. Als Tiefenzonen bezeichnet man die Wasserschichten, in die nur noch sehr wenig oder kein Tageslicht mehr dringt, weil es vom darüberliegenden Wasser absorbiert wurde. Hier fehlt die Bodenvegetation; grüne Pflanzen sind auf Licht angewiesen.

Seen weisen mit zunehmender Tiefe eine in drei Zonen unterteilbare Temperaturschichtung auf. Im Sommer heizt die Sonne die Oberfläche eines stehenden Gewässers auf; das angewärmte Wasser bleibt oberste Schicht, weil warmes Wasser leichter ist als kaltes. Man nennt sie das *Epilimnion*.

Zwischen diesem sauerstoffreichen Oberflächenwasser und der kälteren Tiefenschicht, dem *Hypolimnion*, wo durch das Fehlen der Assimilation von Wasserpflanzen Sauerstoffmangel herrscht, unterscheidet man eine dritte Schicht, die vor allem während der warmen Jahreszeit die beiden genannten Wasserschichten voneinander trennt. Sie heißt Sprungschicht oder *Metalimnion*.

Bewegt im Sommer Wind die Oberfläche eines stehenden Gewässers, so werden die Wassermassen vorwiegend innerhalb der Oberschicht umgewälzt, weil das warme Wasser auf der Sprungschicht gleitet wie auf einer Eisbahn. Erst im Winter, wenn sich auch die obere Schicht abgekühlt hat und eine Sprungschicht kaum noch vorhanden ist, weil zwischen den drei Schichten keine deutliche Temperaturabstufung mehr besteht, bewirkt die treibende Kraft des Windes wieder eine Vollzirkulation des Gewässers bis in seine grundnahen Tiefen. Bei längerer Vereisung bleibt die Zirkulation aus.

Auch nach seiner Flächenausdehnung wird ein See in verschiedene Zonen unterteilt, zunächst in die Ufer- und in die Freiwasserzone. In der Uferzone berühren und durchdringen sich Flora und Fauna des Landes und des Wassers. Unter günstigen Boden- und Umweltbedingungen bringt hier ein üppiger Pflanzenwuchs viel Sauerstoff und Biomasse hervor, Grundlage einer örtlich artenreichen Tierwelt. Bis zum Freiwasser gliedert man den ufernahen

Flacher See der Tiefebene mit Sandufer

Bereich in

- das Brandungsufer,
- die Schwimmpflanzenzone,
- die Unterwasserpflanzenzone und
- die Übergangszone zum Tiefwasser.

Das steinige oder sandige, zum Teil auch mit Gräsern bewachsene Brandungsufer geht je nach Bodengefälle in einen mehr oder weniger breiten Gürtel über, in dem Überwasserpflanzen wie Binsen, Schilf, Rohrkolben, Kalmus und andere siedeln. Die Schwimmpflanzenzone umfaßt Wassertiefen von etwa 1–6 Meter. Hier siedeln Seerosen, Wasserlinsen, Wasserpest, Wasserhahnenfuß, Laichkräuter und andere. Ihr schließt sich ab etwa acht Meter Tiefe die Unterwasserpflanzenzone mit Froschlöffel, verschiedenen Algenarten, Quellmoos und anderen Pflanzen an. Diese Zone geht mit zunehmender Tiefe (Übergangszone) und abnehmender Vegetation nach und nach in die Freiwasserzone ohne Bodenbewuchs über. Am Grund lagert sich Schlamm ab.

Flachlandseen

Die Seen der Tiefebene bilden den meistverbreiteten Seentyp Mitteleuropas. Die Fischpopulation in einem Flachlandsee kann so vielfältig sein wie die Brachsenregion eines großen Flusses. Das Brandungsufer mit seinem vielfältigen Bewuchs aus Schilf, Binsen und anderen Pflanzen, die nicht gleichmäßig geschlossene Flächen bedecken, sondern Inseln bilden oder zwischen den einzelnen mehr oder weniger ausgedehnten Standorten Kanäle freilassen, bietet vielen Fischarten Schutz und Nahrung. So sind dort fast alle Cyprinidenarten wie Plötzen, Rotfedern, Brachsen, aber auch Raubfische, die diesen nachstellen, wie Hecht und Barsch, anzutreffen.

Große Fischdichte und Artenvielfalt kennzeichnet die Schwimmpflanzenzone. Hier überschneiden sich die Lebensräume der Flach- und Tiefwasserbewohner. In der uferfernen Unterwasserpflanzenzone bis etwa 12 Meter Tiefe wird das Wasser frei von in die Höhe wachsenden Pflanzen. Hier halten sich die mehr das Freiwasser liebenden Arten wie Ukelei und Zander auf. Aal, Wels, Kaulbarsch und andere tiefenliebende Fischarten, die mit dem geringen Sauerstoffangebot des tiefen Wassers auskommen, bewohnen auch die unteren, kalten Gewässerschichten der Freiwasserzone. Seen der Ebene kennzeichnet ein hohes Schlammaufkommen. Renkenarten gedeihen hier nicht mehr, da deren nach dem Laichen zu Boden sinkende Eier sich im Faulschlamm nicht entwickeln können.

Ein sehr junger Seentyp des Flachlandes, der Baggersee, gewinnt heute immer größere Bedeutung als Biotop und für die Sportfischerei. Denn Baggerseen gibt es

Tiefer Vorgebirgssee mit Schilfgürtel

in den Niederungen in großer Zahl. Sie werden meistens von Angelvereinen oder auch von Privatleuten gepachtet und bilden bei guter Pflege und regelmäßigem Besatz fischreiche Angelreviere. Baggerseen können innerhalb weniger Jahre eine interessante Biotopentwicklung durchlaufen. Anfangs sind diese Gewässer mit ihrem größtenteils kiesigen und sandigen Untergrund nährstoffarm und sauerstoffreich. Während dieser Anfangsperiode eignen sie sich besonders gut für den Besatz mit Salmoniden. In manche Gewässer dieser Art wurden schon mit Erfolg Lachsarten eingesetzt. Fortschreitender Pflanzenbewuchs, Algen- und Planktonproduktion lassen den Nährstoffgehalt dieser Gewässer schnell ansteigen. Die Zersetzer organischer Verbindungen schaffen bald ungünstigere Sauerstoffverhältnisse, die den Besatz mit Salmoniden nicht mehr zulassen. Jetzt können diese Gewässer mit Cypriniden (Karpfen, Schleien, Rotaugen) und Raubfischen (Hecht, Zander, Aal) besetzt werden.

Sieht man einen solchen Baggersee, kann man schon an der Farbe des Wassers sein ungefähres Alter abschätzen. Junge Baggerseen haben klares, grünlichblaues Wasser; bei älteren Gewässern trübt es sich durch hohes pflanzliches und tierisches Plankton grünbraun.

Gebirgsseen

Die *Vorgebirgsseen* mit oft steil in die Tiefe abfallenden Ufern, wenig Unterwasserpflanzenbewuchs und schmalem Brandungsstreifen enthalten außerhalb der Moorgebiete sauerstoffreiches klares Wasser. Sie bieten Salmonidenartigen, wie Renken, Seesaiblingen und Seeforellen, vorwiegend in der Freiwasserzone ideale Lebensbedingungen und sind deshalb auch fischereiwirtschaftlich von Bedeutung (Starnberger See, Blintsee u. a.). In der flachen, schmalen Uferregion mit Pflanzenbewuchs leben Hechte, Barsche, Quappen, Lauben, Rotfedern und andere. Von Fall zu Fall, je nach Besatzmaßnahmen oder durch Wasservögel eingeschleppten Laich auch Zander, Schleien, Rotaugen. Die Seeforelle ist in diesem Seentyp, zu dem etwa der Thuner See in der Schweiz gehört, der stärkste Edelfisch und erreicht bei besten Verhältnissen Gewichte zwischen 30 und 40 Kilogramm. Als seltene Vertreter trifft man im Einzugsgebiet der Donau die Mairenke und den stark zurückgegangenen Perlfisch an.

Hochgebirgsseen liegen oft höher als 2000 Meter über dem Meer. Obwohl man annehmen sollte, daß sie mit ihrem klaren, kalten Wasser gute Aufwuchsbedingungen für Salmoniden darstellen, trifft dies nicht zu. Hier herrscht ständig Sauerstoffmangel, da diese Seen den größten Teil des

Stausee bei Niedrigwasser

Jahres mit Eis bedeckt sind und kaum Pflanzenwuchs aufweisen. Hier leben nur noch Forellen, Seesaiblinge, Elritzen und Koppen, die mit dem geringen Sauerstoffangebot auskommen und die lange Dunkelzeit des Winters überdauern müssen. Typisch für Fische dieses Gewässertyps sind der große Kopf und ein schlanker, fast magerer Körper. Trotz hohen Alters erreichen Salmoniden aus Hochgebirgsseen selten ein Gewicht über ein Kilogramm. Diese Gewässer erlangen für die Fischereiwirtschaft und die Sportfischerei nur geringe Bedeutung. Die schmale Basis eines arten- und massearmen Pflanzenwuchses beschränkt die verhältnismäßig kurzen Nahrungsketten nicht nur auf wenige Tierarten, sondern auch auf wenige Individuen dieses extremen Lebensraumes.

Stauseen

Eine Sonderform der Gebirgsseen stellen die Stauseen dar. Sie ähneln je nach Region und Höhe, in der sie angelegt wurden, den tiefen Seen der Hochgebirge oder denen der Vorgebirge. Bedingt durch den Zweck dieser künstlichen Gewässer als Rückhaltebecken und Energiespeicher können die Wasserstände im Jahreslauf erheblich schwanken. Die Vegetation des Wassers und der Ufer wird dadurch stark beeinflußt oder ihre Ausbildung sogar verhindert – mit entsprechender Auswirkung auf den Fischbestand und die übrige Fauna eines solchen Gewässers. In Stauseen der Mittelgebirge treten dagegen durch Besatzmaßnahmen von Pächtern und Vereinen außer der für Vorgebirgsseen typischen Fischpopulation fast alle Fischarten auf, die auch in der Brachsenregion der Flüsse anzutreffen sind. So kommt es, daß zum Beispiel ein großer Stausee wie der Rursee in der Eifel bis auf Vertreter der Coregonen (Renken) von der Seeforelle über den Seesaibling bis hin zu Zander, Aal, Karpfen und Schleie Arten beherbergt, die in einem natürlich gewachsenen Fischbestand eines Gewässers nicht nebeneinander leben.

Teiche und Tümpel

In diesen meistens dichtbewachsenen und im Sommer sehr warmen Gewässern halten sich nur Fischarten, welche den be-

Teich

sonderen Bedingungen, zum Beispiel der Sauerstoffarmut, angepaßt sind: Moderlieschen, Elritzen, Stichlinge, Schlammpeitzger, Schleie, Zwergstichling und Karausche. Die beiden letztgenannten Arten kommen noch in allerkleinsten Kolken, Sumpf- und Moortümpeln vor. Sie sind sogar in der Lage, eine Zeitlang im nassen Schlamm unter der harten Oberschicht periodisch austrocknender Kleingewässer zu überleben.

Selbst Wasserlöcher, die nur bei Überschwemmungen aus nahe gelegenen Flüssen gespeist werden, bieten einigen Fischarten noch Lebensraum. So bewohnt der europäische Hundsfisch im Donau- und Dnjeprgebiet bevorzugt kleine Überschwemmungstümpel. Er bleibt auch bei Hochwasser seinem engeren Lebensraum treu und wandert dann nicht in den großen Fluß ab. Trockenperioden überlebt er tief im nassen Schlamm verborgen.

Literatur

BANARESCU, P./BLANC, M./GAUDET, J.-L. u. HUREAU, J.-C.:
Binnengewässer-Fische Europas, ein mehrsprachiger Katalog; Fishing News (Books) Ltd., London, 1971

BERG, L. S.:
Freshwater fishes of the USSR and adjacent countries
Israel Program of Scientific Translation, Jerusalem, 1962

BORNE, v. d./QUINT:
Angelfischerei
P. Parey Verlag, Hamburg und Berlin, 1981

BREDOW, C. v.:
Das große Buch vom Fliegenbinden
A. Müller Verlag, Rüschlikon, 1981

CHILD, W.:
Mit Floß und Fliege
P. Parey Verlag, Hamburg und Berlin, 1969

GRZIMEK, B.:
Grzimeks Tierleben
Band IV und V, Fische I und II
Kindler Verlag, Zürich, 1970

KÖLBING, A.:
Sportfischerprüfung leicht gemacht
BLV Verlagsgesellschaft
München, Bern, Wien, 1979

LADIGES, W./VOGT, D.:
Die Süßwasserfische Europas
P. Parey Verlag, Hamburg und Berlin, 1965, 2. Auflage 1979

LONG, A.:
Angeln und Fischen in Europa
W. Heyne Verlag, München, 1982

MAITLAND, P. S.:
Der Kosmos-Fischführer
Franckh'sche Verlagshandlung, Stuttgart, 1977

MARSHALL, N. B.:
Das Leben der Fische, I und II
Edition Rencontre, Lausanne, 1965

MILITZ, C.:
Petri Heil – Süßwasserfischen
Augsburger Bücher, Augsburg, 1982

MUUS B. J./DAHLSTRÖM, P.:
Süßwasserfische Europas
BLV-Bestimmungsbuch, BLV Verlagsgesellschaft München, Bern, Wien, 1964. 4. Auflage 1978

NORMAN, J. R.:
Die Fische
P. Parey Verlag, Hamburg und Berlin, 1966

REICHENBACH-KLINKE, H.:
Grundzüge der Fischkunde
G. Fischer Verlag, Stuttgart – New York, 1970

REMANE, A./STORCH, V./WELSCH, U.:
Systematische Zoologie
G. Fischer Verlag, Stuttgart – New York, 1980

TEROFAL, F.: BLV-Naturführer **Fische**
BLV Verlagsgesellschaft, München, 1981, 2. Auflage

Register der Arten

Steinbachs Naturführer

Weitere Bände

Säugetiere · Landvögel
Insekten (außer Schmetterlingen) · Schmetterlinge
Bäume · Strauchgehölze · Wildblumen
Pilze · Orchideen · Alpenblumen · Mineralien

Die Autoren
Dr. Fritz Terofal, Jahrgang 1932, studierte an der Universität München Naturwissenschaften mit Schwerpunkt Zoologie. Seit 1960 ist er an der Zoologischen Staatssammlung in München tätig, wo er zum Wiederaufbau der im Zweiten Weltkrieg zerstörten Fischkollektion wesentlich beitrug; seit 1980 Hauptkonservator und Leiter der Abteilung Wirbeltiere. Er veröffentlichte zahlreiche wissenschaftliche Arbeiten und wurde vor allem durch seine populärwissenschaftlichen Bücher sowie durch seine Bearbeitungen ausländischer Fachwerke für den deutschen Sprachraum bekannt.
Claus Militz wurde 1941 in Kolberg/Pommern geboren. Als freier Fotograf und Journalist bereiste er Europa und Nordamerika. Der passionierte Angler schrieb zwei Angelbücher.

Der Tiermaler
Fritz Wendler (†), geboren 1941, erhielt seine Ausbildung in Stahl- und Kupferstich bei Freiherr von Wackerbarth, München, und Professor Bajardi, Mailand. Er arbeitete zunächst als Kartograph, erregte aber bald Aufsehen durch seine minutiös durchgearbeiteten Tier- und Pflanzenzeichnungen. Seine Fähigkeit, Artmerkmale in lebendigem Zusammenhang mit der Gesamtgestalt eines Lebewesens zu sehen und darzustellen, sichern ihm europäischen Rang.

Der Illustrator
Dominique Rebourgeon wurde 1946 in Champforgeuil/Frankreich geboren. Er studierte in Mâcon sowie an der Folkwangschule Essen. Entsprechend seiner zweizügigen Ausbildung in Grafik und Musik wirkte Rebourgeon als Bühnenbildner, Organist, Komponist, Kunsterzieher und Grafiker.

Der Herausgeber
Gunter Steinbach, geboren 1938, hat sich in zahlreichen Publikationen über die heimische Tier- und Pflanzenwelt einen Namen gemacht. Nach zwei Jahrzehnten Verlagstätigkeit lebt er heute auf seinem Einödhof im Westallgäu. Dort widmet er sich artgerechter Tierhaltung, dem biologischen Gartenbau in Höhenlagen und seinen Veröffentlichungen im Themenkreis Natur.